航空宇航科学与技术一流学科学术著作

高超声速计算空气动力学
方法与应用

陈树生　向星皓　袁先旭　仲　康　著

西北工业大学出版社

西安

【内容简介】 本书以高超声速空气动力学计算方法和典型流动数值模拟应用为主要内容,共分为 9 章:第 1 章为绪论;第 2 章为计算空气动力学基础;第 3 章为宽速域数值计算方法与高阶湍流模型;第 4 章为网格生成技术;第 5 章为高超声速边界层转捩数值模拟;第 6 章为高超声速真实气体效应数值模拟;第 7 章为高超声速动导数数值计算;第 8 章为高超声速主动降热技术方案与数值模拟;第 9 章为宽速域高超声速飞行器气动布局设计。

本书可供从事高超声速空气动力学及气动布局设计的研究人员和工程设计人员参考,也可作为高等学校空气动力学及相关专业研究生的教材。

图书在版编目(CIP)数据

高超声速计算空气动力学方法与应用 / 陈树生等著
. — 西安:西北工业大学出版社,2023.9
ISBN 978 - 7 - 5612 - 8667 - 8

Ⅰ.①高… Ⅱ.①陈… Ⅲ.①高超音速飞行器-计算空气动力-研究 Ⅳ.①V47

中国国家版本馆 CIP 数据核字(2023)第 216563 号

GAOCHAO SHENGSU JISUAN KONGQI DONGLIXUE FANGFA YU YINGYONG

高 超 声 速 计 算 空 气 动 力 学 方 法 与 应 用

陈树生　向星皓　袁先旭　仲康　著

责任编辑:胡莉巾		**策划编辑:**查秀婷
责任校对:王玉玲		**装帧设计:**赵　烨

出版发行: 西北工业大学出版社

通信地址: 西安市友谊西路 127 号　　　　邮编:710072

电　　话: (029)88491757,88493844

网　　址: www.nwpup.com

印 刷 者: 陕西向阳印务有限公司

开　　本: 787 mm×1 092 mm　　　　1/16

印　　张: 19.125　　　　彩插:4

字　　数: 477 千字

版　　次: 2023 年 9 月第 1 版　　　2023 年 9 月第 1 次印刷

书　　号: ISBN 978 - 7 - 5612 - 8667 - 8

定　　价: 128.00 元

前　言

　　高超声速飞行器作为国之重器,在军事、政治和经济领域中发挥着重要的战略作用,是当今各国竞相发展的前沿技术。高超声速飞行器外形复杂,常带有凸起物、凹槽、缝隙、拐角、翼、舵等,在大空域和宽速域飞行条件下往往会发生激波与边界层干扰、边界层转捩、湍流分离和再附、真实气体效应等多种复杂流动现象,带来的空气动力学问题十分突出,而解决高超声速飞行器气动力/热特性精确预测问题,直接关系到高超声速飞行器设计的工程实践。近年来,随着数值计算方法和物理模型的不断完善,高超声速计算空气动力学相关理论已成为研究高超声速流动科学问题与工程问题的重要手段之一。

　　本书以高超声速空气动力学计算方法和典型流动数值模拟应用为主要内容组织而成,共分为9章:第1章论述了高超声速飞行器发展进程、流动特征及相关计算空气动力学研究进展;第2章介绍了高超声速计算空气动力学的基本控制方程和数值方法,包括控制方程、时间推进方法、黏性项离散格式、重构格式、通量格式、边界条件等;第3章对宽速域数值计算方法与高阶湍流模型进行了概述,包括低速反耗散压力修正框架、高速剪切黏性框架、二次本构关系及雷诺应力模型;第4章介绍了网格生成的关键技术及其应用,包括结构网格、非结构网格、弹性网格、自适应笛卡儿网格、混合网格、重叠网格等;第5章对高超声速边界层转捩的基本特征及转捩模型进行了介绍,并采用 $C-\gamma-Re_\theta$ 转捩模型对经典的高超声速三维边界层转捩外形进行了研究分析;第6章介绍了高超声速真实气体效应数值模拟,重点描述了化学反应模型、能量松弛模型、振动-离解耦合模型等物理化学模型,开展了地球大气和火星大气环境下的非平衡流场仿真及分析;第7章对高超声速动导数的基本概念与数值计算方法进行了概述,介绍了动导数在工程实践中的应用,并开展了动态失稳相关分析;第8章对高超声速主动降热技术方案现状进行了介绍,并通过数值模拟探讨了侧向喷流、减阻杆与环形喷流组合构型等新方案的降热效能;第9章对气动布局优化方法进行了概述,其中包括参数化方法、网格变形方法、代理模型、优化搜索算法等,同时对锥导乘波体、宽速域翼型进行了详细介绍,探索了宽速域高超声速飞行器气动布局设计。

　　本书的出版首先要感谢高正红教授,她高尚的品行、渊博的学识、无私的支持对我的人生格局产生了深远影响。感谢段卓毅研究员,他的教诲、指导和帮助使我终生受益。感谢李栋教授,他的和蔼正直、平易近人、温文儒雅深深影响着我。感谢阎超教授,是他将我领入计算流体力学领域,他严谨的科研精神、热情的生活态度给我留下了不可磨灭的印记。感谢袁武、耿玺、孙伟、李金平等人对本书的有益建议和部分章节的校对。感谢团队成员杨华、贾苜梁、冯聪、曾品棚、舒博文、庞超、董远哲等人的齐心协力,本书才得以完善和出版。此外,还要感谢中国科协青年人才托举工程(2022QNRC001)以及其他各类项目的资助。感谢西北工业大学出版社的大力帮助与支持。

在编写本书过程中,参考了大量相关文献和资料,在此向这些作者表示感谢。

由于水平有限,本书难免存在不足之处,恳请广大读者不吝赐教,帮助我们完善和提升,对此表示由衷感谢。与本书内容相关的问题可发至:sshengchen@nwpu.edu.cn。

陈树生

2022 年 12 月于西安

目　　录

第1章 绪 论

1.1 背景与意义

高超声速飞行已经成为人类航空航天领域的前沿课题。鉴于高超声速飞行器对军事、经济以及科技发展的重大意义,世界各强国均将抢占跨/临近空间的高超声速飞行器发展作为国家层面上的战略目标。

与常规航空飞行器相比,高超声速飞行器大大拓展了飞行的速域和空域,在实现特定军事和经济目标时具有明显优势。随着高超声速飞行器飞行包线的扩大,涌现出一系列新的空气动力学问题,包括高超声速气动加热、边界层转捩、高温真实气体效应等。挖掘各种复杂效应相互影响的机理,是挑战人类智慧的硬科学问题[1];而解决高超声速气动力/热特性精确预测问题,直接关系到高超声速飞行器设计的工程实践[2]。

风洞实验、飞行试验和计算流体力学(Computational Fluid Dynamics,CFD)是发展高超声速空气动力学的"三驾马车"(见图1-1)。

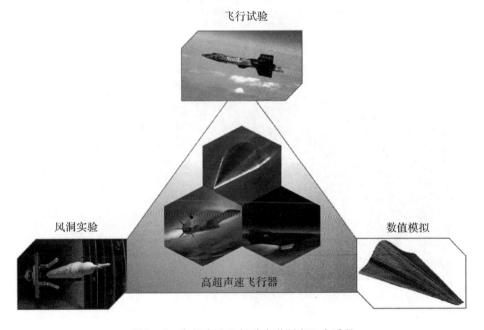

图1-1 高超声速空气动力学研究三大手段

受制于成本和难度,风洞实验/飞行试验所获得的数据只能覆盖有限工况[3]。在实际飞行器设计过程中,CFD 具备一些独有的特点,如成本低、周期短,不受试验环境、设备限制,能够获得一些试验上无法捕获的数据,等等。因此,未来飞行器性能的确定将很大程度依赖于在"虚拟风洞"(即 CFD)数据基础上产生的"虚拟飞行"。

近年来,高超声速计算空气动力学发展迅速,在计算方法、湍流/转捩模型、真实气体效应、热防护、气动布局设计等方面取得了一系列值得关注的研究成果,这些研究成果将为高超声速空气动力学研究和飞行器设计工程实践提供数值方法和物理模型层面上的支撑,有力地推动着先进高超声速飞行器和武器装备的研制工作,同时对保持 CFD 学科的鲜活热度和可持续发展也具有重要意义。

1.2　高超声速飞行器发展进程

1946 年,我国著名空气动力学家钱学森首先提出高超声速(hypersonic)这一物理概念[4]。近年来,高超声速飞行器已经成为工程应用和学术研究的前沿课题。高超声速飞行器是指飞行马赫数(飞行速度与当地声速之比)不小于 5、以吸气式发动机或其组合发动机为主要动力、能够在大气层内或者跨大气层中长时间远程飞行的飞行器,其应用形式包括高超声速巡航导弹、空天飞机、高超声速飞机等多种飞行器。图 1-2 展示了几种典型高超声速飞行器。

图 1-2　典型高超声速飞行器

　　高超声速飞行器按动力不同,主要分为吸气式、助推滑翔式及空间轨道、临近空间轨道再入类,其中吸气式动力技术难度最大、发展最为曲折,但有望发展出能够在大气层长时间续航的飞行器,因而各国无不把吸气式动力的可重复使用高超声速飞行器作为发展目标,以实现"快速、可靠、廉价地进入空间"。

　　20 世纪 60 年代,美国借助火箭驱动的 X－15 高超声速飞行器进行高超声速冲压喷气式发动机(Hypersonic Ramjet Experiment,HRE)的飞行测试,该项目的主要目标是解决采用主动冷却的超燃冲压发动机相关问题。1986 年,美国国防部和美国航空航天局联合启动了国家空天飞机(National Aero－Space Plane,NASP)计划,目标直指单级入轨飞行器[5]。虽然该项目因为资金紧张和技术难度大等原因而被迫终止,但是它开启了超燃冲压发动机研究,为后续的吸气式高超声速飞行器试验探索出了可行性路径。于是在 NASP 计划停止之后,Hytech[6]、Hyset[7]、Hyper－X[8]、Hyfly[9] 等项目相继上马,其中最为有名的是 X－43 和 X－51 飞行器。

　　1996 年,美国航空航天局(National Aeronautics and Space Administration,NASA)开启了 Hyper－X 项目[10],其目的是通过飞行试验研究可用于高超声速飞行器以及可重复使用天地往返运载器的超燃冲压发动机。在项目研究过程中,诞生了世界上第一个以超燃冲压发动机为动力的高超声速飞行器,即 X－43。X－43 飞行器采用乘波体气动布局,长约3.7 m、宽约 1.5 m、高约 0.6 m,其进气道为典型的二维进气道。在经历了 2001 年第一次试飞失败之后,2004 年 3 月,X－43[11] 在第二次试飞中创造了 $Ma=6.8$ 的当时吸气式动力飞行器飞行纪录。同年 11 月的第三次试飞中,X－43 在飞行试验中达到了 $Ma=9.8$。X－43 是迄今为止飞行速度最快的吸气式推进飞行器,其试飞成功标志着超燃冲压发动机已走在了通往工程实践的新阶段,引发了世界各国发展高超声速飞行器的研究热潮。

　　几乎在 Hyper－X 项目同一时期,美国空军于 1995 年开始了 Hytech 项目,旨在发展以液体碳氢燃料吸气式超燃冲压发动机为核心的高超声速飞行器,该发动机工作域主要集中在 $Ma=4\sim8$。最终,Hyper－X 项目发展的推进技术成功地应用于 X－51 飞行试验中[12]。与 X－43 类似,X－51 采用乘波体气动布局,在经历了三次的失败试验之后,在 2013 年 5 月第四次试飞中,X－51 成功试飞,飞行马赫数达到了 5.1,发动机有效工作了 240 s。图 1－3 展示了 X－51 外形和试飞轨迹图。

　　除了美国,世界各大国也竞相开展了高超声速飞行器研究:俄罗斯的 Kholod[13]、IGLA[14]、RADUGA－2[15] 计划,澳大利亚的 Hy Shot[16-17]、Hy CAUSE[18]、HIFiRE[19] 计划,法国的 LEA[20] 计划,英国的 SHyFE[21] 计划,德国的 Saenger[22] 计划,日本的 HOPE－X[23] 计划,等等。这些项目受资金和技术限制,没有出现类似 X－43 和 X－51 这样具有标志性意义的成果,但为高超声速飞行器推进、热防护、飞行性能和气动设计积累了宝贵的数据和技术储备。与此同时,我国对高超声速飞行器的研究与发展也非常重视[24-25],研制出了新型高超声速滑翔飞行器。

　　高超声速飞行器气动布局主要有升力体、翼身组合(融合)体、乘波体和轴对称旋成体等类型。乘波体构型的特点是飞行器前缘会产生附体激波,飞行器的进气道融入机身的设计当中。对于高超声速飞行,从气动角度出发,乘波体具有独特的低阻力和高升阻比优势。根据 Kossira 等[26] 对 $Ma=6.3$ 的高超声速飞行器方案研究,采用乘波体构型大约可减少

30％的起飞重量,也可大大减小推力需求。近年来,乘波体成为高超声速飞行器的主要构型,以美国的 X－43 和 X－51 飞行器为突出代表[27-28]。升力体是指没有机翼等传统产生升力的部件而能够依靠本体产生足够升力的气动构型,该构型的特点是升阻比高、机动性能强。翼身融合体构型是机翼与机身通过一体化融合形成的气动布局,例如美国的 X－34 飞行器就采用了此类气动布局[29]。轴对称旋成体通常用于高超声速导弹,例如俄罗斯的"匕首"高超声速武器[30],其总体布局相对简单,通过围绕旋转轴回转而成,通常会在弹体周围配上弹翼和尾翼,由于其技术源于相对成熟的低超声速导弹设计,能够较快实现工程应用。

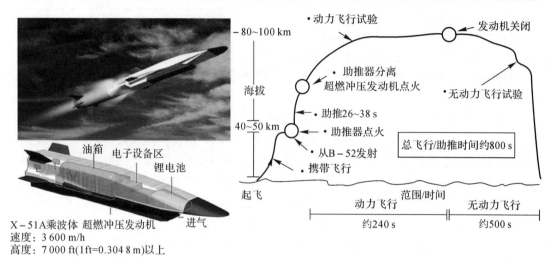

图 1－3　X－51 外形和试飞轨迹图[12]

　　尽管高超声速飞行器尤其是吸气式飞行器发展面临诸多关键性难题,但在各国大量投入科研资源的情况下,仍然取得了一系列突破性的进展。各国高超声速飞行器研究依托飞行试验、风洞实验与数值模拟,积累了大量数据,并取得了多项技术进步。在未来,高超声速飞行器研究与工程实践必将在前面的研究积累上取得新的突破。

1.2.1　高超声速流动典型问题

　　新一代高超声速飞行器的飞行空域和速域不断拓展,伴随而来的是一系列新的空气动力学问题。在边界层特征尺度上,有高超声速三维边界层转捩、激波与边界层相互作用以及流动分离等[31];在分子原子尺度上,有高温真实气体效应、化学反应与非平衡效应等[1]。图 1－4 展示了各类高超声速飞行器的典型飞行轨迹及其飞行过程中面临的物理、化学问题。归纳起来,高超声速流动主要有以下特征[32]:激波与边界层干扰、旋涡相互作用的高熵层、高温真实气体效应、黏性干扰效应、稀薄气体效应、湍流与转捩、气动加热等。

　　图 1－5 展示了 X－43 飞行器在 $Ma=7$ 时的数值流动模拟结果。可以看到飞行器头部产生的薄激波层在飞行器头部后很长一段距离内非常靠近飞行器表面,存在一系列激波与激波、激波与边界层复杂的相互作用,最终在进气入口附近以及飞行器后半段形成非常复杂的流场。如此复杂的流动现象对高超声速空气动力学的研究提出了严峻挑战。

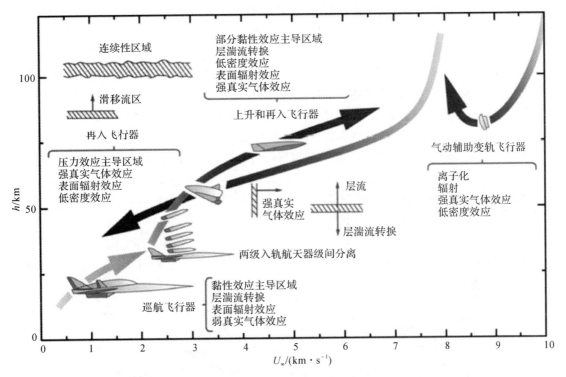

图 1-4 高超声速飞行器的典型飞行轨迹及物理、化学问题[33]

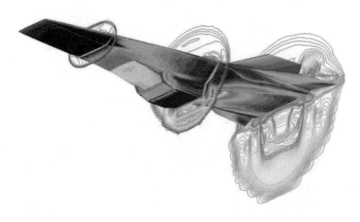

图 1-5 $Ma=7$ 时 CFD 预测的 X-43 飞行器周围流场[28]

1.2.2 高超声速三维边界层转捩

对高超声速边界层转捩位置的预测在飞行器设计过程中起到至关重要的作用。边界层转捩是指边界层内的流动从层流状态向湍流状态转变的过程,其与湍流边界层一起,被称为经典物理的"世纪难题"。经过近百年的研究,边界层转捩依旧是飞行器设计中的关键难点。美国"CFD 远景 2030"[34]中,将转捩模型列为目前最急需解决的物理问题之一。

吸气式高超声速飞行器飞行的绝大部分工作域内,飞行器表面流动都会发生转捩。在真实气体效应、化学反应与非平衡、激波与边界层相互作用以及复杂外形、表面粗糙度等因素存在的情况下,实现符合工程实践精度要求的边界层转捩预测是一个巨大的挑战。Bushnell 在 1997 年曾经说过:"迄今为止,还没有人成功地预测高超声速(甚至超声速)转捩。"Bushnell 以 X - 15 飞行器为例进一步说明,地面风洞实验结果显示飞行器表面几乎没有发生转捩,但是飞行试验结果显示飞行器表面几乎全是湍流流动[35],对转捩高度(指飞行器再入过程中开始出现转捩现象的飞行高度)的预测与实际飞行试验存在巨大的偏差。

因其重要性与复杂性,高超声速边界层转捩预测受到各国高度重视。1987 年,边界层转捩问题与超燃冲压发动机技术一起被美国国防科学委员会列为高超声速飞行器设计中的关键基础科学难题[36]。近几十年来,学者们对高超声速边界层转捩机理开展了深入研究,取得了一系列新进展。如图 1-6 所示,稳定性理论从层流失稳的角度研究边界层转捩,将层流失稳过程划分为感受性、线性区域、非线性区域以及湍流区等多个过程[37]。除了流向不稳定性,如前缘不稳定性(驻点线模态)[38]、第一模态和 Mack 模态等流向不稳定性[39]以及与物面曲率相关的 Görtler 模态[40]之外,风洞实验和飞行试验已经证实,横流失稳是高超声速三维边界层转捩的主导因素[41-42]。

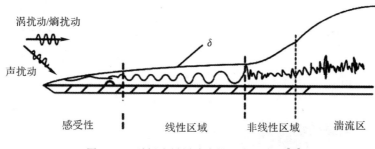

图 1-6　平板边界层稳定性研究示意图[37]

1.2.3　气动加热与真实气体效应

发展新一代高超声速飞行器面临着诸多关键问题,其中无法避免又必须妥善处理的是飞行器热防护问题。当飞行器在大气层中进行高超声速飞行时,周围空气受到强烈的激波压缩和黏性摩擦作用,导致飞行器表面压力和温度急剧升高,给飞行器热防护系统带来严峻挑战,这就是气动加热问题,即所谓的热障。特别地,当飞行器以马赫数为十几甚至几十飞行时,头部强激波后的气体温度可升至上万摄氏度。如此高温促使波后气体的高能级能量模式发生激发,并导致一系列复杂的离解、电离、置换、复合等化学反应的发生,传统的理想气体假设失效[43]。高温气体还会在飞行器表面发生壁面催化和烧蚀等物理过程。上述现象被称为"真实气体效应"或者"高温效应"[44]。真实气体效应改变飞行器表面附近空气的热力学特性和组分分布情况,对高超声速飞行器的表面压力、摩阻和热流具有重要影响。同时高温气体会引起飞行器表面烧蚀现象,一方面在壁面造成类似粗糙元效应的结构;另一方面在近壁区域形成高温质量射流,进一步加大对飞行器表面热流预测的难度。

此外,随着新一代高超声速飞行器飞行速域和空域的不断拓展,真实气体效应对湍流/转捩预测影响的研究已成为重要的基础科学问题。高超声速流动中气动力/热紧密耦合、相互作用(见图1-7)。一方面,精确模拟真实气体效应和气动加热环境等对边界层转捩的影响,对于转捩位置的预测至关重要;另一方面,对转捩位置的预测直接关系到飞行器表面压力和摩阻的预测,后两者不仅与飞行器升阻力、俯仰力矩以及主动控制直接相关,也与飞行器表面热流预测密切相关。

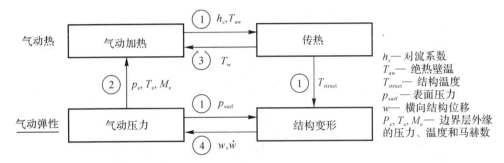

图1-7 高超声速边界层中气动力/热耦合示意图[45]

高超声速计算空气动力学在飞行器热防护设计中起着十分重要的作用。图1-5显示了X-43高超声速飞行器绕流流场的数值模拟结果,其中包括复杂的激波/激波干扰、激波/边界层干扰以及真实气体效应等。基于CFD数值模拟结果,X-43飞行器采用分段式的热防护系统设计(见图1-8),即在飞行器不同位置采用不同的热防护材料与结构设计,以实现高效防热性能与稳定飞行性能的平衡[11]。

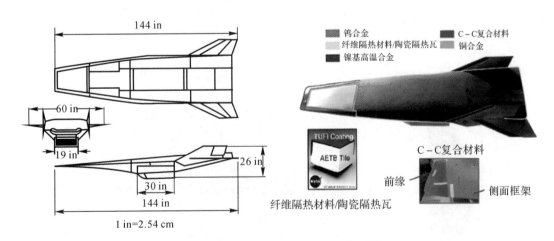

图1-8 X-43尺寸与热防护示意图[11]

传统观点认为,飞船类钝体飞行器以极高速度进入大气层时,飞行器表面基本为层流流动[46]。然而,近年来该类飞行器表面的流动逐渐向湍流转换。此处以"猎户座"飞船[载人探测飞船(CEV)和货物运载火箭(CLV)]和"火星科学实验室"(MSL)探测器为例[46-47](见图1-9和图1-10):探测器尺寸更大(CEV的直径约为5 m,MSL的直径约为4.5 m)、进入大气层速度更高(CEV进入地球大气层,最高速度约为11 km/s;MSL进入火星大气层,最高速度约为5 km/s),并采用有攻角升力式再入方式(CEV攻角为16°~24°,MSL攻角为11°~16°)。上述因素都有利于促进高雷诺数条件下的边界层流动转捩,飞行器将面临严峻的高温真实气体效应和湍流气动加热问题,这给飞行器的热防护系统及结构设计带来了巨大挑战。

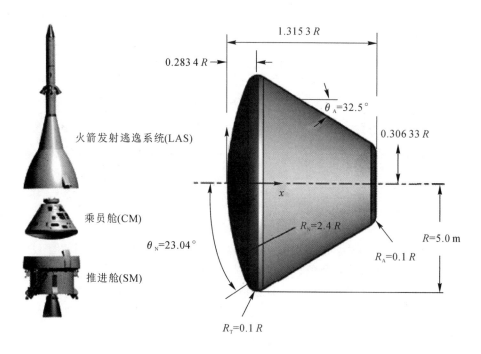

图 1-9 "猎户座"飞船(CEV 和 CLV)外形示意图[46-47]

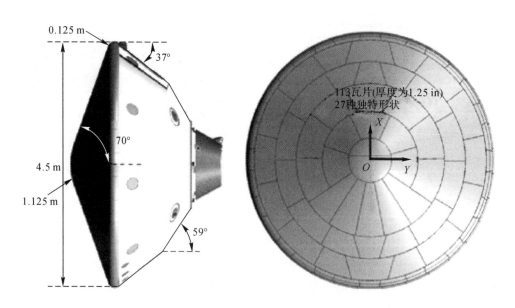

图 1-10 "火星科学实验室"(MSL)外形示意图[46-47]

1.2.4 激波与边界层相互作用

高超声速流动通常伴随着激波与边界层的相互作用(见图 1-11)。由于高超声速飞行器外形复杂,常带有尖前缘、凸起物、凹槽、缝隙、拐角、翼、舵等,这些区域往往会发生激波与边界层干扰、激波与激波干扰等多种复杂流动现象,带来的气动加热问题十分突出,其最大热流可达当地无干扰情况下热流的十倍甚至数十倍[48],给高超声速飞行器热环境的有效预测带来前所未有的困难与挑战。同时,随着飞行速度的增大,飞行器周围的激波越来越强,激波后的流场受到激波的强压缩作用,使得边界层内温度升高,边界层厚度也随着空气黏性的增强而增大,极大地影响了飞行器气动力/热特性[49]。

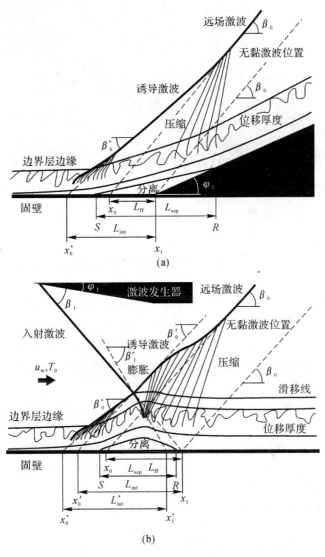

图 1-11 激波与边界层相互作用[48]

(a)压缩拐角流动;(b)入射激波反射流动

新一代高超声速飞行器气动布局一般使用升力体或者乘波体,并采用机体与发动机高度一体化的设计。以美国的 X-43 和 X-51 飞行器为例,二者皆采用乘波体设计,发动机进气道融入整个乘波体设计中。尽管采用这样的一体化设计,大大降低了飞行器表面的摩阻和高速气动加热效应,但也带来了激波与边界层相互作用的复杂流动,这种现象普遍存在于高超声速飞行器进气道、控制舵和机翼等区域附近。在 HIFiRE-1(见图 1-12)项目中,研究者通过锥-柱-裙外形设计,在柱-裙段引入了激波-边界层干扰问题,用于研究流向行波失稳与分离流共同引发的转捩现象。

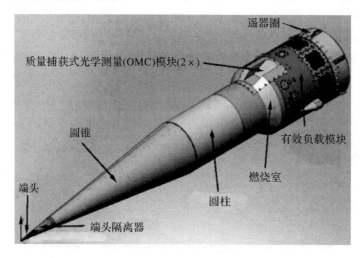

图 1-12　HIFiRE-1 构型示意图[49]

1.3　计算空气动力学发展现状

计算流体力学(CFD)在计算区域内对满足连续介质力学假设的 N-S(Navier-Stokes)方程进行离散,采用数值方法在离散网格点上求解流动控制方程(N-S 方程或其变形方程),从而获得整个流场在离散时空序列上的定量描述。作为 CFD 的重要分支,计算空气动力学近几十年来发展非常迅速,正朝着更准确物理模型、更精确空间离散方法和更高效时间推进方法等方向前进[50]。

数值方法包括数值离散格式、时间推进方法和网格生成技术。数值方法保证了计算在每一个时间步长、每一个网格的空间尺度上,能足够近似地满足 N-S 方程所遵循的物理学三大定律——质量守恒、动量守恒和能量守恒[51],从而保证计算的精确性。物理模型包括湍流/转捩模型、化学反应与非平衡模型等,将研究者对高超声速流动机理的理解,以数学、物理模型或者经验假设的形式引入求解过程中,在大大减少计算量(与直接数值模拟和大涡模拟相比)的同时,确保对流动现象及气动力/热模拟的准确性。

1.3.1　飞行器气动布局与优化设计

如前所述,高超声速飞行器气动布局主要有升力体、翼身组合(融合)体、乘波体和轴对称旋成体等类型。在众多高超声速飞行器气动布局中,乘波体因具有低阻、高升阻比特性成为了理想外形之一。自 1959 年 Nonweiler[52] 提出乘波体概念以来,该布局一直是高超声速飞行器领域的研究热点。乘波体是指一种外形是流线形,其所有的前缘都具有附体激波的超声速或高超声速的飞行器。国内外学者在其研究基础上总结了三种乘波体设计理论,包括基于二维流场的楔导理论、基于三维轴对称流场的锥导理论以及吻切锥乘波理论[52-53]。但众多研究表明,基于这些理论设计的乘波体飞行器在非设计马赫数下气动性能严重下降[54-55],限制了其在高超声速飞行器上的应用。

在新一代高超声速飞行器布局设计过程中,除了高超声速飞行能力,还要求飞行器具备良好的亚/跨/超声速飞行性能。由于飞行包线具有宽速域、大空域的适应性[56],气动设计需要兼顾整个速域内的飞行性能。然而,适合不同速域的气动布局差别巨大,甚至存在相互矛盾的情况,特别是低速起降与高超声速飞行阶段的升力匹配。为了有效兼顾飞行器在亚/跨/超/高超声速下的气动性能,国内外学者提出了多种基于乘波体构型的宽速域飞行器设计方案,大体可以分为变马赫数设计、多级组合设计以及涡波融合设计等。变马赫数设计即指在设计过程中选定多个设计马赫数,得到的新型乘波体理论上可以在一定速域内具有部分乘波特性。Li 等[57-59] 研究了设计马赫数沿乘波体展向变化的构型,研究结果表明其在 $Ma=4\sim12$ 速域内拥有不低于 3.786 的升阻比,适用于宽速域飞行。但在这样的设计思想指导下的乘波构型在亚跨声速飞行状态下的气动性能依然不佳。多级组合设计是指根据任务需求,将不同设计马赫数下得到的乘波体构型进行组合,使飞行器在对应设计马赫数下飞行时能保持部分乘波特性。王发民等[60] 将 $Ma=3$ 和 $Ma=6$ 的乘波体进行串联组合设计,研究了其在 $Ma=0\sim7$ 的范围内的气动性能,发现其宽速域范围内最大升阻比不低于 3.5。涡波融合设计方法通过控制乘波体平面形状和其后掠角等参数引入涡效应,低速飞行时上表面产生稳定分离涡可以改善气动布局的低速气动性能。基于该设计思路,Rodi[61-62]、刘传振等[63]、Zhao 等[64] 发展了多种涡波融合气动布局,设计得到的飞行器既可以在高超声速阶段保持高升阻比,也能在亚声速飞行时利用涡效应改善飞行性能。陈树生等[65-66] 提出了一种宽速域乘波-机翼气动布局,该布局融合了乘波体头部和具有双S弯翼型的大后掠箭形翼,通过利用亚声速下大攻角的漩涡特性以及超/高超声速下激波特性提升宽速域飞行器气动性能,在 $Ma=0.5\sim7$ 的范围内,该宽速域气动布局在 $4°$ 攻角下具有不低于 5.4 的升阻比。

除此之外,基于高可信度数值模拟的优化设计方法是实现飞行器气动布局与气动部件精细化设计的重要手段。NASA 在 CFD2030 远景报告[34] 中,将多学科分析与优化列为需要重点发展的六大关键领域之一。当前气动优化设计方法主要有基于梯度的伴随优化方法、基于进化计算的优化方法、基于代理模型的全局优化方法等,其框架包含类函数/形函数变换(Class function/Shape function Transformation,CST)和自由变形(Free-Form Deformation,FFD)参数化方法[67]、网格变形技术、伴随方法、代理模型[68]、优化搜索算法等。部分学者采用气动优化设计方法对已有宽速域飞行器的升力部件进行气动性能优化。张阳等[69]、Feng 和 Chen 等[66] 利用代理模型方法对宽速域飞行器的翼型进行优化,设计出了具备双S弯特征的翼型,将其布置到机翼上,验证了基于二维流场优化的翼型对于三维机翼设计具有指导作用。高昌等[70] 构造了适用于高超声速流动的连续伴随求解器,验证了连续伴随优化作为高超声速飞行器高精度气动优化方法的可行性。目前全机飞行器优化设计仍面临诸多问题,比如气动设计空间的特性研究、高维设计空间的全局优化、高维目标空间的优化与可视化、气动数据库与智能设计等[71]。

随着新一代宽速域高超声速飞行器飞行包线的不断拓展,进一步发展先进气动布局和多目标多约束耦合优化设计技术是必不可少的。

1.3.2　高超声速数值计算方法进展

数值计算方法作为 CFD 最为关键的技术之一,其基础性和核心作用不言而喻,这其中又以求解 N-S 方程中对流项的通量格式和重构方法为主要研究对象。

自 1959 年 Godunov 提出了基于黎曼精确解的一阶 Godunov 格式以来,捕获流场中激波等间断现象的通量格式得到了蓬勃的发展。其中,迎风格式以其计算效率和计算精度的综合优势,成为当前 CFD 中应用最为广泛的通量计算方法。目前,迎风格式主要包括通量差分分裂(Flux Difference Splitting,FDS)方法、矢通量分裂(Flux Vector Splitting,FVS)方法、混合通量差分方法等。FVS 格式由 Steger 和 Warming[72]、van Leer[73]等提出并发展起来,该格式激波捕捉能力强、计算可靠性高、格式简单、计算量较小,在高超声速计算空气动力学领域应用广泛。但是该格式无法精确捕捉接触间断,相比 FDS 格式黏性分辨率较差。Roe[74]和 Osher 等[75]建立了通量差分分裂格式,该类格式在模拟线性波(如黏性边界层、接触间断)和定常强非线性波(如激波)等方面具有出色的表现。然而 Roe 格式最大的缺陷之一是在高速时易发生激波异常或红玉现象[76],需要引入经验性的熵修正[77]。结合 FVS 高鲁棒性和 FDS 高间断分辨率优点的混合方法被学者们广泛研究。混合通量差分格式的主要思想是将无黏通量分裂为对流系统和压力系统,由此形成三种分裂方式:Liou - Steffen 分裂[78]、Zha - Bilgen 分裂[79]和 Toro - Vázquez 分裂[80]。Liou[78]提出了著名的 AUSM 类格式,该格式因其数值耗散小、稳定性好等优异的性能逐渐获得好评,然而 AUSM 类方法对于网格的依赖性较大,如果网格的形状与激波不相符或者网格点在激波处不够密集,则 AUSM 类方法可能发生激波异常,产生非物理的热流分布。而基于 Zha - Bilgen 分裂和 Toro - Vázquez 分裂发展起来的 E - CUSP 格式[79]和 TV 格式[80]在一、二维流动中获得较成功的应用,但对于复杂流动的模拟效果仍有待验证。Kitamura 等[81]认为,用于高超声速流动计算的通量格式应满足以下三个条件:激波稳定性或鲁棒性、总焓守恒性、边界层分辨率。其中,激波稳定性和边界层分辨率对计算结果影响较为显著,而总焓守恒性影响相对较小。通过对若干常见数值格式的对比,发现所考察的数值格式都未能完全满足上述三个条件。为进一步提高数值格式的激波稳定性,众多学者从各种不稳定性机理出发,发展了大量方法,主要包括:① 混合方法,即在激波处使用耗散大的格式,在其他区域使用低耗散格式,该方法的典型代表为旋转混合黎曼求解器[82];② 熵修正,通过限制特征根值,避免违反熵条件,从而消除非物理解,如 Harten - Yee 型、Muller 型等熵修正;③ Liou 的推论[83],认为质量通量的压力差项对激波异常有着重要影响,该推论促进了许多激波稳定格式的发展,如 RoeM 格式;④ 人工黏性,受黏性 N - S 方程的启发,Rodionov[84]发展了一种与黏性通量密切相关的人工黏性项;⑤ 剪切黏性,陈树生等[76]通过分析红玉现象的多维效应,建立了剪切黏性框架。此外,在激波边界层干扰、分离再附等流动中常会出现不同区域速度差异很大的现象。目前广泛使用的迎风格式都是针对可压缩流动求解的,它们通过引入耗散来稳定激波。但是过分加入耗散会导致低速流动区域(如壁面附近及分离区等)的求解精度变差[85]。因此,低速区域求解能力对于高超声速流动模拟也有一定的影响,尤其是壁面热流和摩擦力系数。为拓展迎风格式低速适用范围,有效解决低速精度恶化等问题,预处理技术和基于渐近分析法[86]的低速耗散修正得到了应用,兴起了关于宽速域数值通量格式的研究,如 AUSM + UP、SLAU、LDFSS、All - Speed Roe、TVAP、HLLC +、AUPM、AUSMPW+APC 等,其有助于提高高超声速流动预测精度[87-88],值得进一步深入系统研究。

为了实现对全流场区域的高精度高分辨率模拟,需要发展更高阶的数值计算方法。van Leer 引入单调迎风守恒(Monotonic Upstream - centered Scheme for Conservation Laws,MUSCL)条件,通过构造满足该条件的限制器,获得了二阶精度,并防止了非物理的数值振荡。但研究发现,耗散性大的计算格式和限制器会抹去流场中小尺度结构的物理信息,得到较大的热流值。张涵信[89]提出了满足总变差减小(Total Variation Diminishing,TVD)条件的二阶无波动、无自由参数的耗散差分(Non - oscillatory and Non - free - paremeters Dissipative finite difference scheme,NND)格式,有效捕捉了激波。虽然二阶精度格式在高超声速流动数值模拟领域中获得了极大的成功,然而激波与边界层干扰等复杂流动问题的模拟对数值方法的高分辨率特性提出了更为苛刻的要求[50],也驱动着研究人员致力于发展三阶及三阶以上高阶精度格式。通过将 TVD 性质要求降低为总变差有界(Total Variation Bounded,TVB),Harten 创造性地构造了高精度基本无振荡(Essentially Non - Oscillatory,ENO)格式,之后 Jiang 和 Shu[90]提出了光滑因子和非线性权的基本表达式,在 ENO 格式基础上建成了加权基本无振荡(Weighted Essentially Non - Oscillatory,WENO)格式的框架。WENO 格式采用多模板加权思想,在具有较高计算精度的同时能够保证间断附近处基本无振荡,特别适合处理间断问题,自提出以来广受欢迎,已在简单外形高超声速流动的精细数值模拟中有大量应用,如边界层转捩、激波与边界层干扰等问题。然而 WENO 格式的计算鲁棒性严重地依赖于网格的光滑性,在复杂工程外形网格下计算鲁棒性不足。除了 WENO 类格式,典型的高阶格式还包括间断 Galerkin 有限元(Discontinuous Galerkin,DG)、通量重构(Flux Reconstruction,FR)、谱体积(Spectral Volume,SV)、变分重构(Variational Reconstruction,VR)[91]、加权紧致非线性[92]等。DG、FR 和变分重构格式模板紧致,能够在非结构网格上达到高阶精度,具有良好的应用前景,但存在高精度边界处理复杂、缺乏有效的激波捕捉技术等问题,在以复杂几何、复杂流动为特征的高超声速飞行器流动数值模拟中难以得到广泛应用。

随着工程实践中对高超声速飞行器数值模拟精度的要求不断提高,尤其是对激波与边界层相互作用、各种分离流动的更精细模拟,能够得到更多流场细节的高分辨率格式,在未来 CFD 研究中将占据重要位置。

1.3.3 高超声速湍流/转捩模型进展

湍流/转捩问题作为经典物理遗留的世纪难题,很大程度上限制了与之相关的气动技术的研究进展。特别是在高超声速领域,由于层流/湍流之间摩阻和热流的巨大差异,湍流/转捩将严重影响高超声速飞行器的气动设计与热防护设计,成为制约高超声速技术突破的基础科学问题之一[32]。一方面,采用直接数值模拟(Direct Numerical Simulation,DNS)和大涡模拟(Large Eddy Simulation,LES)方法能够模拟出湍流/转捩流动的大量细节,但是在计算条件设置及计算资源要求等方面存在较大难度。一般来说,DNS 要求单方向网格数量达到 $Re^{3/4}$,最大网格要小于 Kolmogorov 的耗散尺度,而 LES 要求单方向网格数量达到 $Re^{1/4}$。另一方面,基于雷诺平均 N-S(Reynolds Averaged Navier-Stokes,RANS)方程的湍流/转捩预测方法具有效率高、计算量相对较小的特点,更加适用于工程计算。

雷诺平均 N-S 方程这一方法的主要思想是,通过将 N-S 方程分解为平均运动与瞬时脉动,对雷诺平均后的雷诺应力项进行建模,从而封闭求解雷诺平均后的 N-S 方程。对雷诺应力项的封闭建模统称为湍流模型,按照封闭方式的不同,可以分为涡黏模型和雷诺应力模型。涡黏模型基于 Boussinesq 涡黏性假设建立,类比分子黏性应力,认为雷诺应力完全依赖于应变变化率,且与应变变化率呈线性关系。通过对涡黏系数的求解,实现对 RANS 方程雷诺应力项的求解。根据求解涡黏系数的附加输运方程个数,可以分为零方程模型、一方程模型、二方程模型等。雷诺应力模型与涡黏模型不同,是对雷诺应力项直接建立微分方程求解,当其对雷诺应力项进行输运方程求解,对更高阶脉动时均值建模时,称其为二阶矩模型。当模型应用于高超声速湍流模拟时,通常需要对模型进行可压缩修正[93-98]。

转捩模型是基于 RANS 方程的转捩预测有效手段,是对转捩现象的一种模化方法。转捩模型是在涡黏模型基础上实现对转捩现象相关统计量的模化,并且伴随着转捩模式理论的发展而不断推陈出新。目前见诸文献的转捩模型已不下 20 种,其修正改进模型不胜枚举。在转捩模型的发展过程中,始终伴随两个重要概念,分别是间歇因子与非湍流脉动。间歇因子 γ 是对实验所观测到的转捩间歇现象的定量描述,间歇因子使转捩模型不再局限于"开关式"的层流/湍流模拟。对于间歇因子求解主要有代数求解与输运方程求解两种方式,分别对应代数转捩模型和单方程/多方程转捩模型。诸如 $k-\omega-\gamma$[99] 和 $\gamma-Re_{\theta t}$[100] 等著名转捩建模均离不开间歇因子这一重要物理概念。非湍流脉动的提出,同样是基于转捩实验观测现象。在转捩前的层流区域,存在不同于湍流脉动的扰动形式,称为层流脉动。相比前期经验建模,对于非湍流脉动的建模求解使转捩建模能够引入更多的转捩物理机制,同时也可以和间歇因子相结合,建立更具有物理可解释性的转捩模型,如 $k-k_L-\varepsilon$[101]、$k-k_L-\omega$[102]、$k-\omega-\gamma$[99] 等转捩模型均涉及非湍流脉动概念。转捩模型通常基于低速转捩流动开发,在高超声速流场预测中同样需要进行可压缩修正。

1.3.4 飞行器热防护数值模拟进展

飞行器表面热防护问题一直是高超声速飞行器设计中必须面对的关键复杂问题。热防护技术可分为两大类:被动热防护和主动热防护。一般地,将采用耐热材料或者烧蚀材料来隔热的热防护技术称为被动热防护,而主动热防护技术通过注入介质改变原先流场结构或使得冷却介质覆盖在需要热防护的区域以达到热防护的目的。随着飞行速度的进一步提高,被动式热防护技术越来越难以满足飞行要求。近年来,主动热防护技术方案在高超声速飞行器设计研究中逐渐兴起,对主动热防护技术方案的数值模拟成为 CFD 发展的新课题。目前,比较典型的主动降热技术方案有减阻杆、逆向喷流、能量沉积、迎风凹腔及其组合形式。

Myshenkov[103]第一次进行了在头部添加支杆钝体的流场数值模拟。近年来,Reddy 团队[104-106]在高马赫数($Ma=5.75\sim8.0$)来流条件下,测试了不同攻角、不同来流马赫数、不同长度和形状的头部支杆对来流阻力和飞行器表面热流的影响,研究发现,减阻杆能有效地降低飞行器的表面热流,但在有攻角来流条件下降热效果下降。Ahmed 和 Qin[107-108]在数值模拟的基础上,针对不同来流条件发展出包含前体、支杆和气动圆盘在内的六个设计参数多目标同时优化的主动热防护设计方案。国内的符松课题组[109]、姚卫星课题组[110-111]等也开展过支杆钝体的气动特性及其优化研究。

逆向喷流由于其能将高超声速飞行器头锥前方的弓形激波推离物面,可以有效降低高超声速飞行器激波阻力和壁面热流,从 20 世纪 60 年代起受到广泛的关注。Hayashi 等[112]通过实验和数值方法改变喷流压比研究了逆向喷流对钝头体降热的影响,结果表明:用冷喷流覆盖机体表面及其形成的回流区域对钝头壁面有显著的降热特性。周超英等[113-114]用数值方法研究了不同喷流总压比和喷口尺寸对流场结构、喷流模态的影响,研究发现:无论有无攻角,逆向喷流流场结构总会随着喷流压比的增加先后经历长穿透模态和短穿透模态。

在对迎风凹腔和能量沉积的研究中,发现迎风凹腔和能量沉积因其流场结构十分不稳定[115-116],尚不具备工程应用的能力。对于组合构型的降热方案,目前有减阻杆和逆向喷流[117]、减阻杆和侧向喷流[118]、迎风凹腔和逆向喷流等组合构型[119]。组合构型相较于单一构型降热效果较好,但在减阻杆上喷流仍会有在攻角来流条件下降热效果差的问题,而迎风凹腔和逆向喷流组合构型有流场结构不稳定的问题。

现有的主动降热技术方案因其高效的降热特性而具有广阔的应用前景,但也有一定的局限性,需要进行深入研究。

1.3.5 高温真实气体效应数值模拟进展

在高超声速计算空气动力学中,高温真实气体效应数值模拟一直是热点和难点。为了计及不同能量模式之间的松弛过程以及复杂化学反应的影响,需要在传统的完全气体 RANS 方程中添加组分质量守恒方程和振动能守恒方程,在极高速时甚至需要添加电子能守恒方程[120]。

当气体处于热化学非平衡状态时,分子各能量模式很难在短时间内达到平衡状态,如何寻找合适的特征温度来表征不同的能量模式显得至关重要。目前常用的是 Park 提出的双温模型假设[120]。该假设认为[120]:平动能和转动能能量模式可以采用统一的平动温度 T 表征,振动能和电子能能量模式可以采用统一的振动温度 T_v 表征。之后 Lee[121]采用三温模型对轨道飞行器激波层内的高焓电离流动进行了数值分析。其中,三温模型包括平动温度 T、振动温度 T_v、电子温度 T_e 模型。近年来,国内外陆续开展了态-态模型探究分析[122-123]。该模型基于粒子的微观研究,采用多个振动温度来表征不同能级上的振动能量,以更精确地计算非平衡流动并为温度模型的改进提供思路。

在化学反应模型方面,针对地球大气,反应组分数有 5 组分、7 组分、11 组分(目前最为常用),甚至更多。常用的化学反应模型包括 Dunn - Kang 模型[124](11 组分 26 反应)、Gupta 模型[125](11 组分 20 反应)、Park 系列模型[126-129](11 组分 17 反应、11 组分 21 反应)等。针对火星大气,目前常用的是 Park 的 8 组分 14 反应模型[130]。针对木星大气,相关化学反应模型也在不断发展完善中[131]。需要说明的是,针对化学反应式的选取和基元反应速率的求解,各模型存在明显的差异,进一步的对比和研究仍在有序开展。

除此之外,目前国内外针对高温真实气体效应的前沿研究还包括:①物理化学模型及其系列参数的验证与确认;②适合态-态模型计算的高效鲁棒的新型隐式算法研究;③化学反应与湍流、转捩等现象的复杂耦合研究;④基于飞行器表面材料属性,发展准确可靠的壁面催化、烧蚀以及辐射模型;⑤化学反应与复杂的激波/激波干扰、激波/边界层干扰相互耦合研究。

1.4 本书的主要内容

高超声速计算空气动力学是开展高超声速流动科学问题与工程问题研究的重要手段之一。为了向读者展示高超声速流动的计算方法与应用方面的研究成果,方便相关从业人员了解、学习和使用计算空气动力学方法研究高超声速流动,同时区别于其他高超声速流动数值模拟专著,本书重点介绍宽速域数值计算方法、高阶湍流模型、边界层转捩、真实气体效应、动导数计算、主动降热技术方案、宽速域高超声速飞行器气动布局设计等相关研究。以下介绍本书后续主要内容。

本书第 2 章介绍高超声速计算空气动力学的基本控制方程和数值方法,包括控制方程、时间推进方法、黏性项离散格式、重构格式、通量格式、边界条件等。第 3 章对宽速域数值计算方法与高阶湍流模型进行概述,包括低速反耗散压力修正框架、高速剪切黏性框架、二次本构关系及雷诺应力模型。第 4 章介绍网格生成的关键技术及其应用,包括结构网格、非结构网格、弹性网格、自适应笛卡儿网格、混合网格、重叠网格等。第 5 章对高超声速边界层转捩的基本特征以及转捩模型进行介绍,并采用 $C-\gamma-Re_{\theta}$ 转捩模型对经典的高超声速三维边界层转捩外形进行研究分析。第 6 章介绍高超声速真实气体效应数值模拟,重点阐述化学反应模型、能量松弛模型、振动-离解耦合模型等物理化学模型,并开展地球大气和火星大气环境下的非平衡流场仿真及分析。第 7 章对高超声速动导数的基本概念与数值计算方法进行概述,介绍动导数在工程实践中的应用,并开展动态失稳相关分析。第 8 章对高超声速主动降热技术方案现状进行介绍,并通过数值模拟探讨侧向喷流、减阻杆与环形喷流组合构型等新方案的降热效能。第 9 章对气动布局优化方法进行概述,包括参数化方法、网格变形方法、代理模型、优化搜索算法等,并对锥导乘波体、宽速域翼型与宽速域高超声速飞行器气动布局进行详细介绍。

参 考 文 献

[1] ANDERSON J D. Hypersonic and high temperature gas dynamics[M]. 2nd ed. New York: McGraw-Hill, 2006.

[2] 陈坚强, 涂国华, 张毅锋, 等. 高超声速转捩边界层研究现状与发展趋势[J]. 空气动力学学报, 2017, 35(3): 311 - 337.

[3] SCHNEIDER S P. Development of hypersonic quiet tunnels[J]. Journal of Spacecraft and Rockets, 2008, 45(4): 641 - 664.

[4] TSIEN H S. Similarity laws of hypersonic flows[J]. Journal of Mathematical Physics, 2012, 25(3): 247 - 251.

[5] BERGER K T, GREENE F A, KIMMEL R. Aerothermodynamic testing and boundary - layer trip sizing of the HiFiRE Flight 1 vehicle[J]. Journal of Spacecraft and Rockets, 2009, 46(2): 473 - 480.

[6] POWELL O A, EDWARDS J T, NORRIS R B, et al. Development of hydrocarbon - fueled scramjet engines: the hypersonic technology (HyTech) program[J]. Journal of Propulsion & Power, 2001, 17(6): 1170 - 1176.

[7] NORRIS R. Free jet test of the AFRL HySET scramjet engine model at Mach 6. 5 and 4. 5[C]//Joint Propulsion Conference & Exhibit, July 08 - 22, 2001, Salt Lake City, State of Utah. Reston: AIAA, 2001:3169.

[8] HOLLAND S D, WOODS W C, ENGELUND W C. Hyper - X research vehicle (HXRV) experimental aerodynamics test program overview[J]. Journal of Spacecraft & Rockets, 2000, 38(6): 828 - 835.

[9] FOELSCHE R, LEYLEGIAN J, BETTI A, et al. Progress on the development of a free flight atmospheric scramjet test technique[C]//AIAA/CIRA 13th International Space Planes and Hypersonics Systems and Technologies Conference, May 16 - 20, 2005, Capua, Italy. Reston: AIAA, 2005: 3297.

[10] JOYCE P, POMROY J, GRINDLE L. The Hyper - X launch vehicle: challenges and design considerations for hypersonic flight testing[C]//AIAA/CIRA 13th International Space Planes and Hypersonics Systems and Technologies Conference, May 16 - 20, 2005, Capua, Italy. Reston: AIAA, 2005: 3333.

[11] 张斌, 许爱军, 代国宝, 等. 美国 X - 43A 高超声速飞行器先进制造技术分析[J/OL]. 战术导弹技术: 1 - 5 [2023 - 01 - 02]. https://kns. cnki. net/kcms2/article/abstract? v= lxIxReJOxlcYlsSpyf KZ0w - 73JcA9wcdgeqdw6504Ea0M6Xi3xyQ7 zrN7KW8MA8xAdij1WG5SGB32w - 4eX5tVBy0hRUXyFvXJTKX21IM6BZAn_ Dnp_mWOxSnLJ4kxour_SFHr - H2C70 = & uniplatform = NZKPT & flag = copy. DOI:10. 16358/j. issn. 1009 - 1300. 20220567.

[12] 曾慧, 白菡尘, 朱涛. X - 51 超燃冲压发动机及飞行验证计划[J]. 导弹与航天运载技术, 2010(1): 57 - 61.

[13] BOUCHEZ M, ROUDAKOV A, KOPCHENOV V, et al. French - Russian analysis of Kholod dual - mode ramjet flight experiments[C]//AIAA/CIRA 13th International Space Planes and Hypersonics Systems and Technologies Conference, May 16 - 20, 2005, Capua, Italy. Reston: AIAA, 2005: 3320.

[14] KISLYKH V V, KONDRATOV A A, SEMENOV V L. The program for the complex investigation of the hypersonic flight laboratory (HFL) "Igla" in the

PGU of TSNIIMASH [C]//10th AIAA/NAL − NASDA − ISAS International Space Planes and Hypersonic Systems and Technologies Conference, April 24 − 27, 2001, Kyoto, Japan. Reston: AIAA, 2001: 1875.

[15] SACHER P, ZELLNER B. Flight testing objectives for small hypersonic flight test vehicles featuring a ramjet engine[C]//International Aerospace Planes and Hypersonics Technologies, April 03 − 07, 1995, Chattanooga, State of Tennessee. Reston: AIAA, 1995: 6014.

[16] Neuenhahn T, Olivier H, Paull A. Development of the Hyshot stabiltiy demonstrator [C]// 25th AIAA Aerodynamic Measurement Technology and Ground Testing Conference, June 05 − 08, 2006, San Francisco, California. Reston: AIAA, 2006: 2960.

[17] MARTINEZ SCHRAMM J, KARL S, HANNEMANN K, et al. Ground testing of the Hyshot II scramjet configuration in HEG[C]//15th AIAA International Space Planes and Hypersonic Systems and Technologies Conference, April 28 − May 01, 2008, Dayton, Ohio. Reston: AIAA, 2008: 2547.

[18] WALKER S, RODGERS F. The hypersonic collaborative Australia/United states experiment (HyCAUSE)[C]//AIAA/CIRA 13th International Space Planes and Hypersonics Systems and Technologies Conference, May 16 − 20, 2005, Capua, Italy. Reston: AIAA, 2005: 3254.

[19] ODAM J, PAULL A, ALESI H, et al. HIFiRE 0 flight test data[C]//16th AIAA/DLR/DGLR International Space Planes and Hypersonic Systems and Technologies Conference, October 19 − 22, 2009, Bremen, Germany. Reston: AIAA, 2009: 7293.

[20] FALEMPIN F, SERRE L. French flight testing program LEA − status in 2011 [C]//17th AIAA International Space Planes and Hypersonic Systems and Technologies Conference, April 11 − 14, 2011, San Francisco, California. Reston: AIAA, 2011: 2200.

[21] DADD G, OWEN R, HODGES J, et al. Sustained hypersonic flight experiment (SHyFE) [C]//14th AIAA/AHI Space Planes and Hypersonic Systems and Technologies Conference, November 06 − 09, 2006, Canberra, Australia. Reston: AIAA, 2006: 7926.

[22] KANIA P. The German hypersonics technology program − overview [C]// International Aerospace Planes and Hypersonics Technologies, April 03 − 07, 1995, Chattanooga, State of Tennessee. Reston: AIAA, 1995: 6005.

[23] YANAGIHARA M, MIYAZAWA Y, TANIGUCHI H. Simulation analysis of the HOPE − X demonstrator[C]//9th International Space Planes and Hypersonic Systems and Technologies Conference, November 01 − 05, 1999, Norfolk, Virginia. Reston: AIAA, 1999: 4875.

[24] 乐嘉陵. 吸气式高超声速技术研究进展[J]. 西南科技大学学报，2011，26(4)：1-9.

[25] 张远，黄旭，路坤锋，等. 高超声速飞行器控制技术研究进展与展望[J]. 宇航学报，43(7)：866-879.

[26] KOSSIRA H, BARDENHAGEN A, HEINZE W. Investigations on the potential of hypersonic waveriders with the integrated aircraft design program PrADO-Hy [C]//5th International Aerospace Planes and Hypersonics Technologies Conference, November 30-December 03, 1993, Munich, Germany. Reston: AIAA, 1993: 5098.

[27] MCNAMARA J J, FRIEDMANN P P. Aeroelastic and aerothermoelastic analysis in hypersonic flow: past, present, and future[J]. AIAA Journal, 2011, 49(6): 1089-1122.

[28] VOLAND R T, HUEBNER L D, MCCLINTON C R. X-43 hypersonic vehicle technology development[J]. Acta Astronautica, 2006, 59(1): 181-191.

[29] PAMADI B N, BRAUCKMANN G J, RUTH M J, et al. Aerodynamic characteristics, database development, and flight simulation of the X-34 vehicle [J]. Journal of Spacecraft & Rockets, 2001, 38(3): 334-344.

[30] 张耀. 俄新型高超声速导弹技术性能综述与分析[J]. 飞航导弹，2019(2)：30-33.

[31] 陈贤亮，符松. 高超声速高焓边界层稳定性与转捩研究进展[J]. 力学学报，2022，54(11)：2937-2957.

[32] 陈坚强，张益荣，郭勇颜，等. 高超声速流动数值模拟方法及应用[M]. 北京：科学出版社，2019.

[33] PROSPERETTI A. Viscous effects on perturbed spherical flows[J]. Quarterly of Applied Mathematics, 1977, 34(4): 339-352.

[34] SLOTNICK J P, KHODADOUST A, ALONSO J, et al. CFD vision 2030 study: a path to revolutionary computational aerosciences [R]. Washington, D. C.: NASA, 2014.

[35] BERTIN J J, CUMMINGS R M. Critical hypersonic aerothermodynamic phenomena[J]. Annual Review of Fluid Mechanics, 2006(38): 129-157.

[36] MORKOVIN M V. Transition at hypersonic speeds [R]. Hampton: NASA, 1987.

[37] FEDOROV A V. Transition and stability of high-speed boundary layers[J]. Annual Review of Fluid Mechanics, 2011(43): 79-95.

[38] XI Y, REN J, FU S. Hypersonic attachment-line instabilities with large sweep Mach numbers[J]. Journal of Fluid Mechanics, 2021(915): 44-53.

[39] MACK L M. Boundary-layer linear stability theory [R]. Brussels: AGARD, 1984.

[40] SARIC W S. Görtler vortices[J]. Annual Review of Fluid Mechanics, 1994(26): 379-409.

[41] REED H L, SARIC W S. Stability of three‐dimensional boundary layers[J]. Annual Review of Fluid Mechanics, 1989(21): 235 - 284.

[42] SARIC W S, REED H L, WHITE E B. Stability and transition of three‐dimensional boundary layers[J]. Annual Review of Fluid Mechanics, 2003, 35 (35): 413 - 440.

[43] 卞荫贵, 徐立功. 气动热力学[M]. 合肥: 中国科学技术大学出版社, 2011.

[44] ANDERSON J D. Hypersonic and high‐temperature gas dynamics[M]. 2nd ed. Reston: AIAA, 2006.

[45] GNOFFO P A. Conservation equations and physical models for hypersonic air flows in thermal and chemical nonequilibrium[M]. Washington, D. C.: NASA, 1989.

[46] HOLLIS B R. Blunt‐body entry vehicle aerotherodynamics: transition and turbulent heating[J]. Journal of Spacecraft and Rockets, 2012, 49(3): 435 - 449.

[47] HOLLIS B R, BORRELLI S. Aerothermodynamics of blunt body entry vehicles [J]. Progress in Aerospace Sciences, 2012(48/49): 42 - 56.

[48] 桂业伟, 唐伟, 杜雁霞, 等. 临近空间高超声速飞行器热安全[M]. 北京: 国防工业出版社, 2019.

[49] 姜宗林. 高超声速高焓风洞试验技术研究进展[J]. 空气动力学学报, 2019, 37 (3): 347 - 355.

[50] 唐志共, 张益荣, 陈坚强, 等. 更准确、更精确、更高效: 高超声速流动数值模拟研究进展[J]. 航空学报, 2015, 36(1): 120 - 134.

[51] ANDERSON J D. Fundamentals of aerodynamics[M]. New York: McGraw Hill, 1984.

[52] NONWEILER T R F. Aerodynamic problems of manned space vehicles[J]. The Journal of the Royal Aeronautical Society, 1959, 63(585): 521 - 528.

[53] JONES J G, MOORE K C, PIKE J, et al. A method for designing lifting configurations for high supersonic speeds, using axisymmetric flow fields[J]. Ingenieur‐Archiv, 1968, 37(1): 56 - 72.

[54] HE X, RASMUSSEN M L. Computational analysis of off‐design waveriders[J]. Journal of Aircraft, 1993, 31(2): 345 - 353.

[55] STARKEY R P, LEWIS M J. Analytical off‐design lift‐to‐drag‐ratio analysis for hypersonic waveriders[J]. Journal of Spacecraft & Rockets, 2000, 37 (5): 684 - 691.

[56] 李宪开, 王霄, 柳军, 等. 水平起降高超声速飞机气动布局技术研究[J]. 航空科学技术, 2020, 31(11): 7 - 13.

[57] LI S B, LUO S B, WEI H, et al. Influence of the connection section on the aerodynamic performance of the tandem waverider in a wide‐speed range[J]. Aerospace Science & Technology, 2013, 30(1): 50 - 65.

[58] LI S B, HUANG W, WANG Z G, et al. Design and aerodynamic investigation of a parallel vehicle on a wide – speed range[J]. Science China Information Sciences, 2014, 57(12): 128 – 201.

[59] LI S B, WANG Z G, HUANG W, et al. Design and investigation on variable Mach number waverider for a wide – speed range[J]. Aerospace Science & Technology, 2018(76): 291 – 302.

[60] 王发民, 丁海河, 雷麦芳. 乘波布局飞行器宽速域气动特性与研究[J]. 中国科学: 技术科学, 2009, 52(11): 1828 – 1835.

[61] RODI P E. Geometrical relationships for osculating cones and osculating flow field waveriders[R]. Reston: AIAA, 2011.

[62] RODI P E. Vortex lift waverider configurations[C]//50th AIAA Aerospace Sciences Meeting Including the New Horizons Forumand Aerospace Exposition, January 09 – 12, 2012, Nashville, Tennessee. Reston: AIAA, 2012: 1238.

[63] 刘传振, 刘强, 白鹏, 等. 涡波效应宽速域气动外形设计[J]. 航空学报, 2018, 39 (7): 73 – 81.

[64] ZHAO Z T, HUANG W, YAN L, et al. Design and high speed aerodynamic performance analysis of vortex lift waverider with a wide – speed range[J]. Acta Astronautica, 2018(151): 209 – 221.

[65] 陈树生, 冯聪, 李猛, 等. 一种宽速域高超声速飞行器气动布局设计方法及系统: ZL202210879045.5[P]. 2022 – 10 – 25.

[66] FENG C, CHEN S S, YUAN W, et al. A wide – speed – range aerodynamic configuration by adopting wave – riding – strake wing[J]. Acta Astronautica, 2023 (202): 442 – 452.

[67] 郑传宇, 黄江涛, 周铸, 等. 飞翼翼型高维目标空间多学科综合优化设计[J]. 空气动力学学报, 2017, 35(4): 587 – 597.

[68] 韩忠华. Kriging 模型及代理优化算法研究新进展[J]. 航空学报, 2016, 37(11): 3197 – 3225.

[69] 张阳, 韩忠华, 周正, 等. 面向高超声速飞行器的宽速域翼型优化设计[J]. 空气动力学学报, 2021, 39(6): 111 – 127.

[70] 高昌, 李正洲, 黄江涛, 等. 基于连续伴随方法的高超声速飞行器高精度气动优化[J]. 航空学报, 2021, 42(7): 171 – 182.

[71] 高正红, 王超. 飞行器气动外形设计方法研究与进展[J]. 空气动力学学报, 2017, 35(4): 516 – 528.

[72] STEGER J L, WARMING R F. Flux vector splitting of the inviscid gasdynamic equations with applications to finite difference methods [J]. Journal of Computational Physics, 1981, 40(2): 263 – 293.

[73] VAN LEER B. Flux – vector splitting for the Euler equations [C]//Eighth International Conference on Numerical Methods in Fluid Dynamics: Proceedings of the Conference, Rheinisch – Westfälische Technische Hochschule Aachen, June 28 –

July 2, 1982, Aachen, Germany. Berlin, Heidelberg: Springer Berlin – Heidelberg, 2005: 507 – 512.

[74] ROE P L. Approximate Riemann solves, parameter vectors and difference schemes[J]. Journal of Computational Physics, 1981(43): 357 – 372.

[75] OSHER S, SOLOMON F. Upwind difference schemes for hyperbolic conservation laws[J]. Mathematics of Computation, 1982(158): 339 – 374.

[76] CHEN S S, YAN C, LIN B X, et al. Affordable shock – stable item for Godunov – type schemes against carbuncle phenomenon[J]. Journal of Computational Physics, 2018(373): 662 – 672.

[77] PEERY K M, IMLAY S T. Blunt – body flow simulations: AIAA – 88 – 2904[R]. Reston: AIAA, 1988.

[78] LIOU M S. A sequel to AUSM, Part Ⅱ: AUSM+– up for all speeds[J]. Journal of Computational Physics, 2006, 214(1): 137 – 170.

[79] ZHA G C, SHEN Y, WANG B. An improved low diffusion E – CUSP upwind scheme[J]. Computers & Fluids, 2011(48): 214 – 220.

[80] TORO E F, CASTRO C E, LEE B J. A novel numerical flux for the 3D Euler equations with general equation of state[J]. Journal of Computational Physics, 2015(303): 80 – 94.

[81] KITAMURA K, SHIMA E, NAKAMURA Y, et al. Evaluation of Euler fluxes for hypersonic heating computations[J]. AIAA Journal, 2010(48): 763 – 776.

[82] NISHIKAWA H, KITAMURA K. Very simple, carbuncle – free, boundary – layer – resolving, rotated – hybrid Riemann solvers[J]. Journal of Computational Physics, 2008(227): 2560 – 2581.

[83] LIOU M S. Mass flux schemes and connection to shock instability[J]. Journal of Computational Physics, 2000(160): 623 – 648.

[84] RODIONOV A V. Simplified artificial viscosity approach for curing the shock instability[J]. Computers & Fluids, 2021(219): 104873.

[85] THORNBER B, MOSEDALE A, DRIKAKIS D, et al. An improved reconstruction method for compressible flows with low Mach number features[J]. Journal of Computational Physics, 2008, 227(10): 4873 – 4894.

[86] GUILLARD H, VIOZAT C. On the behaviour of upwind schemes in the low Mach number limit[J]. Computers & Fluids, 1999(28): 63 – 86.

[87] CHEN S S, YAN C, ZHONG K, et al. A novel flux splitting scheme with robustness and low dissipation for hypersonic heating prediction[J]. International Journal of Heat and Mass Transfer, 2018(127): 126 – 137.

[88] CHEN S S, LI J P, LI Z, et al. Anti – dissipation pressure correction under low Mach numbers for Godunov – type schemes[J]. Journal of Computational Physics, 2022(456): 111027.

[89] 张涵信. 无波动、无自由参数的耗散差分格式[J]. 空气动力学学报, 1988, 6(2):

143 - 165.

[90]　JIANG G S, SHU C W. Efficient implementation of weighted ENO schemes[J]. Journal of Computational Physics, 1996, 126(1): 202 - 228.

[91]　WANG Q, REN Y X, PAN J, et al. Compact high order finite volume method on unstructured grids Ⅲ: variational reconstruction[J]. Journal of Computational Physics, 2017(337): 1 - 26.

[92]　DENG X G, ZHANG H X. Developing high - order weighted compact nonlinear schemes[J]. Journal of Computational Physics, 2000, 165(1): 22 - 44.

[93]　SHYY W, KRISHNAMURTY V S. Compressibility effects in modeling complex turbulent flows[J]. Progress in Aerospace Sciences, 1997, 33(9/10): 587 - 645.

[94]　ROY C J, BLOTTNER F G. Review and assessment of turbulence models for hypersonic flows[J]. Progress in Aerospace Sciences, 2006, 42(7/8): 469 - 530.

[95]　CELIC A, HIRSCHEL E H. Comparison of eddy - viscosity turbulence models in flows with adverse pressure gradient[J]. AIAA Journal, 2006, 44(10): 2156 - 2169.

[96]　DECK S, DUVEAU P, D'ESPINEY P, et al. Development and application of Spalart - Allmaras one equation turbulence model to three - dimensional supersonic complex configurations[J]. Aerospace Science and Technology, 2002, 6(3): 171 - 183.

[97]　CATRIS S, AUPOIX B. Density corrections for turbulence models[J]. Aerospace Science Technology, 2000, 4(1): 1 - 11.

[98]　LINDBLAD I, WALLIN S, JOHANSSON A, et al. A prediction method for high speed turbulent separated flows with experimental verification[C]//29th AIAA, Fluid Dynamics Conference, June 15 - 18, 1998, Albuquerque, New Mexico. Reston: AIAA, 1998: 2547.

[99]　FU S, WANG L. RANS modeling of high - speed aerodynamic flow transition with consideration of stability theory[J]. Progress in Aerospace Sciences, 2013, 58(2): 36 - 59.

[100]　MENTER F R, LANGTRY R B, LIKKI S R, et al. A correlation - based transition model using local variables - part Ⅰ: model formulation[J]. Journal of turbomachinery, 2006, 128(3): 413 - 422.

[101]　WALTERS D K, LEYLEK J H. A new model for boundary layer transition using a single - point RANS approach[J]. Journal of Turbomachinery, 2004(126): 193 - 202.

[102]　WALTERS D K, COKLJAT D. A three - equation eddy - viscosity model for Reynolds - averaged Navier Stokes simulations of transitional flow[J]. Journal of Fluids Engineering, 2008, 130(12): 121401.

[103]　MYSHENKOV V N. Numerical investigation of separated flow in front of a spiked cylinder[J]. Fluid Dynamics, 1981, 16(6): 938 - 942.

[104]　MENEZES V, SARAVANAN S, REDDY K. Shock tunnel study of spiked

aerodynamic bodies flying at hypersonic Mach numbers[J]. Shock Waves, 2002, 12(3): 197-204.

[105] MENEZES V, SARAVANAN S, JAGADEESH G, et al. Experimental investigations of hypersonic flow over highly blunted cones with aerospikes[J]. AIAA Journal, 2003, 41(10): 1955-1966.

[106] GOPALAN J, MENEZES V, REDDY K, et al. Hypersonic buzz phenomenon on the spiked blunt cones[C]//41st Aerospace Sciences Meeting and Exhibit, January 06-09, 2003, Reno, Nevada. Reston: AIAA, 2003: 284.

[107] AHMED M, QIN N. Metamodels for aerothermodynamic design optimization of hypersonic spiked blunt bodies[J]. Aerospace science and technology, 2010, 14 (5): 364-376.

[108] AHMED M, QIN N. Surrogate - based multi - objective aerothermodynamic design optimization of hypersonic spiked bodies[J]. AIAA Journal, 2012, 50 (4): 797-810.

[109] YUAN X, LIANG W, SONG F U. Detached - eddy simulation of supersonic flow past a spike - tipped blunt nose[J]. Chinese Journal of Aeronautics, 2018, 31(9): 22-28.

[110] HUANG J, YAO W X. Multi - objective design optimization of blunt body with spike and aerodisk in hypersonic flow[J]. Aerospace Science & Technology, 2019(93): 105122.

[111] HUANG J, YAO W X, QIN N. Heat reduction mechanism of hypersonic spiked blunt body with installation angle at large angle of attack[J]. Acta Astronautica, 2019(164): 268-276.

[112] HAYASHI K, ASO S, TANI Y. Numerical study of thermal protection system by opposing jet[C]//43rd AIAA Aerospace Sciences Meeting and Exhibit, January 10-13, 2005, Reno, Nevada. Reston: AIAA, 2005: 188.

[113] 周超英, 纪文英, 张兴伟, 等. 超声速钝体逆向喷流减阻的数值模拟研究[J]. 应用力学学报, 2012, 29(2): 159-163.

[114] 周超英, 纪文英, 张兴伟, 等. 球头体逆向喷流减阻的数值模拟研究[J]. 工程力学, 2013, 30(1): 441-447.

[115] ALBERTI A, MUNAFÒ A, PANTANO C, et al. Self - consistent computational fluid dynamics of supersonic drag reduction via upstream - focused laser - energy deposition[J]. AIAA Journal, 2020, 59(4): 1214-1224.

[116] JOHNSON R H. Instability in hypersonic flow about blunt bodies[J]. The Physics of Fluids, 1959, 2(5): 526-532.

[117] 马坤, 朱亮, 陈雄, 等. 高超声速流场支杆射流减阻降热的流热耦合[J]. 航空动力学报, 2020, 35(4): 793-804.

[118] ZHU L, CHEN X, LI Y K, et al. Investigation of drag and heat reduction

induced by a novel combinational lateral jet and spike concept in supersonic flows based on conjugate heat transfer approach[J]. Acta Astronautica, 2018(142): 300 - 313.

[119] HUANG W, YAN L, LIU J, et al. Drag and heat reduction mechanism in the combinational opposing jet and acoustic cavity concept for hypersonic vehicles [J]. Aerospace Science and Technology, 2015(42): 407 - 414.

[120] PARK C. Assessment of two - temperature kinetic model for ionizing air[J]. Journal of Thermophysics & Heat Transfer, 1989, 3(3): 233 - 244.

[121] LEE J H. Basic governing equations for the flight regimes of aeroassisted orbital transfer vehicles[C]//19th Thermophysics Conference, June 25 - 28, 1984, Snowmass, Colorado. Reston: AIAA, 1984: 1729.

[122] BENDER J D, VALENTINI P, NOMPELIS I, et al. An improved potential energy surface and multi - temperature quasiclassical trajectory calculations of $N_2 + N_2$ dissociation reactions[J]. The Journal of Chemical Physics, 2015, 143 (5): 17 - 23.

[123] CAPITELLI M, ARMENISE I, GORSE C. State - to - state approach in the kinetics of air components under re - entry conditions [J]. Journal of Thermophysics and Heat Transfer, 1997, 11(4): 570 - 578.

[124] DUNN M G, KANG S. Theoretical and experimental studies of reentry plasmas [R]. Washington, D. C.: NASA, 1973.

[125] MURPHY A B. Transport coefficients of air, argon - air, nitrogen - air, and oxygen - air plasmas[J]. Plasma Chemistry and Plasma Processing, 1995, 15 (2): 279 - 307.

[126] PARK C. Assessment of a two - temperature kinetic model for dissociating and weakly ionizing nitrogen[J]. Journal of Thermophysics and Heat Transfer, 1988, 2(1): 8 - 16.

[127] PARK C, Richard L J, Partridge H. Chemical - kinetic parameters of hyperbolic earth entry[J]. Journal of Thermophysics and Heat Transfer, 2001, 15(1): 76 - 90.

[128] PARK C. Chemical kinetic problems of future NASA missions[R]. Washington, D. C.: NASA, 1991.

[129] PARK C. On Convergence of Computation of Chemically Reacting Flows[R]. Washington, D. C.: NASA, 1985.

[130] PARK C, HOWE J, JAFFE R, et al. Review of chemical - kinetic problems of future NASA missions, II: mars entries[J]. Journal of Thermophysics and Heat Transfer, 1994, 8(1): 9 - 23.

[131] REYNIER P, D'AMMANDO G, BRUNO D. Review: Modelling chemical kinetics and convective heating in giant planet entries[J]. Progress in Aerospace Sciences, 2018(96): 1 - 22.

第2章 计算空气动力学基础

物理学三大守恒定律——质量守恒定律、动量守恒定律和能量守恒定律规定了流体运动所遵循的一般规律[1]。在连续介质假设下,流动控制方程(N-S方程)就是这三大定律对流体运动的数学描述。计算空气动力学通过对计算域进行离散,采用数值方法在离散网格点对控制方程(N-S方程或 Euler 方程)进行求解,以获得流场在离散空间和时间序列上的定量描述,用以研究和预测流体的运动规律以及其对物体的作用特征。

本章将对控制方程和主要求解方法进行介绍,包括控制方程及其离散方法、时间推进方法、黏性项离散格式、重构格式、通量格式、湍流模型、边界条件、气动力/热后处理计算等。

2.1 控制方程及其离散方法

2.1.1 笛卡儿坐标系下的 N-S 方程组

忽略体积力和外部热源,笛卡儿坐标系下的三维 N-S 方程组可以表示为

$$\frac{\partial \boldsymbol{Q}}{\partial t} + \frac{\partial \boldsymbol{F}_c}{\partial x} + \frac{\partial \boldsymbol{G}_c}{\partial y} + \frac{\partial \boldsymbol{H}_c}{\partial z} - \left(\frac{\partial \boldsymbol{F}_v}{\partial x} + \frac{\partial \boldsymbol{G}_v}{\partial y} + \frac{\partial \boldsymbol{H}_v}{\partial z} \right) = 0 \tag{2.1}$$

式中:$\boldsymbol{Q}$ 为守恒变量;$\boldsymbol{F}_c$、$\boldsymbol{G}_c$ 和 $\boldsymbol{H}_c$ 分别为 x、y 和 z 三个坐标方向的对流通量;$\boldsymbol{F}_v$、$\boldsymbol{G}_v$ 和 $\boldsymbol{H}_v$ 分别为对应方向的黏性通量,其具体的形式如下:

$$\boldsymbol{Q} = \begin{bmatrix} \rho \\ \rho u \\ \rho v \\ \rho w \\ \rho E \end{bmatrix}, \quad \boldsymbol{F}_c = \begin{bmatrix} \rho u \\ \rho u^2 + p \\ \rho u v \\ \rho u w \\ \rho H u \end{bmatrix}, \quad \boldsymbol{G}_c = \begin{bmatrix} \rho v \\ \rho v u \\ \rho v^2 + p \\ \rho v w \\ \rho H v \end{bmatrix}, \quad \boldsymbol{H}_c = \begin{bmatrix} \rho w \\ \rho u w \\ \rho v w \\ \rho w^2 + p \\ \rho H w \end{bmatrix} \tag{2.2}$$

$$\boldsymbol{F}_v = \begin{bmatrix} 0 \\ \tau_{xx} \\ \tau_{xy} \\ \tau_{xz} \\ u\tau_{xx} + v\tau_{xy} + w\tau_{xz} - q_x \end{bmatrix}, \quad \boldsymbol{G}_v = \begin{bmatrix} 0 \\ \tau_{yx} \\ \tau_{yy} \\ \tau_{yz} \\ u\tau_{yx} + v\tau_{yy} + w\tau_{yz} - q_y \end{bmatrix}$$

$$
\boldsymbol{H}_\mathrm{v} = \begin{bmatrix} 0 \\ \tau_{zx} \\ \tau_{zy} \\ \tau_{zz} \\ u\tau_{zx} + v\tau_{zy} + w\tau_{zz} - q_z \end{bmatrix} \tag{2.3}
$$

式中，u、v 和 w 分别为 x、y 和 z 三个方向的速度；ρ 和 p 分别为气体密度和压力；E 和 H 为单位质量气体的总能和总焓，即

$$
E = \frac{p}{(\gamma-1)\rho} + \frac{u^2 + v^2 + w^2}{2}, \quad H = E + p/\rho \tag{2.4}
$$

式(2.3)中各黏性应力分量如下：

$$
\left.
\begin{aligned}
\tau_{xx} &= 2\mu\frac{\partial u}{\partial x} - \frac{2}{3}\mu\left(\frac{\partial u}{\partial x} + \frac{\partial v}{\partial y} + \frac{\partial w}{\partial z}\right), \quad \tau_{xy} = \tau_{yx} = \mu\left(\frac{\partial u}{\partial y} + \frac{\partial v}{\partial x}\right) \\
\tau_{yy} &= 2\mu\frac{\partial v}{\partial y} - \frac{2}{3}\mu\left(\frac{\partial u}{\partial x} + \frac{\partial v}{\partial y} + \frac{\partial w}{\partial z}\right), \quad \tau_{yz} = \tau_{zy} = \mu\left(\frac{\partial v}{\partial z} + \frac{\partial w}{\partial y}\right) \\
\tau_{zz} &= 2\mu\frac{\partial w}{\partial z} - \frac{2}{3}\mu\left(\frac{\partial u}{\partial x} + \frac{\partial v}{\partial y} + \frac{\partial w}{\partial z}\right), \quad \tau_{xz} = \tau_{zx} = \mu\left(\frac{\partial u}{\partial z} + \frac{\partial w}{\partial x}\right)
\end{aligned}
\right\} \tag{2.5}
$$

对于各向同性流体，热导率 k 与方向无关，仅是温度与流动状态的函数。因此，三个方向的热流密度采用 Fourier 定律计算，即

$$
q_x = -k\frac{\partial T}{\partial x}, \quad q_y = -k\frac{\partial T}{\partial y}, \quad q_z = -k\frac{\partial T}{\partial z} \tag{2.6}
$$

式中：T 为气体温度；μ 为气体动力黏性系数（层流黏性系数 μ_l 和湍流黏性系数 μ_t 之和），即

$$
\mu = \mu_\mathrm{l} + \mu_\mathrm{t} \tag{2.7}
$$

其中，层流黏性系数 μ_l 通过 Sutherland 公式[2]计算：

$$
\frac{\mu_\mathrm{l}}{\mu_0} = \left(\frac{T}{T_0}\right)^{1.5}\left(\frac{T_0 + T_\mathrm{s}}{T + T_\mathrm{s}}\right) \tag{2.8}
$$

式中：$T_0 = 273.16\mathrm{K}$；对于空气，有 $\mu_0 = 1.7161 \times 10^{-5}\,\mathrm{Pa \cdot s}$，$T_\mathrm{s} = 110.4\,\mathrm{K}$。

热导率 k 的计算公式为

$$
k = \frac{\mu c_p}{Pr} = \frac{\mu\gamma R}{(\gamma-1)Pr} \Rightarrow k = k_\mathrm{l} + k_\mathrm{t} = \left(\frac{\mu_\mathrm{l}}{Pr_\mathrm{l}} + \frac{\mu_\mathrm{t}}{Pr_\mathrm{t}}\right)\frac{\gamma R}{(\gamma-1)} \tag{2.9}
$$

对于空气等双原子分子气体，比热比 γ 取 1.4，气体常数 $R = 287\,\mathrm{J/(kg \cdot K)}$，$Pr_\mathrm{l}$ 和 Pr_t 分别为层流普朗特数和湍流普朗特数，分别取值为 $Pr_\mathrm{l} = 0.72$，$Pr_\mathrm{t} = 0.9$。

为使 N-S 方程封闭，对于完全气体，还需要补充如下状态方程：

$$
p = \rho RT \tag{2.10}
$$

去掉 N-S 方程中的黏性通量 $\boldsymbol{F}_\mathrm{v}$、$\boldsymbol{G}_\mathrm{v}$ 和 $\boldsymbol{H}_\mathrm{v}$，即可获得描述无黏流动的 Euler 方程。

2.1.2　曲线坐标系下的 N-S 方程组及其无量纲化

1.方程的无量纲化

在实际数值模拟中，通常要对控制方程进行无量纲化，以达到如下三个目的[3]：① 避免

不同物理量之间的量级差异,防止计算机截断误差导致的精度损失;② 将控制方程中的常数转化为相似参数(如马赫数 Ma、雷诺数 Re 等),减少常数运算,降低计算量;③ 实现相似模拟,保证计算结果的通用性。

在实际计算中,通常先对控制方程进行无量纲化,取无量纲化特征参数为特征长度 L_{ref}、来流声速 a_∞、来流温度 T_∞、来流密度 ρ_∞、来流黏性系数 μ_∞。可获得

$$\left.\begin{array}{l}(x,y,z)=\dfrac{(x^*,y^*,z^*)}{L_{ref}}, \quad (u,v,w)=\dfrac{(u^*,v^*,w^*)}{a_\infty}, \quad t=\dfrac{t^*}{L_{ref}/a_\infty} \\ p=\dfrac{p^*}{\rho_\infty a_\infty^2}, \quad \rho=\dfrac{\rho^*}{\rho_\infty}, \quad T=\dfrac{T^*}{T_\infty}, \quad \mu=\dfrac{\mu^*}{\mu_\infty}, \quad Re=\dfrac{\rho_\infty U_\infty L_{ref}}{\mu_\infty}, \quad M_\infty=\dfrac{U_\infty}{a_\infty}\end{array}\right\}$$
(2.11)

式中:上标" $*$ "表示有量纲量,为书写简洁,后面在不致引起混淆时将其省略;下标" ∞ "表示自由来流量。

N-S方程式(2.1)无量纲化后,各矢量在表达形式上与原来一样,只是表达式中的各个物理量采用无量纲形式,其无量纲表达式为

$$\frac{\partial \boldsymbol{Q}}{\partial t}+\frac{\partial \boldsymbol{F}_c}{\partial x}+\frac{\partial \boldsymbol{G}_c}{\partial y}+\frac{\partial \boldsymbol{H}_c}{\partial z}-\frac{M_\infty}{Re}\cdot\left(\frac{\partial \boldsymbol{F}_v}{\partial x}+\frac{\partial \boldsymbol{G}_v}{\partial y}+\frac{\partial \boldsymbol{H}_v}{\partial z}\right)=0$$
(2.12)

同时状态方程式(2.10)的表达式变为

$$T=\frac{\gamma p}{\rho}$$
(2.13)

2. 坐标变换

当飞行器的外形比较复杂时,为了更好地计算流场,需要生成贴体网格[3]。为了简化控制方程中导数的计算并便于处理边界条件,需要将直角坐标系 (x,y,z,t) 下的控制方程转换到一般曲线坐标系 (ξ,η,ζ,τ) 下。坐标变换如下:

$$\left.\begin{array}{l}\tau=t \\ \xi=\xi(x,y,z,t) \\ \eta=\eta(x,y,z,t) \\ \zeta=\zeta(x,y,z,t)\end{array}\right\}$$
(2.14)

根据链式求导法则:

$$\left.\begin{array}{l}\dfrac{\partial}{\partial t}=\dfrac{\partial}{\partial \tau}+\xi_\tau\dfrac{\partial}{\partial \xi}+\eta_\tau\dfrac{\partial}{\partial \eta}+\zeta_\tau\dfrac{\partial}{\partial \zeta} \\ \dfrac{\partial}{\partial x}=\xi_x\dfrac{\partial}{\partial \xi}+\eta_x\dfrac{\partial}{\partial \eta}+\zeta_x\dfrac{\partial}{\partial \zeta} \\ \dfrac{\partial}{\partial y}=\xi_y\dfrac{\partial}{\partial \xi}+\eta_y\dfrac{\partial}{\partial \eta}+\zeta_y\dfrac{\partial}{\partial \zeta} \\ \dfrac{\partial}{\partial z}=\xi_z\dfrac{\partial}{\partial \xi}+\eta_z\dfrac{\partial}{\partial \eta}+\zeta_z\dfrac{\partial}{\partial \zeta}\end{array}\right\}$$
(2.15)

式中,$\xi_x,\xi_y,\xi_z,\xi_\tau,\eta_x,\eta_y,\eta_z,\eta_\tau,\zeta_x,\zeta_y,\zeta_z,\zeta_\tau$ 称为度量系数,具体求解公式为

$$\left.\begin{aligned}
\xi_\tau &= -(x_\tau \xi_x + y_\tau \xi_y + z_\tau \xi_z) \\
\eta_\tau &= -(x_\tau \eta_x + y_\tau \eta_y + z_\tau \eta_z) \\
\zeta_\tau &= -(x_\tau \zeta_x + y_\tau \zeta_y + z_\tau \zeta_z) \\
\xi_x &= J \cdot (y_\eta z_\zeta - y_\zeta z_\eta), \xi_y = J \cdot (x_\zeta z_\eta - x_\eta z_\zeta), \xi_z = J \cdot (x_\eta y_\zeta - x_\zeta y_\eta) \\
\eta_x &= J \cdot (y_\zeta z_\xi - y_\xi z_\zeta), \eta_y = J \cdot (x_\xi z_\zeta - x_\zeta z_\xi), \eta_z = J \cdot (x_\zeta y_\xi - x_\xi y_\zeta) \\
\zeta_x &= J \cdot (y_\xi z_\eta - y_\eta z_\xi), \zeta_y = J \cdot (x_\eta z_\xi - x_\xi z_\eta), \zeta_z = J \cdot (x_\xi y_\eta - x_\eta y_\xi)
\end{aligned}\right\} \quad (2.16)$$

其中，J 代表坐标变换 Jacobi 行列式，具体为

$$J = \left| \frac{\partial(\xi,\eta,\zeta,\tau)}{\partial(x,y,z,t)} \right| = \frac{1}{x_\xi(y_\eta z_\zeta - y_\zeta z_\eta) - x_\eta(y_\xi z_\zeta - y_\zeta z_\xi) + x_\zeta(y_\xi z_\eta - y_\eta z_\xi)} \quad (2.17)$$

3. 曲线坐标系控制方程

将上述链式求导法则及度量系数应用于无量纲化的 N-S 方程式(2.12)，得到曲线坐标系下的流动控制方程组

$$\frac{\partial \hat{\boldsymbol{Q}}}{\partial \tau} + \frac{\partial \hat{\boldsymbol{F}}_c}{\partial \xi} + \frac{\partial \hat{\boldsymbol{G}}_c}{\partial \eta} + \frac{\partial \hat{\boldsymbol{H}}_c}{\partial \zeta} = \frac{M_\infty}{Re} \cdot \left(\frac{\partial \hat{\boldsymbol{F}}_v}{\partial \xi} + \frac{\partial \hat{\boldsymbol{G}}_v}{\partial \eta} + \frac{\partial \hat{\boldsymbol{H}}_v}{\partial \zeta} \right) \quad (2.18)$$

其中

$$\hat{\boldsymbol{Q}} = \frac{1}{J}\begin{Bmatrix} \rho \\ \rho u \\ \rho v \\ \rho w \\ \rho E \end{Bmatrix}, \quad
\hat{\boldsymbol{F}}_c = \frac{1}{J}\begin{Bmatrix} \rho U \\ \rho U u + \xi_x p \\ \rho U v + \xi_y p \\ \rho U w + \xi_z p \\ \rho H U - \xi_t p \end{Bmatrix}, \quad
\hat{\boldsymbol{G}}_c = \frac{1}{J}\begin{Bmatrix} \rho V \\ \rho V u + \eta_x p \\ \rho V v + \eta_y p \\ \rho V w + \eta_z p \\ \rho H V - \eta_t p \end{Bmatrix}$$

$$\left.\begin{aligned}
\hat{\boldsymbol{H}}_c &= \frac{1}{J}\begin{Bmatrix} \rho W \\ \rho W u + \zeta_x p \\ \rho W v + \zeta_y p \\ \rho W w + \zeta_z p \\ \rho H W - \zeta_t p \end{Bmatrix}, \quad
\hat{\boldsymbol{F}}_v = \frac{1}{J}\begin{Bmatrix} 0 \\ \xi_x \tau_{xx} + \xi_y \tau_{xy} + \xi_z \tau_{xz} \\ \xi_x \tau_{yx} + \xi_y \tau_{yy} + \xi_z \tau_{yz} \\ \xi_x \tau_{zx} + \xi_y \tau_{zy} + \xi_z \tau_{zz} \\ \xi_x b_x + \xi_y b_y + \xi_z b_z \end{Bmatrix} \\[2mm]
\hat{\boldsymbol{G}}_v &= \frac{1}{J}\begin{Bmatrix} 0 \\ \eta_x \tau_{xx} + \eta_y \tau_{xy} + \eta_z \tau_{xz} \\ \eta_x \tau_{yx} + \eta_y \tau_{yy} + \eta_z \tau_{yz} \\ \eta_x \tau_{zx} + \eta_y \tau_{zy} + \eta_z \tau_{zz} \\ \eta_x b_x + \eta_y b_y + \eta_z b_z \end{Bmatrix}, \quad
\hat{\boldsymbol{H}}_v = \frac{1}{J}\begin{Bmatrix} 0 \\ \zeta_x \tau_{xx} + \zeta_y \tau_{xy} + \zeta_z \tau_{xz} \\ \zeta_x \tau_{yx} + \zeta_y \tau_{yy} + \zeta_z \tau_{yz} \\ \zeta_x \tau_{zx} + \zeta_y \tau_{zy} + \zeta_z \tau_{zz} \\ \zeta_x b_x + \zeta_y b_y + \zeta_z b_z \end{Bmatrix}
\end{aligned}\right\} \quad (2.19)$$

其中，U、V、W 为逆变速度，定义如下：

$$\left.\begin{aligned}
U &= \xi_t + \xi_x u + \xi_y v + \xi_z w \\
V &= \eta_t + \eta_x u + \eta_y v + \eta_z w \\
W &= \zeta_t + \zeta_x u + \zeta_y v + \zeta_z w
\end{aligned}\right\} \quad (2.20)$$

在当前的 CFD 计算中，计算网格不随时间变化，因此 ξ_t，η_t，ζ_t 均为零。

此外，有

$$\left.\begin{array}{l} b_x = u\tau_{xx} + v\tau_{xy} + w\tau_{xz} - q_x \\ b_y = u\tau_{yx} + v\tau_{yy} + w\tau_{yz} - q_y \\ b_z = u\tau_{zx} + v\tau_{zy} + w\tau_{zz} - q_z \end{array}\right\} \tag{2.21}$$

曲线坐标系下的黏性应力为

$$\left.\begin{array}{l} \tau_{xx} = \mu\Big[\dfrac{4}{3}(\xi_x u_\xi + \eta_x u_\eta + \zeta_x u_\zeta) - \dfrac{2}{3}(\xi_y v_\xi + \eta_y v_\eta + \zeta_y v_\zeta) - \dfrac{2}{3}(\xi_z w_\xi + \eta_z w_\eta + \zeta_z w_\zeta)\Big] \\[2mm] \tau_{xy} = \tau_{yx} = \mu(\xi_y u_\xi + \eta_y u_\eta + \zeta_y u_\zeta + \xi_x v_\xi + \eta_x v_\eta + \zeta_x v_\zeta) \\[2mm] \tau_{yy} = \mu\Big[\dfrac{4}{3}(\xi_y v_\xi + \eta_y v_\eta + \zeta_y v_\zeta) - \dfrac{2}{3}(\xi_x u_\xi + \eta_x u_\eta + \zeta_x u_\zeta) - \dfrac{2}{3}(\xi_z w_\xi + \eta_z w_\eta + \zeta_z w_\zeta)\Big] \\[2mm] \tau_{xz} = \tau_{zx} = \mu(\xi_z u_\xi + \eta_z u_\eta + \zeta_z u_\zeta + \xi_x w_\xi + \eta_x w_\eta + \zeta_x w_\zeta) \\[2mm] \tau_{zz} = \mu\Big[\dfrac{4}{3}(\xi_z w_\xi + \eta_z w_\eta + \zeta_z w_\zeta) - \dfrac{2}{3}(\xi_x u_\xi + \eta_x u_\eta + \zeta_x u_\zeta) - \dfrac{2}{3}(\xi_y v_\xi + \eta_y v_\eta + \zeta_y v_\zeta)\Big] \\[2mm] \tau_{yz} = \tau_{zy} = \mu(\xi_z v_\xi + \eta_z v_\eta + \zeta_z v_\zeta + \xi_y w_\xi + \eta_y w_\eta + \zeta_y w_\zeta) \end{array}\right\} \tag{2.22}$$

2.1.3 有限体积法

有限体积法基于因变量在有限大小控制体中守恒原理,其过程是:先将计算域划分为一系列互不重叠的多面体控制单元,并将需求解的微分型方程在各个控制单元上进行积分,得出一组离散的积分形式方程[4],其中的未知量为单元因变量的平均值;再对该积分形式方程进行求解,得到因变量在控制单元内部的变化规律。在采用线性重构下,体积平均值等于质心处的变量值。由于积分形式的 N-S 方程具有守恒性,允许存在激波等间断解,因此相比于有限差分法,有限体积法更易于求解复杂几何外形流动,应用更为广泛。根据 Gauss 散度定理,一般曲线坐标系下微分形式的 N-S 方程式(2.18)可以转换为

$$\iiint_\Omega \frac{\partial \hat{\boldsymbol{Q}}}{\partial \tau} \mathrm{d}\Omega + \iint_{\partial\Omega} (\hat{\boldsymbol{F}} i_\xi + \hat{\boldsymbol{G}} i_\eta + \hat{\boldsymbol{H}} i_\zeta) \mathrm{d}s = 0 \tag{2.23}$$

式中:Ω 代表控制体;$\partial\Omega$ 为控制体外表面;$\mathrm{d}s$ 为控制体单元表面积矢量,且

$$\hat{\boldsymbol{F}} = \hat{\boldsymbol{F}}_c - \frac{M_\infty}{Re}\hat{\boldsymbol{F}}_v, \hat{\boldsymbol{G}} = \hat{\boldsymbol{G}}_c - \frac{M_\infty}{Re}\hat{\boldsymbol{G}}_v, \hat{\boldsymbol{H}} = \hat{\boldsymbol{H}}_c - \frac{M_\infty}{Re}\hat{\boldsymbol{H}}_v \tag{2.24}$$

在曲线坐标系,考虑到计算空间内单元体积和面积均为 1,可得到最终离散形式的 N-S 方程为

$$\left(\frac{\partial \hat{\boldsymbol{Q}}}{\partial \tau}\right)_{i,j,k} + \hat{\boldsymbol{F}}_{i+1/2,j,k} - \hat{\boldsymbol{F}}_{i-1/2,j,k} + \hat{\boldsymbol{G}}_{i,j+1/2,k} - \hat{\boldsymbol{G}}_{i,j-1/2,k} + \hat{\boldsymbol{H}}_{i,j,k+1/2} - \hat{\boldsymbol{H}}_{i,j,k-1/2} = 0$$

$$\tag{2.25}$$

2.2 时间推进方法

时间推进方法一般分为显式和隐式两大类。显式方法计算量和存储量较小,易于并行计算,但时间步长受稳定性条件的限制;隐式方法具有无条件稳定性,收敛效率高,缺点是计算量和存储量较大,不利于大规模并行化。目前常用的显式方法为多步 Runge-Kutta 方

法[5]。隐式方法中，Yoon 和 Jameson 于 1988 年提出的 LU‐SGS(Lower‐Upper Symmetric Gauss‐Seidel)方法[6]具有稳定性好、效率高、不需要矩阵求逆等优点，是目前 CFD 领域使用最为广泛的隐式时间推进方法之一。此外，针对有时间精度要求的非定常流动，Jameson 进一步提出类似牛顿迭代思想的双时间步(Dual Time Step)方法[7]，从而在保持较高计算效率的同时实现了二阶时间精度。目前，该方法已在非定常流动计算中得到了广泛的应用，甚至被用于湍流问题的直接数值模拟。下面分别介绍这些方法。

2.2.1　显式 Runge‐Kutta 方法

空间离散后，曲线坐标系下无量纲形式 N‐S 方程式(2.18)可化为一组半离散的常微分方程组：

$$\frac{\partial \hat{\boldsymbol{Q}}}{\partial \tau} = \frac{\partial}{\partial t}\left(\frac{\boldsymbol{Q}}{J}\right) = \boldsymbol{Q}\,\frac{\partial}{\partial t}\left(\frac{1}{J}\right) + \frac{1}{J}\,\frac{\partial \boldsymbol{Q}}{\partial t} = \boldsymbol{R}(\boldsymbol{Q}) \tag{2.26}$$

其中，残差 $\boldsymbol{R}(\boldsymbol{Q})$ 定义为

$$\boldsymbol{R}(\boldsymbol{Q}) = -\left[\left(\frac{\partial \hat{\boldsymbol{F}}_{\mathrm{c}}}{\partial \xi} + \frac{\partial \hat{\boldsymbol{G}}_{\mathrm{c}}}{\partial \eta} + \frac{\partial \hat{\boldsymbol{H}}_{\mathrm{c}}}{\partial \zeta}\right) - \frac{M_{\infty}}{Re} \cdot \left(\frac{\partial \hat{\boldsymbol{F}}_{\mathrm{v}}}{\partial \xi} + \frac{\partial \hat{\boldsymbol{G}}_{\mathrm{v}}}{\partial \eta} + \frac{\partial \hat{\boldsymbol{H}}_{\mathrm{v}}}{\partial \zeta}\right)\right] \tag{2.27}$$

假设计算网格不随时间变化，即 $1/J$ 不变，则

$$\frac{1}{J}\,\frac{\partial \boldsymbol{Q}}{\partial t} = \boldsymbol{R}(\boldsymbol{Q}) \tag{2.28}$$

在此给出时间精度分别为一阶和三阶的 Runge‐Kutta 方法。

一阶 Runge‐Kutta 方法：

$$\boldsymbol{Q}^{n+1} = \boldsymbol{Q}^n + J\Delta t \cdot \boldsymbol{R}(\boldsymbol{Q}^n) \tag{2.29}$$

三阶 Runge‐Kutta 方法[5]：

$$\left.\begin{aligned}
\boldsymbol{Q}^{0} &= \boldsymbol{Q}^n \\
\boldsymbol{Q}^{(1)} &= \boldsymbol{Q}^{(0)} + J\Delta t \cdot \boldsymbol{R}(\boldsymbol{Q}^{(0)}) \\
\boldsymbol{Q}^{(2)} &= \frac{3}{4}\boldsymbol{Q}^{(0)} + \frac{1}{4}\boldsymbol{Q}^{(1)} + \frac{1}{4}J\Delta t \cdot \boldsymbol{R}(\boldsymbol{Q}^{(1)}) \\
\boldsymbol{Q}^{(3)} &= \frac{1}{3}\boldsymbol{Q}^{(0)} + \frac{2}{3}\boldsymbol{Q}^{(2)} + \frac{2}{3}J\Delta t \cdot \boldsymbol{R}(\boldsymbol{Q}^{(2)}) \\
\boldsymbol{Q}^{n+1} &= \boldsymbol{Q}^{(3)}
\end{aligned}\right\} \tag{2.30}$$

式中，n 表示当前时间步，$n+1$ 表示下一时间步。

2.2.2　隐式 LU‐SGS 方法

隐式方法下，令 $\Delta \boldsymbol{Q}^n = \boldsymbol{Q}^{n+1} - \boldsymbol{Q}^n$，半离散的常微分方程组(2.28)可表示为

$$\frac{\Delta \boldsymbol{Q}^n}{J\Delta t} = \boldsymbol{R}(\boldsymbol{Q}^{n+1}) \tag{2.31}$$

其中，非线性项为

$$\boldsymbol{R}(\boldsymbol{Q}^{n+1}) = -\left[\left(\frac{\partial \hat{\boldsymbol{F}}_{\mathrm{c}}}{\partial \xi} + \frac{\partial \hat{\boldsymbol{G}}_{\mathrm{c}}}{\partial \eta} + \frac{\partial \hat{\boldsymbol{H}}_{\mathrm{c}}}{\partial \zeta}\right) - \frac{M_{\infty}}{Re} \cdot \left(\frac{\partial \hat{\boldsymbol{F}}_{\mathrm{v}}}{\partial \xi} + \frac{\partial \hat{\boldsymbol{G}}_{\mathrm{v}}}{\partial \eta} + \frac{\partial \hat{\boldsymbol{H}}_{\mathrm{v}}}{\partial \zeta}\right)\right]^{n+1} \tag{2.32}$$

式(2.32)采用线性化处理，即无黏项和黏性项线性化。

定义无黏通量 Jacobi 矩阵和黏性通量 Jacobi 矩阵：

$$\left.\begin{array}{l}\boldsymbol{A}_c = \dfrac{\partial \hat{\boldsymbol{F}}_c}{\partial \boldsymbol{Q}}, \ \boldsymbol{B}_c = \dfrac{\partial \hat{\boldsymbol{G}}_c}{\partial \boldsymbol{Q}}, \ \boldsymbol{C}_c = \dfrac{\partial \hat{\boldsymbol{H}}_c}{\partial \boldsymbol{Q}} \\[3mm] \boldsymbol{A}_v = \dfrac{\partial \hat{\boldsymbol{F}}_v}{\partial \boldsymbol{Q}}, \ \boldsymbol{B}_v = \dfrac{\partial \hat{\boldsymbol{G}}_v}{\partial \boldsymbol{Q}}, \ \boldsymbol{C}_v = \dfrac{\partial \hat{\boldsymbol{H}}_v}{\partial \boldsymbol{Q}}\end{array}\right\} \tag{2.33}$$

由拟线性变换理论，对无黏通量和黏性通量进行线性化处理（一般取 $\Delta \xi = \Delta \eta = \Delta \zeta = 1$）：

$$\left.\begin{array}{l}\hat{\boldsymbol{F}}_c^{n+1} = \hat{\boldsymbol{F}}_c^n + \boldsymbol{A}_c^n \cdot \Delta \boldsymbol{Q}^n + O(\Delta \boldsymbol{Q}^2), \ \hat{\boldsymbol{F}}_v^{n+1} = \hat{\boldsymbol{F}}_v^n + \boldsymbol{A}_v^n \cdot \Delta \boldsymbol{Q}^n + O(\Delta \boldsymbol{Q}^2) \\[2mm] \hat{\boldsymbol{G}}_c^{n+1} = \hat{\boldsymbol{G}}_c^n + \boldsymbol{B}_c^n \cdot \Delta \boldsymbol{Q}^n + O(\Delta \boldsymbol{Q}^2), \ \hat{\boldsymbol{G}}_v^{n+1} = \hat{\boldsymbol{G}}_v^n + \boldsymbol{B}_v^n \cdot \Delta \boldsymbol{Q}^n + O(\Delta \boldsymbol{Q}^2) \\[2mm] \hat{\boldsymbol{H}}_c^{n+1} = \hat{\boldsymbol{H}}_c^n + \boldsymbol{C}_c^n \cdot \Delta \boldsymbol{Q}^n + O(\Delta \boldsymbol{Q}^2), \ \hat{\boldsymbol{H}}_v^{n+1} = \hat{\boldsymbol{H}}_v^n + \boldsymbol{C}_v^n \cdot \Delta \boldsymbol{Q}^n + O(\Delta \boldsymbol{Q}^2)\end{array}\right\} \tag{2.34}$$

通过略去二阶及二阶以上的高阶量，整理式(2.31)可得

$$\frac{\Delta \boldsymbol{Q}^n}{J \Delta t} + \left[(\boldsymbol{A}_c \Delta \boldsymbol{Q})_{i+\frac{1}{2}}^n - (\boldsymbol{A}_c \Delta \boldsymbol{Q})_{i-\frac{1}{2}}^n + (\boldsymbol{B}_c \Delta \boldsymbol{Q})_{j+\frac{1}{2}}^n - (\boldsymbol{B}_c \Delta \boldsymbol{Q})_{j-\frac{1}{2}}^n + (\boldsymbol{C}_c \Delta \boldsymbol{Q})_{k+\frac{1}{2}}^n - (\boldsymbol{C}_c \Delta \boldsymbol{Q})_{k-\frac{1}{2}}^n \right] -$$

$$\frac{M_\infty}{Re} \cdot \left[(\boldsymbol{A}_v \Delta \boldsymbol{Q})_{i+\frac{1}{2}}^n - (\boldsymbol{A}_v \Delta \boldsymbol{Q})_{i-\frac{1}{2}}^n + (\boldsymbol{B}_v \Delta \boldsymbol{Q})_{j+\frac{1}{2}}^n - (\boldsymbol{B}_v \Delta \boldsymbol{Q})_{j-\frac{1}{2}}^n + (\boldsymbol{C}_v \Delta \boldsymbol{Q})_{k+\frac{1}{2}}^n - (\boldsymbol{C}_v \Delta \boldsymbol{Q})_{k-\frac{1}{2}}^n \right] =$$

$$-\left[\left(\frac{\partial \hat{\boldsymbol{F}}_c}{\partial \xi} + \frac{\partial \hat{\boldsymbol{G}}_c}{\partial \eta} + \frac{\partial \hat{\boldsymbol{H}}_c}{\partial \zeta} \right) - \frac{M_\infty}{Re} \cdot \left(\frac{\partial \hat{\boldsymbol{F}}_v}{\partial \xi} + \frac{\partial \hat{\boldsymbol{G}}_v}{\partial \eta} + \frac{\partial \hat{\boldsymbol{H}}_v}{\partial \zeta} \right) \right]^n = \mathbf{RHS} \tag{2.35}$$

无黏通量 Jacobi 矩阵 $\boldsymbol{A}_c$，$\boldsymbol{B}_c$，$\boldsymbol{C}_c$，按迎风原则分裂为正、负特征值

$$\left.\begin{array}{l}(\boldsymbol{A}_c \Delta \boldsymbol{Q})_{i+\frac{1}{2}}^n = \boldsymbol{A}_{c,i}^+ \Delta \boldsymbol{Q}_i^n + \boldsymbol{A}_{c,i+1}^- \Delta \boldsymbol{Q}_{i+1}^n, \ (\boldsymbol{A}_c \Delta \boldsymbol{Q})_{i-\frac{1}{2}}^n = \boldsymbol{A}_{c,i-1}^+ \Delta \boldsymbol{Q}_{i-1}^n + \boldsymbol{A}_{c,i}^- \Delta \boldsymbol{Q}_i^n \\[2mm] (\boldsymbol{B}_c \Delta \boldsymbol{Q})_{j+\frac{1}{2}}^n = \boldsymbol{B}_{c,j}^+ \Delta \boldsymbol{Q}_j^n + \boldsymbol{B}_{c,j+1}^- \Delta \boldsymbol{Q}_{j+1}^n, \ (\boldsymbol{B}_c \Delta \boldsymbol{Q})_{j-\frac{1}{2}}^n = \boldsymbol{B}_{c,j-1}^+ \Delta \boldsymbol{Q}_{j-1}^n + \boldsymbol{B}_{c,j}^- \Delta \boldsymbol{Q}_j^n \\[2mm] (\boldsymbol{C}_c \Delta \boldsymbol{Q})_{k+\frac{1}{2}}^n = \boldsymbol{C}_{c,k}^+ \Delta \boldsymbol{Q}_k^n + \boldsymbol{C}_{c,k+1}^- \Delta \boldsymbol{Q}_{k+1}^n, \ (\boldsymbol{C}_c \Delta \boldsymbol{Q})_{k-\frac{1}{2}}^n = \boldsymbol{C}_{c,k-1}^+ \Delta \boldsymbol{Q}_{k-1}^n + \boldsymbol{C}_{c,k}^- \Delta \boldsymbol{Q}_k^n\end{array}\right\}$$

$$\tag{2.36}$$

黏性通量 Jacobi 矩阵 $\boldsymbol{A}_v$，$\boldsymbol{B}_v$，$\boldsymbol{C}_v$，采用中心差分方法简化为

$$\left.\begin{array}{l}(\boldsymbol{A}_v \Delta \boldsymbol{Q})_{i+\frac{1}{2}}^n - (\boldsymbol{A}_v \Delta \boldsymbol{Q})_{i-\frac{1}{2}}^n = -2 \boldsymbol{A}_{v,i}^* \Delta \boldsymbol{Q}_i^n + \boldsymbol{A}_{v,i+1}^* \Delta \boldsymbol{Q}_{i+1}^n + \boldsymbol{A}_{v,i-1}^* \Delta \boldsymbol{Q}_{i-1}^n \\[2mm] (\boldsymbol{B}_v \Delta \boldsymbol{Q})_{j+\frac{1}{2}}^n - (\boldsymbol{B}_v \Delta \boldsymbol{Q})_{j-\frac{1}{2}}^n = -2 \boldsymbol{B}_{v,j}^* \Delta \boldsymbol{Q}_j^n + \boldsymbol{B}_{v,j+1}^* \Delta \boldsymbol{Q}_{j+1}^n + \boldsymbol{B}_{v,j-1}^* \Delta \boldsymbol{Q}_{j-1}^n \\[2mm] (\boldsymbol{C}_v \Delta \boldsymbol{Q})_{k+\frac{1}{2}}^n - (\boldsymbol{C}_v \Delta \boldsymbol{Q})_{k-\frac{1}{2}}^n = -2 \boldsymbol{C}_{v,k}^* \Delta \boldsymbol{Q}_k^n + \boldsymbol{C}_{v,k+1}^* \Delta \boldsymbol{Q}_{k+1}^n + \boldsymbol{C}_{v,k-1}^* \Delta \boldsymbol{Q}_{k-1}^n\end{array}\right\} \tag{2.37}$$

结合式(2.36)和式(2.37)，式(2.35)可整理为

$$(\boldsymbol{D} + \boldsymbol{U} + \boldsymbol{L}) \Delta \boldsymbol{Q}^n = \mathbf{RHS} \tag{2.38}$$

式中，对角矩阵 $\boldsymbol{D}$ 为

$$\boldsymbol{D} = \frac{1}{J \Delta t} \boldsymbol{I} + \boldsymbol{D}_R \tag{2.39}$$

其中，$\quad \boldsymbol{D}_R = (\boldsymbol{A}_{c,i}^+ - \boldsymbol{A}_{c,i}^- + \boldsymbol{B}_{c,j}^+ - \boldsymbol{B}_{c,j}^- + \boldsymbol{C}_{c,k}^+ - \boldsymbol{C}_{c,k}^-) + \dfrac{2M_\infty}{Re} \cdot (\boldsymbol{A}_{v,i}^* + \boldsymbol{B}_{v,j}^* + \boldsymbol{C}_{v,k}^*)$

下三角矩阵 $\boldsymbol{L}$ 满足

$$\boldsymbol{L} \Delta \boldsymbol{Q}^n = \boldsymbol{A}_{i-1} \Delta \boldsymbol{Q}_{i-1}^n + \boldsymbol{B}_{j-1} \Delta \boldsymbol{Q}_{j-1}^n + \boldsymbol{C}_{k-1} \Delta \boldsymbol{Q}_{k-1}^n \tag{2.40}$$

其中，$\boldsymbol{A}_{i-1} = -\dfrac{M_\infty}{Re} \boldsymbol{A}_{v,i-1}^* - \boldsymbol{A}_{c,i-1}^+$，$\boldsymbol{B}_{j-1} = -\dfrac{M_\infty}{Re} \boldsymbol{B}_{v,j-1}^* - \boldsymbol{B}_{c,j-1}^+$，$\boldsymbol{C}_{k-1} = -\dfrac{M_\infty}{Re} \boldsymbol{C}_{v,k-1}^* - \boldsymbol{C}_{c,k-1}^+$。

上三角矩阵 U 满足

$$U\Delta Q^n = A_{i+1}\Delta Q^n_{i+1} + B_{j+1}\Delta Q^n_{j+1} + C_{k+1}\Delta Q^n_{k+1} \tag{2.41}$$

其中，$A_{i+1} = -\dfrac{M_\infty}{Re}A^*_{v,i+1} + A^-_{c,i+1}$，$B_{j+1} = -\dfrac{M_\infty}{Re}B^*_{v,j+1} + B^-_{c,j+1}$，$C_{k+1} = -\dfrac{M_\infty}{Re}C^*_{v,k+1} + C^-_{c,k+1}$。

为满足求解稳定性，根据对角占优原则，无黏通量 Jacobi 矩阵构造采用如下分裂方式：

$$A^\pm_c = \frac{1}{2}(A_c \pm \kappa_c\lambda_{c,\xi}I), \quad B^\pm_c = \frac{1}{2}(B_c \pm \kappa_c\lambda_{c,\eta}I), \quad C^\pm_c = \frac{1}{2}(C_c \pm \kappa_c\lambda_{c,\zeta}I) \tag{2.42}$$

式中：κ_c 为矩阵特征值修正系数，用于调节计算稳定性和收敛性，一般取大于或等于 1 的常数；$\lambda_{c,\xi}$，$\lambda_{c,\eta}$，$\lambda_{c,\zeta}$ 分别为无黏通量 Jacobi 矩阵 A_c，B_c，C_c 的谱半径，类似地取 $\lambda_{c,\xi} = \max(\,|\lambda(A_c)|\,)$，$\lambda(A_c)$ 为矩阵 A_c 特征值。

黏性通量 Jacobi 矩阵没有齐次线性性质且形式复杂，为避免较大的计算量同时保证数值计算稳定性，根据其特征值全部非负，可采用近似方法处理为

$$A^*_v \approx \kappa_v\lambda_{v,\xi}I, \quad B^*_v \approx \kappa_v\lambda_{v,\eta}I, \quad C^*_v \approx \kappa_v\lambda_{v,\zeta}I \tag{2.43}$$

式中：κ_v 一般取大于或等于 1 的常数，用于调节计算稳定性和收敛性；$\lambda_{v,\xi}$，$\lambda_{v,\eta}$，$\lambda_{v,\zeta}$ 分别为黏性通量 Jacobi 矩阵 A_v，B_v，C_v 的谱半径，其表达式为

$$\lambda_{v,\xi} = \theta\frac{\mu\,|\nabla\xi|^2}{J\rho}, \quad \lambda_{v,\eta} = \theta\frac{\mu\,|\nabla\eta|^2}{J\rho}, \quad \lambda_{v,\zeta} = \theta\frac{\mu\,|\nabla\zeta|^2}{J\rho}, \quad \theta = \max\left(\frac{\gamma}{Pr}, \frac{4}{3}\right) \tag{2.44}$$

为使用高效的追赶法进行求解，对式（2.38）进行近似 LDU（Lower - Diagonal - Upper）因子分裂，得到

$$(D+L)D^{-1}(D+U)\Delta Q^n = RHS \tag{2.45}$$

时间推进时，采用 Gauss - Seidel 迭代求解，进行向前和向后两次扫描即可求出第 $n+1$ 时间步的变量值，简要步骤如下

$$\left.\begin{aligned}(D+L)\Delta Q^* = RHS \Rightarrow \Delta Q^* = D^{-1}\cdot RHS - D^{-1}L\cdot\Delta Q^* \\ \Delta Q^* = D^{-1}(D+U)\Delta Q^n \Rightarrow \Delta Q^n = \Delta Q^* - D^{-1}U\cdot\Delta Q^n\end{aligned}\right\} \tag{2.46}$$

2.2.3　双时间步 LU - SGS 方法

为了在模拟实际非定常流动中提高时间精度和收敛效率，可采用双时间步方法[7]。该方法的基本思想是：在冻结的真实时刻点上引入类似牛顿迭代的虚拟时间迭代，以此弥补 LU - SGS 隐式推进过程中的时间精度损失。

首先引入虚拟时间导数项，原方程式（2.28）变为双时间步方程：

$$\frac{1}{J}\frac{\partial Q}{\partial \tau} + \frac{1}{J}\frac{\partial Q}{\partial t} = R(Q) \tag{2.47}$$

虚拟时间导数项（一阶差分近似）、物理时间导数项（二阶精度的三点向后差分近似）与残差项均采用隐式格式：

$$\frac{Q^{m+1} - Q^m}{J\Delta\tau} + \frac{3Q^{m+1} - 4Q^n + Q^{n-1}}{2J\Delta t} = R(Q^{n+1}) \tag{2.48}$$

用 Q^{m+1} 替换 Q^{n+1} 得

$$\frac{Q^{m+1} - Q^m}{J\Delta\tau} + \frac{3Q^{m+1} - 4Q^n + Q^{n-1}}{2J\Delta t} = R(Q^{m+1}) \tag{2.49}$$

式中：n 和 m 分别为物理时间推进步数和虚拟时间迭代步数；Δt 和 $\Delta \tau$ 分别为物理时间步长和虚拟时间步长。采用与先前 LU-SGS 方法相似的方案对隐式残差 $R(Q^{m+1})$ 进行线性化处理，可得

$$(D^m + U^m + L^m)\Delta Q^m = \mathbf{RHS}_{\text{subit}} \tag{2.50}$$

其中

$$D^m = \left(\frac{1}{J\Delta\tau} + \frac{3}{2J\Delta t}\right)I + D_R \tag{2.51}$$

$$\mathbf{RHS}_{\text{subit}} = \mathbf{RHS} - \frac{3Q^m - 4Q^n + Q^{n-1}}{2J\Delta t} \tag{2.52}$$

理论上，当虚拟步 $m \to \infty$ 且 $\Delta Q^m \to 0$ 时，$Q^{m+1} \to Q^{n+1}$，此时虚拟时间子迭代收敛，非定常计算具有二阶时间精度。实际计算中通常采用如下收敛判据（$\varepsilon_T = 0.01$）：

$$\varepsilon = \frac{\sum \| Q^{m+1} - Q^m \|_2}{\sum \| Q^{m+1} - Q^n \|_2} \leqslant \varepsilon_T \tag{2.53}$$

2.2.4　当地时间步长

在使用隐式时间格式进行定常、非定常流动模拟时，采用当地时间步长来加速收敛。三维情况下，无量纲形式的当地时间步长具体表达形式如下：

$$\Delta t = \frac{\text{CFL} \cdot \Omega}{(\lambda_{c,\xi} + \lambda_{c,\eta} + \lambda_{c,\zeta}) + \dfrac{2M_\infty}{Re} \cdot (\lambda_{v,\xi} + \lambda_{v,\eta} + \lambda_{v,\zeta})} \tag{2.54}$$

其中，无黏项谱半径之和与黏性项谱半径之和分别为

$$\left.\begin{aligned}
\lambda_{c,\xi} + \lambda_{c,\eta} + \lambda_{c,\zeta} &= \frac{1}{J}\left[|U| + |V| + |W| + a(|\nabla\xi| + |\nabla\eta| + |\nabla\zeta|)\right] \\
\lambda_{v,\xi} + \lambda_{v,\eta} + \lambda_{v,\zeta} &= \frac{\mu}{J\rho}(|\nabla\xi|^2 + |\nabla\eta|^2 + |\nabla\zeta|^2)\max\left(\frac{\gamma}{Pr}, \frac{4}{3}\right)
\end{aligned}\right\} \tag{2.55}$$

2.3　黏性项离散格式

对空间黏性项（F_v、G_v 和 H_v）的离散，有限体积法利用 Gauss 定理将其转化为面积分来处理，并采用显式中心差分格式计算。当无黏项精度阶数低于五阶时，黏性项采用传统的二阶中心差分；当无黏项精度阶数为五阶及以上时，黏性项则采用四阶中心差分。下面以一般曲线坐标系下 ξ 方向黏性通量为例，给出具体四阶差分的具体离散过程：

$$\left(\frac{\partial F_v}{\partial \xi}\right)_i = \widetilde{R}_{i+1/2} - \widetilde{R}_{i-1/2} \tag{2.56}$$

其中

$$\left.\begin{aligned}
\widetilde{R}_{i-1/2} &= \frac{1}{24\Delta\xi}(-F_{v,i+1/2} + 26F_{v,i-1/2} - F_{v,i-3/2}) \\
F_{v,i-1/2} &= [\xi_x\tau_{xx} + \eta_y\tau_{xy} + \zeta_z\tau_{xz}]_{i-1/2}
\end{aligned}\right\} \tag{2.57}$$

在界面 $i-1/2$ 处，选取模板 $I = i-3/2, i-1/2, i+1/2$ 近似，有

$$\mu_I = \sum_{l=m}^{n} C_l^I \mu_{i+l} \quad (m = -2, n = 1)$$

$$\left.\frac{\partial u}{\partial \xi}\right|_I = \frac{1}{\Delta \xi} \sum_{l=r}^{s} D_l^I u_{i+l} \quad (r = -2, s = 1)$$

$$\left.\frac{\partial u}{\partial \eta}\right|_I = \sum_{l=m}^{n} C_l^I \left.\frac{\partial u}{\partial \eta}\right|_{i+l,j} \quad (m = -2, n = 1)$$

$$\left.\frac{\partial u}{\partial \eta}\right|_{i,j} = \frac{1}{\Delta \eta} \sum_{l=p}^{q} C_l^c u_{i,j+l} \quad (p = -2, q = 2)$$

(2.58)

其中系数取值见表 2-1 和表 2-2。

表 2-1　系数 C^I 与 D^I 的取值

I	C_{-2}^I	C_{-1}^I	C_0^I	C_1^I
$i-1/2$	$-1/16$	$9/16$	$9/16$	$-1/16$
I	D_{-2}^I	D_{-1}^I	D_0^I	D_1^I
$i-1/2$	$1/24$	$-27/24$	$27/24$	$-1/24$

表 2-2　系数 C^c 的取值

C_{-2}^c	C_{-1}^c	C_0^c	C_1^c	C_2^c
$1/12$	$-8/12$	0	$8/12$	$-1/12$

2.4　重　构　格　式

目前对流通量（F_c、G_c 和 H_c）的离散过程一般都由两部分组成，即重构格式和通量格式。采用不同的重构格式（如二阶 MUSCL 格式、五阶 WENO 格式等），可获得相应的空间精度阶数。由于重构原始变量产生的振荡较小，因此通常重构相邻网格点的原始变量以获得界面两侧原始变量的左值和右值，将其作为通量格式的输入。下面将针对所采用的重构格式进行概述。

2.4.1　二阶 MUSCL 重构及限制器

定义原始变量 q 为

$$\boldsymbol{q} = (\rho \quad u \quad v \quad w \quad p)^{\mathrm{T}} \tag{2.59}$$

最简单的一阶重构方法是界面处的左、右值各取两侧节点值：

$$\boldsymbol{q}_{i+1/2}^{\mathrm{L}} = \boldsymbol{q}_i, \quad \boldsymbol{q}_{i+1/2}^{\mathrm{R}} = \boldsymbol{q}_{i+1} \tag{2.60}$$

为了获得二阶精度，同时防止非物理的数值振荡，van Leer[8] 引入保单调 MUSCL（Monotonic Upstream-centered Scheme for Conservation Laws）条件，并通过构造满足该条件的限制器，求得界面两侧的变量。下面给出引入限制器后的 MUSCL 重构格式的一般表达式[9]：

$$q_{i+1/2}^{\mathrm{L}} = q_i + \frac{1}{4}\left[(1-\kappa)\overline{\Delta}_- + (1+\kappa)\overline{\Delta}_+\right]_i$$
$$q_{i+1/2}^{\mathrm{R}} = q_{i+1} - \frac{1}{4}\left[(1-\kappa)\overline{\Delta}_+ + (1+\kappa)\overline{\Delta}_-\right]_{i+1}$$

$$\tag{2.61}$$

其中，κ 为插值系数，取 $\kappa = -1$。

限制器种类繁多，本书选用了如下广泛应用的限制器：

(1)minmod 限制器。

$$\overline{\Delta}_- = \mathrm{minmod}(\Delta_-, b\Delta_+), \overline{\Delta}_+ = \mathrm{minmod}(\Delta_+, b\Delta_-) \tag{2.62}$$

$$(\Delta_+)_i = q_{i+1} - q_i, (\Delta_-)_i = q_i - q_{i-1}$$

$$1 \leqslant b \leqslant (3-\kappa)/(1-\kappa)$$

$$\mathrm{minmod}(x,y) = \frac{\mathrm{sign}(x) + \mathrm{sign}(y)}{2}\min(|x|,|y|) \tag{2.63}$$

(2)van Leer 限制器。

$$\overline{\Delta}_- = \overline{\Delta}_+ = \mathrm{van\_leer}(\Delta_-, \Delta_+) \tag{2.64}$$

$$\mathrm{van\_leer}(x,y) = \frac{[\mathrm{sign}(x) + \mathrm{sign}(y)]xy}{|x| + |y| + \varepsilon}, \quad \varepsilon = 10^{-6} \tag{2.65}$$

(3)van Albada 限制器。

$$\overline{\Delta}_- = \overline{\Delta}_+ = \mathrm{van\_albada}(\Delta_-, \Delta_+) \tag{2.66}$$

$$\mathrm{van\_albada}(x,y) = \frac{x(y^2 + \varepsilon) + y(x^2 + \varepsilon)}{x^2 + y^2 + \varepsilon}, \quad \varepsilon = 10^{-6} \tag{2.67}$$

2.4.2　高阶 WENO 重构

通过将 TVD 性质要求降低为总变差有界（TVB），Harten 等[10]提出了高精度 ENO 格式。在此基础上，Liu、Osher 和 Chan[11]引入加权技术，构造了 WENO 格式。Jiang 和 Shu[12]随后提出了光滑因子和非线性权的基本表达式，并构造了三阶和五阶有限差分 WENO 格式，建成了 WENO 格式的基本框架，即：采用多个低阶模板插值，再加权组合，获得高阶精度；通过减小包含间断的低阶模板的权值，实现激波捕捉。

一般来说，WENO 格式可分为两类：一类是非 MUSCL 型的 WENO 格式，即直接通过单元中心处的通量值来获得单元界面处的通量值；另一类是 MUSCL 型的 WENO 格式，即通过单元中心处的原始变量值来获得单元界面处的原始变量值，进而推算出单元界面处的通量值[13]。本书选取第二类方法，而一些著名的 CFD 代码（如 CFL3D[14]、OVERFLOW[15]）也都采用了类似的思想来提高数值方法的精度。

1. WENO-JS 格式

以五阶 WENO-JS 格式为例，对 WENO 格式思想进行简单介绍，具体推导可参考文献[12]。以 ξ 方向为例，界面左侧变量 $q_{i+1/2}^{\mathrm{L}}$ 可表示为

$$q_{i+1/2}^{\mathrm{L}} = \omega_0 f_0 + \omega_1 f_1 + \omega_2 f_2 \tag{2.68}$$

其中，f_0, f_1, f_2 为线性插值模板，构造方法如下：

$$
\left.\begin{aligned}
f_0 &= \frac{1}{3}q_{i-2} - \frac{7}{6}q_{i-1} + \frac{11}{6}q_i \\
f_1 &= -\frac{1}{6}q_{i-1} + \frac{5}{6}q_i + \frac{1}{3}q_{i+1} \\
f_2 &= \frac{1}{3}q_i + \frac{5}{6}q_{i+1} - \frac{1}{6}q_{i+2}
\end{aligned}\right\} \tag{2.69}
$$

ω_k 为非线性权系数，是 WENO 格式能够稳定捕捉激波且具有较高分辨率的关键。近年来许多 WENO 格式的改进均围绕 ω_k 开展。Jiang 和 Shu[12] 提出了一种光滑度量因子 IS_k 构造方法：

$$
\mathrm{IS}_k = \sum_{l=1}^{r-1} \Delta x^{2l-1} \int_{x_{i-1/2}}^{x_{i+1/2}} (p_k^{(l)})^2 \, \mathrm{d}x \quad (k = 0, \cdots, r-1) \tag{2.70}
$$

式中：r 表示模板数量；$p_k^{(l)}$ 表示第 k 个模板上的插值多项式的 l 阶导数。对于五阶格式，$r = 3$。基于此光滑因子，Jiang 和 Shu 给出了非线性权系数的表达式（WENO-JS 格式）：

$$
\omega_k = \frac{\alpha_k}{\alpha_0 + \alpha_1 + \alpha_2}, \quad \alpha_k = \frac{C_k}{(\varepsilon + \mathrm{IS}_k)^2} \quad (k = 0, 1, 2) \tag{2.71}
$$

式中：ε 为一小量，为防止分母为 0，此处取为 10^{-6}；C_k 为理想线性权系数；IS_k 称为光滑度量因子，按如下方式给定

$$
C_0 = 0.1, \quad C_1 = 0.6, \quad C_2 = 0.3 \tag{2.72}
$$

$$
\left.\begin{aligned}
\mathrm{IS}_0 &= \frac{1}{4}(q_{i-2} - 4q_{i-1} + 3q_i)^2 + \frac{13}{12}(q_{i-2} - 2q_{i-1} + q_i)^2 \\
\mathrm{IS}_1 &= \frac{1}{4}(q_{i-1} - q_{i+1})^2 + \frac{13}{12}(q_{i-1} - 2q_i + q_{i+1})^2 \\
\mathrm{IS}_2 &= \frac{1}{4}(3q_i - 4q_{i+1} + q_{i+2})^2 + \frac{13}{12}(q_i - 2q_{i+1} + q_{i+2})^2
\end{aligned}\right\} \tag{2.73}
$$

同理，可得界面右侧变量 $q_{i+1/2}^{\mathrm{R}}$：

$$
q_{i+1/2}^{\mathrm{R}} = \omega_0 f_0 + \omega_1 f_1 + \omega_2 f_2 \tag{2.74}
$$

$$
\left.\begin{aligned}
f_0 &= \frac{1}{3}q_{i+3} - \frac{7}{6}q_{i+2} + \frac{11}{6}q_{i+1} \\
f_1 &= -\frac{1}{6}q_{i+2} + \frac{5}{6}q_{i+1} + \frac{1}{3}q_i \\
f_2 &= \frac{1}{3}q_{i+1} + \frac{5}{6}q_i - \frac{1}{6}q_{i-1}
\end{aligned}\right\} \tag{2.75}
$$

由式（2.71）可计算得非线性权系数 ω_k。相应地，光滑度量因子 IS_k 构造如下：

$$
\left.\begin{aligned}
\mathrm{IS}_0 &= \frac{1}{4}(q_{i+3} - 4q_{i+2} + 3q_{i+1})^2 + \frac{13}{12}(q_{i+3} - 2q_{i+2} + q_{i+1})^2 \\
\mathrm{IS}_1 &= \frac{1}{4}(q_{i+2} - q_i)^2 + \frac{13}{12}(q_{i+2} - 2q_{i+1} + q_i)^2 \\
\mathrm{IS}_2 &= \frac{1}{4}(3q_{i+1} - 4q_i + q_{i-1})^2 + \frac{13}{12}(q_{i+1} - 2q_i + q_{i-1})^2
\end{aligned}\right\} \tag{2.76}
$$

七阶 WENO-JS 格式为

$$
q_{i+1/2}^{\mathrm{L}} = \omega_0 f_0 + \omega_1 f_1 + \omega_2 f_2 + \omega_3 f_3 \tag{2.77}
$$

其中

$$
\left.
\begin{aligned}
f_0 &= -\frac{1}{4}q_{i-3} + \frac{13}{12}q_{i-2} - \frac{23}{12}q_{i-1} + \frac{25}{12}q_i \\
f_1 &= \frac{1}{12}q_{i-2} - \frac{5}{12}q_{i-1} + \frac{13}{12}q_i + \frac{1}{4}q_{i+1} \\
f_2 &= -\frac{1}{12}q_{i-1} + \frac{7}{12}q_i + \frac{7}{12}q_{i+1} - \frac{1}{12}q_{i+2} \\
f_3 &= \frac{1}{4}q_i + \frac{13}{12}q_{i+1} - \frac{5}{12}q_{i+2} + \frac{1}{12}q_{i+3}
\end{aligned}
\right\}
\tag{2.78}
$$

非线性权系数 ω_k 的表达式为

$$
\omega_k = \frac{\alpha_k}{\alpha_0 + \alpha_1 + \alpha_2 + \alpha_3}, \quad \alpha_k = \frac{C_k}{(\varepsilon + \mathrm{IS}_k)^2} \quad (k = 0,1,2,3)
\tag{2.79}
$$

式中：ε 为一小量，为防止分母为 0，此处取为 10^{-6}。理想线性权系数 C_k 和光滑度量因子 IS_k 具体形式如下：

$$
C_0 = 1/35, \quad C_1 = 12/35, \quad C_2 = 18/35, \quad C_3 = 4/35
\tag{2.80}
$$

$$
\begin{aligned}
\mathrm{IS}_0 = &\frac{1}{6}(-2q_{i-3} + 9q_{i-2} - 18q_{i-1} + 11q_i)^2 + \frac{13}{12}(-q_{i-3} + 4q_{i-2} - 5q_{i-1} + 2q_i)^2 + \\
&\frac{1\,043}{960}(-q_{i-3} + 3q_{i-2} - 3q_{i-1} + q_i)^2 + \\
&\frac{1}{72}(-2q_{i-3} + 9q_{i-2} - 18q_{i-1} + 11q_i)(-q_{i-3} + 3q_{i-2} - 3q_{i-1} + q_i)
\end{aligned}
\tag{2.81}
$$

$$
\begin{aligned}
\mathrm{IS}_1 = &\frac{1}{6}(q_{i-2} - 6q_{i-1} + 3q_i + 2q_{i+1})^2 + \frac{13}{12}(q_{i-1} - 2q_i + q_{i+1})^2 + \\
&\frac{1\,043}{960}(-q_{i-2} + 3q_{i-1} - 3q_i + q_{i+1})^2 + \\
&\frac{1}{72}(q_{i-2} - 6q_{i-1} + 3q_i + 2q_{i+1})(-q_{i-2} + 3q_{i-1} - 3q_i + q_{i+1})
\end{aligned}
\tag{2.82}
$$

$$
\begin{aligned}
\mathrm{IS}_2 = &\frac{1}{6}(-2q_{i-1} - 3q_i + 6q_{i+1} - q_{i+2})^2 + \frac{13}{12}(q_{i-1} - 2q_i + q_{i+1})^2 + \\
&\frac{1\,043}{960}(-q_{i-1} + 3q_i - 3q_{i+1} + q_{i+2})^2 + \\
&\frac{1}{72}(-2q_{i-1} - 3q_i + 6q_{i+1} - q_{i+2})(-q_{i-1} + 3q_i - 3q_{i+1} + q_{i+2})
\end{aligned}
\tag{2.83}
$$

$$
\begin{aligned}
\mathrm{IS}_3 = &\frac{1}{6}(-11q_i + 18q_{i+1} - 9q_{i+2} + 2q_{i+3})^2 + \frac{13}{12}(2q_i - 5q_{i+1} + 4q_{i+2} - q_{i+3})^2 + \\
&\frac{1\,043}{960}(-q_i + 3q_{i+1} - 3q_{i+2} + q_{i+3})^2 + \\
&\frac{1}{72}(-11q_i + 18q_{i+1} - 9q_{i+2} + 2q_{i+3})(-q_i + 3q_{i+1} - 3q_{i+2} + q_{i+3})
\end{aligned}
\tag{2.84}
$$

2. Mapped - WENO 格式

WENO 格式具有较高的计算精度，同时能够保证间断附近基本无振荡，特别适合处理间断问题，自提出以来广受欢迎。但参考文献[16]的研究表明，对于多尺度流动问题，

WENO 格式能求解的波数范围仅占总波数范围的 1/4，这将导致数值模拟网格量和计算量的急剧增大。数值试验显示，WENO 格式的非线性权系数在光滑流动区域通常无法恢复成最优权系数，且引入了较高的数值耗散，导致其分辨率与线性格式相比有较大差距。许多学者针对这一问题开展了相应研究和改进工作。Henrick 等[17]使用严谨的数学推导证明了 Jiang 和 Shu 提出的 WENO 格式（WENO - JS）存在极值点附近降阶问题，并给出了格式不降阶需要满足的条件，同时提出了基于映射关系的新光滑因子构造方法，即 Mapped - WENO 格式：

$$
\left.
\begin{aligned}
\alpha_k^* &= g_k(\omega_k) \\
g_k(\omega_k) &= \frac{\omega_k(C_k + C_k^2 - 3C_k\omega_k + \omega_k^2)}{C_k^2 + \omega_k(1 - 2C_k)}, \quad C_k \in (0,1)
\end{aligned}
\right\}
\tag{2.85}
$$

3. WENO - Z 格式

Borges 等[18]提出了另一种对光滑度量因子的改进（即 WENO - Z 格式），通过对现有非线性权的极小修正，即可达到极值点附近不降阶的效果。该非线性权的具体表达形式为

$$
\alpha_k = C_k\left[1 + \left(\frac{\tau}{\varepsilon + \mathrm{IS}_k}\right)^2\right]
\tag{2.86}
$$

对五阶 WENO - Z 格式，$\tau = \mathrm{IS}_0 - \mathrm{IS}_2$；对七阶 WENO - Z 格式，$\tau = \mathrm{IS}_0 - \mathrm{IS}_3$。

2.5　通　量　格　式

数值通量格式是 CFD 中的关键步骤，显著影响计算稳定性和计算精度。它主要包括中心格式和迎风格式两大类。其中迎风格式（upwind scheme），又称为上风格式，考虑了实际流动过程中波的传播方向，物理意义更加明确，是当前 CFD 中应用最为广泛的计算方法。目前，迎风格式主要包括 FDS 格式、FVS 格式和混合通量差分格式（如 AUSM 类格式）等。

由于迎风格式往往采用 Godunov 方法，基于量热完全气体假设、一维 Euler 方程设计，然后推广至多维 Euler 方程和 N - S 方程，因此为便于阐述，同时不失一般性，可仅考虑 x 方向守恒型二维 Euler 形式：

$$
\frac{\partial \boldsymbol{Q}}{\partial t} + \frac{\partial \boldsymbol{F}(\boldsymbol{Q})}{\partial x} = 0
\tag{2.87}
$$

$$
\boldsymbol{Q} = \begin{pmatrix} \rho \\ \rho u \\ \rho v \\ \rho E \end{pmatrix}, \quad
\boldsymbol{F}(\boldsymbol{Q}) = \begin{pmatrix} \rho U \\ \rho U u + p n_x \\ \rho U v + p n_y \\ \rho H U \end{pmatrix}
\tag{2.88}
$$

式中：外表面单位法向量 $\boldsymbol{n} = (n_x \quad n_y)^{\mathrm{T}}$；法向速度 $U = n_x u + n_y v$；切向速度 $V = -n_y u + n_x v$。

同时根据量热完全气体假设（$\gamma = 1.4$），如下等式成立：

$$
a = \sqrt{\frac{\gamma p}{\rho}}, \quad E = \frac{p}{(\gamma - 1)\rho} + \frac{\|\boldsymbol{u}\|^2}{2}, \quad H = E + \frac{p}{\rho}
\tag{2.89}
$$

式中：a 为声速；E 和 H 为单位质量气体的总能和总焓。

2.5.1　Roe 格式

通量差分格式中，Roe 格式[19]由于其较好的定常激波、接触间断和黏性分辨率，已成为目前应用最广、评价最高的 CFD 格式之一。Roe 格式属于线性化 Godunov 类方法，其基本思路是：通过构造线性化近似矩阵来近似代替无黏通量的 Jacobi 矩阵，从而实现在每个网格交界面处线性化求解黎曼问题，以获得全流场的解。这种近似黎曼解思路为数值通量型的差分方法开辟了一条新路，事实上，现在很多高分辨率格式都是根据该思路发展起来的[20]。

首先，将无黏通量 Jacobi 矩阵对角化：

$$A = \partial F / \partial Q = R \Lambda R^{-1} \tag{2.90}$$

黎曼问题的数值通量可写为

$$F_{i+1/2}(Q_\mathrm{L}, Q_\mathrm{R}) = \frac{F(Q_\mathrm{L}) + F(Q_\mathrm{R})}{2} - \frac{1}{2} |A| \Delta Q \tag{2.91}$$

式中：下标 L 和 R 分别代表单元界面处左右值，可由重构格式计算得到；$\Delta(\cdot) = (\cdot)_\mathrm{R} - (\cdot)_\mathrm{L}$ 为左右状态变量差；$A = R \Lambda R^{-1}$ 为无黏通量 Jacobi 矩阵。式(2.91)等号右边第一项为中心项，第二项为耗散项。

在 Roe 格式中，使用 Roe 平均雅可比矩阵 $\widetilde{A} = \widetilde{R} \widetilde{\Lambda} \widetilde{R}^{-1}$ 近似替代 A 矩阵：

$$F_{i+1/2}^\mathrm{Roe}(Q_\mathrm{L}, Q_\mathrm{R}) = \frac{F(Q_\mathrm{L}) + F(Q_\mathrm{R})}{2} - \frac{1}{2} |\widetilde{A}| \Delta Q \tag{2.92}$$

式中：字母上方的"～"表示 Roe 平均，定义如下：

$$\left.\begin{array}{l} \widetilde{\rho} = \sqrt{\rho_\mathrm{L} \rho_\mathrm{R}}, \quad \widetilde{u} = \dfrac{u_\mathrm{L} \sqrt{\rho_\mathrm{L}} + u_\mathrm{R} \sqrt{\rho_\mathrm{R}}}{\sqrt{\rho_\mathrm{L}} + \sqrt{\rho_\mathrm{R}}}, \quad \widetilde{v} = \dfrac{v_\mathrm{L} \sqrt{\rho_\mathrm{L}} + v_\mathrm{R} \sqrt{\rho_\mathrm{R}}}{\sqrt{\rho_\mathrm{L}} + \sqrt{\rho_\mathrm{R}}} \\[4mm] \widetilde{H} = \dfrac{H_\mathrm{L} \sqrt{\rho_\mathrm{L}} + H_\mathrm{R} \sqrt{\rho_\mathrm{R}}}{\sqrt{\rho_\mathrm{L}} + \sqrt{\rho_\mathrm{R}}}, \quad \widetilde{a} = \sqrt{(\gamma - 1)\left(\widetilde{H} - \dfrac{\widetilde{u}^2 + \widetilde{v}^2}{2}\right)} \end{array}\right\} \tag{2.93}$$

对角矩阵 $\widetilde{\Lambda}$ 和右特征向量矩阵 $\widetilde{R}$ 表达式为

$$\widetilde{\Lambda} = \mathrm{diag}(\lambda_1, \lambda_1, \lambda_2, \lambda_3) = \mathrm{diag}(\widetilde{U}, \widetilde{U}, \widetilde{U} - \widetilde{a}, \widetilde{U} + \widetilde{a}) \tag{2.94}$$

$$\widetilde{R} = \begin{pmatrix} 1 & 0 & 1 & 1 \\ \widetilde{u} & -n_y & \widetilde{u} - \widetilde{a}n_x & \widetilde{u} + \widetilde{a}n_x \\ \widetilde{v} & n_x & \widetilde{v} - \widetilde{a}n_y & \widetilde{v} + \widetilde{a}n_y \\ \dfrac{1}{2}(\widetilde{u}^2 + \widetilde{v}^2) & \widetilde{V} & \widetilde{H} - \widetilde{a}\widetilde{U} & \widetilde{H} + \widetilde{a}\widetilde{U} \end{pmatrix} \tag{2.95}$$

经整理，式(2.92)中的耗散项可化为

$$|\widetilde{A}| \Delta Q = \begin{pmatrix} \alpha_4 \\ \widetilde{u}\alpha_4 + n_x\alpha_5 + \alpha_6 \\ \widetilde{v}\alpha_4 + n_y\alpha_5 + \alpha_7 \\ \widetilde{H}\alpha_4 + \widetilde{U}\alpha_5 + \widetilde{u}\alpha_6 + \widetilde{v}\alpha_7 - \dfrac{\widetilde{a}^2 \alpha_1}{\gamma - 1} \end{pmatrix} \tag{2.96}$$

式中

$$
\begin{aligned}
\alpha_1 &= |\widetilde{U}|\,(\Delta\rho - \Delta p/\widetilde{a}^2) \\
\alpha_2 &= \frac{1}{2\widetilde{a}^2}|\widetilde{U}+\widetilde{a}|\,(\Delta p + \widetilde{\rho}\widetilde{a}\,\Delta U) \\
\alpha_3 &= \frac{1}{2\widetilde{a}^2}|\widetilde{U}-\widetilde{a}|\,(\Delta p - \widetilde{\rho}\widetilde{a}\,\Delta U) \\
\alpha_4 &= \alpha_1 + \alpha_2 + \alpha_3 \\
\alpha_5 &= \widetilde{a}\,(\alpha_2 - \alpha_3) \\
\alpha_6 &= |\widetilde{U}|\widetilde{\rho}\,(-n_y\Delta V), \quad \alpha_7 = |\widetilde{U}|\widetilde{\rho}\,(n_x\Delta V)
\end{aligned}
\tag{2.97}
$$

为进一步简单推广至一般曲线坐标系下三维 N-S 方程中,以 ξ 方向为例,采用下式等效替代切向速度差和控制体外表面单位法向量:

$$
\begin{aligned}
-n_y\Delta V &= \Delta u - n_x\Delta U, \quad n_x\Delta V = \Delta v - n_y\Delta U \\
n_x &= \bar{\xi}_x, \quad \bar{\xi}_x = \xi_x/|\nabla\xi|, \quad |\nabla\xi| = \sqrt{\xi_x^2+\xi_y^2+\xi_z^2}
\end{aligned}
\tag{2.98}
$$

ξ 方向对流通量的 Roe 格式为

$$
(\hat{\boldsymbol{F}}_c)_{i+1/2}^{\text{Roe}} = \frac{\hat{\boldsymbol{F}}_c(\boldsymbol{Q}_L)+\hat{\boldsymbol{F}}_c(\boldsymbol{Q}_R)}{2} - \frac{1}{2}|\widetilde{\boldsymbol{A}}_c|\,\Delta\boldsymbol{Q}
\tag{2.99}
$$

其中耗散项为

$$
|\widetilde{\boldsymbol{A}}_c|\,\Delta\boldsymbol{Q} =
\begin{Bmatrix}
\alpha_4 \\
\widetilde{u}\alpha_4 + \bar{\xi}_x\alpha_5 + \alpha_6 \\
\widetilde{v}\alpha_4 + \bar{\xi}_y\alpha_5 + \alpha_7 \\
\widetilde{w}\alpha_4 + \bar{\xi}_z\alpha_5 + \alpha_8 \\
\widetilde{H}\alpha_4 + \widetilde{U}\alpha_5 + \widetilde{u}\alpha_6 + \widetilde{v}\alpha_7 + \widetilde{w}\alpha_8 - \frac{\widetilde{a}^2\alpha_1}{\gamma-1}
\end{Bmatrix}
\tag{2.100}
$$

式中

$$
\begin{aligned}
\alpha_1 &= \frac{|\nabla\xi|}{J}|\widetilde{U}|\,(\Delta\rho - \Delta p/\widetilde{a}^2) \\
\alpha_2 &= \frac{1}{2\widetilde{a}^2}\frac{|\nabla\xi|}{J}|\widetilde{U}+\widetilde{a}|\,(\Delta p + \widetilde{\rho}\widetilde{a}\,\Delta U) \\
\alpha_3 &= \frac{1}{2\widetilde{a}^2}\frac{|\nabla\xi|}{J}|\widetilde{U}-\widetilde{a}|\,(\Delta p - \widetilde{\rho}\widetilde{a}\,\Delta U) \\
\alpha_4 &= \alpha_1 + \alpha_2 + \alpha_3 \\
\alpha_5 &= \widetilde{a}\,(\alpha_2 - \alpha_3) \\
\alpha_6 &= \frac{|\nabla\xi|}{J}|\widetilde{U}|\widetilde{\rho}\,(\Delta u - \bar{\xi}_x\Delta U) \\
\alpha_7 &= \frac{|\nabla\xi|}{J}|\widetilde{U}|\widetilde{\rho}\,(\Delta v - \bar{\xi}_y\Delta U) \\
\alpha_8 &= \frac{|\nabla\xi|}{J}|\widetilde{U}|\widetilde{\rho}\,(\Delta w - \bar{\xi}_z\Delta U)
\end{aligned}
$$

经典的 Roe 格式在模拟超/高超声速流动时会出现红玉现象,同时不能识别非物理膨胀激波。具体而言,当无黏通量 Jacobi 矩阵的特征值趋近于零时,Roe 格式违反熵条件,产生非物理解。为避免该问题,常采用熵修正,即通过引入额外的耗散来修正奇异的特征值。熵修正方法众多,其中 Muller 型熵修正[21]因其网格适应能力强、计算稳定、分辨率较高,尤其适合几何或流动变化剧烈的区域而广受好评。下面给出 ξ 方向 Muller 型熵修正表达式:

$$\lambda_{c,\xi}^{\text{Muller}} = \begin{cases} |\lambda_{c,\xi}| & (|\lambda_{c,\xi}| \geqslant \delta_\xi) \\ \dfrac{\lambda_{c,\xi}^2 + \delta_\xi^2}{2\delta_\xi} & (|\lambda_{c,\xi}| < \delta_\xi) \end{cases}, \quad \delta_\xi = \bar{\delta} \frac{\sigma_\xi}{J} \left\{ 1 + \left[\frac{\max(\sigma_\eta, \sigma_\zeta)}{\sigma_\xi} \right]^{2/3} \right\} \quad (2.101)$$

式中

$$\left. \begin{array}{l} \sigma_\xi = |U| + a|\nabla\xi|, \quad \sigma_\eta = |V| + a|\nabla\eta|, \quad \sigma_\zeta = |W| + a|\nabla\zeta| \\ \lambda_{c,\xi} = J^{-1}(U \quad U \quad U \quad U - a|\nabla\xi| \quad U + a|\nabla\xi|) \end{array} \right\} \quad (2.102)$$

$\bar{\delta}$ 在跨声速时取为 0.1,在超声速和高超声速时取为 0.4。

2.5.2　HLL 格式

Roe 格式是经典的完全近似黎曼求解器(或称三波求解器)。Harten 等[22]发展了更简单的双波近似黎曼求解器 HLL 格式。该格式具有很强的非线性波(如激波)捕捉能力,计算量小、效率高、稳定性强,但缺乏接触间断和剪切波捕捉能力,耗散较大、黏性分辨率差。HLL 格式具体构造如下:

$$\boldsymbol{F}_{i+1/2}^{\text{HLL}}(\boldsymbol{Q}_L, \boldsymbol{Q}_R) = \frac{S_R^+ \cdot \boldsymbol{F}(\boldsymbol{Q}_L) - S_L^- \cdot \boldsymbol{F}(\boldsymbol{Q}_R)}{S_R^+ - S_L^-} + \frac{S_R^+ S_L^-}{S_R^+ - S_L^-} \Delta \boldsymbol{Q} \quad (2.103)$$

$$S_R^+ = \max(0, S_R), \quad S_L^- = \min(0, S_L) \quad (2.104)$$

式中:S_L 和 S_R 分别为最小和最大波速,且有

$$S_R = \max(U_R + a_R, \tilde{U} + \tilde{a}), \quad S_L = \min(U_L - a_L, \tilde{U} - \tilde{a}) \quad (2.105)$$

此外,一波近似黎曼求解器 Rusanov 格式[23](或 Lax-Friedrichs 格式)为

$$\boldsymbol{F}_{i+1/2}^{\text{Rusanov}}(\boldsymbol{Q}_L, \boldsymbol{Q}_R) = \frac{\boldsymbol{F}(\boldsymbol{Q}_L) + \boldsymbol{F}(\boldsymbol{Q}_R)}{2} - \frac{S_n}{2} \Delta \boldsymbol{Q}$$

$$\quad (2.106)$$

$$S_n = \max(|\tilde{U} - \tilde{a}|, |\tilde{U} + \tilde{a}|) = |\tilde{U}| + |\tilde{a}|$$

式中:S_n 为无黏通量谱半径。Rusanov 格式具有很强的激波鲁棒性,但其耗散远大于 Roe 格式和 HLL 格式。

2.5.3　HLLC 格式

在 HLL 格式基础上,Toro[24]提出了一种基于波系模拟的黎曼求解方法——HLLC 格式,以克服 HLL 格式缺乏接触间断和剪切波捕捉能力的问题。HLLC 格式具有标量(如压力、密度)正则性——这是其他近似线化黎曼解器所不具有的,并且能够精确地模拟接触间断和激波,同时该方法计算代价相对较低并适用于任意类型的网格,已成为 CFD 领域中广泛应用的一类高分辨率格式。

HLLC 格式将网格界面处的流场演变分为三个波系:最小波速 S_L、最大波速 S_R 和单一接触波速 S_{HLLC}。左、右两侧的波系为激波或稀疏波,中间为接触间断。流场被这三个波系

分为四个部分,特别是激波和接触间断使流场的流动变量不连续。根据这个波系近似,可得界面通量表达式:

$$
\boldsymbol{F}^{\mathrm{HLLC}}_{i+1/2} = \begin{cases} \boldsymbol{F}_{\mathrm{L}}, & S_{\mathrm{L}} \geqslant 0 \\ \boldsymbol{F}_{\mathrm{L}}^{*}, & S_{\mathrm{L}} < 0 \leqslant S_{\mathrm{HLLC}} \\ \boldsymbol{F}_{\mathrm{R}}^{*}, & S_{\mathrm{HLLC}} < 0 \leqslant S_{\mathrm{R}} \\ \boldsymbol{F}_{\mathrm{R}}, & S_{\mathrm{R}} > 0 \end{cases}
\tag{2.107}
$$

其中, × 代表中间波系接触间断。根据激波、膨胀波以及接触间断的流动变量关系式,中间波系数值通量可表达为

$$
\left. \begin{aligned} \boldsymbol{F}_{K}^{*} &= \frac{S_{\mathrm{HLLC}}(S_{K}\boldsymbol{Q}_{K} - \boldsymbol{F}_{K}) + S_{K}p_{\mathrm{HLLC}}\boldsymbol{D}}{S_{K} - S_{\mathrm{HLLC}}} \\ \boldsymbol{D} &= (0 \quad n_{x} \quad n_{y} \quad S_{\mathrm{HLLC}})^{\mathrm{T}} \end{aligned} \right\}
\tag{2.108}
$$

式中:下标 K 代表 L 或 R;p_{HLLC} 为单一接触压力;单一接触波速 S_{HLLC} 的定义为

$$
S_{\mathrm{HLLC}} = \frac{p_{\mathrm{R}} - p_{\mathrm{L}} + \rho_{\mathrm{L}}U_{\mathrm{L}}(S_{\mathrm{L}} - U_{\mathrm{L}}) - \rho_{\mathrm{R}}U_{\mathrm{R}}(S_{\mathrm{R}} - U_{\mathrm{R}})}{\rho_{\mathrm{L}}(S_{\mathrm{L}} - U_{\mathrm{L}}) - \rho_{\mathrm{R}}(S_{\mathrm{R}} - U_{\mathrm{R}})}
\tag{2.109}
$$

(1)波速的数值求解方法。一般有三种近似方法用于求解最小波速 S_{L} 和最大波速 S_{R}。Davis[25]提出了一种简单的估计方法,该方法提供较多数值耗散以获得更强鲁棒性:

$$
S_{\mathrm{R}} = \max(U_{\mathrm{L}} + a_{\mathrm{L}}, U_{\mathrm{R}} + a_{\mathrm{R}}), \quad S_{\mathrm{L}} = \min(U_{\mathrm{L}} - a_{\mathrm{L}}, U_{\mathrm{R}} - a_{\mathrm{R}})
\tag{2.110}
$$

Einfeldt 等[26]建议了一种能精确捕捉孤立激波间断的方法:

$$
S_{\mathrm{R}} = \max(U_{\mathrm{R}} + a_{\mathrm{R}}, \widetilde{U} + \widetilde{a}), \quad S_{\mathrm{L}} = \min(U_{\mathrm{L}} - a_{\mathrm{L}}, \widetilde{U} - \widetilde{a})
\tag{2.111}
$$

Toro[27]发展了基于压力基的波速求解方法,用以计算理想气体流动:

$$
\left. \begin{aligned} S_{\mathrm{L}} &= U_{\mathrm{L}} - q_{\mathrm{L}}a_{\mathrm{L}}, \quad S_{\mathrm{R}} = U_{\mathrm{R}} + q_{\mathrm{R}}a_{\mathrm{R}} \\ q_{K} &= \begin{cases} 1, & p^{*} \leqslant p_{K} \\ \left[1 + \frac{\gamma+1}{2\gamma}(p^{*}/p_{K} - 1)\right]^{1/2}, & p^{*} > p_{K} \end{cases} \\ p^{*} &= \max(0, p_{\mathrm{pvrs}}), \quad p_{\mathrm{pvrs}} = \frac{p_{\mathrm{L}} + p_{\mathrm{R}}}{2} + \frac{U_{\mathrm{L}} - U_{\mathrm{R}}}{8}(\rho_{\mathrm{L}} + \rho_{\mathrm{R}})(a_{\mathrm{L}} + a_{\mathrm{R}}) \end{aligned} \right\}
\tag{2.112}
$$

(2)单一接触压力的数值求解方法。单一接触压力 p_{HLLC} 有以下两种版本:

$$
p_{\mathrm{HLLC}} = p_{K} + \rho_{K}(S_{K} - U_{K})(S_{\mathrm{HLLC}} - U_{K})
\tag{2.113}
$$

$$
p_{\mathrm{HLLC}} = \frac{1}{2}\left[p_{\mathrm{L}} + p_{\mathrm{R}} + \rho_{\mathrm{L}}(S_{\mathrm{L}} - U_{\mathrm{L}})(S_{\mathrm{HLLC}} - U_{\mathrm{L}}) + \rho_{\mathrm{R}}(S_{\mathrm{R}} - U_{\mathrm{R}})(S_{\mathrm{HLLC}} - U_{\mathrm{R}})\right]
\tag{2.114}
$$

HLLC 格式计算过程简单,避免了求解通量 Jacobi 矩阵的过程,在保证精度的同时可有效提高求解效率。但该方法在求解强激波的过程中容易出现激波不稳定现象,鲁棒性不足。

2.5.4　FVS 格式

鉴于 Euler 方程的齐次性,Steger 和 Warming[28]提出了矢通量分裂格式 FVS,其基本思路是:将矢通量 $\boldsymbol{F}$ 按它的 Jacobi 矩阵正、负特征值分裂为 $\boldsymbol{F}^{+}$ 和 $\boldsymbol{F}^{-}$ 两部分。该思路成就了著名的 Steger - Warming 格式,但该格式的分裂通量在声速点附近不连续可微,计算中

会出现错误。因此 van Leer[29] 基于七个原则提出了一种新的分裂方式,即 van Leer's FVS 格式。

FVS 格式界面通量求解方式为

$$F_{i+1/2}^{\text{FVS}} = F^+ + F^-$$ (2.115)

其中,上标＋和－分别代表界面两侧的左值和右值。首先定义左、右侧马赫数:

$$M_{\text{L/R}} = U_{\text{L/R}}/a_{\text{L/R}}$$ (2.116)

当 $|M_{\text{L/R}}| \geq 1$ 时(局部超声速)

$$\left. \begin{array}{l} F^+ = F_{\text{L}}, \, F^- = 0 \, (M_{\text{L/R}} \geqslant +1) \\ F^- = F_{\text{R}}, \, F^+ = 0 \, (M_{\text{L/R}} \leqslant -1) \end{array} \right\}$$ (2.117)

当 $|M_{\text{L/R}}| < 1$ 时(局部亚声速)

$$F^{\pm} = \begin{bmatrix} f_{\text{mass}}^{\pm} \\ f_{\text{mass}}^{\pm} \left[n_x \, (-U \pm 2a)/\gamma + u \right] \\ f_{\text{mass}}^{\pm} \left[n_y \, (-U \pm 2a)/\gamma + v \right] \\ f_{\text{energy}}^{\pm} \end{bmatrix}$$ (2.118)

$$f_{\text{mass}}^{\pm} = \pm \rho a \, (M_{\text{L/R}} \pm 1)^2 / 4$$ (2.119)

$$f_{\text{energy}}^{\pm} = f_{\text{mass}}^{\pm} \left[\frac{-(\gamma-1)U^2 \pm 2(\gamma-1)Ua + 2a^2}{\gamma^2 - 1} + \frac{u^2 + v^2}{2} \right]$$ (2.120)

FVS 格式简单,计算效率高,激波鲁棒性强,然而与 HLL 格式类似,其缺乏接触间断和剪切波捕捉能力,黏性分辨率不高。

2.5.5 AUSM 类格式

AUSM(Advection Upstream Splitting Method)类格式是混合通量差分格式的典型代表。混合通量差分格式的主要思想是认为声波和对流波是不同的物理过程,因而将无黏通量分裂为压力通量和对流通量,并分别处理。经过不断发展,AUSM 类格式及其变种,如 AUSM＋、AUSMPW＋、AUSM＋UP、SLAU 等,已发展为 CFD 领域广为应用的一系列高分辨率格式。

AUSM 类格式兼有 FVS 格式高的计算效率和 Roe 格式高的间断分辨率,数值耗散小,无需熵修正,还具有标量正则性。它的一般形式可以表达为

$$\left. \begin{array}{l} F_{i+1/2}^{\text{AUSM-type}} = \dfrac{\dot{m} + |\dot{m}|}{2} \boldsymbol{\Phi}_{\text{L}} + \dfrac{\dot{m} - |\dot{m}|}{2} \boldsymbol{\Phi}_{\text{R}} + p_{\text{s}} \boldsymbol{N} \\ \boldsymbol{\Phi} = \begin{pmatrix} 1 & u & v & H \end{pmatrix}^{\text{T}}, \quad \boldsymbol{N} = \begin{pmatrix} 0 & n_x & n_y & 0 \end{pmatrix}^{\text{T}} \end{array} \right\}$$ (2.121)

AUSM 类格式求解的三个关键要素为质量通量 $\dot{m}$、压力通量 p_{s} 及数值界面声速 $a_{1/2}$。

1. AUSM＋格式

1993 年,Liou[30] 构造了 AUSM(Advection Upstream Splitting Method)格式。此后,Liou 通过对质量通量、压力通量进行改进,提出了 AUSM＋格式[31],它包括以下几部分。

(1)质量通量 $\dot{m}$:

$$\dot{m} = M_{1/2} a_{1/2} \begin{cases} \rho_{\text{L}}, & M_{1/2} \geqslant 0 \\ \rho_{\text{R}}, & M_{1/2} < 0 \end{cases}$$ (2.122)

其中,单元界面马赫数 $M_{1/2}$ 定义为

$$M_{1/2} = M_L^+ \big|_{\beta=1/8} + M_R^- \big|_{\beta=1/8} \qquad (2.123)$$

(2) 压力通量 p_s :

$$p_s = \psi_L^+ \big|_{\alpha=3/16} p_L + \psi_R^- \big|_{\alpha=3/16} p_R \qquad (2.124)$$

(3) 数值界面声速 $a_{1/2}$:

$$\left. \begin{array}{l} a_{1/2} = \min(\hat{a}_L, \hat{a}_R), \quad \hat{a}_{L/R} = (a^*)^2 / \max(a^*, |U_{L/R}|) \\[2mm] H_t = \dfrac{\gamma RT}{\gamma - 1} + \dfrac{u^2 + v^2}{2} = \dfrac{(\gamma+1)(a^*)^2}{2(\gamma-1)} \end{array} \right\} \qquad (2.125)$$

(4) 马赫数分裂函数 $M_{L/R}^{\pm}$ 以及压力项分裂函数 $\psi_{L/R}^{\pm}$:

$$M_{L/R}^{\pm} = \begin{cases} \pm \dfrac{1}{4}(M_{L/R} \pm 1)^2 \pm \beta(M_{L/R}^2 - 1)^2, & |M_{L/R}| < 1 \\[3mm] \dfrac{1}{2}(M_{L/R} \pm |M_{L/R}|), & |M_{L/R}| \geqslant 1 \end{cases} \qquad (2.126)$$

$$\psi_{L/R}^{\pm} = \begin{cases} \dfrac{1}{4}(M_{L/R} \pm 1)^2(2 \mp M_{L/R}) \pm \alpha M_{L/R}(M_{L/R}^2 - 1)^2, & |M_{L/R}| < 1 \\[3mm] \dfrac{1}{2}[1 \pm \mathrm{sign}(M_{L/R})], & |M_{L/R}| \geqslant 1 \end{cases} \qquad (2.127)$$

$$M_{L/R} = U_{L/R}/a_{1/2}, \quad U_{L/R} = u_{L/R} \cdot n_x + v_{L/R} \cdot n_y \qquad (2.128)$$

2. AUSMPW+格式

大量数值实验[32-33]表明:① AUSM+格式在强激波后会产生压力过冲,而当对流速度分量很小时,它在该对流方向上也会存在压力振荡;② AUSM+格式仅根据单侧界面值计算通量,在激波附近会产生一定大小的数值振荡;③ 采用式(2.125)这种数值声速的定义方式虽然可以保证计算时总焓守恒,有明确的物理意义,但采用这种数值声速计算方式的 AUSM 类通量格式既无法敏锐地捕捉激波,也容易出现违反熵条件的膨胀激波。为了克服上述缺陷,Kim 等[32-33]引入了压力基权函数并定义了新的数值界面声速,发展了 AUSMPW+格式。

AUSMPW+格式可写为

$$\boldsymbol{F}_{i+1/2}^{\mathrm{AUSMPW+}} = \overline{M}_L^+ \rho_L a_{1/2} \boldsymbol{\Phi}_L + \overline{M}_R^- \rho_R a_{1/2} \boldsymbol{\Phi}_R + p_s \boldsymbol{N} \qquad (2.129)$$

其中

$$p_s = \psi_L^+ \big|_{\alpha=3/16} p_L + \psi_R^- \big|_{\alpha=3/16} p_R \qquad (2.130)$$

$$\left. \begin{array}{l} \overline{M}_L^+ = \begin{cases} M_L^+ + M_R^-[(1-w)(1+f_R) - f_L], & M_{1/2} \geqslant 0 \\[2mm] M_L^+ \cdot w \cdot (1+f_L), & M_{1/2} < 0 \end{cases} \\[6mm] \overline{M}_R^- = \begin{cases} M_R^- \cdot w \cdot (1+f_R), & M_{1/2} \geqslant 0 \\[2mm] M_R^- + M_L^+[(1-w)(1+f_L) - f_R], & M_{1/2} < 0 \end{cases} \end{array} \right\} \qquad (2.131)$$

压力基权函数 f 和 w 定义如下:

$$f_{L/R} = \begin{cases} \left(\dfrac{p_{L/R}}{p_s} - 1\right) \min\left(1, \dfrac{\min(p_{1,L}, p_{2,L}, p_{1,R}, p_{2,R})}{\min(p_L, p_R)}\right)^2, & p_s \neq 0 \\[3mm] 0, & p_s = 0 \end{cases} \qquad (2.132)$$

$$w = 1 - \min\left(\frac{p_L}{p_R}, \frac{p_R}{p_L}\right)^3 \tag{2.133}$$

单元界面马赫数 $M_{1/2}$：

$$M_{1/2} = M_L^+ \big|_{\beta=0} + M_R^- \big|_{\beta=0} \tag{2.134}$$

新的数值界面声速 $a_{1/2}$ 定义为

$$a_{1/2} = \begin{cases} \dfrac{a_s^2}{\max(|U_L|, a_s)}, & \dfrac{1}{2}(U_L + U_R) \geqslant 0 \\[3mm] \dfrac{a_s^2}{\max(|U_R|, a_s)}, & \dfrac{1}{2}(U_L + U_R) < 0 \end{cases} \tag{2.135}$$

式中

$$\left. \begin{array}{l} a_s = \sqrt{2(\gamma-1)/(\gamma+1)H_{normal}} \\ H_{normal} = 0.5(H_{total,L} - 0.5V_L^2 + H_{total,R} - 0.5V_R^2) \\ V_{L/R}^2 = u_{L/R}^2 + v_{L/R}^2 \end{array} \right\} \tag{2.136}$$

3. AUSM+UP 格式

伴随着 CFD 技术在工业界的日益推广，人们迫切地希望有一种算法可以同时求解可压流动以及不可压流动。此外，Liou[34] 通过理论分析发现，AUSM+格式在流动速度较小时，界面压力计算接近于使用中心差分方法，因而缺乏足够的耗散来抑制压力场的数值振荡。

为了消除上述非物理的振荡，Liou 提出了 AUSM+UP 格式[34]。其主要改进之处在于：利用马赫数函数对数值耗散进行适当的放缩，并引入速度扩散项和压力扩散项。通过上述改进，AUSM+UP 格式有效克服了 AUSM+格式的缺陷，而且在低马赫数情况下具有良好的稳定性和收敛性。

AUSM+UP 格式的具体构造形式如下：

（1）单元界面马赫数 $M_{1/2}$ 引入压力扩散项 M_p：

$$\left. \begin{array}{l} M_{1/2} = M_L^+ \big|_{\beta=1/8} + M_R^- \big|_{\beta=1/8} + M_p \\[2mm] M_p = -\dfrac{K_p}{f_a} \max(1 - \sigma \overline{M}^2, 0) \dfrac{p_R - p_L}{\rho_{1/2} a_{1/2}^2}, \quad \rho_{1/2} = \dfrac{\rho_L + \rho_R}{2} \end{array} \right\} \tag{2.137}$$

（2）压力通量 p_s 引入速度扩散项 p_u：

$$\left. \begin{array}{l} p_s = \psi_L^+ p_L + \psi_R^- p_R + p_u \\[2mm] p_u = -K_u \psi_L^+ \psi_R^- (\rho_L + \rho_R)(f_a a_{1/2})(U_R - U_L) \end{array} \right\} \tag{2.138}$$

（3）数值界面声速 $a_{1/2}$：

$$\left. \begin{array}{l} a_{1/2} = \min(\hat{a}_L, \hat{a}_R), \quad \hat{a}_L = (a^*)^2/\max(a^*, U_L), \quad \hat{a}_R = (a^*)^2/\max(a^*, -U_R) \\[2mm] H_t = \dfrac{\gamma RT}{\gamma - 1} + \dfrac{u^2 + v^2}{2} = \dfrac{(\gamma+1)(a^*)^2}{2(\gamma-1)} \end{array} \right\} \tag{2.139}$$

（4）其他相应参数：

$$\left. \begin{array}{l} \alpha = \dfrac{3}{16}(-4 + 5f_a^2), \quad f_a(M_o) = M_o(2 - M_o) \\[2mm] M_o^2 = \min[1, \max(\overline{M}^2, \ M_{ref}^2)], \quad \overline{M}^2 = \dfrac{U_L^2 + U_R^2}{2a_{1/2}^2} \\[2mm] K_p = 0.25, \quad K_u = 0.75, \quad \sigma = 1.0 \end{array} \right\} \tag{2.140}$$

4. SLAU 格式

尽管 AUSM+UP 格式具有优异的性能,但是它需要设置经验性人工参数,并且会出现全局截断问题,这限制了其在宽速域流动模拟中的应用。为避免这些问题,Shima 和 Kitamura[35]发展了一种免于参数选择、低耗散的全速域格式 SLAU,并进一步改进压力通量[36],提出了 SLAU2、AUSM+UP2、LDFSS2001-2 等格式。

SLAU 具体形式如下:

(1) 质量通量 $\dot{m}$:

$$\dot{m} = \frac{1}{2}\left[\rho_{L}(U_{L} + |\overline{U}_{n}|^{+}) + \rho_{R}(U_{R} - |\overline{U}_{n}|^{-}) - \frac{\chi}{a_{1/2}}\Delta p\right] \quad (2.141)$$

其中

$$|\overline{U}_{n}|^{+} = (1-g)|\overline{U}_{n}| + g|U_{L}|, \quad |\overline{U}_{n}|^{-} = (1-g)|\overline{U}_{n}| + g|U_{R}| \quad (2.142)$$

$$|\overline{U}_{n}| = \frac{\rho_{L}|U_{L}| + \rho_{R}|U_{R}|}{\rho_{L} + \rho_{R}} \quad (2.143)$$

$$g = -\max[\min(M_{L},0), -1] \cdot \min[\max(M_{R},0),1], \quad g \in [0,1] \quad (2.144)$$

$$\chi = (1-\hat{M})^{2}, \quad \hat{M} = \min\left(1.0, \frac{1}{a_{1/2}}\sqrt{\frac{u_{L}^{2} + v_{L}^{2} + u_{R}^{2} + v_{R}^{2}}{2}}\right), \quad M_{L/R} = U_{L/R}/a_{1/2}$$

$$(2.145)$$

式中,g 函数改善了超声速膨胀条件下的非物理现象。

(2) 通过分析压力项的物理特性,Shima 等[35]针对不同情况对耗散项进行了控制。通过引入马赫数函数 f_{p} 有效降低了低马赫数条件下过度数值耗散,同时保证了计算稳定性,得到了具有低马赫数特性的界面压力通量 p_{s} :

$$p_{s} = \frac{p_{L} + p_{R}}{2} + (\psi_{L}^{+}|_{\alpha=0} - \psi_{R}^{-}|_{\alpha=0})\frac{p_{L} - p_{R}}{2} + f_{p} \cdot (\psi_{L}^{+}|_{\alpha=0} + \psi_{R}^{-}|_{\alpha=0} - 1)\frac{p_{L} + p_{R}}{2}$$

$$(2.146)$$

$$f_{p} = 1 - \chi \quad (2.147)$$

(3) 数值界面声速 $a_{1/2}$ 取算术平均值:

$$a_{1/2} = \frac{a_{L} + a_{R}}{2} \quad (2.148)$$

2.6　湍　流　模　型

目前,湍流的主要模拟手段包含:直接数值模拟(DNS)、大涡模拟(LES)和雷诺平均方法(RANS)。由于 DNS 和 LES 的计算量较大,目前工程上通常采用的是 RANS 方法。下面给出目前工程上常用的一方程 SA 湍流模型[37]和两方程 SST 湍流模型[38],以及应用于非定常湍流模拟的 RANS/LES 混合方法——SA-DDES 模型[39]和 SST-DDES 模型[40]。

2.6.1　SST 模型

考虑到 $k-\omega$ 和 $k-\varepsilon$ 模型各自的优缺点,Menter[38]提出通过"开关函数"F_{1} 将 $k-\omega$ 和

k-ε模型结合起来的方法：在近壁区采用 k-ω 模型，在边界层外区和自由剪切区则切换为 k-ε 模型。

SST 模型关于 k 和 ω 的输运方程为

$$\left.\begin{aligned}\frac{\partial k}{\partial t}+u_j\,\frac{\partial k}{\partial x_j}&=\frac{1}{\rho}\mu_\mathrm{t}\Omega^2-\beta^*k\omega+\frac{1}{\rho}\,\frac{\partial}{\partial x_j}\Big[\big(\mu+\frac{\mu_\mathrm{t}}{\sigma_k}\big)\frac{\partial k}{\partial x_j}\Big]\\\frac{\partial\omega}{\partial t}+u_j\,\frac{\partial\omega}{\partial x_j}&=\gamma\Omega^2-\beta\omega^2+\frac{1}{\rho}\,\frac{\partial}{\partial x_j}\Big[\big(\mu+\frac{\mu_\mathrm{t}}{\sigma_\omega}\big)\frac{\partial\omega}{\partial x_j}\Big]+2(1-F_1)\sigma_{\omega_2}\,\frac{1}{\omega}\,\frac{\partial k}{\partial x_j}\,\frac{\partial\omega}{\partial x_j}\end{aligned}\right\}$$
$$(2.149)$$

式中，F_1 为混合函数，在近壁区趋近于 1，远离壁面时趋近于 0。模型中的常数由下列公式计算得到，其中 φ_1、φ_2 分别表示原始 k-ω 和 k-ε 的模型常数：

$$\left.\begin{aligned}\varphi&=F_1\varphi_1+(1-F_1)\varphi_2\\\gamma_1&=\frac{\beta_1}{C_\mu}-\frac{\kappa^2}{\sigma_{\omega_1}\sqrt{C_\mu}},\quad\gamma_2=\frac{\beta_2}{C_\mu}-\frac{\kappa^2}{\sigma_{\omega_2}\sqrt{C_\mu}}\end{aligned}\right\}$$
$$(2.150)$$

$$\left.\begin{aligned}\sigma_{k_1}&=1/0.85,\quad\sigma_{k_2}=1.0\\\sigma_{\omega_1}&=1/0.5,\quad\sigma_{\omega_2}=1/0.856\\\beta_1&=0.075,\quad\beta_2=0.082\,8\\\beta^*&=0.09,\quad\kappa=0.41\end{aligned}\right\}$$
$$(2.151)$$

混合函数 F_1 的具体形式为

$$\left.\begin{aligned}F_1&=\tanh(\theta^4),\quad\theta=\min\big[\max(\theta_1,\theta_2),\theta_3\big]\\\theta_1&=\sqrt{k}/(0.09\omega d),\quad\theta_2=500\mu/(\rho\omega d^2),\quad\theta_3=4\rho k/(d^2\sigma_{\omega2}\mathrm{CD}_{k\omega})\\\mathrm{CD}_{k\omega}&=\max\Big(\frac{2\rho}{\sigma_{\omega2}\omega}\,\frac{\partial k}{\partial x_j}\,\frac{\partial\omega}{\partial x_j},10^{-20}\Big)\end{aligned}\right\}$$
$$(2.152)$$

混合函数 F_2 的具体形式为

$$F_2=\tanh(\vartheta^2),\quad\vartheta=\max(2\theta_1,\theta_2)\qquad(2.153)$$

涡黏性系数 μ_t 在定义时考虑了雷诺应力的输运，保证在逆压梯度的边界层流动中，上述涡黏性系数满足 Bradshaw 假设。同时，通过引入混合函数 F_2 将涡黏性系数的修正限制在壁面边界层流动中：

$$\mu_\mathrm{t}=\frac{\rho k}{\max(\omega,\Omega F_2/a_1)}\qquad(2.154)$$

更一般地，可以将模型表示为

$$\left.\begin{aligned}\frac{\partial}{\partial t}(X_k)+u_j\,\frac{\partial}{\partial x_j}(X_k)&=S_{\mathrm{P},k}+S_{\mathrm{D},k}+D_k\\\frac{\partial}{\partial t}(X_\omega)+u_j\,\frac{\partial}{\partial x_j}(X_\omega)&=S_{\mathrm{P},\omega}+S_{\mathrm{D},\omega}+D_\omega\end{aligned}\right\}$$
$$(2.155)$$

其中：$S_{\mathrm{P},k}$ 和 $S_{\mathrm{P},\omega}$ 分别是 k 和 ω 方程的源项生成项；$S_{\mathrm{D},k}$ 和 $S_{\mathrm{D},\omega}$ 分别是 k 和 ω 方程的源项耗散项；D_k 和 D_ω 分别是 k 和 ω 方程的扩散项。具体表达式如下：

$$\left.\begin{aligned}
&\mu_{\mathrm{t}} = \frac{\rho k}{\max(\omega, \Omega F_2 / a_1)} \\[2mm]
&X_k = k, \qquad\qquad\qquad X_\omega = \omega \\[2mm]
&S_{\mathrm{P},k} = \frac{1}{\rho}\mu_t \Omega^2, \qquad\qquad S_{\mathrm{P},\omega} = \gamma \Omega^2 \\[2mm]
&S_{\mathrm{D},k} = -\beta^* k\omega, \qquad\qquad S_{\mathrm{D},\omega} = -\beta\omega^2 + 2(1-F_1)\sigma_{\omega_2}\frac{1}{\omega}\frac{\partial k}{\partial x_j}\frac{\partial \omega}{\partial x_j} \\[2mm]
&D_k = \frac{1}{\rho}\frac{\partial}{\partial x_j}\Big[(\mu + \frac{\mu_t}{\sigma_k})\frac{\partial k}{\partial x_j}\Big], \quad D_\omega = \frac{1}{\rho}\frac{\partial}{\partial x_j}\Big[(\mu + \frac{\mu_t}{\sigma_\omega})\frac{\partial \omega}{\partial x_j}\Big]
\end{aligned}\right\} \tag{2.156}$$

2.6.2　SA 模型

SA 模型[37]中涡黏性系数 μ_{t} 与变量 $\hat{\nu}$ 相关，有

$$\mu_{\mathrm{t}} = \rho\hat{\nu}f_{\nu_1} \tag{2.157}$$

其中

$$f_{\nu_1} = \frac{\chi^3}{\chi^3 + C_{\nu_1}^3}, \quad \chi \equiv \frac{\hat{\nu}}{\nu} \tag{2.158}$$

通过求解变量 $\hat{\nu}$ 的输运方程可以得到涡黏性系数 μ_{t}：

$$\frac{\partial \hat{\nu}}{\partial t} + u_j \frac{\partial \hat{\nu}}{\partial x_j} = C_{b_1}(1 - f_{t_2})\Omega\hat{\nu} + \left\{ C_{b_1}\Big[(1 - f_{t_2})f_{\nu_2} + f_{t_2}\Big]\frac{1}{\kappa^2} - C_{w_1}f_w\right\}\left(\frac{\hat{\nu}}{d}\right)^2 +$$

$$\frac{1}{\sigma}\frac{\partial}{\partial x_j}\left\{\Big[\nu + (1 + C_{b_2})\hat{\nu}\Big]\frac{\partial \hat{\nu}}{\partial x_j}\right\} - \frac{C_{b_2}}{\sigma}\hat{\nu}\frac{\partial^2 \hat{\nu}}{\partial x_j^2} \tag{2.159}$$

其中，d 表示壁面距离，其他参数如下：

$$\left.\begin{aligned}
&f_{t_2} = C_{t_3}\exp(-C_{t_4}\chi^2), \quad f_w = g\left(\frac{1 + C_{w_3}^6}{g^6 + C_{w_3}^6}\right)^{\frac{1}{6}} = \left(\frac{g^{-6} + C_{w_3}^{-6}}{1 + C_{w_3}^{-6}}\right)^{-\frac{1}{6}} \\[3mm]
&g = r + C_{w_2}(r^6 - r), \quad r = \frac{\hat{\nu}}{\hat{S}\kappa^2 d^2}, \quad \hat{S} = \Omega + \frac{\hat{\nu}f_{\nu_2}}{\kappa^2 d^2}, \quad f_{\nu_2} = 1 - \frac{\chi}{1 + \chi f_{\nu_1}}
\end{aligned}\right\} \tag{2.160}$$

式中，常数取值如下：

$$\left.\begin{aligned}
&C_{b_1} = 0.1355, \quad \sigma = \frac{2}{3}, \quad C_{b_2} = 0.622, \quad \kappa = 0.41 \\[2mm]
&C_{w_2} = 0.3, \quad C_{w_3} = 2.0, \quad C_{\nu_1} = 7.1, \quad C_{t_3} = 1.2, \quad C_{t_4} = 0.5
\end{aligned}\right\} \tag{2.161}$$

更一般地，可以将模型表示为

$$\frac{\partial}{\partial t}(X) + u_j \frac{\partial}{\partial x_j}(X) = S_{\mathrm{P}} + S_{\mathrm{D}} + D \tag{2.162}$$

其中，S_{P} 是源项生成项，S_{D} 为源项耗散项，D 表示扩散项，有

$$\left.\begin{array}{l} X = \hat{\nu}, \quad S_P = C_{b_1}(1 - f_{t_2})\Omega\hat{\nu}, D = \dfrac{1}{\sigma}\dfrac{\partial}{\partial x_j}\left\{\left[\nu + (1 + C_{b_2})\hat{\nu}\right]\dfrac{\partial\hat{\nu}}{\partial x_j}\right\} - \dfrac{C_{b_2}}{\sigma}\hat{\nu}\dfrac{\partial^2\hat{\nu}}{\partial x_j^2} \\[4mm] S_D = \left\{C_{b_1}\left[(1 - f_{t_2})f_{\nu_2} + f_{t_2}\right]\dfrac{1}{\kappa^2} - C_{w_1}f_w\right\}\left(\dfrac{\hat{\nu}}{d}\right)^2 \end{array}\right\}$$

$$\tag{2.163}$$

2.6.3 SA‐DDES 模型

基于 Boussinesq 假设的涡黏性 RANS 模型和 LES 亚格子模型,控制方程相似。由于实际工程的需要,研究者很自然想到发展一种混合了 RANS 模型和 LES 模型的方法,以克服 RANS(URANS)处理非定常分离流动的缺陷,同时减小高雷诺数壁湍流 LES 模拟时所需巨大计算量。近十几年来,RANS/LES 混合方法得到了越来越多的关注,被认为是一类真正能够用于工程复杂湍流模拟的重要方法。分离涡模拟(DES)或许是目前最为流行的 RANS/LES 混合方法,其于 1997 年由 Spalart 等[41]提出,并在大量的复杂分离流动模拟中得到了成功应用[42]。该方法基本思想是:采用全场统一的输运方程,通过比较壁面距离 d 和网格尺度 Δ 来确定流动求解的 RANS 和 LES 区域。具体的做法是:修改 SA 模型方程中的毁灭项,将其中的壁面距离 d 重新定义为 $\tilde{d}$,有 $\tilde{d} = \min(d, C_{DES}\Delta)$,其中 C_{DES} 为模型常数。这样 DES 模型在近壁区与原始 RANS 模型完全一致,在远离壁面的区域,模型方程采用了网格尺度 Δ,当生成项与毁灭项平衡时,模型的涡黏性正比于当地的应变率 S 和网格尺度 Δ 的二次方,即 $\nu_t \propto S\Delta^2$,这类似于 Smagorinsky 亚格子模型的涡黏性,从而表现出类似于 LES 的求解特性。这里给出具体的 SA‐DES 模型方程:

$$\frac{\partial\hat{\nu}}{\partial t} + u_j\frac{\partial\hat{\nu}}{\partial x_j} = C_{b_1}[1 - f_{t_2}]\Omega\hat{\nu} + \left\{C_{b_1}\left[(1 - f_{t_2})f_{\nu_2} + f_{t_2}\right]\frac{1}{\kappa^2} - C_{w_1}f_w\right\}\left(\frac{\hat{\nu}}{\tilde{d}}\right)^2 +$$

$$\frac{1}{\sigma}\frac{\partial}{\partial x_j}\left\{\left[\nu + (1 + C_{b_2})\hat{\nu}\right]\frac{\partial\hat{\nu}}{\partial x_j}\right\} - \frac{C_{b_2}}{\sigma}\hat{\nu}\frac{\partial^2\hat{\nu}}{\partial x_j^2} \tag{2.164}$$

$$\tilde{d} = \min(d, C_{DES}\Delta), \quad \Delta = \max(\Delta x, \Delta y, \Delta z) \tag{2.165}$$

式中:d 为壁面距离;C_{DES} 为模型常数,通过各向同性湍流等算例标定为 0.65;Δ 为三个方向上的网格最大间距。

DES 方法也可以基于其他 RANS 模型,非常适用于高雷诺数下大分离流动的模拟,而 RANS 和 LES 都难以处理这类流动,但 DES 方法也存在一些缺陷。DES 方法的不足主要有两个[43]:一是灰区(grey‐area)问题,另一个是模化应力不足(Modelled Stress Depletion, MSD)的问题。灰区问题通常发生在 RANS/LES 交界面附近。这是由于 DES 中 RANS 区到 LES 区的切换直接取决于壁面距离(或 RANS 长度尺度)与网格尺度的比值,同时类比于亚格子模型的涡黏性是基于惯性子区内生成项与毁灭项平衡的前提:当生成项与毁灭项平衡时,如果采用较粗的计算网格则不允许 DES 模型切换到 LES 模式,或者当采用较密的网格时,DES 模型开启了 LES 模式,但此时生成项与毁灭项并不平衡,此时的计算既不是 RANS 也不是 LES。MSD 问题主要是由边界层内网格不适当加密造成的。随着边界层内网格在流向和展向的加密,RANS/LES 交界面内移,模化的 RANS 区域减小,但此时的网格又不足以支持 LES 计算,模型的涡黏性随网格加密降低,同时求解的湍流脉动尺度又远远不够,从而总的湍流应力偏少,即产生所谓的模化应力不足问题。严重的 MSD 问题可导致壁面摩擦力显著降低,流动分离提前发生,即非物理的网格诱导分离。为有效解决这一问题,Spalart 等[39]构造了针对 SA – DES 的延迟函数,用以保护边界层内的 RANS 区域,并将新的 DES 方法命名为延迟分离涡模拟(Delayed DES, DDES)。

由于一方程 SA 模型无法获得湍流积分长度尺度,为了能够采用类似于两方程 SST 模型中的 F_1 或 F_2 的边界层识别函数,Spalart 等[39]构造了一个延迟因子 r_d,其形式如下:

$$r_d = \frac{\nu_t + \nu}{\sqrt{u_{i,j} u_{i,j}} \kappa^2 d^2}$$
(2.166)

式中,$u_{i,j}$ 为速度梯度,$u_{i,j} u_{i,j} = 0.5(S^2 + \Omega^2)$。在远离壁面的 LES 区域,$r_d \ll 1$;在近壁对数律区,$r_d = 1$。延迟函数 F_d 的定义如下:

$$F_d = \tanh([8r_d]^3)$$
(2.167)

函数 F_d 的作用与 SST 模型中的 F_1 函数类似,其在近壁边界层的内层取值为 1,从内层至边界层外缘,F_d 的取值逐渐趋于 0。F_d 函数中的常数 8 和 3 的给定是基于经验,在平板边界层流动中,Spalart 等[39]对这两个常数进行了标定。

Spalart 等[39]进一步引入混合函数 f_d,对 DES 模型中的长度尺度 $\tilde{d}$ 进行修正,其形式如下:

$$\left. \begin{array}{l} f_d = 1 - F_d = 1 - \tanh([8r_d]^3) \\ \tilde{d} = d - f_d \max(0, d - C_{DES}\Delta) \end{array} \right\}$$
(2.168)

需要说明的是,在边界层以外的无旋流动区域,$u_{i,j} u_{i,j}$ 的取值可能趋于 0,此时 F_d 的取值又趋于 1,因此 F_d 从边界层内到无旋流动的远场并不是单调的;与此同时,对于远离壁面的无旋流动区域,DDES 模型趋于 RANS,但无论是以 RANS 还是 LES 处理,模型的涡黏性都极低,不会对计算结果造成影响。

2.6.4　SST – DDES 模型

两方程 SST – DES 的模型方程[44]与对应的 SST 模型相似,只是对 k 方程的毁灭项进行了修改($\beta^* \rho k\omega \rightarrow \beta^* \rho k\omega \cdot F_{DES}$),形式如下:

$$\frac{\partial(\rho k)}{\partial t} + \frac{\partial(\rho U_i k)}{\partial x_i} = \tilde{P}_k - \beta^* \rho k\omega \cdot F_{DES} + \frac{\partial}{\partial x_i}\left[(\mu + \sigma_k \mu_t)\frac{\partial k}{\partial x_i}\right]$$
(2.169)

$$\frac{\partial(\rho\omega)}{\partial t} + \frac{\partial(\rho U_i \omega)}{\partial x_i} = \frac{\gamma}{\nu_t}\tilde{P}_k - \beta\rho\omega^2 + \frac{\partial}{\partial x_i}\left[(\mu + \sigma_\omega \mu_t)\frac{\partial \omega}{\partial x_i}\right] + 2\rho(1 - F_1)\frac{\sigma_{\omega 2}}{\omega}\frac{\partial k}{\partial x_i}\frac{\partial \omega}{\partial x_i}$$
(2.170)

其中,F_{DES} 函数在近壁区取值为 1,在分离的流动区域取值大于 1,通过其空间分布可以判定 RANS 和 LES 计算区域。F_{DES} 函数表达式如下:

$$F_{DES} = \max\left(\frac{l_{k-\omega}}{C_{DES}\Delta}, 1\right)$$
(2.171)

式中:$l_{k-\omega}$ 是湍流特征长度尺度,定义为 $l_{k-\omega} = k^{1/2}/(\beta^* \omega)$;$C_{DES}$ 为标定的 DES 模型常数,由公式 $C_{DES} = 0.78 F_1 + 0.61(1 - F_1)$ 计算。

Menter 等[40]为了减小加密网格时外区的 LES 计算对内区 RANS 计算的影响,以避免出现网格诱导分离的非物理现象,采用 SST 模型自带的边界层识别函数 F_1 或 F_2 以保护边界层内的 RANS 区域,发展了 SST - DDES 模型。具体的做法是在 F_{DES} 函数中引入边界层保护函数,形式如下:

$$F_{DES} = \max\left[\frac{l_{k-\omega}}{C_{DES}\Delta}(1 - F_{SST}), 1\right] \tag{2.172}$$

其中 $F_{SST} = 0, F_1, F_2$。当延迟函数 $F_{SST} = 0$ 时,DDES 方法退化到原 DES 方法;当然 SST - DDES 也可以选择其他的延迟函数,比如 SA - DDES 方法中的 F_d 函数。

2.7 边 界 条 件

由于在实际数值模拟过程中,所模拟的计算区域都是有限的,需要提供能够模拟物理流动的适定边界条件。在有限体积法的框架下,计算无黏通量和黏性通量时,为了实现高阶精度,均需要使用计算节点两侧的多个节点处的变量值进行高阶插值/重构。这样,当计算至边界以及靠近边界的位置时,会出现边界一侧节点数量不足的情况。针对这一问题,目前广泛采用虚网格(ghost cells)技术[3,20]进行处理:根据计算格式需要,在计算区域外侧生成适当层数的虚网格,这些虚网格参与边界/邻近边界的内网格点无黏/黏性通量的计算,但其本身的变量值由边界条件决定。

2.7.1 远场边界条件

远场边界条件[3,20]一般针对外流问题,当边界为亚声速时,采用基于特征线相容关系式得到的 Riemann 边界条件。在三维流动状态下,可将当地流动比作一维流动处理。

首先引入索引端变量 e_{id},定义为:当边界位于起始端时,$e_{id} = -1$;当边界位于终止端时,$e_{id} = 1$。通过引入与边界垂直的一维等熵流动的 Riemann 不变量,得到远场边界沿特征线的两个不变量 $R^{\pm}$:

$$R^{\pm} = (V_n)_b \pm \frac{2a_b}{\gamma - 1} \tag{2.173}$$

式中:V_n 表示边界外法向速度分量,下标"b"表示边界值。当 $e_{id} = -1$ 时,R^- 由内部点外插得到边界值,R^+ 由自由来流值计算;当 $e_{id} = 1$ 时,R^+ 由内部点外插得到边界值,R^- 由自由来流值计算。

由式(2.173)可以得到远场边界上的法向速度和声速:

$$\left.\begin{array}{l} (V_n)_b = \dfrac{1}{2}(R^+ + R^-) \\[2mm] a_b = \dfrac{1}{4}(\gamma - 1)(R^+ - R^-) \end{array}\right\} \tag{2.174}$$

结合等熵条件:

$$S_b = p_b/\rho_b^{\gamma} = \text{const} \tag{2.175}$$

可得

$$\rho_b = \left(\frac{a_b^2}{\gamma S_b}\right)^{\frac{1}{\gamma-1}}, \quad p_b = S_b\rho_b^{\gamma} \tag{2.176}$$

当边界为亚声速入口时,即 $|(V_n)_b| < a_b$,且 $(V_n)_b < 0$,有

$$\left.\begin{array}{l} S_\infty = p_\infty / \rho_\infty^\gamma \\ \boldsymbol{V}_b = \boldsymbol{V}_\infty + [(\boldsymbol{V}_n)_b - (\boldsymbol{V}_n)_\infty] \cdot \boldsymbol{n} \end{array}\right\} \tag{2.177}$$

当边界为亚声速出口时,即 $|(V_n)_b| < a_b$,且 $(V_n)_b > 0$,有

$$\left.\begin{array}{l} S_{in} = p_{in} / \rho_{in}^\gamma \\ \boldsymbol{V}_b = \boldsymbol{V}_{in} + [(\boldsymbol{V}_n)_{in} - (\boldsymbol{V}_n)_\infty] \cdot \boldsymbol{n} \end{array}\right\} \tag{2.178}$$

当边界为超声速时,有 $|(V_n)_b| > a_b$,入流或出流边界条件通过边界法向速度的正、负来判定。对于入流边界,所有流动参数均由自由来流确定,反之则取内场外插值。

此外,对于 SA 湍流模型,自由来流取:

$$\hat{\nu}_\infty = 1.341\,946 \tag{2.179}$$

对于 SST 模型,自由来流取:

$$k_\infty = 9 \times 10^{-9}, \quad \omega_\infty = 1 \times 10^{-6} \tag{2.180}$$

2.7.2　壁面边界条件

(1) 速度条件。在黏性流计算中,壁面满足无滑移边界条件,在三个方向(流向、法向、展向)上速度皆为零,即 $u_w = v_w = w_w = 0$。

(2) 压力条件。通过简化法向动量方程,在壁面通常满足法向梯度为零,即 $\partial p_w / \partial n = 0$。

(3) 温度条件。温度条件分为等温壁和绝热壁两种情况。

等温壁直接给定壁面温度值(一般根据实验相关数据来确定),即 $T_w = T$;绝热壁通过条件壁面温度梯度为零确定,即 $\partial T_w / \partial n = 0$。此外,壁面气体密度根据状态方程得到。

(4) 湍流模型壁面条件。对于 SA 湍流模型,壁面边界取:

$$\hat{\nu}_w = 0 \tag{2.181}$$

对于 SST 模型,壁面边界上取:

$$k_w = 0, \quad \omega_w = \frac{60\mu_1}{\rho_1 \beta (d_2)^2}, \quad \beta = 0.075 \tag{2.182}$$

其中,下标 $1,2$ 表示与物面相邻的第一、第二层物理单元。

2.7.3　对称边界条件

对称面两侧的速度分量符号相反,其他标量值相等。

2.7.4　对接边界条件

对接边界是指由多块网格分区连通而形成的边界,是一种人为的边界条件,没有真实的物理意义。处理对接边界时,根据网格拓扑连接关系,确定对接边界两侧网格单元的一一对应关系,然后利用虚拟网格技术实现对接边界上相邻网格单元的物理量传递,并且保证通量守恒。

2.8　气动力／热后处理计算

获得计算流场后,可通过后处理获得气动力/热。气动力为压力和摩擦力积分量,在无量纲的变量体系下,当地压力系数为

$$C_{\mathrm{p}} = \frac{2}{\gamma Ma_{\infty}^{2}}(\gamma p - 1) \tag{2.183}$$

对任意一个固壁面,其上的气动力(向量)系数为

$$\boldsymbol{F}_i = \boldsymbol{F}_{\mathrm{p}} + \boldsymbol{F}_{\mathrm{v}} \tag{2.184}$$

其中,$\boldsymbol{F}_{\mathrm{p}}$ 由压力产生,定义为

$$\boldsymbol{F}_{\mathrm{p}} = \frac{2\Delta S}{Ma_{\infty}^{2} S_{\mathrm{ref}}}\left(p - \frac{1}{\gamma}\right)\boldsymbol{n} \tag{2.185}$$

式中:$\boldsymbol{n}$ 为面法向量;ΔS 为面积;S_{ref} 为参考面积。

$\boldsymbol{F}_{\mathrm{v}}$ 由摩擦力(黏性)产生,具体为

$$\boldsymbol{F}_{\mathrm{v}} = \frac{2\Delta S}{Ma_{\infty}^{2} S_{\mathrm{ref}}}\begin{bmatrix} \tau_{xx} & \tau_{xy} & \tau_{xz} \\ \tau_{yx} & \tau_{yy} & \tau_{yz} \\ \tau_{zx} & \tau_{zy} & \tau_{zz} \end{bmatrix} \cdot \boldsymbol{n} \tag{2.186}$$

对任意一个固壁面,其上的气动力矩(向量)系数为

$$\boldsymbol{M}_i = \frac{1}{L_{\mathrm{ref}}}(\boldsymbol{r}_{\mathrm{c}} - \boldsymbol{r}_{\mathrm{mc}}) \times \boldsymbol{F}_i \tag{2.187}$$

式中:L_{ref} 为参考长度;$\boldsymbol{r}_{\mathrm{c}}$ 和 $\boldsymbol{r}_{\mathrm{mc}}$ 分别表示壁面的中心坐标和取矩点的坐标。对所有的固壁面求和,即可得全物体的力和力矩系数:

$$\left.\begin{aligned} \boldsymbol{F} &= \sum \boldsymbol{F}_i \\ \boldsymbol{M} &= \sum \boldsymbol{M}_i \end{aligned}\right\} \tag{2.188}$$

气动热壁面热流 q_{b} 的计算公式为

$$q_{\mathrm{b}} = -\frac{Ma_{\infty}\mu}{Re_1 Pr(\gamma - 1)}\left.\frac{\partial T}{\partial n}\right|_{\mathrm{b}} \tag{2.189}$$

式中:Re_1 为来流单位雷诺数;$\partial T/\partial n$ 表示壁面处温度的法向梯度。可见,壁面热流为当地量,且计算精度与壁面处温度的法向梯度计算精度密切相关。为了获得精确的壁面处温度的法向梯度,进行气动热问题模拟时,往往需要在壁面附近法向方向布置比气动力模拟时更密的网格并保证更好的网格质量。

2.9　小　　结

本章主要介绍了常规计算空气动力学所使用的控制方程及其数值方法的基本框架,具体如下:

(1)采用 Euler 方程和 N‐S 方程作为控制方程,推导了不同坐标系下控制方程组的表达形式。

（2）阐述了时间推进方法,主要介绍了显式 Runge – Kutta 方法、隐式 LU – SGS 方法及双时间步非定常流动时间推进方法。

（3）分别介绍了无黏项及黏性项的离散方法,并对无黏项数值求解的重构格式和通量格式进行了概述。

（4）介绍了本书涉及的几种湍流模型,包括:定常湍流计算的 SA 和 SST 模型,非定常湍流计算的 SA – DDES 和 SST – DDES 模型。

（5）阐述了远场边界条件、壁面边界条件、对称边界条件和内部对接边界条件的处理方法和气动力热后处理计算。

参 考 文 献

[1] ANDERSON J D. Fundamentals of aerodynamics[M]. New York: McGraw – Hill, 1984.

[2] DAUGHERTY R L, INGERSOLL A C. Fluid mechanics [M]. New York: McGraw – Hill, 1954.

[3] 刘巍,张理论,王勇献,等. 计算空气动力学并行编程基础[M]. 北京:国防工业出版社,2013.

[4] FERZIGER J H, PERIC M, LEONARD A. Computational methods for fluid dynamics[J]. Physics Today, 1997, 50(3): 80 – 84.

[5] GOTTLIEB S, SHU C W. Total variation diminishing Runge – Kutta schemes[J]. Mathematics of Computation, 1998, 67(221): 73 – 85.

[6] YOON S, JAMESON A. Lower – upper symmetric – Gauss – Seidel method for the Euler and Navier – Stokes equations[J]. AIAA Journal, 1988, 26(9): 1025 – 1026.

[7] JAMESON A. Time dependent calculations using multigrid, with applications to unsteady flows past airfoils and wings [C]//10th Computational fluid dynamics conference, June 24 – 26, 1991, Honolulu, State of Hawaii. Reston: AIAA, 1991: 1596.

[8] VAN LEER B. Towards the ultimate conservative difference scheme. V. A second – order sequel to Godunov's method[J]. Journal of computational Physics, 1979, 32(1): 101 – 136.

[9] HIRSCH C. Numerical computation of internal and external flows [M]. Amsterdam: Elsevier Ltd, 2007.

[10] HARTEN A, ENGQUIST B, OSHER S, et al. Uniformly high order accurate essentially non – oscillatory schemes, Ⅲ[M]. Springer Berlin Heidelberg, 1997, 71(1): 231 – 303.

[11] LIU X D, OSHER S, CHAN T. Weighted essentially non – oscillatory schemes [J]. Journal of Computational Physics, 1994, 115(1): 200 – 212.

[12] JIANG G S, SHU C W. Efficient implementation of weighted ENO schemes[J]. Journal of Computational Physics, 1996, 126(1): 202 - 228.

[13] YU J, YAN C, JIANG Z H. A high resolution low dissipation hybrid scheme for compressible flows[J]. Chinese Journal of Aeronautics, 2011, 24(4): 417 - 424.

[14] KRIST S L. CFL3D user's manual: Version 5.0[M]. Hampton: NASA, 1998.

[15] NICHOLS R H, TRAMEL R W, BUNING P G. Evaluation of two high - order weighted essentially nonoscillatory schemes[J]. AIAA Journal, 2008, 46(12): 3090 - 3102.

[16] JOHNSEN E, LARSSON J, BHAGATWALA A V, et al. Assessment of high - resolution methods for numerical simulations of compressible turbulence with shock waves[J]. Journal of Computational Physics, 2010, 229(4): 1213 - 1237.

[17] HENRICK A K, ASLAM T D, POWERS J M. Mapped weighted essentially non - oscillatory schemes: achieving optimal order near critical points[J]. Journal of Computational Physics, 2005, 207(2): 542 - 567.

[18] BORGES R, CARMONA M, COSTA B, et al. An improved weighted essentially non - oscillatory scheme for hyperbolic conservation laws [J]. Journal of Computational Physics, 2008, 227(6): 3191 - 3211.

[19] ROE P L. Approximate Riemann solvers, parameter vectors, and difference schemes[J]. Journal of computational physics, 1981, 43(2): 357 - 372.

[20] 阎超. 计算流体力学方法及应用[M]. 北京: 北京航空航天大学出版社, 2006.

[21] MÜLLER B. Simple improvements of an upwind TVD scheme for hypersonic flow [C]//9th Computational Fluid Dynamics Conference, June 13 - 15, 1989, Buffalo, New York. Reston: AIAA, 1989: 1977.

[22] HARTEN A, LAX P D, LEER B V. On upstream differencing and Godunov - type schemes for hyperbolic conservation laws[J]. SIAM Review, 1983, 25(1): 35 - 61.

[23] RUSANOV V V. Calculation of interaction of non - steady shock waves with obstacles[J]. USSR Computational Mathematics and Mathematical Physics, 1962, 1(2): 267 - 279.

[24] TORO E F, SPRUCE M, SPEARES W. Restoration of the contact surface in the HLL - Riemann solver[J]. Shock Waves, 1994, 4(1): 25 - 34.

[25] DAVIS S F. Simplified second - order Godunov - type methods[J]. SIAM Journal on Scientific and Statistical Computing, 1988, 9(3): 445 - 473.

[26] EINFELDT B, MUNZ C, ROE P L, et al. On Godunov - type methods near low densities[J]. Journal of Computational Physics, 1991, 92(2): 273 - 295.

[27] TORO E F. Riemann solvers and numerical methods for fluid dynamics: a practical introduction[M]. Springer Science & Business Media, 2013.

[28] STEGER J L, WARMING R F. Flux vector splitting of the inviscid gasdynamic

equations with application to finite – difference methods［J］. Journal of Computational Physics, 1981, 40(2): 263 – 293.

[29]　VAN LEER B. Flux – vector splitting for the Euler equations［C］//Eighth International Conference on Numerical Methods in Fluid Dynamics: Proceedings of the Conference, June 28 – July 2, 1982, Aachen, Germany. Berlin, Heidelberg: Springer Berlin Heidelberg, 1982: 507 – 512.

[30]　LIOU M S, STEFFEN C J, Jr. A new flux splitting scheme［J］. Journal of Computational physics, 1993, 107(1): 23 – 39.

[31]　LIOU M S. A sequel to AUSM: AUSM+［J］. Journal of Computational Physics, 1996, 129(2): 364 – 382.

[32]　KIM K H, LEE J H, RHO O H. An improvement of AUSM schemes by introducing the pressure – based weight functions［J］. Computers & Fluids, 1998, 27(3): 311 – 346.

[33]　KIM K H, KIM C, RHO O. Methods for the accurate computations of hypersonic flows: Ⅰ. AUSMPW+ scheme［J］. Journal of Computational Physics, 2001, 174 (1): 38 – 80.

[34]　LIOU M S. A sequel to AUSM, Part Ⅱ: AUSM+ – up for all speeds［J］. Journal of Computational Physics, 2006, 214(1): 137 – 170.

[35]　SHIMA E, KITAMURA K. Parameter – free simple low – dissipation AUSM – family scheme for all speeds［J］. AIAA Journal, 2011, 49(8): 1693 – 1709.

[36]　KITAMURA K, SHIMA E. Towards shock – stable and accurate hypersonic heating computations: a new pressure flux for AUSM – family schemes［J］. Journal of Computational Physics, 2013, 245: 62 – 83.

[37]　SPALART P, ALLMARAS S. A one – equation turbulence model for aerodynamic flows［C］//30th aerospace sciences meeting and exhibit, January 06 – 09, 1992, Reno, Nevada. Reston: AIAA, 1992: 439.

[38]　MENTER F R. Two – equation eddy – viscosity turbulence models for engineering applications［J］. AIAA Journal, 1994, 32(8): 1598 – 1605.

[39]　SPALART P R, DECK S, SHUR M L, et al. A new version of detached – eddy simulation, resistant to ambiguous grid densities ［J］. Theoretical and Computational Fluid Dynamics, 2006, 20(3): 181 – 195.

[40]　MENTER F R, KUNTZ M, LANGTRY R. Ten years of industrial experience with the SST turbulence model［J］. Turbulence, Heat and Mass Transfer, 2003, 4(1): 625 – 632.

[41]　SPALART P R. Comments on the feasibility of les for wings and on the hybrid RANS/LES approach ［C］//Proceedings of the First AFOSR International Conference on DNS/LES, August 4 – 8, 1997, Ruston, Louisiana. Arlington: AFOSR, 1997: 137 – 147.

[42] SQUIRES K，FORSYTHE J，MORTON S，et al. Progress on detached－eddy simulation of massively separated flows［C］//40th AIAA Aerospace Sciences Meeting & Exhibit，January 14 － 17，2002，Reno，Nevada. Reston：AIAA，2002：1021.

[43] SPALART P R. Detached－eddy simulation［J］. Annual Review of Fluid Mechanics，2009，41(1)：181－202.

[44] STRELETS M. Detached eddy simulation of massively separated flows[C]//39th Aerospace sciences meeting and exhibit，January 08 － 11，2001，Reno，Nevada. Reston：AIAA，2001：879.

第3章 宽速域数值计算方法与高阶湍流模型

先进数值计算方法和湍流模型是高超声速飞行器气动力/热特性精确预测的前提与基础。当前 CFD 数值计算方法可大致分为重构格式和通量格式两种。在高超声速气动特性模拟中普遍采用二阶精度的有限体积方法,即二阶重构和迎风格式,在学术研究中也采用高阶格式。理论上,在进行不同速域的流动数值模拟时,应使用不同的计算方法:不可压流采用压力基方法[1]或交错网格技术;可压缩流采用迎风格式[2]。然而,在很多实际流动中,往往高速与低速流动共存[3-4],例如在高超声速流动中,流场因特定的物理机制在近壁面附近或尾迹分离区产生较大的低速流动区域。而这些区域的计算精度会直接影响如壁面热流、摩擦阻力等飞行器气动性能参数的预测精度及其效率[5]。与此同时,先进飞行器设计也对高超声速气动热的精确预测提出了更高要求,但当前高超声速气动热的数值模拟仍面临着诸多难点[6-7],如激波异常、非结构网格、复杂激波边界层干扰等。其中,数值方法的鲁棒性和精度对热流的精确预测有着重要的影响[8]。但能够精确求解接触间断波和剪切波的低耗散通量格式在高超声速下易产生激波异常或红玉现象[9-10]。因此,具有强激波鲁棒性和低速求解分辨率的宽速域数值计算方法逐渐引起了人们的关注[11]。

同时,目前工程中广泛使用的涡黏性 RANS 模型(特别是两方程湍流模型)的最显著缺陷之一是基于 Boussinesq 假设建立的。该假设通过类比分子黏性应力构造,其本身隐含了各向同性假设,认为雷诺应力完全依赖于应变变化率,且与应变变化率呈线性关系。这些都决定了线性涡黏性模型只能对由剪切主导且正应力不重要的简单流动给出较为准确的模拟结果,但无法正确预测各向异性流动问题,例如角区二次流、旋转/曲率效应、强逆压梯度的分离流等[12]。为了克服线性涡黏性模型的这一弱点,Spalart[13]提出了二次本构关系(Quadratic Constitutive Relation,QCR)修正方法,使线性涡黏性模型具有了一定的模拟流线弯曲和雷诺应力各向异性问题的能力。另一种封闭 RANS 模型的方法是直接求解雷诺应力输运方程,即雷诺应力模型(Renoylds Stress Model,RSM)。雷诺应力模型被称为"最完整的"RANS 湍流模型[12],可直接求解雷诺应力的输运方程。该方程中自然地包含了流线弯曲、雷诺应力各向异性等非线性现象影响,理论上能够更全面地反映复杂流动特性,对相关的流动进行模拟计算更具有优势。自雷诺应力输运方程于 1945 年首次被周培源[14]提出,相继出现了著名的 LRR(Launder,Reece,Rodi)模型[15]、SSG(Speziale,Sarkar,Gatski)模型[16]。由于 RSM 模型需要求解雷诺应力及湍流长度尺度共 7 个方程,因此在很长时间内都没有受到重视。随着计算能力的提升,近年来德宇航、NASA 等都开始探索 RSM 模型在不同问题中的应用,NASA 在 CFD2030 远景报告[12]中也将雷诺应力模型作为主要发展的 RANS 方法之一,探索 RSM 在航空航天领域的潜力,提升其鲁棒性。

本章将对宽速域数值计算方法和高阶湍流模型进行介绍，包括低速反耗散压力修正框架、高速剪切黏性框架、二次本构关系式和雷诺应力模型。

3.1 宽速域数值计算方法

先进宽速域数值计算方法可以为可压缩分离流动模拟及高超声速气动力/热预测提供更加准确、适用的数值求解方案，其构造需要解决低速精度恶化和高速激波失稳问题。下面介绍低速反耗散压力修正框架和高速剪切黏性框架的基本思想。

3.1.1 低速反耗散压力修正框架

目前广泛应用的迎风格式在求解近似不可压的低速流动或低马赫亚声速流动时，往往会出现以下问题[17-18]：① 计算难以收敛甚至会出现发散的状况，即刚性问题；② 求解得到的流场精度变差，即精度恶化问题。这两种现象本质上没有关联[18]，因为刚性问题主要来源于控制方程离散形式，而不是空间离散方法；精度恶化问题却与所用的空间离散格式有关。具体而言，低速时声速与流动速度之间的巨大差异，导致方程刚性过大，收敛趋于缓慢；同时迎风格式数值耗散过大，严重影响了计算精度。针对迎风格式低速精度恶化问题，本节将介绍一种统一的低速反耗散压力修正框架[5]。

1.反耗散压力修正项

低速时声速与流动速度之间的巨大差异，导致方程刚性过大，收敛趋于缓慢；同时基于 Godunov 分段常数分布假设建立的迎风格式在单元界面处会产生较大耗散的数值阶跃，严重影响计算精度。从原始变量角度出发，这些数值阶跃包括压力差项 Δp、密度差项 $\Delta \rho$ 及速度差项 Δu，其中 Δp 和 $\Delta \rho$ 在低马赫数下量级至少为 $O(Ma)$，它们不会产生过度的耗散。因此，迎风格式低速精度恶化现象与声速和速度差项 Δu 有关。

另外，特征线是流场中任一点上信息沿之传播的曲线，即信息的载体。对于一维守恒律方程，非线性特征线关系式为

$$\mathrm{d}p \pm \rho a \cdot \mathrm{d}u = 0, \quad \text{along} \ \frac{\mathrm{d}x}{\mathrm{d}t} = u \pm a \tag{3.1}$$

该式表明速度和压力是相互耦合的，且波以速度 $u \pm a$ 进行传播，当 $|Ma| < 1$ 时，两波往相反方向移动。而迎风格式在构造之初，就天然考虑了流动过程中波的传播方向。因此，迎风格式必有效蕴含着这一特征关系式，例如 AUSM＋格式在构造时就利用了该关系式。

当 $|u| < a$ 时，通过积分式得到界面压力：

$$p_{1/2} = \frac{p_{\mathrm{L}} + p_{\mathrm{R}}}{2} - \frac{1}{2}\rho_{1/2} a_{1/2} \Delta u \tag{3.2}$$

式中，速度差项 $\Delta u = u_{\mathrm{R}} - u_{\mathrm{L}}$。

利用参考变量 $\left[\rho^* = \max(\rho), u^* = \max(\sqrt{u^2 + v^2})\right]$ 对式(3.2)进行归一化处理，得

$$p_{1/2} = \rho^* (u^*)^2 \left(\frac{1}{Ma^2} \frac{\hat{p}_{\mathrm{L}} + \hat{p}_{\mathrm{R}}}{2} - \frac{1}{Ma} \frac{1}{2}\hat{\rho}_{1/2}\hat{a}_{1/2}\Delta\hat{u}\right) \tag{3.3}$$

显然，低速时式中等号右边第一项和第二项具有不同物理尺度。由此可以推断迎风格式的误差源项 p_{d} 应具有以下关系：

$$p_{\mathrm{d}} \propto - \rho a \, \Delta u \tag{3.4}$$

即迎风格式的低速误差源项 p_{d} 应与密度、声速和速度差项 Δu 成正比。下面给出具体验证思路，并建立低速反耗散压力修正项。

(1) 分离出与误差源项 p_{d} 相同物理尺度的量。

一波近似黎曼求解器 Rusanov 格式如下：

$$\boldsymbol{F}_{1/2}^{\mathrm{Rusanov}} = \frac{\boldsymbol{F}(\boldsymbol{Q}_{\mathrm{L}}) + \boldsymbol{F}(\boldsymbol{Q}_{\mathrm{R}})}{2} - \frac{|\widetilde{U}| + \widetilde{a}}{2} \Delta \boldsymbol{Q} \tag{3.5}$$

其等价于下式：

$$\boldsymbol{F}_{1/2}^{\mathrm{Rusanov}} = \frac{\boldsymbol{F}(\boldsymbol{Q}_{\mathrm{L}}) + \boldsymbol{F}(\boldsymbol{Q}_{\mathrm{R}})}{2} - \frac{|\widetilde{U}|}{2} \Delta \boldsymbol{Q} -$$
$$\frac{\widetilde{a}}{2} \begin{pmatrix} \Delta \rho \\ (u_{\mathrm{L}} + u_{\mathrm{R}}) \Delta \rho / 2 \\ (v_{\mathrm{L}} + v_{\mathrm{R}}) \Delta \rho / 2 \\ \Delta p / (\gamma - 1) + (q_{\mathrm{L}} + q_{\mathrm{R}}) \Delta \rho / 2 \end{pmatrix} - \frac{\widetilde{a}}{2} \frac{\rho_{\mathrm{L}} + \rho_{\mathrm{R}}}{2} \begin{pmatrix} 0 \\ \Delta u \\ \Delta v \\ \Delta q \end{pmatrix} \tag{3.6}$$

因此，对于 Rusanov 格式，与 p_{d} 具有相同物理尺度的量为

$$\boldsymbol{P}_{\mathrm{d}}^{\mathrm{Rusanov}} = - \frac{\widetilde{a}}{2} \frac{\rho_{\mathrm{L}} + \rho_{\mathrm{R}}}{2} \cdot (0 \ \Delta u \ \Delta v \ \Delta q)^{\mathrm{T}} \Rightarrow \boldsymbol{P}_{\mathrm{d}}^{\mathrm{Rusanov}} \propto - \rho a \, \Delta u \tag{3.7}$$

对于两波近似黎曼求解器 HLL 格式，其等价于下式：

$$\boldsymbol{F}_{1/2}^{\mathrm{HLL}}(\boldsymbol{Q}_{\mathrm{L}}, \boldsymbol{Q}_{\mathrm{R}}) = \frac{S_{\mathrm{R}}^{+} \cdot \boldsymbol{F}(\boldsymbol{Q}_{\mathrm{L}}) - S_{\mathrm{L}}^{-} \cdot \boldsymbol{F}(\boldsymbol{Q}_{\mathrm{R}})}{S_{\mathrm{R}}^{+} - S_{\mathrm{L}}^{-}} + \frac{(S_{\mathrm{R}}^{+} + S_{\mathrm{L}}^{-})^{2}}{4(S_{\mathrm{R}}^{+} - S_{\mathrm{L}}^{-})} \Delta \boldsymbol{Q} -$$
$$\frac{S_{\mathrm{R}}^{+} - S_{\mathrm{L}}^{-}}{4} \begin{pmatrix} \Delta \rho \\ (u_{\mathrm{L}} + u_{\mathrm{R}}) \Delta \rho / 2 \\ (v_{\mathrm{L}} + v_{\mathrm{R}}) \Delta \rho / 2 \\ \Delta p / (\gamma - 1) + (q_{\mathrm{L}} + q_{\mathrm{R}}) \Delta \rho / 2 \end{pmatrix} - \frac{S_{\mathrm{R}}^{+} - S_{\mathrm{L}}^{-}}{4} \frac{\rho_{\mathrm{L}} + \rho_{\mathrm{R}}}{2} \cdot \begin{pmatrix} 0 \\ \Delta u \\ \Delta v \\ \Delta q \end{pmatrix}$$
$$\tag{3.8}$$

因此，对于 HLL 格式，与 p_{d} 具有相同物理尺度的量为

$$\boldsymbol{P}_{\mathrm{d}}^{\mathrm{HLL}} = - \frac{S_{\mathrm{R}}^{+} - S_{\mathrm{L}}^{-}}{4} \frac{\rho_{\mathrm{L}} + \rho_{\mathrm{R}}}{2} \cdot (0 \ \Delta u \ \Delta v \ \Delta q)^{\mathrm{T}} \Rightarrow \boldsymbol{P}_{\mathrm{d}}^{\mathrm{HLL}} \propto - \rho a \, \Delta u \tag{3.9}$$

AUSM 类格式等价于：

$$\boldsymbol{F}_{1/2}^{\mathrm{AUSM-type}} = \frac{\dot{m} + |\dot{m}|}{2} \boldsymbol{\Phi}_{\mathrm{L}} + \frac{\dot{m} - |\dot{m}|}{2} \boldsymbol{\Phi}_{\mathrm{R}} + \left[\frac{p_{\mathrm{L}} + p_{\mathrm{R}}}{2} + (\psi_{\mathrm{L}}^{+} - \psi_{\mathrm{R}}^{-}) \frac{p_{\mathrm{L}} - p_{\mathrm{R}}}{2} \right] \boldsymbol{N} +$$
$$(\psi_{\mathrm{L}}^{+} + \psi_{\mathrm{R}}^{-} - 1) \frac{p_{\mathrm{L}} + p_{\mathrm{R}}}{2} \boldsymbol{N} \tag{3.10}$$

在低速下若忽略高阶马赫数项，可得

$$(\psi_{\mathrm{L}}^{+} + \psi_{\mathrm{R}}^{-} - 1) \frac{p_{\mathrm{L}} + p_{\mathrm{R}}}{2} = - \left(\frac{3}{4} + \alpha \right) (U_{\mathrm{R}} - U_{\mathrm{L}}) \frac{p_{\mathrm{L}} + p_{\mathrm{R}}}{2 a_{1/2}} + O(pM^{3}) \approx$$
$$- \left(\frac{3}{4} + \alpha \right) \frac{\rho_{\mathrm{L}} + \rho_{\mathrm{R}}}{2\gamma} a_{1/2} \Delta U \propto - \rho a \, \Delta u \tag{3.11}$$

因此，对于 AUSM 类格式，与 p_{d} 具有相同物理尺度的量为

$$\boldsymbol{P}_{\mathrm{d}}^{\mathrm{AUSM-type}} = (\psi_{\mathrm{L}}^{+} + \psi_{\mathrm{R}}^{-} - 1)\frac{p_{\mathrm{L}} + p_{\mathrm{R}}}{2} \cdot (0\ n_x\ n_y\ 0)^{\mathrm{T}} \Rightarrow \boldsymbol{P}_{\mathrm{d}}^{\mathrm{AUSM-type}} \propto -\rho a \Delta u \qquad (3.12)$$

同理可得 Roe 格式：

$$\boldsymbol{P}_{\mathrm{d}}^{\mathrm{Roe}} = -\frac{|\tilde{U} - \tilde{a}| + |\tilde{U} + \tilde{a}|}{4}\tilde{\rho}\Delta U \cdot (0\ n_x\ n_y\ \tilde{U})^{\mathrm{T}} \Rightarrow \boldsymbol{P}_{\mathrm{d}}^{\mathrm{Roe}} \propto -\rho a \Delta u \qquad (3.13)$$

HLLC 格式：

$$\boldsymbol{P}_{\mathrm{d}}^{\mathrm{HLLC}} = \frac{\varphi_{\mathrm{L}}\varphi_{\mathrm{R}}}{\varphi_{\mathrm{R}} - \varphi_{\mathrm{L}}} \cdot \Delta U \cdot (0\ n_x\ n_y\ S_{\mathrm{HLLC}})^{\mathrm{T}} \Rightarrow \boldsymbol{P}_{\mathrm{d}}^{\mathrm{HLLC}} \propto -\rho a \Delta u \qquad (3.14)$$

$$\varphi_{\mathrm{L}} = \rho_{\mathrm{L}}[\min(U_{\mathrm{L}} - a_{\mathrm{L}}, \tilde{U} - \tilde{a}) - U_{\mathrm{L}}], \varphi_{\mathrm{R}} = \rho_{\mathrm{R}}[\max(U_{\mathrm{R}} + a_{\mathrm{R}}, \tilde{U} + \tilde{a}) - U_{\mathrm{R}}] \qquad (3.15)$$

数值耗散 $\boldsymbol{P}_{\mathrm{d}}$ 起着稳定数值计算的作用。从物理角度看，$\boldsymbol{P}_{\mathrm{d}}$ 具有声速尺度，其量级在低马赫数下远大于对流速度尺度。尽管它适合于高马赫数流动，但它在低马赫数下过度的数值黏性，导致精度恶化问题的出现，并引发错误的压力脉动和密度脉动尺度，需要对其进行合理的修正控制。

（2）反耗散压力项。

反耗散压力项 **APC** 定义为

$$\mathbf{APC} = [f(M) - 1] \cdot \boldsymbol{P}_{\mathrm{d}} \qquad (3.16)$$

其中，缩放函数 $f(M)$ 可选择式（3.17），以实现数值耗散从低速到高速的渐进转变。在低速时（$M \to 0$），$[f(M) - 1] \to -1$，**APC** 趋近于 $-\boldsymbol{P}_{\mathrm{d}}$，因此可抵消 $\boldsymbol{P}_{\mathrm{d}}$ 过度数值黏性，以恢复合适的精度；在高速时（$M \to 1$ 或 $M \geqslant 1$），$[f(M) - 1] \to 0$，**APC** 趋近于零。因此该反耗散压力仅在亚声速起作用，能有效保持中高马赫数模拟能力。

（3）缩放马赫数函数。

为使数值耗散项更加合理、可控，$f(M)$ 的定义应满足以下要求：

1）函数 $f(M)$ 应仅与局部马赫数 M 相关，以避免全局截断问题和引入人工经验性参数，如全局参考马赫数 Ma；

2）函数 $f(M)$ 在 $[0,1]$ 之间应是局部马赫数 M 的单调递增函数，并在超声速（$|M| \geqslant 1$）下恢复到 1，以实现数值耗散从低速到高速的渐进转变，更好满足稳定性要求；

3）函数 $f(M)$ 应受到激波探测因子的限制，以避免激波附近可能发生的微小振荡。

综上所述，$f(M)$ 的一般表达式可写为

$$f(M) = \begin{cases} \min\left(1, \sum_{l=1}^{\infty} c_l M^l\right), & k_{\mathrm{L}} = k_{\mathrm{R}} = 0 \\ 1, & \text{其他} \end{cases} \qquad (3.17)$$

$$k_i = \begin{cases} 1, (U - a)_i > 0 \quad \text{且} \quad (U - a)_j < 0 \quad \text{对 } i \text{ 的任意邻边单元 } j \\ 1, (U + a)_i > 0 \quad \text{且} \quad (U + a)_j < 0 \quad \text{对 } i \text{ 的任意邻边单元 } j \\ 0, & \text{其他} \end{cases} \qquad (3.18)$$

$$M = \max\left(\sqrt{u_{\mathrm{L}}^2 + v_{\mathrm{L}}^2}/a_{\mathrm{L}}, \sqrt{u_{\mathrm{R}}^2 + v_{\mathrm{R}}^2}/a_{\mathrm{R}}\right) \qquad (3.19)$$

本书选择了一个简单可用的函数：

$$f(M) = \begin{cases} \min(1, M), k_{\mathrm{L}} = k_{\mathrm{R}} = 0 \\ 1, & \text{其他} \end{cases} \qquad (3.20)$$

(4)反耗散压力项在迎风格式上的应用。

将具有低速物理特征的反耗散压力项应用于迎风格式（Rusanov、HLL、Roe、HLLC、AUSMPW＋等），由此构造出增强型低速改进格式（Rusanov＋APC、HLL＋APC、Roe＋APC、HLLC＋APC、AUSMPW＋APC 等）。该反耗散压力修正框架简单、有效，很容易在现有代码上添加和测试，并且不会影响原先中间计算进程。同时，该方案具有一般性，适合几乎所有迎风格式。

增强型低速改进格式可以表示为

$$
\left.
\begin{aligned}
\boldsymbol{F}_{1/2}^{\text{Rusanov}+\text{APC}} &= \boldsymbol{F}_{1/2}^{\text{Rusanov}} + \left[f(M) - 1 \right] \cdot \boldsymbol{P}_{\text{d}}^{\text{Rusanov}} \\
\boldsymbol{F}_{1/2}^{\text{HLL}+\text{APC}} &= \boldsymbol{F}_{1/2}^{\text{HLL}} + \left[f(M) - 1 \right] \cdot \boldsymbol{P}_{\text{d}}^{\text{HLL}} \\
\boldsymbol{F}_{1/2}^{\text{Roe}+\text{APC}} &= \boldsymbol{F}_{1/2}^{\text{Roe}} + \left[f(M) - 1 \right] \cdot \boldsymbol{P}_{\text{d}}^{\text{Roe}} \\
\boldsymbol{F}_{1/2}^{\text{HLLC}+\text{APC}} &= \boldsymbol{F}_{1/2}^{\text{HLLC}} + \left[f(M) - 1 \right] \cdot \boldsymbol{P}_{\text{d}}^{\text{HLLC}} \\
\boldsymbol{F}_{1/2}^{\text{AUSM}-\text{type}+\text{APC}} &= \boldsymbol{F}_{1/2}^{\text{AUSM}-\text{type}+\text{APC}} + \left[f(M) - 1 \right] \cdot \boldsymbol{P}_{\text{d}}^{\text{AUSM}-\text{type}}
\end{aligned}
\right\}
\tag{3.21}
$$

由于连续方程和能量方程存在压力差项或者密度差项，低速改进方案（Rusanov＋APC、HLL＋APC、Roe＋APC、HLLC＋APC）可以有效抑制棋盘式压力速度失联现象。但是，对于 AUSM＋格式而言，不存在相应的压力差项或密度差项，容易出现压力速度失联现象。低速改进版本的 AUSMPW＋APC 通过自身存在的压力基权函数抑制了这种现象。此外，对于低速改进版本的 AUSM＋APC，可以通过在界面马赫数中添加压力扩散项，以确保压力、速度耦合。该压力扩散项可以定义为

$$
M_{\text{p}} = -\frac{1}{2} \left[1 - f(M) \right] \frac{\Delta p}{\rho_{1/2} a_{1/2}^2}
\tag{3.22}
$$

因此，低速改进版本的 AUSM＋APC 的界面马赫数表达式为

$$
M_{1/2} = M_{\text{L}}^+ \big|_{\beta=1/8} + M_{\text{R}}^- \big|_{\beta=1/8} + M_{\text{p}}
\tag{3.23}
$$

2. 低耗散重构格式

在模拟多尺度湍流时，一般重构方法会在模拟低马赫数区域流动时产生过大的非物理耗散，造成整体流动特别是惯性子区湍动能的精度损失。针对这一问题，Thornber 等[4]对重构后的速度变量进行如下修正：

$$
\boldsymbol{u}_{\text{L}} = \frac{\boldsymbol{u}_{\text{L}} + \boldsymbol{u}_{\text{R}}}{2} + f(M) \cdot \frac{\boldsymbol{u}_{\text{L}} - \boldsymbol{u}_{\text{R}}}{2}, \quad \boldsymbol{u}_{\text{R}} = \frac{\boldsymbol{u}_{\text{L}} + \boldsymbol{u}_{\text{R}}}{2} + f(M) \cdot \frac{\boldsymbol{u}_{\text{R}} - \boldsymbol{u}_{\text{L}}}{2}
\tag{3.24}
$$

其中，$f(M)$定义采用式（3.20）。

当马赫数较低时，该变量使重构方法更趋近于中心格式，因此消除了重构格式在低马赫数求解时具有过度数值耗散的缺陷，提高了求解精度。

3.1.2　高速剪切黏性框架

大量数值实验[10,19-20]表明，能够精确求解接触间断波和剪切波的低扩散数值格式（如Roe 格式）容易出现激波异常，而丧失相应能力的高扩散数值格式（如 HLL 格式）却能有效避免该现象的发生。换言之，激波稳定性与接触间断波和剪切波求解能力往往不能兼顾。针对激波异常现象，众多学者发展了大量方法，这些方法大致可分为以下几类：① 混合方法[10]，即在激波处使用耗散大的格式，在其他区域使用 Roe 或 HLLC 格式，该方法的典型代表为旋转混合黎曼求解器[21]；②熵修正，通过限制特征根值，避免违反熵条件，从而消除

非物理解,如 Harten-Yee 型[22]、Muller 型[23]等熵修正;③ Liou 推论[24],认为质量通量的压力差项对激波异常有着重要影响,该推论促进了许多激波稳定格式的发展,如 RoeM 格式[20];④ 人工黏性(AV),受黏性 N-S 方程的启发,Rodionov[25]提出了一种与黏性通量密切相关的人工黏性项;⑤剪切黏性(SV),利用 Roe 平均线性化理论和波系分解,系统分析 Roe 格式和 HLL 格式在剪切分量上的差异,如 Chen 等[2]构建出的高速剪切黏性框架。本节将重点介绍高速剪切黏性框架[2]的基本思路。

1. 剪切黏性框架

利用 Roe 平均线性化理论和波系分解,系统分析并通过数学推导出 Roe 格式和 HLL 格式在剪切分量上的差异,可构造剪切黏性框架,其具体过程如下:

Step1:二维情况下,将左、右变量差 ΔQ 投影到右特征向量 r_k 上 ,即

$$\Delta Q = Q_R - Q_L = \sum_{k=1}^{4} \Delta l_k \cdot r_k \tag{3.25}$$

波强度 Δl_k 定义如下

$$\Delta l_1 = \frac{\Delta p - \widetilde{\rho}\widetilde{a}\Delta U}{2\widetilde{a}^2}, \quad \Delta l_2 = \Delta \rho - \frac{\Delta p}{\widetilde{a}^2}, \quad \Delta l_3 = \frac{\Delta p + \widetilde{\rho}\widetilde{a}\Delta U}{2\widetilde{a}^2}, \quad \Delta l_4 = \widetilde{\rho}\Delta V \tag{3.26}$$

式中:Δl_1 为左行声波强度;Δl_2 为熵波强度;Δl_3 为右行声波强度;Δl_4 为剪切波强度。

右特征向量 r_k 可表达为

$$r_1 = \begin{bmatrix} 1 \\ \widetilde{u} - \widetilde{a}n_x \\ \widetilde{v} - \widetilde{a}n_y \\ \widetilde{H} - \widetilde{a}U \end{bmatrix}, \quad r_2 = \begin{bmatrix} 1 \\ \widetilde{u} \\ \widetilde{v} \\ (\widetilde{u}^2 + \widetilde{v}^2)/2 \end{bmatrix}, \quad r_3 = \begin{bmatrix} 1 \\ \widetilde{u} + \widetilde{a}n_x \\ \widetilde{v} + \widetilde{a}n_y \\ \widetilde{H} + \widetilde{a}U \end{bmatrix}, \quad r_4 = \begin{bmatrix} 0 \\ -n_y \\ n_x \\ \widetilde{V} \end{bmatrix}$$

$$\tag{3.27}$$

式中:r_1 为左行声波;r_2 为熵波;r_3 为右行声波;r_4 为剪切波。

Step2:利用 Roe 平均线性化理论获取波速。

Roe 格式可写为

$$F_{i+1/2}^{Roe} = \frac{F_L + F_R}{2} - \frac{1}{2}\sum_{k=1}^{4} \Delta l_k \cdot r_k \cdot |\lambda_k| \tag{3.28}$$

式中:$\lambda_1 = \widetilde{U} - \widetilde{a}$,$\lambda_2 = \widetilde{U}$,$\lambda_3 = \widetilde{U} + \widetilde{a}$,$\lambda_4 = \widetilde{U}$。其中,$\lambda_1$ 左行声波速度,λ_2 为熵波速度,λ_3 为右行声波速度,λ_4 为剪切波速度。

根据 Roe 平均线性化 $\Delta F = \widetilde{A}\Delta Q$ 和式(3.25),HLL 格式可精确重写为

$$F_{i+1/2}^{HLL} = \frac{F_L + F_R}{2} - \frac{1}{2}\frac{S_R^+ + S_L^-}{S_R^+ - S_L^-}\widetilde{A}\Delta Q + \frac{S_R^+ S_L^-}{S_R^+ - S_L^-}\Delta Q =$$

$$\frac{F_L + F_R}{2} - \frac{1}{2}\sum_{k=1}^{4} \Delta l_k \cdot r_k \cdot \left(\frac{S_R^+ + S_L^-}{S_R^+ - S_L^-}\lambda_k - \frac{2S_R^+ S_L^-}{S_R^+ - S_L^-}\right) \tag{3.29}$$

由此可获得 Roe 格式和 HLL 格式的波速 λ_k:

$$\lambda_k^{Roe} = |\lambda_k|, \quad \lambda_k^{HLL} = \frac{S_R^+ + S_L^-}{S_R^+ - S_L^-}\lambda_k - \frac{2S_R^+ S_L^-}{S_R^+ - S_L^-} \tag{3.30}$$

Step3:从剪切波分量角度对比 Roe 和 HLL 格式的差异。

为便于分析,且不失一般性,取波速 S_R^+,S_L^- 分别为

$$S_R^+ = \max(\tilde{U} + \tilde{a}, 0), S_L^- = \min(\tilde{U} - \tilde{a}, 0) \tag{3.31}$$

进一步,表 3-1 给出 Roe 和 HLL 的波速对比。

表 3-1　Roe 和 HLL 的波速对比

速度	Roe 波速 λ_k^{Roe}				HLL 波速 λ_k^{HLL}			
$\tilde{U}$	λ_1^{Roe}	λ_2^{Roe}	λ_3^{Roe}	λ_4^{Roe}	λ_1^{HLL}	λ_2^{HLL}	λ_3^{HLL}	λ_4^{HLL}
$\lvert\tilde{U}\rvert \gtrless \tilde{a}$	$\lvert\tilde{U}-\tilde{a}\rvert$	$\lvert\tilde{U}\rvert$	$\lvert\tilde{U}+\tilde{a}\rvert$	$\lvert\tilde{U}\rvert$	$\lvert\tilde{U}-\tilde{a}\rvert$	$\lvert\tilde{U}\rvert$	$\lvert\tilde{U}+\tilde{a}\rvert$	$\lvert\tilde{U}\rvert$
$\lvert\tilde{U}\rvert < \tilde{a}$	$\lvert\tilde{U}-\tilde{a}\rvert$	$\lvert\tilde{U}\rvert$	$\lvert\tilde{U}+\tilde{a}\rvert$	$\lvert\tilde{U}\rvert$	$\lvert\tilde{U}-\tilde{a}\rvert$	$\tilde{a}$	$\lvert\tilde{U}+\tilde{a}\rvert$	$\tilde{a}$

目前仍存在争论:红玉现象是多维效应还是一维效应。一方面,Chauva 和 Kitamura 等[26-27]认为激波不稳定与激波内部结构有关,因此它可能是一维问题;另一方面,Moschetta 等[28]的研究表明多维涡模态触发激波不稳定,因而红玉现象具有多维效应。综合考虑这些因素,可认为红玉现象不是一个完全的多维机制,但可以确定的是多维效应在红玉现象上起着重要作用。从表 3-1 可以看出,仅在亚声速 $\lvert\tilde{U}\rvert < \tilde{a}$ 时,Roe 和 HLL 格式在熵波速度和剪切波速度方面存在明显差异。值得注意的是,剪切波存在于多维状况,而一维情况下,没有剪切波这一分量。因此,两种格式剪切波速度的差异是导致它们激波性能不同的原因。最终,获得 Roe 格式和 HLL 格式在亚声速域剪切波分量的差异为

$$S = -\frac{1}{2}\tilde{\rho}\Delta V \cdot (\tilde{a} - \lvert\tilde{U}\rvert) \cdot (0 \quad -n_y \quad n_x \quad \tilde{V})^{\mathrm{T}} \tag{3.32}$$

这一附加的剪切黏性将能产生额外的耗散机制,以对抗红玉现象,防止切向扰动传播触发激波不稳定。

Step4:剪切黏性项。

与式(3.32)一致,剪切黏性项可表达为

$$S = -\frac{1}{2}\tilde{\rho}\tilde{a}\Delta V \cdot \varphi \cdot (0 \quad -n_y \quad n_x \quad \tilde{V})^{\mathrm{T}}, \varphi = \max(1 - \lvert\tilde{M}\rvert, 0) \tag{3.33}$$

通过引入相邻网格单元的信息,可进一步提高鲁棒性。因此式(3.33)中的 φ 被修正为

$$\varphi = \max(1 - \lvert\tilde{M}\rvert, 1 - \lvert M_L\rvert, 1 - \lvert M_R\rvert, 0), \quad \tilde{M} = \frac{\tilde{U}}{\tilde{a}}, \quad M_L = \frac{U_L}{a_L}, \quad M_R = \frac{U_R}{a_R} \tag{3.34}$$

式(3.33)具有如下特征:

(1)剪切黏性仅存在于亚声速情况下,而非超声速。

(2)高速流动经激波后快速转换为低速流动,激波不稳定不是源于激波前高速区域,而是过激波后的低速平行流动的扰动。

(3)在这些流动快速下降的亚声速区域,扰动易于发生,因而相应的剪切黏性需要逐渐增加以抑制这些扰动。

(4)在亚声速区域,φ 和剪切黏性随着马赫数的增大而减小,所需求的数值黏性越靠近激波越小,而越靠近边界层越大,容易导致边界层求解精度的损失。因此,应用多维反扩散的激波探测器——压力基函数,以恢复相应的剪切波分辨率。

Step5：激波探测器——压力基敏感函数。

为避免人工经验性系数和恢复剪切波求解能力，设计新的压力基函数 g 来探测强激波，并激活剪切黏性项[式(3.33)]。如图 3-1 所示，函数 g 定义为

$$g = \frac{1 + \cos(\pi h)}{2}, \quad h = \min_k(h_k), \quad h_k = \min\left(\frac{p_{Lk}}{p_{Rk}}, \frac{p_{Rk}}{p_{Lk}}\right) \tag{3.35}$$

式中，下标 k 代表网格单元 i 和网格单元 j 之间的所有毗邻界面的索引（见图 3-2）。函数 h_k 由左、右压力中心值 p_{Lk}、p_{Rk} 计算求得。函数 h 取所有 h_k 的最小值，以有效检查所有毗邻界面[19]。此外，函数 g 取三角函数以获得更光滑的转变，其同时适用于结构网格和非结构网格。激波附近处，函数 g 随激波强度的增加而增加；而其他区域压力连续变化，函数 g 趋于 0。函数 g 简单有效，但仍有改进空间以提高稳定性和精度。

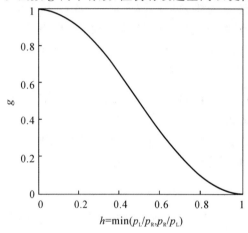

图 3-1 压力基敏感函数 g

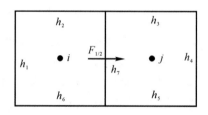

图 3-2 函数 h_k 的示意图

结合式(3.33)和式(3.35)，完成新型剪切黏性项的构造：

$$\mathbf{SV} = -g \cdot \frac{1}{2}\tilde{\rho}\tilde{a}\Delta V \cdot \varphi \,(0 \quad -n_y \quad n_x \quad \tilde{V})^\mathrm{T} \tag{3.36}$$

该剪切黏性项在绝大部分区域，其值接近于 0，只有存在强激波时，该项才起作用。

Step6：将该剪切黏性项 **SV** 应用于 Roe、HLLEM、HLLC 和 AUSM＋格式上，完成相应激波稳定格式(Roe＋SV、HLLEM＋SV、HLLC＋SV 和 AUSM＋SV)的构造[2]。

Roe＋SV 格式：

$$\boldsymbol{F}_{i+1/2}^{\text{Roe+SV}}(\boldsymbol{Q}_\mathrm{L}, \boldsymbol{Q}_\mathrm{R}) = \boldsymbol{F}_{i+1/2}^{\text{Roe}}(\boldsymbol{Q}_\mathrm{L}, \boldsymbol{Q}_\mathrm{R}) + \mathbf{SV} \tag{3.37}$$

HLLEM＋SV 格式：

$$\boldsymbol{F}_{i+1/2}^{\text{HLLEM+SV}}(\boldsymbol{Q}_\mathrm{L}, \boldsymbol{Q}_\mathrm{R}) = \boldsymbol{F}_{i+1/2}^{\text{HLLEM}}(\boldsymbol{Q}_\mathrm{L}, \boldsymbol{Q}_\mathrm{R}) + \mathbf{SV} \tag{3.38}$$

HLLC＋SV 格式：

$$\boldsymbol{F}_{i+1/2}^{\text{HLLC+SV}}(\boldsymbol{Q}_\mathrm{L}, \boldsymbol{Q}_\mathrm{R}) = \boldsymbol{F}_{i+1/2}^{\text{HLLC}}(\boldsymbol{Q}_\mathrm{L}, \boldsymbol{Q}_\mathrm{R}) + \mathbf{SV} \tag{3.39}$$

AUSM＋SV 格式：

$$\boldsymbol{F}_{i+1/2}^{\text{AUSM+SV}}(\boldsymbol{Q}_\mathrm{L}, \boldsymbol{Q}_\mathrm{R}) = \boldsymbol{F}_{i+1/2}^{\text{AUSM+}}(\boldsymbol{Q}_\mathrm{L}, \boldsymbol{Q}_\mathrm{R}) + \mathbf{SV} \tag{3.40}$$

此外，通过直接转换现有代码，该方案易于添加和测试，并且其推广性强，可应用于其他迎风格式，如 Osher[29]、AUSM＋UP[18] 等格式。3.1.3 节的数值实验将有效验证该方案的效果。

2.三维坐标下的剪切黏性项

在进行三维高超声速相关模拟前,需将剪切黏性项 **SV** 延展至一般曲线坐标系下的三维 N-S 方程中。由于切向速度在三维情况时并不显式存在,因此需用法向速度及左、右速度来替代。图 3-3 给出了二维情况下界面速度的分解示意图,其中 $\boldsymbol{n} = (n_x \quad n_y)^{\mathrm{T}}$ 为外表面单位法向量, $\boldsymbol{t} = (-n_y \quad n_x)^{\mathrm{T}}$ 为外表面单位切向量。由此可得:

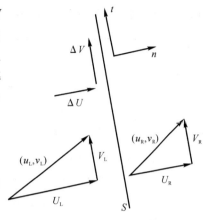

$$\left. \begin{aligned} \Delta U &\equiv (\Delta u, \Delta v) \cdot \boldsymbol{n} = (u_R - u_L)n_x + (v_R - v_L)n_y \\ \Delta V &\equiv (\Delta u, \Delta v) \cdot \boldsymbol{t} = -(u_R - u_L)n_y + (v_R - v_L)n_x \end{aligned} \right\} \tag{3.41}$$

进一步,与切向速度相关的量可等效替代为

$$\left. \begin{aligned} -n_y \Delta V &= \Delta u - n_x \Delta U, \quad n_x \Delta V = \Delta v - n_y \Delta U \\ \tilde{V} \Delta V &= \tilde{u}(\Delta u - n_x \Delta U) + \tilde{v}(\Delta v - n_y \Delta U) \end{aligned} \right\} \tag{3.42}$$

图 3-3　界面速度分解

最终剪切黏性项 **SV**[式(3.36)]重新写为

$$\mathbf{SV} = -g \cdot \frac{1}{2} \tilde{\rho} \tilde{a} \cdot \varphi \begin{pmatrix} 0 \\ \Delta u - n_x \Delta U \\ \Delta v - n_y \Delta U \\ \tilde{u}(\Delta u - n_x \Delta U) + \tilde{v}(\Delta v - n_y \Delta U) \end{pmatrix} \tag{3.43}$$

式(3.43)可简单延伸至三维情况:

$$\mathbf{SV} = -g \cdot \frac{1}{2} \tilde{\rho} \tilde{a} \cdot \varphi \begin{pmatrix} 0 \\ \Delta u - n_x \Delta U \\ \Delta v - n_y \Delta U \\ \Delta w - n_z \Delta U \\ \tilde{u}(\Delta u - n_x \Delta U) + \tilde{v}(\Delta v - n_y \Delta U) + \tilde{w}(\Delta w - n_z \Delta U) \end{pmatrix} \tag{3.44}$$

3.1.3　算例验证

1.低速无黏 NACA0012 翼型绕流

本小节通过一系列低速无黏 NACA0012 绕流来揭示改进方案的低速预测性能。如图 3-4 所示,计算网格采用 O 型拓扑,远场延伸到 19 倍弦长处,网格量为 241(周向)×121(壁面法向),外边界使用远场边条,翼型表面为滑移边条。时间推进采用隐式 LU-SGS 格式[30],CFL 数取 100,所有计算均迭代 10 000 步以保证计算过程收敛。自由来流马赫数取 0.001、0.01 和 0.1,攻角为 0°,采用一阶重构方法。

图 3-5 给出了压力脉动与马赫数的关系曲线。其中压力脉动定义为 $\mathrm{Ind}(p) = (p_{\max} - p_{\min})/p_{\max}$ 。从中可以

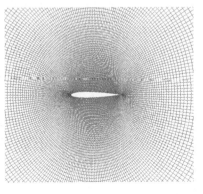

图 3-4　二维 NACA0012 翼型网格

得到：①原始迎风格式明显预测了错误的压力脉动尺度；②低速反耗散压力修正方法可恢复正确的压力脉动与马赫数二次方关系。

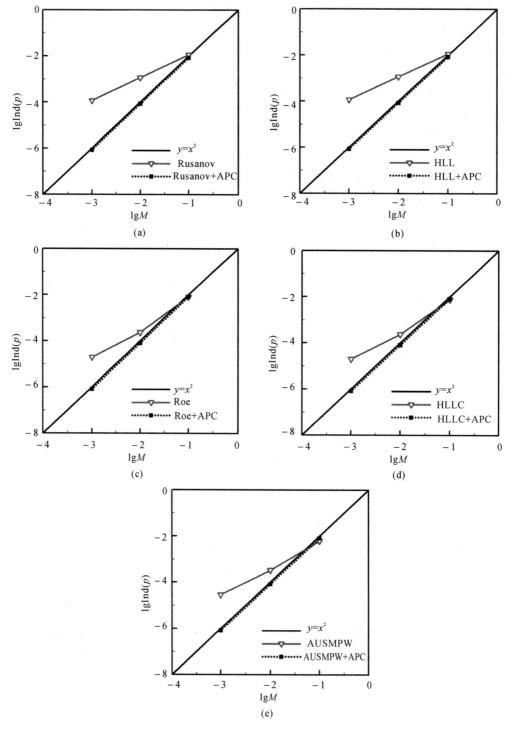

图 3-5　压力脉动与马赫数的关系曲线

图 3-6 为各格式在马赫数为 0.001 下计算所得的归一化压力等值线分布。定义归一化压力为 $p_{norm} = (p - p_{min})/(p_{max} - p_{min})$。从图中可以看出，原始格式难以处理低马赫数流动，获得了非物理的解；相比之下，采用低速反耗散压力修正项的改进格式得到了准确的压力场，并且分布光滑，说明其能有效抑制压力速度失联现象。

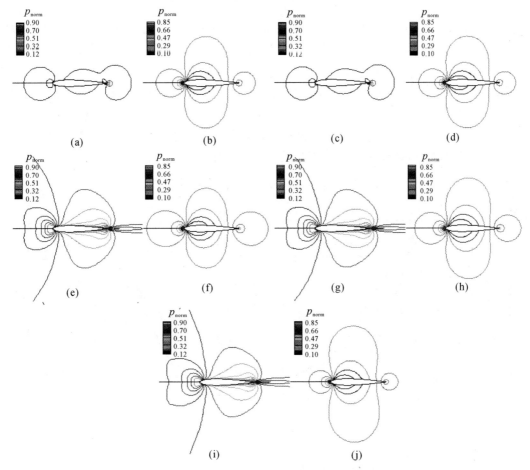

图 3-6　无黏二维 NACA0012 翼型压力等值线（$Ma = 0.001$）
(a)Rusanov；(b)Rusanov＋APC；(c)HLL；(d)HLL＋APC；(e)Roe；(f)Roe＋APC
(g)HLLC；(h)HLLC＋APC；(i)AUSMPW＋；(j)AUSMPW＋APC

2. 三维 Taylor-Green 涡

Taylor-Green 涡[31-32]（TGV）是一个典型的从层流结构逐渐发展为小尺度湍流流动的测试算例，其演化过程包括层流—转捩—湍流—衰减，因而能够反映数值方法对湍流不同发展阶段的模拟能力[33]。同时，该算例的初始流场有解析表达式，可以避免"启动问题"（set-up problem）。随着流动的不断发展，有越来越多湍流小尺度结构产生，能量将更多地传递到亚格子尺度上。Thornber 等[4]的研究表明传统迎风格式在这种情况下易产生过多的高波数耗散，从而污染更多细微结构的涡。因此，采用该算例来揭示新型低耗散格式的优异特性。

计算域为三维周期立方体，边长为 $2\pi L$，初始条件设置为

$$
\left.
\begin{aligned}
&u(\boldsymbol{x},0)=u_0\sin(x/L)\cos(y/L)\cos(z/L) \\
&v(\boldsymbol{x},0)=-u_0\cos(x/L)\sin(y/L)\cos(z/L) \\
&w(\boldsymbol{x},0)=0, \quad \rho(\boldsymbol{x},0)=\rho_0 \\
&p(\boldsymbol{x},0)=p_0+\frac{\rho_0 u_0^2}{16}\left[\cos\left(\frac{2x}{L}\right)+\cos\left(\frac{2y}{L}\right)\right]\left[\cos\left(\frac{2z}{L}\right)+2\right]
\end{aligned}
\right\}
\tag{3.45}
$$

其中,$L=1$,$u_0=1$,$\rho_0=1$。计算雷诺数定义为 $Re_0=\rho_0 u_0 L/\mu_0$,通过调节 μ_0 将其设置为 $Re_0=1\,600$。特征时间定义为 $t_c=L/u_0$,计算截止时间为 $t=20t_c$。马赫数定义为 $Ma=u_0/a_0$,其中声速为 $a_0=\sqrt{\gamma p_0/\rho_0}$,$\gamma=1.4$。通过调节 p_0 使得初始马赫数满足 $Ma=0.1$。在该马赫数下,TGV 为一个近不可压缩流动,对其的仿真结果可与文献中许多现有研究结果进行对比。本书选取 DeBonis[34] 用 13 点 DRP 格式[35]、在 512^3 网格下计算所得的 DNS 结果(记为 DRP/512^3)作为参考解。计算网格采用均匀等距笛卡儿网格,网格量为 64^3;重构方式使用 5 阶 WENO-Z 格式[36]。动能耗散率 $\varepsilon_1(E_k)$ 计算公式如下:

$$
E_k=\frac{1}{\rho_0 V}\int_V \frac{1}{2}\rho\boldsymbol{u}\cdot\boldsymbol{u}\mathrm{d}V, \quad \varepsilon_1=-\frac{\mathrm{d}E_k}{\mathrm{d}t}
\tag{3.46}
$$

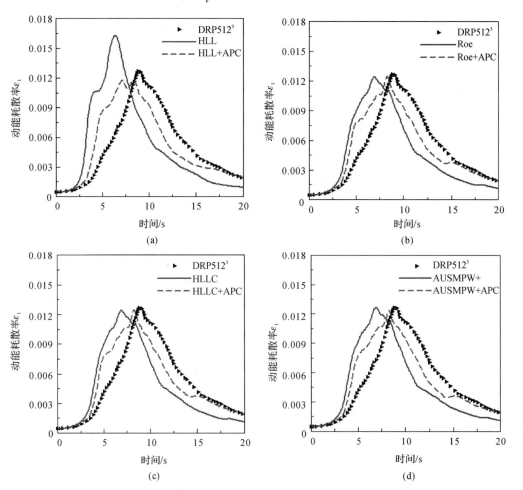

图 3-7 三维 Taylor-Green 涡,不同格式的动能耗散率随时间变化曲线

图 3-7 给出了计算所得的动能耗散率的时间历程。各种格式模拟结果均无非物理振荡，都获得了稳定的动能耗散率时间曲线。与改进方案相比，原始格式的动能耗散率增长较快，污染更多细微结构的涡，并且峰值时间更偏离参考值(大约 $t=9$)。采用低速反耗散压力修正项的改进格式能显著提高分辨率和降低高波数耗散，更好地模拟未完全求解的湍流发展，其整体衰减率保持相对较好。数值结果表明，由于其耗散更加合理、可控，该低速反耗散压力修正框架可以为隐式大涡模拟[37](Implicit Large Eddy Simulation，ILES)提供一个更好的候选方案。

3. 超声速无黏圆柱绕流

马赫数为 20 的超声速无黏圆柱绕流可用来考察数值格式是否会发生红玉现象[20-21]。大量数值实验表明，低扩散格式(如 Roe、HLLC 等)均可能出现该异常现象。如图 3-8 所示，计算网格为 477(周向)×41(壁面法向)，具有较大网格长细比，外边界采用远场边条，壁面条件采用滑移固壁边界条件。重构格式为一阶方法；时间推进使用隐式 LU-SGS 格式，CFL 数取 5，总迭代步数为 20 000，以保证计算收敛。

图 3-9 给出了由各格式计算所得的残差收敛曲线。可见，改进的激波稳定格式和 HLL 格式一样，具有优异的残差收敛性，残差都能下降 10^{-15} 左右。而原始格式甚至是添加熵修正的 Roe 格式(Harten-Yee 型熵修正[22]，熵系数取 0.25)，残差难以收敛。

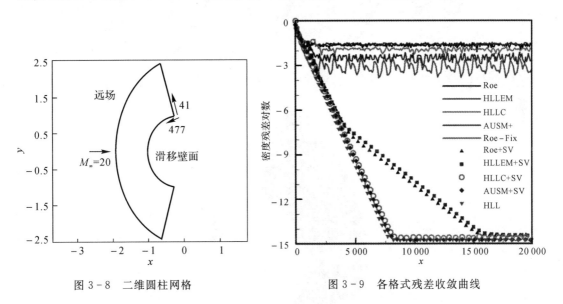

图 3-8　二维圆柱网格　　　　　图 3-9　各格式残差收敛曲线

图 3 10 展示了由各格式计算所得的密度等值线分布。可见，原始格式和添加熵修正的 Roe 格式均出现了激波不稳定现象。添加剪切黏性项的改进格式具有较强的激波鲁棒性，所求解的流场清晰光滑，无激波异常的出现。

图 3-11 给出由 Roe+SV 格式计算所得的马赫数分布(上部)和压力基函数 g 分布(下部)。从图中可以看出，函数 g 在靠近激波处接近 1，而在其他区域接近 0。函数 g 实现了高保真度的激波捕捉。因此，式(3.36)仅在激波附加处起作用。

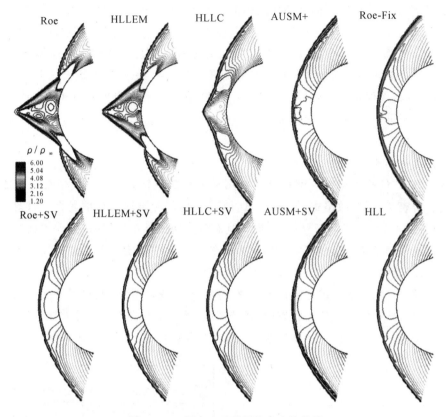

图 3-10 超声速无黏圆柱密度等值线

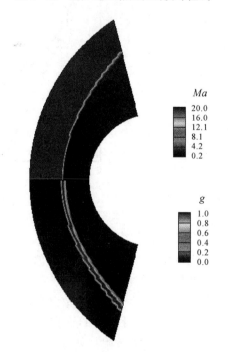

图 3-11 Roe+SV 格式计算所得的马赫数分布(上部)和压力基函数 g 分布(下部)

4. 三维超声速黏性钝锥绕流

本小节通过马赫数为 10.6 的三维超声速黏性钝锥绕流算例来验证高速剪切黏性框架（以 HLLC＋SV 格式为例）在高超声速气动热预测方面的优势。事实上，精确预测钝锥头部热流仍旧是一个挑战[6]。该算例会产生两种流动物理现象：脱体激波和边界层。由于激波处的强温度间断和边界层内的强非线性温度分布，计算网格需要在这两处加密，以获得准确可靠的壁面热流分布。相应地，数值格式也应具有良好的激波及边界层分辨率，以满足高超声速气动热的精确预测要求。

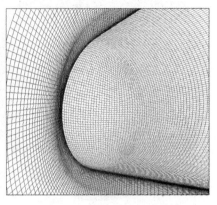

图 3-12　三维钝锥头部网格

本算例使用的钝锥模型来自 Cleary 实验[38]，长度为 $L=447$ mm，头部半径为 $r=27.94$ mm。相应的计算来流条件为：$M_\infty=10.6$，$T_\infty=47.3$ K，无滑移等温壁的温度 $T_w=294.44$ K，攻角 $\alpha=0°$，雷诺数 $Re_\infty=3.937\times10^6$ m^{-1}。采用多块对接结构网格，头部对称面和壁面网格如图 3-12 所示。总网格量为 9.93×10^5，第一层网格高度为 1.5×10^{-3} mm，对应的网格雷诺数为 $Re_{cell}=5.9$，并且网格在激波附加处加密。生成这样的网格能够更好地匹配其物理现象。其他方面，还有使用层流模型；黏性通量离散采用二阶中心差分格式；重构方式为二阶 MUSCL 格式和 minmod 限制器；时间推进方法为隐式 LU-SGS 方法，CFL 数取 2.5，总迭代步数 50 000，以确保计算收敛。

图 3-13 为 HLLC 和 HLLC＋SV 格式的头部对称面马赫数分布。在钝锥前部产生一道弓形激波，HLLC＋SV 格式获得了清晰光滑的马赫数分布，而 HLLC 格式产生了异常的结果。

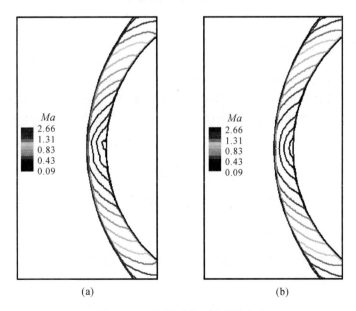

图 3-13　头部对称面马赫数分布

(a) HLLC；(b) HLLC＋SV

图 3-14 展示了数值模拟所得的壁面热流分布。从中可以得到以下结论：①HLLC 格式由于出现激波异常，获得了错误的壁面热流分布；②HLLC＋SV 获得了合理、准确的热流轮廓——光滑对称的热流分布，峰值热流（201 673 W/m²）位于驻点，且驻点值与实验值[38]（215 775 W/m²）吻合良好。

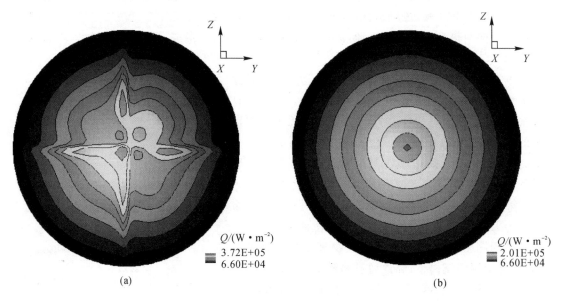

图 3-14　钝锥壁面热流分布
(a)HLLC；(b)HLLC＋SV

3.2　高阶湍流模型

3.2.1　二次本构关系

由于线性涡黏性假设无法较好地表达湍流的非线性特征，Spalart[13]为原始的本构关系引入了一个新的非线性项以实现二次本构关系（Quadratic Constitutive Relation，QCR），改进后的模型可以更好地模拟湍流中雷诺应力的各向异性。雷诺应力新的表达式为

$$\left.\begin{array}{l} \tau_{ij,\mathrm{QCR}} = \tau_{ij} - C_{\mathrm{cr1}}\left[Q_{ik}\tau_{jk} + Q_{jk}\tau_{ik}\right] \\ \tau_{ij} = 2\mu_{\mathrm{t}}\left(S_{ij} - \dfrac{1}{3}\dfrac{\partial u_k}{\partial x_k}\delta_{ij}\right) - \dfrac{2}{3}\hat{\rho}k\delta_{ij} \end{array}\right\} \tag{3.47}$$

其中，τ_{ij} 为基于 Boussinesq 假设得到的雷诺应力，Q_{ik} 被定义为

$$Q_{ik} = \left(\frac{\partial u_i}{\partial x_k} - \frac{\partial u_k}{\partial x_i}\right)\bigg/\sqrt{\frac{\partial u_{\mathrm{m}}}{\partial x_{\mathrm{n}}}\frac{\partial u_{\mathrm{m}}}{\partial x_{\mathrm{n}}}} \tag{3.48}$$

Mani 等[39]进一步改进了非线性的雷诺应力表达式，用一个额外的项近似解释本构关系中的 $-2\rho\hat{k}\delta_{ij}/3$ 项。雷诺应力表达式被进一步改进为

$$\tau_{ij,\mathrm{QCR}} = \tau_{ij} - C_{\mathrm{cr1}}\left(Q_{ik}\tau_{jk} + Q_{jk}\tau_{ik}\right) - C_{\mathrm{cr2}}\mu_{\mathrm{t}}\sqrt{2S_{\mathrm{mn}}^* S_{\mathrm{mn}}^*}\delta_{ij} \tag{3.49}$$

式中

$$S_{ij}^* = \frac{1}{2}\left(\frac{\partial u_i}{\partial x_j} + \frac{\partial u_j}{\partial x_k}\right) - \frac{1}{3}\frac{\partial u_k}{\partial x_k}\delta_{ij} \tag{3.50}$$

新引入的模型封闭系数为 $C_{cr1}=0.3$ 和 $C_{cr2}=2.5$。

3.2.2　雷诺应力模型

对 N-S 方程进行 Favre 平均后会得到雷诺应力项，湍流脉动量对平均流场的作用即通过雷诺应力来体现。雷诺应力模型则直接对雷诺应力的输运方程进行建模，模型的湍流生成项是准确的，没有进行模式化；对雷诺应力的再分布效应、耗散效应以及扩散效应均进行建模，因此模型本身反映了流动的历史效应、流线弯曲效应、应变率突变、雷诺应力各向异性等[40]。二阶矩雷诺应力模型与简单的一方程和二方程线性/非线性涡黏性模型差别很大，后者使用本构关系通过一些假设以张量的形式给出雷诺应力关系。RSM 七方程模型直接计算 6 个雷诺应力项，每一个雷诺应力对应一个输运方程，第七个输运方程用于确定长度尺度变量。除非另有说明，对于具有导热特性的可压缩流，假设为理想气体，黏性系数满足 Sutherland 公式。根据 NASA Turbulence Modeling Resource[41]，下面详细给出多种形式的 RSM 模型方程，同时分析雷诺应力模型对典型分离流动的预测能力。

1. Wilcox RSM-ω 模型

WilcoxRSM-ω 2006 模型[42]中六个雷诺应力输运方程和长度尺度方程分别为

$$\frac{\partial \bar{\rho}R'_{ij}}{\partial t} + \frac{\partial(\bar{\rho}\hat{u}_k R'_{ij})}{\partial x_k} = -\bar{\rho}P_{ij} - \bar{\rho}\Pi_{ij} + \frac{2}{3}\beta^* \bar{\rho}\,\omega\hat{k}\delta_{ij} + \frac{\partial}{\partial x_k}\left[(\bar{\mu}+\sigma^*\mu_t)\frac{\partial R'_{ij}}{\partial x_k}\right] \tag{3.51}$$

$$\frac{\partial(\bar{\rho}\omega)}{\partial t} + \frac{\partial(\bar{\rho}\hat{u}_k\omega)}{\partial x_k} = \frac{\alpha\bar{\rho}\omega}{\hat{k}}R'_{ij}\frac{\partial \hat{u}_i}{\partial x_j} - \beta\bar{\rho}\omega^2 + \frac{\partial}{\partial x_k}\left[(\bar{\mu}+\sigma\mu_t)\frac{\partial\omega}{\partial x_k}\right] + \sigma_d\frac{\bar{\rho}}{\omega}\frac{\partial\hat{k}}{\partial x_j}\frac{\partial\omega}{\partial x_j} \tag{3.52}$$

生成项为

$$P_{ij} = R'_{ik}\frac{\partial \hat{u}_j}{\partial x_k} + R'_{jk}\frac{\partial \hat{u}_i}{\partial x_k} \tag{3.53}$$

式中，$\hat{k}=-R'_{ii}/2$，$\mu_t=\bar{\rho}\hat{k}/\omega$，$\bar{\rho}R'_{ij}=\tau_{ij}=-\overline{\rho u''_i u''_j}$。

压力应变关联项（无壁面修正项）通过以下方式建模：

$$\Pi_{ij} = \beta^* C_1\omega\left(R'_{ij} + \frac{2}{3}\hat{k}\delta_{ij}\right) - \hat{\alpha}\left(P_{ij} - \frac{2}{3}P\delta_{ij}\right) - \hat{\beta}\left(D_{ij} - \frac{2}{3}P\delta_{ij}\right) - \hat{\gamma}\hat{k}\left(S_{ij} - \frac{1}{3}S_{kk}\delta_{ij}\right) \tag{3.54}$$

或者

$$\Pi_{ij} = -C_1\varepsilon a_{ij} + (\hat{\alpha}+\hat{\beta})\hat{k}\left(a_{ik}S_{jk} + a_{jk}S_{ik} - \frac{2}{3}a_{kl}S_{kl}\delta_{ij}\right) + (\hat{\alpha}-\hat{\beta})\hat{k}(a_{ik}W_{jk} + a_{jk}W_{ik}) +$$
$$\left[\frac{4}{3}(\hat{\alpha}+\hat{\beta}) - \hat{\gamma}\right]\hat{k}\left(S_{ij}\quad \frac{1}{3}S_{kk}\delta_{ij}\right) \tag{3.55}$$

其中

$$D_{ij} = R'_{ik}\frac{\partial \hat{u}_k}{\partial x_j} + R'_{jk}\frac{\partial \hat{u}_k}{\partial x_i} \tag{3.56}$$

$$a_{ij} = -\frac{R'_{ij}}{\hat{k}} - \frac{2}{3}\delta_{ij} \tag{3.57}$$

式中，$P=P_{kk}/2$，$\varepsilon=\beta^*\hat{k}\omega$。

相关系数取值为

$$
\left.
\begin{array}{c}
\hat{\alpha} = (8 + C_2)/11 \; , \quad \hat{\beta} = (8C_2 - 2)/11 \; , \quad \hat{\gamma} = (60C_2 - 4)/55 \\[4pt]
C_1 = 9/5 \; , \quad C_2 = 10/19 \; , \quad \alpha = 13/25 \; , \quad \beta = \beta_0 f_\beta \\[4pt]
\beta^* = 9/100 \; , \quad \sigma = 0.5 \; , \quad \sigma^* = 0.6 \; , \quad \beta_0 = 0.0708 \\[4pt]
\sigma_d = \begin{cases} 0 & \left(\dfrac{\partial \hat{k}}{\partial x_j} \dfrac{\partial \omega}{\partial x_j} \leqslant 0 \right) \\[12pt] \dfrac{1}{8} & \left(\dfrac{\partial \hat{k}}{\partial x_j} \dfrac{\partial \omega}{\partial x_j} > 0 \right) \end{cases}
\end{array}
\right\}
\tag{3.58}
$$

并且

$$
f_\beta = \frac{1 + 85\chi_\omega}{1 + 100\chi_\omega}
\tag{3.59}
$$

$$
\chi_\omega = \left| \frac{W_{ij} W_{jk} \hat{S}_{ki}}{(\beta^* \omega)^3} \right|
\tag{3.60}
$$

$$
\hat{S}_{ki} = S_{ki} - \frac{1}{2} \frac{\partial \hat{u}_m}{\partial x_m} \delta_{ki}
\tag{3.61}
$$

$$
S_{ij} = \frac{1}{2} \left(\frac{\partial \hat{u}_i}{\partial x_j} + \frac{\partial \hat{u}_j}{\partial x_i} \right)
\tag{3.62}
$$

$$
W_{ij} = \frac{1}{2} \left(\frac{\partial \hat{u}_i}{\partial x_j} - \frac{\partial \hat{u}_j}{\partial x_i} \right)
\tag{3.63}
$$

该模型没有特定的远场边界条件，但有多种形式的壁面边界条件。对于固体壁面处的雷诺应力，有

$$
R'_{ij, \text{wall}} = 0
\tag{3.64}
$$

雷诺应力应该符合以下条件：

对于对角线元素：

$$
\overline{\rho u''_i u''_i} \geqslant 0 \quad (i \in 1,2,3)
\tag{3.65}
$$

对于非对角线元素：

$$
\left| \overline{\rho u''_i u''_j} \right| \leqslant \sqrt{(\rho u''_i u''_i)(\rho u''_j u''_j)} \quad (i,j \in 1,2,3)
\tag{3.66}
$$

2. SSG/LRR-RSM 模型

(1) SSG/LRR-RSM-ω 2012。

SSG/LRR-RSM-ω 2012 模型[43-48]是在欧洲项目 FLOMANIA 框架中开发的，用于航空飞行器流动模拟问题。该模型通过两种不同的应力-应变模型混合而成（LRR 的部分基于早期版本的 WilcoxRSM-ω 2006 模型[42]）。

SSG/LRR-RSM-ω 2012 模型的六个雷诺应力方程和一个长度尺度方程如下：

$$
\frac{\partial \bar{\rho} \hat{R}_{ij}}{\partial t} + \frac{\partial (\bar{\rho} \hat{u}_k \hat{R}_{ij})}{\partial x_k} = \bar{\rho} P_{ij} + \bar{\rho} \Pi_{ij} - \bar{\rho} \epsilon_{ij} + \bar{\rho} D_{ij} + \bar{\rho} M_{ij}
\tag{3.67}
$$

$$
\frac{\partial (\bar{\rho} \omega)}{\partial t} + \frac{\partial (\bar{\rho} \hat{u}_k \omega)}{\partial x_k} = \frac{\alpha_\omega \omega}{\hat{k}} \frac{\bar{\rho} P_{kk}}{2} - \beta_\omega \bar{\rho} \omega^2 + \frac{\partial}{\partial x_k} \left[\left(\bar{\mu} + \sigma_\omega \frac{\bar{\rho} \hat{k}}{\omega} \right) \frac{\partial \omega}{\partial x_k} \right] + \sigma_d \frac{\bar{\rho}}{\omega} \max \left(\frac{\partial \hat{k}}{\partial x_j} \frac{\partial \omega}{\partial x_j}, 0 \right)
\tag{3.68}
$$

生成项为

$$\bar{\rho}P_{ij} = -\bar{\rho}\hat{R}_{ik}\frac{\partial \hat{u}_j}{\partial x_k} - \bar{\rho}\hat{R}_{jk}\frac{\partial \hat{u}_i}{\partial x_k} \tag{3.69}$$

耗散项为

$$\bar{\rho}\varepsilon_{ij} = \frac{2}{3}\bar{\rho}\varepsilon\delta_{ij} \tag{3.70}$$

式中，$\varepsilon = C_\mu \hat{k}\omega$，$\hat{k} = \hat{R}_{ii}/2$，$\bar{\rho}\hat{R}_{ij} = -\tau_{ij} = \overline{\rho u''_i u''_j}$。

压力应变关联项通过以下方程建模：

$$\bar{\rho}\Pi_{ij} = -\left(C_1\bar{\rho}\varepsilon + \frac{1}{2}C_1^*\bar{\rho}P_{kk}\right)\hat{a}_{ij} + C_2\bar{\rho}\varepsilon\left(\hat{a}_{ik}\hat{a}_{kj} - \frac{1}{3}\hat{a}_{kl}\hat{a}_{kl}\delta_{ij}\right) +$$

$$\left(C_3 - C_3^*\sqrt{\hat{a}_{kl}\hat{a}_{kl}}\right)\bar{\rho}\hat{k}\hat{S}_{ij}^* + C_4\bar{\rho}\hat{k}\left(\hat{a}_{ik}\hat{S}_{jk} + \hat{a}_{jk}\hat{S}_{ik} - \frac{2}{3}\hat{a}_{kl}\hat{S}_{kl}\delta_{ij}\right) +$$

$$C_5\bar{\rho}\hat{k}\left(\hat{a}_{ik}\hat{W}_{jk} + \hat{a}_{jk}\hat{W}_{ik}\right) \tag{3.71}$$

式中，忽略应力膨胀，同时各向异性张量为

$$\hat{a}_{ij} = \frac{\hat{R}_{ij}}{\hat{k}} - \frac{2}{3}\delta_{ij} \tag{3.72}$$

应力应变系数在近壁面采用 LRR 模型[15]，在远离壁面采用 SSG 模型[16]，并且有

$$\hat{S}_{ij} = \frac{1}{2}\left(\frac{\partial \hat{u}_i}{\partial x_j} + \frac{\partial \hat{u}_j}{\partial x_i}\right) \tag{3.73}$$

$$\hat{S}_{ij}^* = \hat{S}_{ij} - \frac{1}{3}\hat{S}_{kk}\delta_{ij} \tag{3.74}$$

$$\hat{W}_{ij} = \frac{1}{2}\left(\frac{\partial \hat{u}_i}{\partial x_j} - \frac{\partial \hat{u}_j}{\partial x_i}\right) \tag{3.75}$$

忽略压力扩散分量，通过广义梯度扩散模型对扩散项进行建模：

$$\bar{\rho}D_{ij} = \frac{\partial}{\partial x_k}\left[\left(\bar{\mu}\delta_{kl} + D\frac{\bar{\rho}\hat{k}\hat{R}_{kl}}{\varepsilon}\right)\frac{\partial \hat{R}_{ij}}{\partial x_l}\right] = \frac{\partial}{\partial x_k}\left[\left(\bar{\mu}\delta_{kl} + D\frac{\bar{\rho}\hat{R}_{kl}}{C_\mu \omega}\right)\frac{\partial \hat{R}_{ij}}{\partial x_l}\right] \tag{3.76}$$

所有系数通过以下混合函数进行混合：

$$\varphi = F_1\varphi^{(\omega)} + (1 - F_1)\varphi^{(\varepsilon)} \tag{3.77}$$

$$F_1 = \tanh(\zeta^4) \tag{3.78}$$

$$\zeta = \min\left[\max\left(\frac{\sqrt{\hat{k}}}{C_\mu \omega d}, \frac{500\hat{\mu}}{\bar{\rho}\omega d^2}\right), \frac{4\sigma_\omega^{(\varepsilon)}\bar{\rho}\hat{k}}{(CD)d^2}\right] \tag{3.79}$$

$$(CD) = \sigma_d^{(\varepsilon)}\frac{\bar{\rho}}{\omega}\max\left(\frac{\partial \hat{k}}{\partial x_k}\frac{\partial \omega}{\partial x_k}, 0\right) \tag{3.80}$$

式中：d 为壁面距离；$C_\mu = 0.09$。

近壁面处系数取值为

$$\left.\begin{array}{l} \alpha_\omega^{(\omega)} = 0.555\,6, \quad \beta_\omega^{(\omega)} = 0.075, \quad \sigma_\omega^{(\omega)} = 0.5, \quad \sigma_d^{(\omega)} = 0 \\ C_1^{(\omega)} = 1.8, \quad C_1^{*(\omega)} = 0, \quad C_2^{(\omega)} = 0, \quad C_3^{(\omega)} = 0.8 \\ C_3^{*(\omega)} = 0, \quad C_4^{(\omega)} = 0.5(18C_2^{(\mathrm{LRR})} + 12)/11 \\ C_5^{(\omega)} = 0.5(-14C_2^{(\mathrm{LRR})} + 20)/11, \quad D^{(\omega)} = 0.75C_\mu, \quad C_2^{(\mathrm{LRR})} = 0.52 \end{array}\right\} \tag{3.81}$$

远离壁面处系数取值为

$$\left.\begin{array}{l} \alpha_\omega^{(\varepsilon)} = 0.44 \ , \quad \beta_\omega^{(\varepsilon)} = 0.082\ 8 \ , \quad \sigma_\omega^{(\varepsilon)} = 0.856 \ , \quad \sigma_d^{(\varepsilon)} = 1.712 \\ C_1^{(\varepsilon)} = 1.7 \ , \quad C_1^{*\ (\varepsilon)} = 0.9 \ , \quad C_2^{(\varepsilon)} = 1.05 \ , \quad C_3^{(\varepsilon)} = 0.8 \\ C_3^{*\ (\varepsilon)} = 0.65 \ , \quad C_4^{(\varepsilon)} = 0.625 \ , \quad C_5^{(\varepsilon)} = 0.2 \ , \quad D^{(\varepsilon)} = 0.22 \end{array}\right\} \tag{3.82}$$

远场边界条件为

$$\hat{R}_{ij,\mathrm{farfield}} = \frac{2}{3}\hat{k}_{\mathrm{farfield}}\delta_{ij} \tag{3.83}$$

$$\omega_{\mathrm{farfield}} = \frac{\bar{\rho}\hat{k}_{\mathrm{farfield}}}{\mu_{\mathrm{t,farfield}}} \tag{3.84}$$

式中，$\hat{k}_{\mathrm{farfield}}$ 和 $\mu_{\mathrm{t,farfield}}$ 由用户设置。前一个值是远场湍流强度的函数，$\hat{k}_{\mathrm{farfield}} = (3/2)(\mathrm{Tu})^2 U_{\mathrm{farfield}}^2$。典型值为：$\mathrm{Tu} = 0.001$，$\mu_{\mathrm{t,farfield}}/\bar{\mu}_{\mathrm{farfield}} = 0.1$。

在固体壁面处，有

$$\left.\begin{array}{l} R'_{ij,\mathrm{wall}} = 0 \\ \omega_{\mathrm{wall}} = 10\dfrac{6\hat{\nu}}{\beta_\omega^{(\omega)}(\Delta d_1)^2} \end{array}\right\} \tag{3.85}$$

雷诺应力应该符合以下条件：

对于对角线元素：

$$\overline{\rho u''_i u''_i} \geqslant 0 \quad (i \in 1,2,3) \tag{3.86}$$

对于非对角线元素：

$$|\overline{\rho u''_i u''_j}| \leqslant \sqrt{(\overline{\rho u''_i u''_i})(\overline{\rho u''_j u''_j})} \quad (i,j \in 1,2,3) \tag{3.87}$$

关于 Favre 平均方程中的其他建模项，湍流热流通过以下方程建模：

$$c_p \overline{\rho u''_j T''} \approx -\frac{c_p \mu_t}{Pr_t}\frac{\partial T}{\partial x_j} \tag{3.88}$$

式中，$\mu_t = \bar{\rho}\hat{k}/\omega$。

能量方程中与分子扩散和湍流输运相关的项为 $\bar{\rho}D_{ij}$ 项矩阵迹的一半。对于广义梯度扩散模型，有

$$\frac{\partial}{\partial x_k}\left(\overline{\sigma_{ij}u''_i} - \frac{1}{2}\overline{\rho u''_i u''_i u''_j}\right) \approx \frac{1}{2}(\bar{\rho}T_{ii} + \bar{\rho}D_{ii}^{(\nu)}) \tag{3.89}$$

$$\bar{\rho}T_{ij} = \frac{\partial}{\partial x_k}\left(D\frac{\bar{\rho}\hat{k}\hat{R}_{kl}}{\varepsilon}\frac{\partial \hat{R}_{ij}}{\partial x_1}\right) \tag{3.90}$$

$$\bar{\rho}D_{ij}^{(\nu)} = \frac{\partial}{\partial x_k}\left(\bar{\mu}\frac{\partial \hat{R}_{ij}}{\partial x_k}\right) \tag{3.91}$$

(2)SSG/LRR-RSM-ω 2012-SD。

SSG/LRR-RSM-ω 2012-SD 模型[47]与 SSG/LRR-RSM-ω 2012 模型相比，前者采用简单梯度扩散模型(Simple Gradient Diffusion Hypothesis，SGDH)而不是广义梯度扩散模型(Generalized Gradient Diffusion Hypothesis，GGDH)。

扩散项通过以下方程建模：

$$\bar{\rho}D_{ij} = \frac{\partial}{\partial x_k}\left[\left(\bar{\mu} + D\frac{\bar{\rho}\hat{k}^2}{\varepsilon}\right)\frac{\partial \hat{R}_{ij}}{\partial x_k}\right] = \frac{\partial}{\partial x_k}\left[\left(\bar{\mu} + D\frac{\bar{\rho}\hat{k}}{C_\mu \omega}\right)\frac{\partial \hat{R}_{ij}}{\partial x_k}\right]$$

$$= \frac{\partial}{\partial x_k}\left[\left(\bar{\mu} + \frac{D}{C_\mu}\mu_t\right)\frac{\partial \hat{R}_{ij}}{\partial x_k}\right] \tag{3.92}$$

$$D = 0.5C_\mu F_1 + \frac{2}{3} 0.22(1 - F_1) \tag{3.93}$$

（3）SSG/LRR-RSM-ω 2019。

SSG/LRR-RSM-ω 2019 模型[49]的 ω 方程中多包含了一个涉及长度尺度修正（LSC）的附加项，其目的是消除原始模型中分离再附区附近出现的非物理回弯，其余部分与原始模型 SSG/LRR-RSM-ω 2012 相同。

原始模型中的 $\beta_\omega \bar{\rho} \omega^2$ 项由下式替代：

$$[1 - F^{(LSC)}(\chi)] \beta_\omega \bar{\rho} \omega^2 \tag{3.94}$$

式中

$$F^{(LSC)}(\chi) = \frac{1}{2}\{1 + \tanh[A(\chi - \chi_T)]\} \tag{3.95}$$

$$\chi = \max\left[\left(\frac{L_t}{l_{log}} - 1\right)\left(\frac{L_t}{l_{log}}\right)^2, 0\right] \tag{3.96}$$

$$\frac{L_t}{l_{log}} = \frac{\hat{k}^{1/2}}{C_\mu^{1/4} \kappa \omega d} \tag{3.97}$$

式中，$\chi_T = 1, \kappa = 0.41, A = 31$。$F^{(LSC)}(\chi)$ 项应该仅在滞止点/再附点附近有效。

SSG/LRR-RSM-ω 2019-SD 模型的 SD 修正可以参考前面中有关 SSG/LRR-RSM-ω 2012-SD 的内容。

（4）SSG/LRR-RSM-g。

目前 SSG/LRR-RSM 模型应用最广泛的长度尺度输运方程是比耗散率 ω 的输运方程。但是，由于 ω 在物面处缺少自然边界条件，使得计算结果较为依赖近壁区的网格分辨率，且容易出现数值错误。因此，Lakshmpitathy 等[50]提出用 ω 的变形式来处理，变形后的长度尺度为 g，有

$$\omega_{wall} = \lim_{y \to 0} \frac{6\nu}{\beta(\Delta y)^2} \tag{3.98}$$

$$g = \frac{1}{\sqrt{\omega}} \tag{3.99}$$

式中：Δy 表示物面法向首层网格距离；$\nu = \mu/\rho$ 表示黏性系数；β 为 SST 模型中的系数。

3. RSM-ε 七方程模型

GLVY-RSM-2012 模型[51]是 GLVY-RSM-2001 模型的最新版本，并且模型完全没有使用壁面法向距离。这种建模选择使得非均匀项在远离壁面处同样有效，并且与壁面是否存在无关。

该模型的变量为 Favre 平均二阶矩速度 $R_{ij} = \widetilde{u_i u_j}$ 和修正耗散率 ε^*。R_{ij} 和 ε^* 的模型方程为

$$\underbrace{\frac{\partial}{\partial t}(\bar{\rho} R_{ij}) + \frac{\partial}{\partial x_l}(\bar{\rho} R_{ij} \hat{u}_l)}_{C_{ij}} = \underbrace{-\bar{\rho} R_{il}\frac{\partial \hat{u}_j}{\partial x_l} - \bar{\rho} R_{jl}\frac{\partial \hat{u}_i}{\partial x_l}}_{P_{ij}} + \underbrace{\frac{\partial}{\partial x_l}\left(\breve{\mu}\frac{\partial R_{ij}}{\partial x_l}\right)}_{d_{ij}^{(\mu)}} +$$

$$d_{ij}^{(u)} + \Pi_{ij} - \bar{\rho}\varepsilon_{ij} + K_{ij} \tag{3.100}$$

$$\frac{\partial \bar{\rho}\varepsilon^*}{\partial t} + \frac{\partial(\hat{u}_l \bar{\rho}\varepsilon^*)}{\partial x_l} = \frac{\partial}{\partial x_l}\left(C_\varepsilon \frac{\hat{k}}{\varepsilon^*}\bar{\rho} R_{ml}\frac{\partial \varepsilon^*}{\partial x_m} + \breve{\mu}\frac{\partial \varepsilon^*}{\partial x_l}\right) + C_{\varepsilon_1} P_k \frac{\varepsilon^*}{\hat{k}} -$$

$$C_{\varepsilon_2}\bar{\rho}\frac{\varepsilon^{*\,2}}{\hat{k}} + 2\breve{\mu}C_\mu\frac{\hat{k}^2}{\varepsilon^*}\frac{\partial^2\hat{u}_i}{\partial x_l\partial x_l}\frac{\partial^2\hat{u}_i}{\partial x_m\partial x_m} \tag{3.101}$$

$$P_k = \frac{1}{2}P_{ll}, \quad C_\varepsilon = 0.18, \quad C_{\varepsilon_1} = 1.44, \quad C_{\varepsilon_2} = 1.92(1 - 0.3e^{-Re_T^{*\,2}}), \quad C_\mu = 0.09e^{-\frac{3.4}{(1+0.02Re_T^*)^2}}$$
$$\tag{3.102}$$

$$\hat{k} = \frac{1}{2}R_{ll}, \quad R_T^* = \frac{\hat{k}^2}{\breve{\nu}\varepsilon^*}, \quad \breve{\mu} = \mu_{\text{Sutherland}}(T), \quad \breve{\nu} = \frac{\breve{\mu}}{\bar{\rho}} \tag{3.103}$$

式中：C_{ij} 是对流张量；P_{ij} 是生成项张量；$d_{ij}^{(\mu)}$ 为分子扩散张量；$d_{ij}^{(u)}$ 是湍流扩散张量；Π_{ij} 是包含波动压力（速度/压力梯度相关性）的项；ε_{ij} 是耗散率张量；K_{ij} 表示直接压缩性效应。

模型中 K_{ij}、$d_{ij}^{(u)}$、ε_{ij}、Π_{ij} 项由下列公式给出：

$$K_{ij} = 0 \tag{3.104}$$

$$d_{ij}^{(u)} = \frac{\partial}{\partial x_l}(-\overline{\rho u''_i u''_j u''_l})$$
$$-\overline{\rho u''_i u''_j u''_l} = C^{(\text{Su})}\frac{\hat{k}}{\varepsilon}\left(\bar{\rho}R_{im}\frac{\partial R_{jl}}{\partial x_m} + \bar{\rho}R_{jm}\frac{\partial R_{li}}{\partial x_m} + \bar{\rho}R_{lm}\frac{\partial R_{ij}}{\partial x_m}\right)$$
$$C^{(\text{Su})} = 0.11 \tag{3.105}$$

$$\bar{\rho}\varepsilon_{ij} = \frac{2}{3}\bar{\rho}\varepsilon(1-f_\varepsilon)\delta_{ij} + f_\varepsilon\frac{\varepsilon}{\hat{k}}\bar{\rho}R_{ij}, \quad \varepsilon = \varepsilon^* + 2\breve{\nu}\frac{\sqrt{\hat{k}}}{\partial x_l}\frac{\sqrt{\hat{k}}}{\partial x_l}$$
$$f_\varepsilon = 1 - A^{(1+A^2)}(1 - e^{-\frac{Re_T}{10}}), \qquad Re_T = \frac{\hat{k}^2}{\breve{\nu}\varepsilon} \tag{3.106}$$

$$a_{ij} = \frac{R_{ij}}{\hat{k}} - \frac{2}{3}\delta_{ij}, \qquad A_2 = a_{ik}a_{ki}$$
$$A_3 = a_{ik}a_{kj}a_{ji}, \qquad A = 1 - \frac{9}{8}(A_2 - A_3) \tag{3.107}$$

$$\Pi_{ij} = \underbrace{\overbrace{\varphi_{ij}^{(\text{RH})} + \varphi_{ij}^{(\text{RI})}}^{\varphi_{ij}^{(\text{R})}} + \overbrace{\varphi_{ij}^{(\text{SH})} + \varphi_{ij}^{(\text{SI})}}^{\varphi_{ij}^{(\text{S})}}}_{\varphi_{ij}} + \frac{2}{3}\varphi_p\delta_{ij} + d_{ij}^{(\text{p})} \tag{3.108}$$

$$\varphi_p = 0 \tag{3.109}$$

$$d_{ij}^{(\text{p})} = C^{(\text{Sp1})}\bar{\rho}\frac{\hat{k}^3}{\varepsilon^3}\frac{\partial\varepsilon^*}{\partial x_i}\frac{\partial\varepsilon^*}{\partial x_j} + \frac{\partial}{\partial x_l}\left[C^{(\text{Sp2})}(\overline{\rho u''_m u''_m u''_j}\delta_{il} + \overline{\rho u''_m u''_m u''_i}\delta_{jl})\right] +$$
$$C^{(\text{Rp})}\bar{\rho}\frac{\hat{k}^2}{\varepsilon^2}\breve{S}_{kl}a_{lk}\frac{\partial\hat{k}}{\partial x_i}\frac{\partial\hat{k}}{\partial x_j} \tag{3.110}$$

$$C^{(\text{Sp1})} = -0.005, \quad C^{(\text{S2})} = +0.022$$
$$C^{(\text{Rp})} = -0.005, \quad \breve{S}_{ij} = \frac{1}{2}\left(\frac{\partial\hat{u}_i}{\partial x_j} + \frac{\partial\hat{u}_j}{\partial x_i}\right) \tag{3.111}$$

$$\varphi_{ij}^{(\text{R})} = \underbrace{-C_\varphi^{(\text{RH})}\left(P_{ij} - \frac{1}{3}\delta_{ij}P_{mn}\right)}_{\varphi_{ij}^{(\text{RH})}} + \underbrace{C_\varphi^{(\text{RI})}\left[\varphi_{mn}^{(\text{RH})}e_{1_n}e_{1_m}\delta_{ij} - \frac{3}{2}\varphi_{in}^{(\text{RH})}{}_{1_n}e_{1_j} - \frac{3}{2}\varphi_{jn}^{(\text{RH})}e_{1_n}e_{1_i}\right]}_{\varphi_{ij}^{(\text{RI})}}$$
$$\tag{3.112}$$

$$\varphi_{ij}^{(S)} = \underbrace{-C_\varphi^{(SH1)}\bar\rho\varepsilon^* a_{ij}}_{\varphi_{ij}^{(SH1)}} + \underbrace{C_\varphi^{(SI1)}\frac{\varepsilon^*}{\hat k}\left[\bar\rho R_{mn}e_{i_n}e_{i_m}\delta_{ij} - \frac{3}{2}\bar\rho R_{ni}e_{i_n}e_{i_j} - \frac{3}{2}\bar\rho R_{nj}e_{i_n}e_{i_i}\right]}_{\varphi_{ij}^{(SI1)}} -$$

$$\underbrace{C_\varphi^{(SI2)}\bar\rho\frac{\hat k}{\varepsilon}\frac{\partial \hat k}{\partial x_l}\left[a_{ik}\frac{\partial R_{kj}}{\partial x_l} + a_{jk}\frac{\partial R_{ki}}{\partial x_l} - \frac{2}{3}\delta_{ij}a_{mk}\frac{\partial R_{km}}{\partial x_l}\right]}_{\varphi_{ij}^{(SI2)}} +$$

$$\underbrace{C_\varphi^{(SI3)}\left[\psi_{mn}^{(SI2)}e_{i_n}e_{i_m}\delta_{ij} - \frac{3}{2}\psi_{in}^{(SI2)}e_{i_n}e_{i_j} - \frac{3}{2}\psi_{jn}^{(SI2)}e_{i_n}e_{i_i}\right]}_{\varphi_{ij}^{(SI3)}} \tag{3.113}$$

$$e_{1_i} := \frac{\dfrac{\partial}{\partial x_i}\left(\dfrac{l_T\left[1-e^{-\frac{Re_T^*}{30}}\right]}{1+2\sqrt{A_2}+2A^{16}}\right)}{\sqrt{\dfrac{\partial}{\partial x_l}\left(\dfrac{l_T\left[1-e^{-\frac{Re_T^*}{30}}\right]}{1+2\sqrt{A_2}+2A^{16}}\right)\dfrac{\partial}{\partial x_l}\left(\dfrac{l_T\left[1-e^{-\frac{Re_T^*}{30}}\right]}{1+2\sqrt{A_2}+2A^{16}}\right)}}, \quad l_T = \frac{\hat k^{\frac{3}{2}}}{\varepsilon} \tag{3.114}$$

$$C_\varphi^{(RH)} = \min[1,0.75+1.3\max(0,A-0.55)]A^{\max[0.25,0.5-1.3\max(0,A-0.55)]}$$
$$\left[1-\max\left(0,1-\frac{Re_T}{50}\right)\right] \tag{3.115}$$

$$C_\varphi^{(RI)} = \max\left(\frac{2}{3}-\frac{1}{6C_\varphi^{(RH)}},0\right)\sqrt{\frac{\partial}{\partial x_l}\left[\frac{l_T(1-e^{-\frac{Re_T^*}{30}})}{1+1.6A_2^{\max(0.6,A)}}\right]\frac{\partial}{\partial x_l}\left[\frac{l_T(1-e^{-\frac{Re_T^*}{30}})}{1+1.6A_2^{\max(0.6,A)}}\right]} \tag{3.116}$$

$$\left.\begin{aligned}
C_\varphi^{(SH1)} &= 3.7AA^{\frac{1}{2^4}}\left[1-e^{-\left(\frac{Re_T}{130}\right)^2}\right] \\
C_\varphi^{(SI1)} &= -\frac{4}{9}\left(C_\varphi^{(SH1)} - \frac{9}{4}\sqrt{\frac{\partial}{\partial x_l}\left(\frac{l_T\left[1-e^{-\frac{Re_T^*}{30}}\right]}{1+2.9\sqrt{A_2}}\right)\frac{\partial}{\partial x_l}\left(\frac{l_T\left[1-e^{-\frac{Re_T^*}{30}}\right]}{1+2.9\sqrt{A_2}}\right)}\right.
\end{aligned}\right\} \tag{3.117}$$

$$C_\varphi^{(SI2)} = 0.002, \quad C_\varphi^{(SI3)} = 0.14\sqrt{\frac{\partial l_T^*}{\partial x_l}\frac{\partial l_T^*}{\partial x_l}}, \quad l_T^* = \frac{\hat k^{\frac{3}{2}}}{\varepsilon^*} \tag{3.118}$$

关于压力项,上面各式中上标()^(S)表示慢速压力项(模型的原始项和模型本身不依赖于平均速度梯度),上标()^(R)表示快速压力项(模型的原始项和模型本身线性依赖于平均速度梯度)。这些适用于压力扩散 $d_{ij}^{(p)}$ 和再分配。关于再分配,上标()^(H)表示拟齐次项,上标()^(I)表示非均匀项。所有实际流动都是非均匀的。

注意:

1)该模型应作为一个整体使用,非均匀项在自由剪切流中是有效的。

2)长度尺度和湍流雷诺数有时使用系统变量修正耗散率 ε^* 或耗散率 ε 定义。这个选择是因为在近壁面处 ε^* 和 ε 的表现不同,因此会影响近壁面渐进处的表现。

3)固体壁面处的边界条件为:$R_{ij}=0$ 和 $\varepsilon^*=0$。

4)远场边界条件没有特别的限制,模型在高湍流强度和低湍流强度下都表现良好。建议选择物理上合适的湍流强度和长度尺度。长度尺度的选择固定了湍流的流向衰减速率,尤其是在高湍流强度下,或者如果远场边界距离很远,则可能无法消除。有一些分析公式可以用来计算这种衰减并且该模型的返回结果与解析公式非常接近。

5)压力项 P_{ij} 是模型中最重要的部分,这是与二方程模型的主要区别,二方程模型仅仅使用 Π_{ij} 的迹并且通常影响不大。

6)尽管除了 Morkovin 的假设之外没有采用压缩性修正,但该模型已经对 $Ma=5$ 的激波边界层干扰进行了验证。

7)RSM 的边界条件对于正确处理对称边界非常重要。

3.2.3 算例验证

本小节采用 SSG/LRR-RSM-g 模型对 M6 机翼跨声速分离流动开展研究[52]。M6 机翼绕流是测试湍流模型处理跨声速流动问题能力的经典算例,Schmitt[53]在 ONERA S2MA 风洞完成了该实验。M6 机翼前缘后掠角为 $30°$,半展长为 $1.196\ 3$ m,具体的几何参数如图 3-15 所示。激波给边界层施加了一个强逆压梯度,使边界层变厚,产生分离。一方面,边界层承受着激波产生的强压梯度影响;另一方面,激波必须穿过无黏和有黏的多层流动结构。若流动不是层流的,则湍流被强化,黏性耗散被放大[54]。

大部分学者[40,55-56]研究了 $3.06°$ 攻角和 $4.08°$ 攻角下激波诱导分离不强的流动,发现涡黏模型均能取得较好的结果。强激波诱导分离问题代表了跨声速机翼表面的一类重要流动现象,但鲜有涡黏模型能够准确预测该流动[57]。因此,本书选择实验编号为 Test2565 的 $6.06°$ 攻角工况进行研究,讨论雷诺应力模型对强激波诱导分离问题的模拟能力。设计了极粗、粗、中等、密网格四套网格,对应网格数量分别为 74 万、134 万、330 万和 510 万,四套网格均保证 $y^+ \approx 1$,如图 3-16 所示。计算马赫数 $Ma=0.84$,基于平均气动弦的雷诺数 $Re_{mac}=11.7\times10^6$,攻角为 $6.06°$。不同网格量预测的 44% 站位压力分布如图 3-17 所示,可见中等和密网格捕捉的激波位置和强度一致,且和实验吻合较好,因此之后的计算均采用密网格。

流动沿展向发展,激波逐渐由两道汇聚成一道很强的激波,并引发激波诱导分离,在翼梢处达到最强,这一点可以直观地从图 3-18 中得到。其中,b 表示 M6 机翼展长。

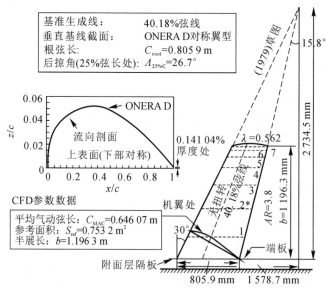

图 3-15　M6 机翼几何参数[53]

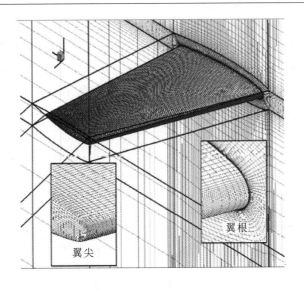

图 3 - 16　M6 机翼表面网格

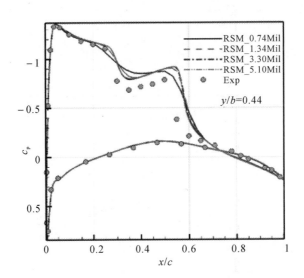

图 3 - 17　不同网格预测 44％站位压力分布

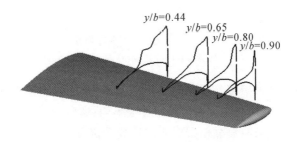

图 3 - 18　SST 模型压力分布沿展向变化

从图 3-19 的压力分布对比中可以看到,SST 模型在 44% 站位处得到的激波位置很准确,但 RSM 模型预测的激波位置则靠后;从 65% 站位起,SST 模型对激波后的分离区预测结果出现明显偏差,进而影响机翼后缘及下表面压力分布。RSM 模型预测的激波位置虽仍滞后于实验,但对于压力分布的形态、激波后分离区的预测,均比 SST 有较大提升。

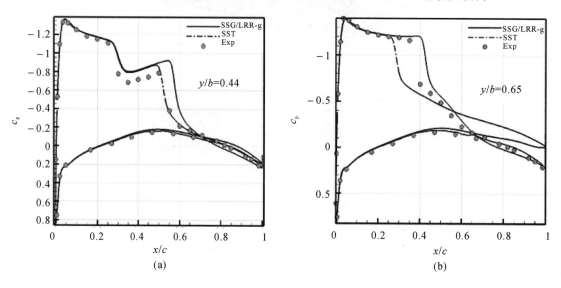

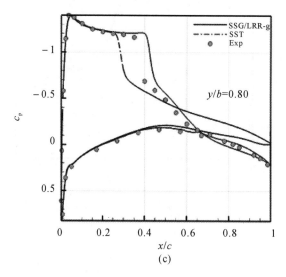

图 3-19 不同站位压力分布对比[52]
(a)0.44 站位;(b)0.65 站位;(c)0.80 站位

由不同模型得到的物面极限流线如图 3-20 所示,从中可以清楚地看到 M6 机翼上表面的 λ 型激波。RSM 模型预测的分离区明显小于 SST 模型。

为了进一步确认大攻角时涡黏模型对激波诱导分离预测的失效原因,研究了网格不断加密下不同模型的预测能力变化,如图 3-21 所示。其中,SST 模型在 44% 站位处随着网格加密,压力分布和实验结果的误差减小,但在 90% 站位处,压力分布随网格加密逐渐偏离实验值,这与 Rumsey 和 Vatsa[58] 的结论一致。RSM 则随着网格加密,预测的激波更加陡峭,和实验结果吻合较好,表现出了应有的网格收敛趋势。

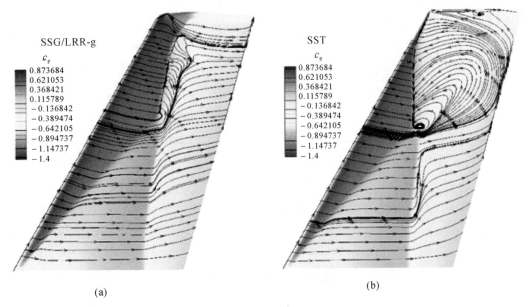

图 3-20　极限流线对比[52]

(a)SSG/LRR-g 模型;(b)SST 模型

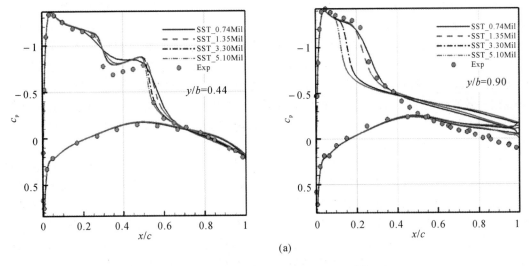

图 3-21　典型站位网格收敛性对比[52]

(a)SST 计算结果

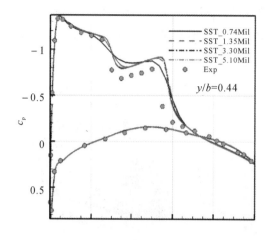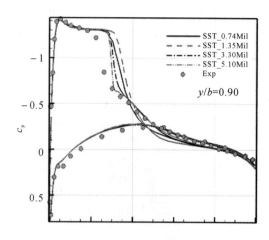

(b)

续图 3 - 21 典型站位网格收敛性对比[52]

(b)SSG/LRR-g 计算结果

3.3 小 结

本章主要介绍宽速域数值计算方法和高阶湍流模型,具体研究内容和结论如下:

(1)高超声速流动往往跨越从低速至高速的宽速域范围,存在强激波间断、黏性边界层、低速大分离等,对数值方法分辨率、鲁棒性和精度提出了较高要求。而具有强激波鲁棒性和低速求解分辨率的宽速域数值计算方法可以为可压缩分离流动模拟及高超声速气动力/热预测提供更加准确、适用的数值求解方案,其构造准则主要包含低速反耗散压力修正项和高速剪切黏性项两部分。低速反耗散压力修正框架通过基于非线性特征线关系式的尺度分析,建立低速误差源项与密度、声速和速度差项之间的关联性,并利用缩放马赫数函数构造低速反耗散压力项,提高了低速求解精度和分离区湍流涡结构的捕捉能力。高速剪切黏性框架利用 Roe 平均线性化理论和波系分解,并结合压力基敏感函数,构造了与剪切黏性协调一致的激波稳定项,可较稳定、准确地捕捉激波,并保持较高的剪切层分辨率。选取了低速无黏 NACA0012 翼型、三维 Taylor-Green 涡、超声速无黏圆柱和三维超声速黏性钝锥等算例,验证了新型宽速域数值计算方法的求解能力。

(2)基于 Boussinesq 假设建立的线性涡黏性 RANS 模型已在中等压力梯度下的附着流动模拟中取得了巨大的成功,但对强逆压梯度的分离流、角区二次流、旋转/曲率效应等各向异性流动问题的模拟能力仍不足。二次本构关系通过引入非 Boussinesq 假设的关系式,使涡黏性模型具有了一定的模拟流线弯曲和雷诺应力各向异性问题的能力。雷诺应力模型则直接求解以雷诺应力为变量的输运方程,方程中包含了流线弯曲、雷诺应力各向异性等非线性现象影响。RSM 七方程模型直接计算 6 个雷诺应力输运方程和 1 个长度尺度变量输运方程,包括 Wilcox RSM-ω 模型、SSG/LRR-RSM-ω 模型、SSG/LRR-RSM-g 模型和 RSM-ϵ 七方程模型等。相较传统涡黏性模型,理论上 RSM 模型能够更全面地反映复杂流动特性,具有更高的通用性和准确性。随着计算机硬件水平和数值求解技术水平的巨大提升,雷诺应力模型应用前景广泛。

参 考 文 献

[1] PATANKAR S V. Numerical heat transfer and fluid flow[M]. New York: McGraw-Hill, 1980.

[2] CHEN SS, YAN C, LIN B X, et al. Affordable shock-stable item for Godunov-type schemes against carbuncle phenomenon[J]. Journal of Computational Physics, 2018(373): 662 – 672.

[3] LIN B X, YAN C, CHEN SS. A study on the behaviour of high-order flux reconstruction method with different low dissipation numerical fluxes for large eddy simulation[J]. International Journal of Computational Fluid Dynamics, 2017, 31(9): 339 – 361.

[4] THORNBER B, MOSEDALE A, DRIKAKIS D, et al. An improved reconstruction method for compressible flows with low Mach number features[J]. Journal of Computational Physics, 2008(227): 4873 – 4894.

[5] CHEN SS, LI J P, LI Z, et al. Anti-dissipation pressure correction under low Mach numbers for Godunov-type schemes[J]. Journal of Computational Physics, 2022(456): 111027.

[6] GNOFFO P. Multi-dimensional inviscid flux reconstruction for simulation of hypersonic heating on tetrahedral grids[C]//47th AIAA Aerospace Sciences Meeting including the New Horizons Forum and Aerospace Exposition, January 05 – 08, 2009, Orlando, Florida. Reston: AIAA, 2009: 599.

[7] GNOFFO P. Updates to multi-dimensional flux reconstruction for hypersonic simulations on tetrahedral grids[C]// 48th AIAA Aerospace Sciences Meeting Including the New Horizons Forum and Aerospace Exposition, January 04 – 07, 2010, Orlando, Florida. Reston: AIAA, 2010: 1271.

[8] KITAMURA K, SHIMA E, NAKAMURA Y, et al. Evaluation of Euler fluxes for hypersonic heating computations[J]. AIAA Journal, 2010(48): 763 – 776.

[9] PEERY K, IMLAY S. Blunt-body flow simulations[C]// 24th Joint Propulsion Conference, July 11 – 13, 1988, Boston, Massachusetts. Reston: AIAA, 1988: 2904.

[10] QUIRK J. A contribution to the great Ricmann solver debate[J]. International Journal for Numerical Methods in Fluids, 1994(18): 555 – 574.

[11] SHIMA E, KITAMURA K. Parameter-free simple low-dissipation AUSM-family scheme for all speeds[J]. AIAA Journal, 2011(49): 1693 – 1709.

[12] SLOTNICK J, KHODADOUST A, ALONSO J, et al. CFD vision 2030 study: a path to revolutionary computational aero-sciences [R]. Hampton: NASA, 2014.

[13] SPALART P R. Strategies for turbulence modelling and simulation[J]. Interna-

tional Journal of Heat and Fluid Flow, 2000(21): 252 - 263.

[14] CHOU P Y. On velocity correlations and the solutions of the equations of turbulent fluctuation[J]. Quarterly of Applied Mathematics, 1945, 3(1): 38 - 54.

[15] LAUNDER B E, REECE G J, RODI W. Progress in the development of a Reynolds-stress turbulence closure[J]. Journal of Fluid Mechanics, 1975, 68(3): 537 - 566.

[16] SPEZIALE C G, SARKAR S, GATSKI T B. Modelling the pressure-strain correlation of turbulence: an invariant dynamical systems approach[J]. Journal of Fluid Mechanics, 1991(227): 245 - 272.

[17] VOLPE G. Performance of compressible flow codes at low Mach number[J]. AIAA Journal, 1993(31): 49 - 56.

[18] LIOU M S. A sequel to AUSM, part Ⅱ: AUSM+-up for all speeds[J]. Journal of Computational Physics, 2006, 214(1): 137 - 170.

[19] KIM S D, LEE B J, LEE H J, et al. Robust HLLC Riemann solver with weighted average flux scheme for strong shock[J]. Journal of Computational Physics, 2009 (228): 7634 - 7642.

[20] KIM SS, KIM C, RHO O H, et al. Cures for the shock instability: development of a shock-stable Roe scheme[J]. Journal of Computational Physics, 2003(185): 342 - 374.

[21] NISHIKAWA H, KITAMURA K. Very simple, carbuncle-free, boundary-layer-resolving, rotated-hybrid Riemann solvers[J]. Journal of Computational Physics, 2008(227): 2560 - 2581.

[22] YEE H C. Upwind and symmetric shock-capturing schemes[R]. Washington, D. C.: NASA, 1987.

[23] MULLER B. Simple improvements if an upwind TVD scheme for hypersonic flow [R]. Reston: AIAA, 1989.

[24] LIOU M S. Mass flux schemes and connection to shock instability[J]. Journal of Computational Physics, 2000(160): 623 - 648.

[25] RODIONOV A V. Artificial viscosity in Godunov-type schemes to cure the carbuncle phenomenon[J]. Journal of Computational Physics, 2017(345): 308 - 329.

[26] CHAUVAT Y, MOSCHETTA J M, GRESSIER J. Shock wave numerical structure and the carbuncle phenomenon[J]. International Journal for Numerical Methods in Fluids, 2005(47): 903 - 909.

[27] KITAMURA K, ROE P L, ISMAIL F. Evaluation of Euler fluxes for hypersonic flow computations[J]. AIAA Journal, 2009(47): 44 - 53.

[28] MOSCHETTA J M, GRESSIER J, ROBINET J C, et al. The carbuncle phenomenon: a genuine Euler instability? [M]// TORO E F. Godunov Methods. New York: Springer, 2001: 639 - 645.

[29] OSHER B S, SOLOMON F. Upwind difference schemes for hyperbolic systems of

conservation laws[J]. Mathematics of Computation, 1982, 38(158): 339 - 374.

[30]　YOON S, JAMESON A. Lower-upper symmetric-Gauss-Seidel method for the Euler and Navier-Stokes equations[J]. AIAA Journal, 1988, 26(9): 1025 - 1026.

[31]　TAYLOR G I, GREEN A E. Mechanism of the production of small eddies from large ones[J]. Proc. R. Soc. London A, 1937(158): 499 - 521.

[32]　BRACHET M, MEIRON D, ORSZAG S. Small-scale structure of the Taylor-Green vortex[J]. Journal of Fluid Mechanics, 1983(130): 411 - 452.

[33]　BULL J, JAMESON A. Simulation of the Taylor-Green vortex using high-order flux reconstruction schemes[J]. AIAA Journal, 53: 2750 - 2761.

[34]　DEBONIS J. Solutions of the Taylor-Green vortex problem using high-resolution explicit finite difference methods[R]. Reston: AIAA, 2013.

[35]　BOGEY C, BAILLY C. A family of low dispersive and low dissipative explicit schemes for flow and noise computations[J]. Journal of Computational Physics, 2004, 194(1): 194 - 214.

[36]　BORGES R, CARMONA M, COSTA B, et al. An improved weighted essentially nonoscillatory scheme for hyperbolic conservation laws[J]. Journal of Computational Physics, 2008, 227(6): 3191 - 3211.

[37]　BORIS J P, GRINSTEIN FF, ORAN E S, et al. New insights into large eddy simulation[J]. Fluid Dynamics Research, 1992(10): 199 - 228.

[38]　CLEARY J W. Effects of angle of attack and bluntness on laminar heating-rate distributions of a 15 deg cone at a Mach number of 10. 6 [R]. Reston: AIAA, 1969.

[39]　MANI M, BABCOCK D, WINKLER C, et al. Predictions of a supersonic turbulent flow in a square duct[C]// 51st AIAA Aerospace Sciences Meeting including the New Horizons Forum and Aerospace Exposition, January 07 - 10, 2013, Grapevine, Texas. Reston: AIAA, 2013: 0860.

[40]　CÉCORA R D, EISFELD B, PROBST A, et al. Differential Reynolds stress modeling for aeronautics[R]. Reston: AIAA, 2012.

[41]　Anon. Turbulence modeling resource[EB/OL]. (2023 - 05 - 01)[2023 - 03 - 08]. https://turbmodels. larc. nasa. gov/.

[42]　WILCOX D C. Turbulence Modeling for CFD[M]. 3rd ed. Los Angeles: DCW Industries, 2006.

[43]　EISFELD B, RUMSEY C, TOGITI V. Verification and validation of a second-moment-closure model[J]. AIAA Journal, 2016, 54(5): 1524 - 1541.

[44]　EISFELD B, RUMSEY C, TOGITI V. Verification and validation of a second-moment-closure model[J]. AIAA Journal, 2016, 54(5): 1524 - 1541.

[45]　CECORA R D, RADESPIEL R, EISFELD B, et al. DifferentialReynolds-stress modeling for aeronautics[J]. AIAA Journal, 2015, 53(3): 739 - 755.

[46] CÉCORA R D, RADESPIEL R, EISFELD B, et al. Differential Reynolds-stress modeling for aeronautics[J]. AIAA Journal, 2015, 53(3): 739 - 755.

[47] EISFELD B. Implementation of Reynolds stress models into the DLR-FLOWer code[R]. Brussels: AGARD, 2004.

[48] EISFELD B, BRODERSEN O. Advanced turbulence modelling and stress analysis for the DLR-F6 configuration[C]// 23rd AIAA Applied Aerodynamics Conference, June 06 - 09, 2005, Toronto, Ontario. Reston: AIAA, 2005: 4727.

[49] EISFELD B, RUMSEY C L. Length-scale correction for Reynolds-stress modeling[J]. AIAA Journal, 2020, 58(4): 1518 - 1528.

[50] LAKSHMIPATHY S, TOGITI V. Assessment of alternative formulations for the specific-dissipation rate in RANS and variable-resolution turbulence models[R]. Reston: AIAA, 2011.

[51] GEROLYMOS G A, LO C, VALLET I, et al. Term-by-term analysis of near-wall second-moment closures[J]. AIAA, 2012, 50(12): 2848 - 2864.

[52] 舒博文, 杜一鸣, 高正红, 等. 典型航空分离流动的雷诺应力模型数值模拟[J]. 航空学报, 2022, 43(11): 487 - 502.

[53] SCHMITT V. Pressure distributions on the ONERA M6-wing at transonic Mach numbers, experimental data base for computer program assessment [R]. Brussels: AGARD, 1979.

[54] 巴宾斯基, 约翰. 激波边界层干扰[M]. 白菡尘, 译. 北京: 国防工业出版社, 2015.

[55] LEE-RAUSCH E M, RUMSEY C L, TOGITI V K, et al. Application of a full Reynolds stress model to high lift flows[R]. Reston: AIAA, 2016.

[56] TOGITI V K, EISFELD B. Assessment of g-equation formulation for a second-moment Reynolds stress turbulence model[R]. Reston: AIAA, 2015.

[57] 聂胜阳, 高正红, 黄江涛. 微分雷诺应力模型在激波分离流中的应用[J]. 空气动力学学报, 2012, 30(1): 52 - 56.

[58] RUMSEY C L, VATSA V N. Comparison of the predictive capabilities of several turbulence models[J]. Journal of Aircraft, 1995, 32(3): 510 - 514.

第4章 网格生成技术

流体力学的控制方程是一组偏微分方程,数值求解偏微分方程组需要将计算域离散成点或单元的集合,再在此集合内构造代数方程以逼近该偏微分方程组及其定解条件。CFD将这些离散点或单元的集合称为网格(grid),按照一定规律在计算域中分布网格节点的过程称为网格生成(grid generation),这是CFD不可或缺的重要组成部分。

网格生成技术是一门涉及计算机图形学、几何学、拓扑学、矢量分析、微分方程和优化理论等知识的交叉学科。计算网格的合理设计和高质量生成是数值模拟的前提条件,网格品质的好坏直接影响数值模拟的稳定性与精度,有时候甚至成为决定计算成败的关键环节。同时,网格生成也是CFD工作中人工工作量最大的部分,是制约CFD工作效率的瓶颈问题。因此,网格生成也受到世界各国CFD工作者和工业部门的普遍重视。

本章将对网格生成技术进行介绍,包括结构网格技术、非结构网格技术、弹性网格技术、自适应笛卡儿网格技术、混合网格技术、重叠网格技术和一些网格生成软件。

4.1 结构网格技术

在众多的网格类型中,结构网格是工程实践中最为常用也是最为成熟的一类网格。它的基本单元是二维的四边形、三维的六面体,由于网格具有贴体性,同时网格节点之间的邻接是有序、规则的,所以数据组织方便,计算效率和精度较高。结构网格可以分为单块结构网格和多块结构网格。其拓扑结构一般可以分为O型和H型,如图4-1所示。H型拓扑结构简单,但随着飞行器外形愈加复杂,且由于网格对点要求、过渡均匀、边界层加密等,网格量剧增。O型拓扑可以适当减少网格量,优点是网格块基本不出现负体积、网格点不会向外传,特别适合高超声速气动热计算,但其缺点是工作量大,较为烦琐。复杂结构网格的拓扑结构是由O型和H型拓扑组合而成的。结构网格的主要缺陷就是对复杂外形构造空间拓扑难度大,过多的人工干预使得网格生成变为一项耗时、费力、经验与技巧性极强的工作,因此其发展方向就是减少人工工作量,实现网格的自动化生成,具有良好的人机对话及可视化功能,具有与CAD的接口,并强调更有效的数据结构等方面。

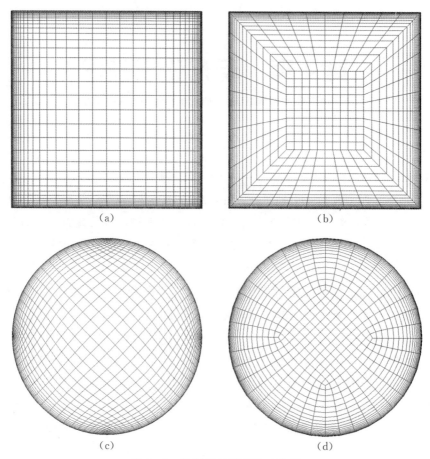

图 4 - 1　H 型和 O 型拓扑示意图

(a)正方形,H 型网格量 1 600;(b)正方形,O 型网格量 900;(c)圆形,H 型网格量 1 600;(d)圆形,O 型网格量 900

4.1.1　单块结构网格

单块结构网格生成方法主要有保角变换方法、代数方法和求解微分方程法。

(1)保角变换方法是利用复变函数保角变化的性质,对物理区域进行一系列变换,以生成二维网格的方法,其优点是网格的光滑性、正交性好,整个变换基本为解析求解,计算过程快。但处理三维问题时,只能将二维网格堆砌构成三维网格,并采用代数方法进行处理以保证第三个方向网格的光滑性。而且这种方法只适用于计算区域比较简单的流动问题,应用上受到很大限制。

(2)代数方法是网格生成中最基础的方法。该方法基于一维的按比例"分割"的思想,通过一些代数关系式,将物理上的不规则区域转换成计算区域内的规则区域,主要处理一维方向上的局部加密与光滑过渡的关系,扩展到三维后算法比较烦琐,而且生成的网格一般是不正交的,对于复杂外形,很难保证各区域网格的光滑过渡分布。代数方法因其简单、直观、无需迭代过程,且计算量很小,已被广泛使用。代数方法种类很多,包括直接插值法、各种坐标变换方法、双边界法等。目前成熟有效的代数方法是利用已知的边界点坐标对未知的网格点进行无限插值的网格计算方法,插值方法可以是 Lagrange 插值、Hermite 插值等,不同的插值方法将产生不同的代数变换网格。

（3）微分方程网格生成技术是网格生成技术中的一个经典课题，该方法可以利用微分方程的一些性质使所生成的网格更合理。按其求解方程的不同，可以分为椭圆网格生成方法和双曲网格生成方法。现在广泛应用的是椭圆网格生成方法，该方法的最早代表是 TTM 方法[1]，通过求解二维的 Laplace 方程或泊松方程实现，其中源项的作用是控制网格的疏密及正交性。

4.1.2　分区结构网格

随着研究对象复杂程度的提高，生成单连通域贴体结构网格变得越来越困难，有时甚至成为不可能完成的任务。因此，人们发展了分区结构网格技术，将原始的物理区域按不同的空间拓扑结构分成若干区域块（每个单块网格的拓扑结构简单，易于生成贴体网格），然后合并这些单域贴体网格再形成复杂外形的空间网格。

结构网格分区的主要思路包括分区对接网格、分区搭接网格和分区重叠网格等。对于分区对接网格方法（见图 4-2），虽然网格块之间的关系和数据交换比较简单，但相连网格块之间必须共用网格线（二维）或网格面（三维），为了提高计算的精度，要求块与块之间的连接应尽量光滑，这给网格生成带来诸多限制和不便，特别是拓扑构造困难。分区搭接网格的相邻块以公共边界相连接，两侧网格点数可以不同，不同块之间的物理信息通过边界点进行交换，由于各块之间可以根据物面形状和流场特点而采用不同的网格拓扑结构以准确描述其流场的物理特性，因此该方法具有较大的灵活性。分区重叠网格方法则打破了相邻网格块共用网格线（面）的限制，允许各子块之间存在相互重叠、嵌套或覆盖关系，放宽了网格拓扑要求，易于生成高质量网格，但网格块之间的数据交换变得较为复杂。

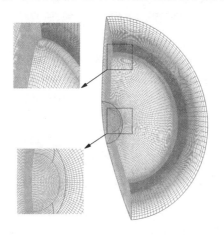

图 4-2　大钝头体分区对接网格[2]

4.2　非结构网格技术

复杂网格生成技术最重要的发展方向就是非结构网格。非结构网格（见图 4-3）利用三角形在定义复杂外形时的灵活性，采用三角形（四面体）来填充二维（三维）空间，由于舍去了网格节点的结构性限制，易于控制网格单元的大小、形状及网格点的位置，因此具有很大的几何灵活性,对复杂外形有非常好的适应性。非结构网格的类型十分丰富,包括四面体(二维是三角形)、金字塔、三棱柱等等,理想的非结构网格的基本单元是三角形和四面体,它们是二维或三维空间中最简单的网格形式,也被认为是唯一可以完全覆盖任意边界区域的网格形式。

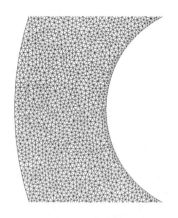

图 4-3 二维圆柱非结构网格

非结构网格和结构网格的一个主要区别在于数据结构方面。结构网格中节点的连接关系隐含在逻辑顺序中,而非结构网格由于其在离散空间的不规则性,任一节点与邻点的联系是不固定的,这种联系需要对每个节点显式地确定并加以存储,因此需要一个复杂的数据结构来给出网格信息。这些数据至少应包括:边界网格的节点个数及编号、插入到计算域内的节点个数、三角形单元的个数及编号、三角形单元各顶点的编号、所有网格点的编号及坐标等。

这种随机的数据结构允许一个节点附近有任意数量的网格单元,使网格的疏密分布和自适应变得十分方便,有利于提高计算精度;同时由于节点的连接关系是全域不变的,可以采用统一的生成算法和离散方法,这一特点十分有利于网格的自动生成和并行计算。但同样由于是随机数据结构,使在同等网格数量下,非结构网格在内存分配和计算时间上的开销要远大于结构网格。

目前比较流行的非结构网格生成方法主要有 Delaunay 三角化方法和阵面推进法(Advancing Front Method,AFM),早期的方法中还包括叉树法,该方法已经发展成一类专门的网格技术,即自适应笛卡儿网格。下面简要介绍 Delaunay 三角化方法和阵面推进法的基本思想。

4.2.1 Delaunay 三角化方法

Delaunay 三角化方法的基本思想是对空间点集进行连接,生成三角形/四面体网格。首先在计算域中布置一系列初始节点并将其连接形成网格单元,然后按某种方式不断引入新节点,通过节点重组,按一定准则连接成新的网格单元,再进行必要的光顺和修正。Delaunay 方法的优点是网格划分具有整体最优化的性质,即最小角最大的性质,网格形状比较合理,同时生成网格的速度也比较快。但由于节点的产生和连接是彼此独立的,在连点过程中就有可能破坏原有边界,即发生网格生成中的壁面穿透问题[3-4]。

Delaunay 方法利用已知点集对平面进行三角形划分的数学原理可以阐述如下[5]:考虑

空间中任意点集 $\{P_i|i=1,2,\cdots,N\}$，$d(X,P_i)$ 表示点 X 到点 P_i 的欧氏距离，则对于点集中任一点 P_i，都可以定义一个凸域 V_i，满足

$$V_i = \{X \in \mathbf{R}^3 \mid d(X,P_i) \leqslant d(X,P_j)\} \tag{4.1}$$

即凸域 V_i 内任意一点 X 到 P_i 的距离都小于到点集中其他点的距离（见图 4-4）。凸域 V_i 即图中阴影区域（称为 Voronoi 区域），当将相邻 Voronoi 区域的形成点相连时，则形成 Delaunay 三角形（见图 4-5）。Delauanay 三角形与 Voronoi 图是相对应的。

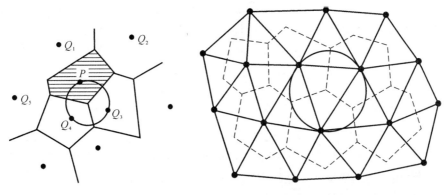

图 4-4 二维 Voronoi 区域[5]   图 4-5 Delaunay 三角化和 Voronoi 图[5]

相邻 Voronoi 区域的交点到各形成点距离相等，因此也是各形成点外接圆圆心。容易证明，Delaunay 三角形的外接圆不包括除此三角形顶点外的任意节点，称此为空外接圆（empty cycle/sphere）准则。在二维条件下，该准则等价于最小角最大准则[6]，即对任意凸四边形，Delaunay 三角化使得六个内角中的最小角最大。以上两个准则可合称为 Delaunay 准则[7]。

按 Delaunay 准则进行三角形划分，能保证网格连接的唯一性，同时由于满足最小角最大准则，这种连接一般是最优的，生成的网格质量也比较高。Delaunay 网格的生成算法常用 Bowyer 方法[5,8]（见图 4-6）。在已有的 Delaunay 网格划分中，引入新节点 P，P 点在 $\triangle ABD$ 和 $\triangle BCD$ 的外接圆中，根据空外接圆准则，这两个三角形将被移除，如图 4-6(b)所示，P 点和多边形 $ABCD$ 各顶点进行重连，建立新的满足 Delaunay 准则的网格划分。对于点集，重复上述过程，即得到点集的 Delaunay 三角网格划分。

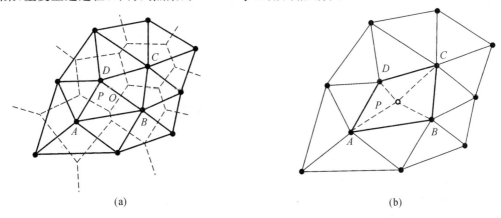

(a)   (b)

图 4-6 Bowyer 方法重生成 Delaunay 三角形[5]

Bowyer 方法只对已知点集进行连接,本身不产生新的节点,节点的生成算法是其与 Delaunay 三角化方法的主要区别。最简单的节点生成算法是预先给定覆盖计算域的背景网格和网格参数函数,新节点不断从背景网格中插入,直到满足控制参数为止。Holmes 和 Snyder[9] 采用的方法是以边界点集对应的 Delaunay 网格划分作为初始网格,初始网格往往是由歪斜的大三角形组成的,通过递归地在三角形外接圆中心引入新的节点,并按 Delaunay 准则改变原有的连接关系,直到划分的网格大小和形状满足要求为止。Rebay[10] 提出了一种 Voronoi-segment 方法,定义 Voronoi-边为两个相邻三角形外接圆中心的连线,新节点在 Voronoi-边上选取以满足局部尺寸最优,这种方法能获得十分规则的内部网格划分。Marcum[11] 利用推进阵面法的思想,建立由边界向内部区域运动的阵面,每次对所有阵面单元进行检查并引入新节点,再按 Delaunay 准则重新划分网格。

4.2.2　阵面推进法

阵面推进法是目前国内外都较多采用的一种方法。其网格生成的基本过程是:以计算域边界作为初始推进面,按一定次序使每个阵元向内部区域推进,同时对推进阵面序列不断更新,直至计算域填满网格单元。这种方法简明直观,自动化程度高,网格疏密容易控制,能满足边界的完整性,但效率较低,对背景网格的依赖性大[12-15]。

在计算域中合理分布网格节点是任何网格生成技术都必须满足的基本要求。用阵面推进法生成非结构网格时,空间网格的疏密分布一般由覆盖计算域的背景网格决定,背景网格在节点处储存网格生成参数,这些参数控制空间网格节点的分布、网格单元的伸展长度和伸展方向等。早期的阵面推进法采用非结构化背景网格[16-17],背景网格的几何形状、拓扑结构以及网格生成参数通过人为给定,缺点是人工介入成分多,对复杂问题处理十分烦琐。Pirzadeh[18] 提出了一种结构化的背景网格,如图 4-7 所示,通过在笛卡儿网格上求解具有源汇分布的Possion方程来实现网格生成参数的合理分布,求解的 Possion 方程形式如下:

$$\nabla^2 S = G \tag{4.2}$$

式中,S 表示背景网格生成参数,G 是网格中分布的源项。假定源对空间某点的影响与距离的二次方成反比,则右端源项可离散为

$$G_{i,j,k} = \sum_{n=1}^{N} \phi_n(S_{i,j,k}J_n - I_n) \tag{4.3}$$

式中,N 是整个背景网格区域内源的总数。ϕ_n 是第 n 个源的强度。式中的函数 I_n 和 J_n 的定义如下:

$$I_n = \begin{cases} S_n/r_n^2 & \text{(点源)} \\ \dfrac{1}{|l_n|}\int_{l_n} \dfrac{f(l)}{r(l)^2}dl & \text{(线源)} \end{cases} \tag{4.4}$$

$$J_n = \begin{cases} S_n/r_n^2 & \text{(点源)} \\ \dfrac{1}{|l_n|}\int_{l_n} \dfrac{dl}{r(l)^2} & \text{(线源)} \end{cases} \tag{4.5}$$

式中,r_n 表示背景网格节点到第 n 个点源的距离,l_n 和 $f(l)$ 分别表示第 n 个线源的长度和参数变化的线性函数。

建立每个背景网格节点上的源项 $G_{i,j,k}$ 后,可采用 Gauss-Seidel 超松弛迭代格式求解式 (4.2),Possion 问题的初值可由所有源线性插值获得,Dirichlet 边值由边界网格分布确定。

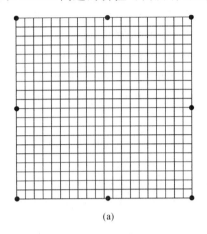
(a)

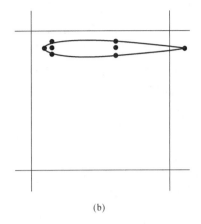
(b)

图 4 - 7 带分布源的笛卡儿背景网格[18]

在 Pirzadeh 方法中,通过改变源的位置和强度,可以十分灵活地设定网格生成函数,从而控制网格单元的疏密分布,通过对部分点源或线源进行方向性控制,还能使网格分布朝所期望的方向聚集。这里给出文献[18]中的一些示例,参见图 4 - 8~图 4 - 10。

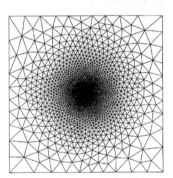
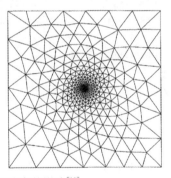

图 4 - 8 源强度对网格单元疏密的影响[18]
(a)中心点源强度较大;(b)中心点源强度较小

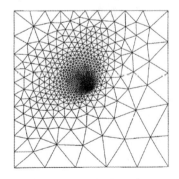
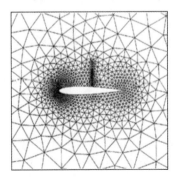

图4 - 9 有方向控制时的网格分布[18]   图 4 - 10 线源控制下的网格分布[18]

建立背景网格后,就可以应用阵面推进法生成空间网格了。阵面推进法是网格节点和网格单元同时生成的过程,每次从当前阵面中取出一个三角形阵元,利用这个阵元建立新的四面体网格单元,再根据生成的网格单元更新推进阵面,直到整个计算域空间被网格单元填满。不同阵面推进法在处理方法上有所不同,现对主要步骤简述如下:

(1)首先建立初始的推进阵面。在三维情况下,初始推进阵面是由物面和各种边界面三角化后形成的封闭有向曲面,该曲面上的所有三角形单元的外法向都指向计算域。

(2)选取当前推进阵元。为避免较大网格单元覆盖较小网格单元的情况,一般按最小面积或其他准则选取。

(3)计算理想节点。理想节点一般取在当前阵元面心法线上,到面心的距离等于该处的背景网格参数。

(4)搜寻候选节点。从当前阵面中找出所有与理想节点距离小于规定值,且位于当前推进面元外法线一侧的节点,作为候选点,并将候选点按与当前阵元所构成的网格质量评价进行排序。

(5)相交性检验。按排序逐个测试候选点与当前阵元构成的网格是否与其他阵元相交。如果该候选点通过了相交性检验,就取该点与当前阵元构成下一个四面体网格单元;如果所有候选点都不能通过相交性检验,就应该对局部的阵面和网格进行移除,再重新生成网格。

(6)记录网格和更新推进阵面。将新生成的四面体网格单元按格式储存,同时更新推进阵面,即删除被覆盖的阵元,加入新生成网格所带入的阵元。

(7)重复上述步骤(2)~(6),直到阵面上阵元数目为零,即完成了网格生长过程。

4.2.3 网格排序方法

网格排序和隐式时间格式密切相关。采用隐式时间格式推进时,求解的是一个类似于 $Ax=B$ 的线性代数方程。其中,A 为系统矩阵,也称为隐式算子,是一个大型稀疏非对称矩阵。在求解上述方程时一般有直接法和迭代法两种方法,前者如基于对系数矩阵作近似因子分解的直接法,以及 Jameson 和 Yoon 提出的基于 Jacobian 矩阵谱半径分裂技术的 LU-SGS 方法,后者主要以 Krylov 子空间一类方法为代表。

结构网格因其节点的有序性,隐式算子具有良好的对角占优特性,而非结构网格的隐式算子则没有规则的形式(见图 4-11 和图 4-12)。对结构网格中的某个单元,其相邻单元序号有比它大的,也有比它小的,且两者数目相等,这种情况称为平衡,有利于计算快速收敛。非结构网格没有这一特性,就很难保证迭代计算时邻近网格是最新修正后的流动变量。此外,非结构网格的隐式算子矩阵稀疏且带宽不规则,这种特性对线性方程组的计算收敛和稳定有很大影响。因此,为了提高非结构网格的求解效率,使隐式算子能尽量对角占优,其带宽应尽量窄,并为了有利于程序的并行化处理,需要在计算前对网格进行重新排序。常用的排序算法有 RCM 方法和超平面方法[19]。RCM 算法能使稀疏矩阵的带宽显著减少,但没有考虑程序的并行化问题,不利于非结构网格的可并行性。而超平面排序方法能最大程度地解决平衡性问题和并行问题。该方法通过将节点(单元)分组,使各组中的大多数节点(单元)都与比该组大或小的节点有直接相连关系,以解决平衡性问题,同组的节点(单元)互相之间没有连接,以保证能够并行处理。

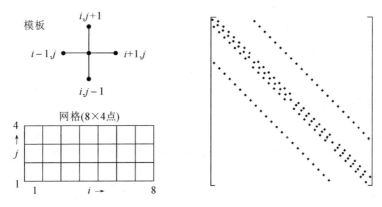

图 4 - 11　二维结构网格隐式算子形式示意图

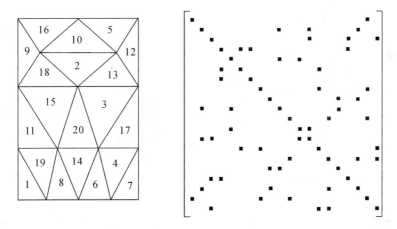

图 4 - 12　二维非结构网格隐式算子形式示意图

4.3　弹性网格技术

　　非结构动网格技术（Dynamic Unstructured Technology，DUT）一般采用弹性变形网格，网格变形能力和网格质量取决于控制网格变形的物理模型的构建。常用的变形模型有代数模型、弹簧近似（spring analogy）模型和弹性体（elasticity method）模型。代数模型是内部网格由动边界位移按代数关系插值获得的，这种方法效率较高，但仅适于变形区域非常简单的情况。弹簧近似法将网格变形区域看作一个弹簧网络系统，通过求解弹簧系统节点受力平衡问题确定网格点位置。弹性体方法是将变形区域看作一个线弹性体，通过求解弹性力学方程组对网格进行更新。弹性体方法考虑了剪切应力作用，变形能力比弹簧近似法强，但计算工作量很大。目前应用较为广泛的是标准弹簧近似法的各种改进方法。

　　采用变形网格技术研究边界运动问题，需要将流体力学控制方程推广到动网格系统上，即重写为任意拉格朗日欧拉（Arbitrary Lagrangian-Eulerian，ALE）方法的描述形式。关于ALE 方法的有代表性的研究工作有 Hirt 等[20] 在有限差分方法中的应用及 Donea 等[21] 在有限元方法中的应用。此外，由于网格位置、形状随时间不断变化，如果直接计算网格单元面积、体积,将不满足流场中质量守恒定律。为消除由网格运动变形带来的额外误差,需要引入几何守恒律(Geometric Conservation Law,GCL),Thomas 等[22-23]和 Farhat 等[24-25]对 GCL 在动网格中的应用进行了详细讨论。

下面介绍代数模型中有代表性的超限插值方法和弹簧近似法的基本思想。

4.3.1　超限插值方法

超限插值(Trans Finite Interpolation,TFI)方法提供了一个直接的代数变换关系式,这种方法可以将由边界规定的对应关系连续插值到网格块内部,插值点数任意选取,因此又称无限插值方法。其基本思想是由 Gordon 和 Hall 在 1973 年提出的[26],Gaitonde 等[27-29]在将 TFI 方法应用到网格运动问题的研究中做了重要工作。下面以 Dubuc 提出的小扰动 TFI 方法[30]为例(见图 4-13)说明该方法的主要步骤。

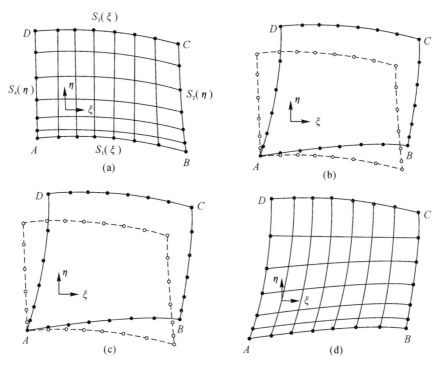

图 4-13　小扰动 TFI 方法原理[30]

(a)初始网格;(b)网格角点移动;(c)网格边线移动;(d)网格内部点移动

(1)计算角点网格位移量。观察包含该角点的网格块,若至少有一个网格块固定,则该角点固定,否则该角点随边界运动而产生移动。一般令与物面相连的网格块有变形,则位于物面上的角点按物面运动规律移动。

(2)计算边线网格位移量。发生变形的网格块中,固连于物面边线上的各点位移量由物面运动决定,其余边线上各点由对应角点线性插值获得。对边线上任一点 P,有

$$\mathrm{d}x = (1 - \frac{a}{c})\mathrm{d}x_{\mathrm{A}} + (1 - \frac{b}{c})\mathrm{d}x_{\mathrm{B}} \tag{4.6}$$

式中,$a = \parallel \overrightarrow{AP} \parallel$,$b = \parallel \overrightarrow{BP} \parallel$,$c = \parallel \overrightarrow{AB} \parallel$,是按上一状态坐标值计算的插值系数。

若网格角点固定,即 $\mathrm{d}x_A = \mathrm{d}x_B = 0$,则 P 点位移量 $\mathrm{d}x = 0$。

(3) 确定网格角点和边线位移量后,采用 Gordon 的 TFI 原始公式循环计算内部网格位移量。对内部任一点 Q,有

$$\mathrm{d}x(\xi,\eta) = f_1(\xi,\eta) + \varphi_1^0(\eta)[\mathrm{d}x_{b1}(\xi) - f_1(\xi,0)] + \varphi_2^0(\eta)[\mathrm{d}x_{b3}(\xi) - f_1(\xi,1)] \quad (4.7)$$

$$f_1(\xi,\eta) = \psi_1^0(\xi)\mathrm{d}x_{b4}(\eta) + \psi_2^0(\xi)\mathrm{d}x_{b2}(\eta) \quad (4.8)$$

式中, $\mathrm{d}x_{b1}$ 、 $\mathrm{d}x_{b2}$ 、 $\mathrm{d}x_{b3}$ 、 $\mathrm{d}x_{b4}$ 是 Q 点对应的各边线点位移量, φ 和 ψ 分别是 ξ 和 η 方向上的型函数,与边界网格分布有关。

(4) 上述步骤求解的是网格位移量,实际网格位置由下式获得:

$$x(\xi,\eta) = x_0(\xi,\eta) + \mathrm{d}x(\xi,\eta) \quad (4.9)$$

4.3.2　弹簧近似法

Batina[31] 最早将弹簧近似方法用于翼型强迫振动问题的求解,其基本思想是将网格变形区域看作是一个弹簧网络系统,认为每一条边都是一根具有一定劲度系数的弹簧,边界运动后,通过求解弹簧系统节点受力平衡问题更新网格节点位置。根据 Blom[32] 的定义,标准的弹簧近似法有两种描述形式,分别是:

(1) 顶点弹簧(vertex springs)。认为弹簧平衡长度为零,拉伸量等于边长,对任一节点 i,有

$$\boldsymbol{F}_i = \sum_{j=1}^{N} k_{ij}(\boldsymbol{x}_j - \boldsymbol{x}_i) \quad (4.10)$$

式中: $\boldsymbol{x}$ 是节点的位置矢量; k_{ij} 是连接节点 i 、 j 的弹簧劲度系数,取常值; N 表示包围节点 i 的邻点数目。在平衡系统中,节点受合力为零,式(4.10)可以写成迭代方程:

$$\boldsymbol{x}_i^{n+1} = \frac{\sum_{j=1}^{N} k_{ij}\boldsymbol{x}_j^n}{\sum_{j=1}^{N} k_{ij}} \quad (4.11)$$

式中, $n+1$ 时刻节点位置矢量 $\boldsymbol{x}^{n+1}$ 等于周围点在 n 时刻位置矢量的加权平均。由于边界上节点位置由运动规律确定,因此弹簧系统的边界条件为 Dirichlet 型。对网格内部点,按式(4.11)迭代求解,一般经几步迭代即可获得满意的精度。

(2) 棱边弹簧(segment springs)。Batina 采用的就是棱边弹簧模型,弹簧平衡长度取原边长,在节点 i 上胡克定律用位移表示为

$$\boldsymbol{F}_i = \sum_{j=1}^{N} k_{ij}(\boldsymbol{\delta}_j - \boldsymbol{\delta}_i) \quad (4.12)$$

式中, $\boldsymbol{\delta}$ 表示节点位移量。对平衡系统,节点受合力为零,迭代方程如下:

$$\boldsymbol{\delta}_i^{n+1} = \frac{\sum_{j=1}^{N} k_{ij}\boldsymbol{\delta}_j^n}{\sum_{j=1}^{N} k_{ij}} \quad (4.13)$$

Batina 提出采用下式计算弹簧劲度系数,可以避免一维条件下节点相互碰撞:

$$k_{ij} = \frac{1}{\|\boldsymbol{x}_j - \boldsymbol{x}_i\|_2} \quad (4.14)$$

式(4.13)求解的是节点位移量,$n+1$ 时刻节点位置矢量由下式计算:

$$\boldsymbol{x}_i^{n+1} = \boldsymbol{x}_i^n + \boldsymbol{\delta}_i^{n+1} \tag{4.15}$$

顶点弹簧和棱边弹簧的主要区别是平衡长度的选取,事实上两种模型可以写成统一的形式(参见下式),其中当 d_{ij} 取 0 时,表示顶点弹簧模型,当 d_{ij} 取前一步的 $\boldsymbol{x}_j - \boldsymbol{x}_i$ 时,表示棱边弹簧模型:

$$\boldsymbol{F}_i = \sum_{j=1}^{N} k_{ij}(\boldsymbol{x}_j - \boldsymbol{x}_i - \boldsymbol{d}_{ij}) \tag{4.16}$$

Blom 指出弹簧近似法对节点位置的调整具有椭圆性质,运动边界的扰动只在边界附近产生影响,因此提出了一种边界修正方法:

$$k_{ij} = \varphi \parallel \boldsymbol{x}_j - \boldsymbol{x}_i \parallel_2^{\psi} \tag{4.17}$$

$\varphi = 1, \psi = 0.5$ 时,式(4.17)即变为式(4.14)。一般在运动边界附近通过增大 φ 调整劲度系数,促使边界的运动向网格内部区域传递。

实际应用中发现,基于弹簧理论推导的方法在边界运动幅度较大时,容易出现扭转和交叉,参见图 4-14。Farhat 等[33]认为,标准模型中劲度系数的计算忽略了形状因素,是变形网格易扭转的原因。Blom 的半扭转弹簧模型借鉴了这一思想,在参数 φ 中引入了与三角形内角有关的扭转因子,对网格边扭转进行了约束,提高了变形网格质量。

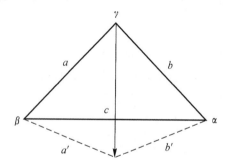

图 4-14　Snap-Through 示意图[32]

4.4　自适应笛卡儿网格技术

笛卡儿网格(也称直角切割网格)是 CFD 计算中最早使用也是生成最容易的一种网格技术,但直到 20 世纪 80 年代自适应网格技术的使用,才使其得到了快速发展。自适应笛卡儿网格是在初始的均匀笛卡儿网格基础上根据模型几何特点和流场特征在局部区域内不断进行网格细化,得到精度符合要求、分布又最理想的非均匀笛卡儿网格。与传统的结构网格和非结构网格相比,笛卡儿网格是一种非贴体网格技术,生成时不用考虑模型的形状,网格生成从空间到物面一次完成,因此在处理复杂外形和拓扑变化时容易写出通用的网格生成程序,自动化程度很高;由于网格方向与计算空间一致,不需要计算 Jacobian 转换矩阵,也不存在分区网格之间流场信息的复杂交换,因而流场计算十分简单,计算效率很高。

自适应笛卡儿网格的主要缺陷是其非贴体特性使物面的准确模拟十分困难,物面附近产生的极小切割单元对计算稳定性也会产生影响。早期人们直接对网格细分,用锯齿型台阶来模拟物面,这种方式精确模拟物面所需网格量很大,且计算中有"台阶"效应,容易引起非物理振荡。后来发展的物面处理方法包括融合单元法(merged cell approach)[34]、嵌入单元方法(embedded cell method)[35],浸入边界方法(immersed boundary method)[36]、虚拟单元方法(ghost-cell method)[37],以及为解决黏性问题而提出的混合网格方法(hybrid grid)[38]等,这些在一定程度上提高了自适应笛卡儿网格对物面的处理能力。

笛卡儿网格自适应算法的基础是能自由进行网格拆分和合并的数据结构。与静态数据结构如结构网格采用的二维数组相区别,自适应笛卡儿网格一般采用叉树数据结构[39]。叉树结构中信息的存储呈树状(见图 4 - 15),每一个结点都存有相应网格单元的信息,并含有分别指向一个父结点和四个子结点(三维情况是八个子结点)的指针,通过指针可以方便地在父层或子层上进行查找,树状结构的第 0 层称为根结点,最外层称为叶子结点,流场计算就是在叶子结点上进行的。图 4 - 15 描述了四叉树及其对应的网格形式,三维情况时对应的是八叉树数据结构。

利用叉树结构的特点进行网格的生成和存储具有很大的灵活性:当一个网格单元(此时是叶子结点)需要加密时,将其原先指向空的子指针指向新创造出来的子结点,同时新子结点的父指针指向该结点;当一个网格单元需要粗化时,只需要将其四个子指针指向空就可以了。

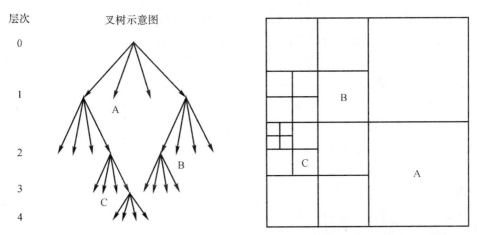

图 4 - 15　二维情况下四叉树数据结构及其对应的网格示意图[39]

图 4 - 15 所示叉树结构是一种各向同性的拆分方式。当流动参数在一个方向上梯度很大、其他方向梯度较小时,如物面附近,各向同性拆分网格使用效率较低,因此提出了一种复合叉树结构[40],其可以在各方向上随意选择拆分。如图 4 - 16 所示,实际的拆分效果包含了二叉树(Binary)、四叉树(Quadtree)和八叉树(Octree)结构。

自适应笛卡儿网格通过给定误差指示器,对初始网格进行加密或粗化来调节流场中的网格分布。初始网格一般是将根据远场大小设置的矩形区域离散成具有一定数目的直角网格,离散的网格在各方向上可以是等距或不等距的,网格层次都是零,即全部是根结点,自适应网格即在这些根结点上进行不断拆分获得。网格的自适应包括:

(1)几何自适应[41]。基于物体几何外形的自适应就是将被物面切割的网格单元及周边的邻居单元进行细分加密,从而得到需要的物面网格单元尺度。为了提高几何外形描述的准确性,对物面曲率变化剧烈的地方,如当相邻单元物面斜率变化大于指定的阀值时,也要进行加密。几何自适应中,经过若干次加密,可能产生一些过渡不光滑的网格单元,即相邻网格在尺度上相差较大,或网格与物面有不恰当的相交关系,这些将导致计算不稳定甚至发散,需要对此进行一些光顺处理。

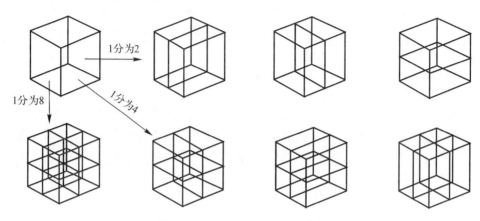

图 4-16　复合叉树结构类型[40]

（2）流场自适应[42]。基于流场解的自适应,一般是在流场计算初步收敛后,按一定的判据搜索全流场单元,对满足判据的网格进行加密,使网格的分布更加适应流场求解的需要,再在新网格的基础上迭代计算,直至达到所设定的自适应次数。由于不断趋近于合理的网格分布,流场自适应能明显改善和提高数值模拟对流场现象的分辨能力。一般将流场参数（如压力、密度、速度散度、旋度等）在坐标方向上的变化梯度作为自适应标准,不同的自适应判据对各种流动特征捕捉的适应性有所区别。

图 4-17 是采用自适应网格加密（Adaptive Mesh Refinement，AMR）进行流场计算的一个示例。

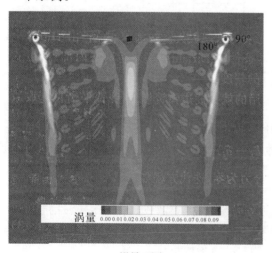

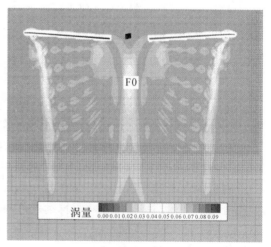

涡量云图　　　　　　　　　　　　　　　　对称面网格分布

(a)

图 4-17　S-76 旋翼算例流场计算结果及 AMR 后计算网格截面[43]
(a)初始网格

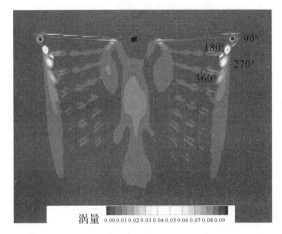
涡量云图

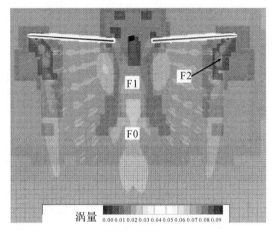
对称面网格分布

(b)

续图 4-17　S-76 旋翼算例流场计算结果及 AMR 后计算网格截面[43]
(b)Ω 值 AMR 加密

4.5　混合网格技术

非结构网格发展之初主要采用各向同性的四面体单元,这对于求解 Euler 方程是足够的,但对于 N-S 方程的黏性计算就需要在边界层附近构造各向异性网格,于是混合网格技术应运而生。本节首先对结构网格与非结构网格的优缺点做一下比较。

1. 结构网格的优点

(1)存储简单、索引便捷,可以实现计算资源的高效利用。

(2)CFD 计算方法比较成熟。对于目前广泛采用的基于一维理论的 CFD 计算格式,结构网格良好的贴体特性能够准确地满足边界条件,最大限度地降低由网格因素引起的计算耗散,从而提高计算精度和效率。

(3)结构网格由于具有独特的几何特征,可以方便地进行单方向加密,因此可以大大减少计算网格总量,降低计算代价,这一点在高雷诺数流动的黏性模拟中尤为重要。

2. 结构网格的缺点

(1)对复杂几何构型的适应能力差,网格生成较困难,有时甚至不可能实现。

(2)无法实现网格生成的自动化。

3. 非结构网格的优点

(1)非结构网格的最大优点是其几乎无所不能的几何适应能力,也就是对复杂构型强大的灵活性。其网格生成简单,尤其是网格生成的人工工作量少。

(2)节点和单元的分布可控性好,能较好地处理边界,容易控制网格的大小和节点的密度,容易根据流动梯度和物体运动实现自适应。

(3)容易生成整体网格、整体求解,不像结构网格那样需要在分区边界传递信息,损失计算精度。

(4)非结构网格在并行计算中容易实现计算节点负载均衡,非常适合于大规模分布式并行计算。

4.非结构网格的缺点

(1)非结构网格的 CFD 方法相对不成熟。很多已有的结构网格的数值算法不能直接用于非结构网格计算,尤其是对高阶格式的构造存在较大困难。隐式时间格式求解时,非结构网格的无序性也造成了稀疏矩阵和本身的非线性等问题。

(2)非结构网格的随机方向性造成了不易正确捕捉流场结构,导致了计算精度(尤其是黏性计算精度)降低及计算稳定性下降。

(3)网格填充效率不高。尤其在黏性区里,非结构网格很难使用类似于结构网格的大长细比网格,必须在各个方向都布置很密的网格。

(4)非结构网格存储结构复杂,计算效率低,对计算机内存等硬件资源要求高。

通过以上分析,可见结构网格与非结构网格的优缺点基本是对立的、互补的,为了充分吸收它们各自的优势,研究人员引入了类似于结构网格的各向异性网格单元类型(如三棱柱等),并发展了丰富的混合网格形式,比如四面体/三棱柱混合网格[44-45]、四面体/三棱柱/金字塔/六面体混合网格[46-48]、笛卡儿直角切割混合网格[49-51]等等。其中,目前最常用的混合网格形式是:在壁面附近黏性作用区采用三棱柱和六面体单元,在外围流场区域采用四面体单元,中间采用金字塔过渡。这种方法充分利用了三棱柱和六面体网格单元的高拉伸特性,一方面可以达到类似结构网格的黏性模拟能力,提高了计算精度;另一方面也有效降低了网格量,提高了计算效率。当然,混合网格单元类型也可以采用其他任意多面体,比如边界层附近是蜂窝状、空间是足球状等等。虽然这些方案都有一定的优点,但它们均没能彻底解决混合网格黏性计算的问题。

综合混合网格的发展过程可知,根据计算方式不同,可将混合网格方法分为两类:结构/非结构混合网格方法和非结构混合网格方法。如图 4-18 所示,结构/非结构混合网格方法[52-53]一般是在壁面附近等流动梯度大的区域使用结构网格,再利用非结构网格的几何灵活性将这些相对简单的结构网格区域连接起来,计算过程中对结构区域和非结构区域分别采用结构方法和非结构方法求解,然后在交界面处进行信息传递。该方法能够充分利用结构网格的计算优势和非结构网格的网格生成优势,但是由于结构计算方法和非结构计算方法本身的差异,方法的匹配性和通用性较差,这最终限制了结构/非结构混合网格方法的广泛应用。与结构/非结构混合网格方法不同,非结构混合网格方法是将所有单元类型(包括四边形或六面体)均采用非结构的方式来存储和计算,使得整个流场的计算方法统一,从而有利于不同计算格式的集成和扩展。因此,目前一般所采用的混合网格方法大都是非结构混合网格方法。

近年来,尽管混合网格生成方法一直在不断地发展和进步,但针对复杂外形的完全自动化网格生成和自适应调整技术依旧未能实现。一方面,无法生成高质量的网格成为目前混合网格技术发展的重要障碍。另一方面,自适应网格加密方法没有得到广泛应用,主要原因有以下两点:第一,该方法的操作难以在大型计算机上实现动态负载均衡;第二,缺乏可靠的误差评估技术来推动加密准则的发展。因此,目前混合网格的生成和自适应技术仍需要进一步的发展。

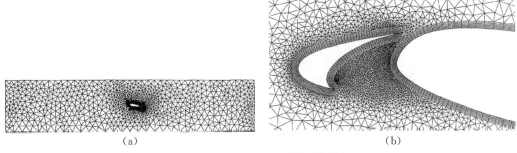

$$(a) \qquad\qquad\qquad\qquad (b)$$

图 4 - 18　三段翼混合网格[52]

(a)远场采用四面体网格；(b)近壁面采用六面体网格

4.6　重叠网格技术

重叠网格(chimera grids)，也称覆盖网格(overlapping grids)、嵌套网格(overset grids)，其基本思想是，将计算区域划分为多个相对简单的子区域，各子区域独立生成网格，子区域之间存在相互重叠、嵌套或覆盖关系，流场信息通过插值进行匹配和耦合。重叠网格放宽了网格拓扑要求，极大地降低了网格生成的难度，易于生成高质量网格；由于网格是刚性固连于物体上的，在物体运动过程中只需重新构建重叠关系，故能保留初始网格质量(正交性、光滑性等)。因此，重叠网格技术在求解复杂外形及多体相对运动问题上得到了广泛应用，显示出独到的优势。

重叠网格方法又分为结构重叠网格和非结构重叠网格两种。结构重叠网格既拥有结构网格逻辑关系简单、计算技术成熟、流场计算精度高、效率高、黏性模拟能力强等优点，更弥补了结构网格对复杂拓扑适应能力差的缺陷，极大地降低了网格生成的难度，因而自 1983 年由 Steger 等[54]提出以来，在国内外研究和发展非常迅速。非结构重叠网格由 Nakahashi 等[55]于 1999 年首先提出，后来被推广到混合网格重叠方法中[56-57]。非结构网格重叠方法与结构网格重叠方法都是采取对子区域网格进行装配的思路，但由于数据结构不同，即非结构网格的数据组织和管理更为复杂，因此其重叠装配算法与结构网格重叠方法有一定区别。

4.6.1　结构重叠网格

结构网格的主要缺陷就是对复杂外形构造空间拓扑难度大，无法自动化生成。构造拓扑是生成结构网格最重要也是最困难的环节，许多看似简单的外形，组合后所构成的拓扑结构异常复杂。因此，如果能克服空间拓扑的限制，使生成结构网格更为方便，将能有力地促进 CFD 在工程领域更为深入的应用。Steger 等[54]提出的"chimera grids"概念，为解决这一问题提供了新的思路。图 4 - 19 以 NACA0012 翼型为例给出了结构重构网格系统的组成。结构重叠网格方法的基本内容，就是建立各子区域网格的洞边界，并给出洞边界上网格点相互之间的插值关系。其关键技术主要是挖洞方法和寻点技术，下面分别介绍。

1.挖洞方法

挖洞的目的是在流场计算前从网格中屏蔽掉一些不必要或者无实际意义的点，如落入物面、对称面或人为指定曲面内的点，并将其标记为"洞内点"，以区别于参与流场计算的"洞外点"。在网格域内,区分"洞内点"和"洞外点"的界线,称为"洞边界"。可见,构造洞边界的过程也就是标识洞内点的过程。常见的挖洞方法如下:

(1)Benek 等[59]提出的点矢法,利用曲面法向矢量与网格点相对位置矢量的点积结果来判断点与曲面的关系,但这种方法仅在挖洞曲面外凸时严格成立,如果挖洞曲面有内凹则会发生错误。一种改进是几何解析法,即利用球体、圆柱等简单几何外形的组合来代替原物体,效率很高,但人工干预较多。

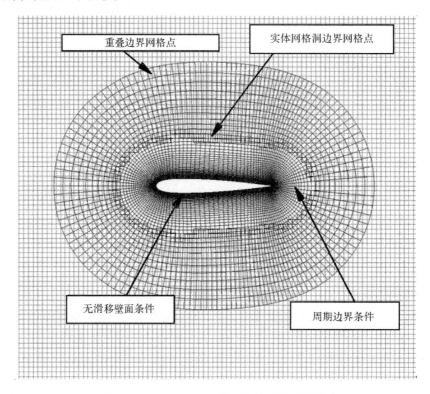

图 4-19 NACA0012 翼型结构重构网格[58]

(2)Labozzetta 等[60]基于几何光学原理提出了一种射线求交法,其可以在一定程度上避免在凹形曲面中的误判。具体方案:通过取一视点,模拟光的传播路径,对视点与封闭曲面的每个小面元(线段)进行求交运算,以此来确定视点与曲面的交点个数,若交点为奇数,则 P 位于曲面内。这种方案在理论上完全可行,但由于涉及求交计算,因此整个方法的运算量比较大。

(3)Chesshire 等[61]在 CMPGRD 中实现了一种自动化程度较高的挖洞方法。该方法具体步骤:首先遍历网格物面边界上的所有点,在其他网格中分别寻找贡献单元并标记出洞内点;其次,迭代检查所有点,通过判断其是否为洞外点或能被其他网格插值,决定是否将其标记为洞内点;最后,将所有网格点分类标记,若标记不再变化则停止迭代。在应用该方法过程中,位于计算域外的点随着迭代会被挖掉,使得洞边界逐渐扩大,并且通过对不需要的插值点进行裁剪,也可以保证网格间的重叠区足够小。

(4)洞映射方法[62-63]是一种近似模拟技术,通过将挖洞曲面投射到辅助的直角笛卡儿网格中,得到由笛卡儿网格构成的近似挖洞面。洞映射中的挖洞面可以是人工输入的曲面,也可以是某个选定的网格面,为简便起见,通常选用物体壁面等不可穿透的表面作为挖洞面。洞映射对挖洞曲面的唯一要求是其必须封闭。对每个挖洞曲面,洞映射只需要生成一次,便可以反复使用,因此特别适合存在多体运动的情况。另外,由于洞映射网格对几何形体进行近似处理,因而可以忽略挖洞面外形中各种容差范围内的间隙,无需进行人工修复。

2. 寻点技术

"寻点"是确定网格点在其他网格中的位置、查找网格贡献单元的统称,即:已知一物理空间点 P 的坐标,求网格中能包围该点的网格单元的逻辑坐标。对于结构网格而言,即是在离散空间中寻找一个六面体单元来包围一给定点的问题。常见的寻点技术如下:

(1)遍历法是指,在全网格域中,对每个单元进行"该单元是否包围 P 点"的合理性测试,以寻找所有可能的贡献单元,这是最直接、最准确,也是效率最低的方法。对于数量众多的大型网格系统,其计算时间之长令人无法忍受。因此遍历法通常只作为一种辅助性方法在局部范围使用。

(2)Stencil Walk 方法[64]是目前应用最广泛的方法,其实质是对牛顿迭代法的改进。由牛顿迭代法的局部收敛性原理可知,其能成功依赖于合适的初值。在寻点问题中,通常以"最近单元"作为初始位置,对于扭曲较大或薄物体的网格,"最近单元"往往在物理空间中贴近贡献单元,在参数空间中却偏离很远,因此使用 Stencil Walk 方法有可能收敛不到合理贡献单元而导致寻点失败。

(3)反变换(inverse map)方法[65]是另一种使用比较普遍的方法,它生成一种覆盖原网格的辅助性笛卡儿网格,通过反变换计算得到网格点在曲线坐标系下的参数坐标值,再由下标计算,就可以迅速确定任一查询点在该笛卡儿网格中的位置。反变换方法的缺点是必须事先计算出笛卡儿网格在贡献单元网格中的位置,对大型工程问题计算负担较大。同时,由于实际中反变换方法和 Stencil Walk 方法联用,因此反变换方法的收敛性也受到 Stencil Walk 方法的限制。

(4)基于叉树结构发展的 ADT(Alternating Digital Tree)[66]搜索方法,以笛卡儿包围盒对物体进行特征描述,以包围盒是否相交来判断物体的相交关系。由于包围盒相交关系的判断非常简单,因此,ADT 搜索方法能从数目众多的物体当中迅速找到可能与指定物体相交的物体,并返回一张可能相交的物体列表。同时,由于包围盒是以笛卡儿坐标的上、下限值为特征量,而不关注物理空间中的几何细节,所以 ADT 方法特别适合对几何不规则物体进行搜索,即对象可以是任意形状的网格,甚至是任意扭曲的网格。

4.6.2　非结构重叠网格

尽管结构重叠网格技术突破了分区对接网格的拓扑限制,降低了结构网格生成的难度,但对一些部件比较复杂的问题,生成复杂拓扑结构网格仍然比较困难。而对任意复杂外形的模拟,正是非结构网格的优势所在,因此一种很自然的思想就是将重叠网格系统中的子结构网格用非结构网格进行代替,即非结构重叠网格方法。非结构重叠网格方法最早由 Nakahashi 等[55]于 1999 年提出,之后得到了推广应用。

用非结构重叠网格方法进行流场计算时,子网格间需要通过插值进行信息交换,因此在流场计算之前需要完成网格间信息交换的准备工作,称之为非结构重叠网格系统的装配。其实质就是重新确定覆盖流场各个区域的计算网格,主要涉及网格间边界定义和插值关系的确定[67]。

非结构重叠网格的网格间边界定义的过程实际上是一个网格节点分类的过程,在这个过程中需要确定哪些网格节点参加流场计算,哪些网格节点不参加流场计算,而哪些节点在流场计算过程中负责子网格间的信息传递。首先需要确定网格节点分类的准则。比如,在Nakahashi 的节点分类中就采用物面距作为准则参数。但是在流场计算中,由于网格尺度对流场求解的精度和收敛效果有很大影响,网格尺度越小,求解精度越高、收敛性越好,所以Löhner 等[68]采用物面距和网格尺度的组合参数 s 作为准则参数进行分类:

$$s = d^p h^q \tag{4.18}$$

式中:d 为物面距;h 为网格尺度。通过对指数 p 和 q 的调节可以改变物面距和网格尺度的影响:当 $p=1,q=0$ 时,仅取物面距作为准则参数;而当 $p=0,q=1$ 时,仅取网格尺度作为准则参数。在文献[68]中,取 $p=1,q=1$,这样既考虑了物面距的影响,又考虑了网格尺度的影响。

在网格节点分类准则和参数选定后,就可以对网格节点进行分类并给出网格间的插值关系了。以二维两段翼型为例给出非结构重叠网格的网格间边界定义过程(见图 4 - 20)。可以看出,距自身物面近并且网格尺度小的节点,作为活动节点或插值边界点都予以保留,而距物面远且网格尺度较大的节点,作为非活动点应被挖去。

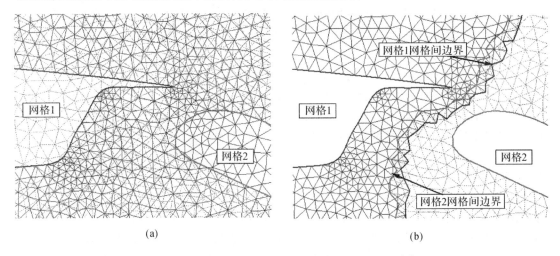

(a)   (b)

图 4 - 20　非结构重叠网格的网格间边界定义过程[67]

(a)网格间边界定义前;(b)网格间边界定义后

在网格间边界定义过程中,由于每一节点都需要得到其宿主单元,因此需要发展高效、准确的寻点算法。Nakahashi 等[55]采用了相邻单元搜索算法(neighbor-to-neighbor algorithm),数值实验表明,相邻单元搜索算法在搜索中碰到物面的情况下,会出现搜索失败。文献[69]在搜索过程中采用相邻单元搜索算法与 ADT 搜索算法相结合的方法,在搜索过程中采用相邻单元搜索方法,而在碰到物面时采用 ADT 搜索方法,在网格中搜点 i 的宿主单元。其具体算法如下:

(1)建立网格节点以及单元间的邻接关系。

(2)建立物面边界的二叉树数据结构。

(3)初始化搜索的出发单元。

(4)连线当前单元形心与节点 i,判断该线段与单元边(三维为面)的相交情况,如果无相交边(或面),则当前单元为节点 i 的宿主单元,并结束搜索;否则,执行下一步。

(5)判断相交边(或面)的相邻单元编号,如果大于 0,则以该单元为新的出发单元,执行步骤(3);如果等于 -2,则该边为远场边,该节点为活动节点,搜索结束;如果等于 -1,则该边为物面边(或面),向下执行。

(6)采用 ADT 算法,判断步骤(3)中得到的线段与物面边(或面)的相交情况,如果相交边(或面)个数为奇数,则节点 i 位于物面内,为非活动单元;如果为偶数,则以距节点 i 距离最近的相交物面边(或面)的相邻单元为新的出发单元,执行步骤(4)。

由图 4-21 可知,上述算法中的搜索初始出发单元的选择有很多种:若初始出发单元选择 A,则沿着一维路径搜索可以直接到达;但若初始出发单元选择 B,则在搜索过程中会碰到物面,由于上述算法中对此进行了特殊处理,因此,搜索可以继续进行下去。而且后者鲁棒性强,即使在三维情况下搜索也是沿近一维的路径进行。

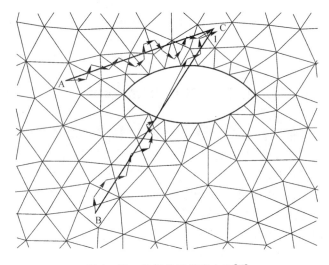

图 4-21　相邻单元搜索方法[67]

图 4-22 给出了某三段翼的非结构重叠网格示意图和流场等马赫数线分布。

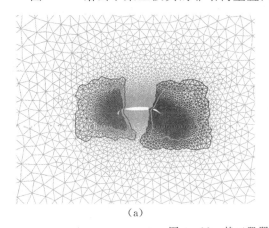 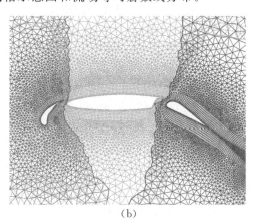

(a)　　　　　　　　　　　　　　　　(b)

图 4-22　某三段翼型算例计算结果[67]

(a)非结构重叠网格整体视图;(b)非结构重叠局部放大视图

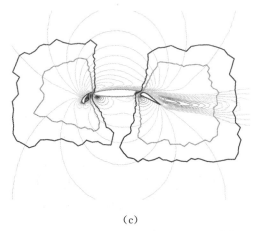

(c)

续图 4-22　某三段翼型算例计算结果[67]

(c)三段翼型流场等马赫数线分布

4.7　网格生成软件

前面所述的这些网格生成技术都已经形成了实用的商业软件。其中,较有代表性的是GRIDGEN,它于 20 世纪 80 年代末期发布[70]。最初的 GRIDGEN 以代数网格生成方法为基础,注重软件的图形用户接口(GUI),具有交互性特点且直观易学,但其缺点是网格生成的技术储备不够完善。在 20 世纪 90 年代以后,GRIDGEN 增加了诸如无限差值混合函数、Hermite 三次混合函数、杂交型控制函数等大量功能,并且增加了双曲网格生成系统[71]。1994 年,GRIDGEN 的编程人员成立了 Pointwise 公司,进一步完善了该软件,并推出了商用化的后继产品[71-74],即 Pointwise 软件。

Pointwise 是 GRIDGEN 软件的后续版本,集成了 GRIDGEN 软件的所有功能,其使用对象是从事 CFD 研究和应用的人员,软件方便灵活、易用性强。Pointwise 在保证 GRID-GEN 对结构网格提供最好控制的同时最大化地减少人工操作,具有很好的易用性且高度自动化,是目前市场上最受欢迎的网格前处理软件之一。该软件可以用于生成多块结构网格、非结构网格和混合网格,可以引进 CAD 的输出文件作为网格生成基础。生成的网格可以输出常用商业流体软件所需的数据格式,直接让商业流体软件使用。对用户自编的 CFD 软件,可选用公开格式(generic),如结构网格的 PLOT3D 格式和非结构网格数据格式等。

在 20 世纪 90 年代后,欧洲开发了一款分块结构网格生成程序 ICEM,后来其被 CDC(Control Data Corporation)推向市场[70,75-76]。ICEM 有 CAD 接口,能在 CAD 拼片上构造块结构,甚至允许存在重叠的拼片和间隙。其基本理念是,网格是与 CAD 拼片分离的,即网格可以处于(投影到)拼片上,但不是拼片系统的一部分。ICEM 的优势在于其强大的GUI 和 CAD 接口,并且其之后也增加了非结构网格生成能力(八叉树方法)。目前,ICEM已升级为 ICEMCFD,成为一种专业前处理软件,与很多几何造型软件(如 CATIA、CADDS5、SolidWorks、Pro/Engineer)有直接几何接口,并且拥有强大的 CAD 模型修复能力、自动中面抽取能力、独特的网格雕塑技术、网格编辑技术以及广泛的求解器支持能力。

它对 CAD 模型的完整性要求低,可以忽略并自动跨越几何缺陷及多余的细小特征,提供完备的模型修复工具,能修复处理质量较差的几何模型;能对几何尺寸改变后的几何模型自动重新划分网格;网格雕塑技术能实现任意复杂几何体纯六面体网格的生成;具备自动检查网格质量、自动进行整体光滑处理、坏单元自动重划、可视化修改网格质量的能力;能对结构复杂的几何模型进行四面体网格快速高效网格生成;能在四面体总体网格中对边界层网格进行局部 Prism 棱柱细化等。此外,ICEMCFD 与多种流场求解器(如 FLUENT,ANSYS, CFX,NASTRAN)有接口,是 FLUENT 和 CFX 标配的网格生成软件。

　　为了解决国产网格生成软件开发这一"卡脖子"问题,中国空气动力研究与发展中心 (CARDC)计算空气动力研究所开发了以"轻交互"为特点的国内第一款工业级网格生成软件——NNW-GridStar[77]。该软件功能定位为计算流体力学网格生成,软件汇集了国内网格技术方面的顶尖研究成果,形成了"展示算法的力量"的独特设计理念,有效降低了网格生成工作强度、大幅度提升了网格生成效率,是一款具有鲜明技术特点的国产自主可控品牌软件。其输入输出端口可与国产求解器进行无缝数据衔接;在人机交互方面,其与主流商业软件具有同等技术水准。此外,其还具有网格数据的参数修改自动全局匹配、附面层全自动生成、空间网格生成便捷模块化、积木式等特点。目前,NNW-GridStar 结构网格和非结构网格版本均已正式发布。

4.8　小　　结

　　本章主要介绍了计算空气动力学中多种不同形式的网格生成技术,具体研究内容和结论如下:

　　(1)结构网格技术。结构网格是目前工程实践中最为成熟的一类网格技术,其基本单元是二维的四边形、三维的六面体,网格节点之间的连接是有序、规则的,数据组织方便,计算效率和精度较高。本章介绍了结构网格的 O 型和 H 型两种拓扑结构,并对常见的单块结构网格和分区结构网格特性进行了概述。

　　(2)非结构网格技术。非结构网格对复杂外形具有很好的适应性,其类型丰富,包括四面体(二维是三角形)、金字塔、三棱柱等,常用的非结构网格基本单元是三角形和四面体。本章介绍了目前较为流行的几种非结构网格生成方法,包括 Delaunay 三角化方法和阵面推进法,并阐述了网格排序和隐式时间格式之间的联系,为非结构网格的求解奠定了基础。

　　(3)弹性网格技术。弹性网格技术是一种非结构动网格技术,主要用于研究边界运动问题,其网格变形能力和网格质量取决于控制网格变形的物理模型。本章介绍了两种有代表性且针对简单变形情况的代数模型,分别是超限差值方法和弹簧近似法,说明了网格变形的基本思想。

　　(4)自适应笛卡儿网格技术。自适应笛卡儿网格技术是指在初始的均匀笛卡儿网格基础上,根据模型几何特点和流场特征在局部区域不断进行网格细化,得到符合精度要求、分布最为理想的非均匀笛卡儿网格。本章主要介绍了应用于自适应笛卡儿网格生成的叉树数据结构,并给出自适应笛卡儿网格加密的流场计算示例。

　　(5)混合网格技术。混合网格技术作为结构网格和非结构网格两者的折中形式,充分吸收各自优势,提高了流场计算精度并有效降低了网格量,在一定程度上缓解了非结构网格的黏性计算问题。本章梳理了结构网格和非结构网格的优、劣势,并简单分析了当前混合网格发展过程中存在的问题,对后续混合网格生成技术的发展有一定的指引作用。

(6)重叠网格技术。重叠网格作为一种新形式的网格生成技术,极大地降低了网格生成的难度,并且它易于生成高质量网格,在求解复杂外形及多体相对运动问题上得到了广泛应用。本章着重介绍了结构重叠网格和非结构重叠网格的重叠装配算法,以及一些简单的应用实例。

(7)网格生成软件。本章简单介绍了当前具有代表性的一些网格生成软件,包括 Pointwise、ICEM 和 GridStar 等。这些软件基本上集成了上述各种网格生成技术,给从事 CFD 研究和应用人员带来了极大便利。

参 考 文 献

[1] THOMAS P D, MIDDLECOFF J F. Direct control of the grid point distribution in meshes generated by elliptic equations[J]. AIAA Journal, 1980, 18(6): 652 – 656.

[2] ZHONG K, YAN C, CHEN SS, et al. Numerical study on the aerothermodynamics of different heatshield configurations for Mars entry capsules[J]. Acta Astronautica, 2019(157): 189 – 198.

[3] GEORGE P L, HECHT F, SALTEL É. Automatic mesh generator with specified boundary[J]. Computer Methods in Applied Mechanics and Engineering, 1991, 92(3): 269 – 288.

[4] GEORGE P L, BOROUCHAKI H. Delaunay triangulation and meshing: application to finite elements[M]. Paris: Edition Hermès, 1998.

[5] BAKER T. Three dimensional mesh generation by triangulation of arbitrary point sets[C]// 8th Computational Fluid Dynamics Conference, June 09 – 11, 1987, Honolulu, State of Hawaii. Reston: AIAA, 1987: 1124.

[6] SIBSON R. Locally equiangular triangulations[J]. The Computer Journal, 1978, 21(3): 243 – 245.

[7] BOWYER A. Computing Dirichlet tessellations[J]. The Computer Journal, 1981, 24(2): 162 – 166.

[8] WATSON D F. Computing the n-dimensional Delaunay tessellation with application toVoronoi polytopes[J]. The Computer Journal, 1981, 24(2): 167 – 172.

[9] HOLMES D, SNYDER D. The generation of unstructured triangular meshes using Delaunay triangulation(applications to hypersonic inlets)[J]. Numerical Grid Generation in Computational Fluid Mechanics, 1988: 643 – 652.

[10] REBAY S. Efficient unstructured mesh generation by means of Delaunay triangulation and Bowyer-Watson algorithm[J]. Journal of Computational Physics, 1993, 106(1): 125 – 138.

[11] MARCUM D L, WEATHERILL N P. Unstructured grid generation using iterative

point insertion and local reconnection[J]. AIAA Journal, 1995, 33(9): 1619 - 1625.

[12] ZHANG L P, Yang Y J, GUO C, et al. Unstructured grid generation for three dimensional complex geomtries and self-adaption technique[J]. Chinese Journal of Computational Physics, 1999, 16(5): 552.

[13] LÖHNER R. Progress in grid generation via the advancing front technique[J]. Engineering with Computers, 1996, 12(3): 186 - 210.

[14] LO S H. Volumediscretization into tetrahedra- Ⅰ. Verification and orientation of boundary surfaces[J]. Computers & Structures, 1991, 39(5): 493 - 500.

[15] LO S H. Volumediscretization into tetrahedra- Ⅱ. 3D triangulation by advancing front approach[J]. Computers & Structures, 1991, 39(5): 501 - 511.

[16] PERAIRE J, MORGAN K, PEIRO J. Unstructured finite element mesh genera-tion and adaptive procedures for CFD[J]. Application of Mesh Generation to com-plex, 1990, 38(3): 386 - 391.

[17] PARIKH P, PIRZADEH S, LOEHNER R. A package for 3 - D unstructured grid generation, finite-element flow solution and flow field visualization[R]. Washing-ton,D. C.: NASA, 1990.

[18] PIRZADEH S. Structured background grids for generation of unstructured grids by advancing-front method[J]. AIAA Journal, 1993, 31(2): 257 - 265.

[19] SHAROV D, NAKAHASHI K, SHAROV D, et al. Reordering of 3-D hybrid unstructured grids for vectorized LU-SGS Navier-Stokes computations[C]// 13th Computational Fluid Dynamics Conference, June 29-July 02, 1997, Snowmass Village, Colorado. Reston: AIAA, 1997: 2102.

[20] HIRT C W, AMSDEN AA, COOK J L. An arbitrary Lagrangian-Eulerian com-puting method for all flow speeds[J]. Journal of Computational Physics, 1974, 14(3): 227 - 253.

[21] DONEA J, GIULIANI S, HALLEUX J. An arbitraryLagrangian-Eulerian finite element method for transient dynamic fluid-structure interactions[J]. Computer Methods in Applied Mechanics and Engineering, 1982, 33(1/2/3): 689 - 723.

[22] THOMAS P D, LOMBARD C K. Geometric conservation law and its application to flow computations on moving grids[J]. AIAA Journal, 1979, 17(10): 1030 - 1037.

[23] THOMAS P, LOMBARD C. The geometric conservation law-a link between fi-nite-difference and finite-volume methods of flow computation on moving grids [C]// 11th Fluid and Plasma Dynamics Conference, July 10 - 12, 1978, Seattle, Washington. Reston: AIAA, 1978: 1208.

[24] LESOINNE M, FARHAT C. Geometric conservation laws for aeroelastic compu-tations using unstructured dynamic meshes[C]// 12th Computational Fluid Dy-namics Conference, June 19 - 22, 1995, San Diego, California. Reston: AIAA, 1995: 1709.

[25] KOOBUS B, FARHAT C. Second-order implicit schemes that satisfy the GCL for

flow computations on dynamic grids[C]// 36th AIAA Aerospace Sciences Meeting and Exhibit, January 12 – 15, 1998, Reno, Nevada. Reston: AIAA, 1998: 113.

[26] GORDON W J, HALL C A. Construction of curvilinear coordinate systems and applications to mesh generation[J]. International Journal for Numerical Methods in Engineering, 1973, 7(4): 461 – 477.

[27] GAITONDE A, FIDDES S. A moving mesh system for the calculation of unsteady flows[C]//31st Aerospace Sciences Meeting, January 11 – 14, 1993, Reno, Nevada. Reston: AIAA, 1993: 641.

[28] GAITONDE A. A dual-time method for the solution of the 2D unsteady Navier-Stokes equations on structured moving meshes[C]//13th Applied Aerodynamics Conference, June 19 – 22, 1995, San Diego, California. Reston: AIAA, 1995: 1877.

[29] GAITONDE A L, FIDDES S P. A three-dimensional moving mesh method for the calculation of unsteady transonic flows[J]. The Aeronautical Journal, 1995, 99 (984): 150 – 160.

[30] DUBUC L, CANTARITI F, WOODGATE M, et al. A grid deformation technique for unsteady flow computations[J]. International Journal for Numerical Methods in Fluids, 2000, 32(3): 285 – 311.

[31] BATINA J T. Unsteady Euler airfoil solutions using unstructured dynamic meshes[J]. AIAA Journal, 1990, 28(8): 1381 – 1388.

[32] BLOM F J. Considerations on the spring analogy[J]. International Journal for Numerical Methods in Fluids, 2000, 32(6): 647 – 668.

[33] FARHAT C, DEGAND C, KOOBUS B, et al. Torsional springs for two-dimensional dynamic unstructured fluid meshes[J]. Computer Methods in Applied Mechanics and Engineering, 1998, 163(1/2/3/4): 231 – 245.

[34] UDAYKUMAR H S, KAN H, SHYY W, et al. Multiphase dynamics in arbitrary geometries on fixed Cartesian grids[J]. Journal of Computational Physics, 1997, 137(2): 366 – 405.

[35] MARSHALL DD. Extending the functionalities of cartesian grid solvers: viscous effects modeling and MPI parallelization[D]. Atlanta: Georgia Institute of Technology, 2002.

[36] FORRER H, JELTSCH R. A higher-order boundary treatment for Cartesian-grid methods[J]. Journal of Computational Physics, 1998, 140(2): 259 – 277.

[37] DADONE A, GROSSMAN B. An immersed body methodology for inviscid flows on Cartesian grids[C]//40th AIAA Aerospace Sciences Meeting & Exhibit, January 14 – 17, 2002, Reno, Nevada. Reston: AIAA, 2002: 1059.

[38] FUJIMOTO K, FUJII K, WANG Z J. Improvements in the reliability and efficiency of body-fitted cartesian grid method[C]//47th AIAA Aerospace Sciences Meeting including the New Horizons Forum and Aerospace Exposition, January

05 - 08, 2009, Orlando, Florida. Reston: AIAA, 2009: 1173.

[39] DE ZEEUW D L. A quadtree-based adaptively-refined Cartesian-grid algorithm for solution of the Euler equations[D]. Michigan: University of Michigan, 1993.

[40] WANG Z J, CHEN R F, HARIHARAN N, et al. A 2^N tree based automated viscous Cartesian grid methodology for feature capturing[J]. AIAA paper, 1999: 3300.

[41] DEZEEUW D, POWELL K G. An adaptively refined Cartesian mesh solver for the Euler equations[J]. Journal of Computational Physics, 1993, 104(1): 56 - 68.

[42] PANG C, YANG H, GAO Z H, et al. Enhanced adaptive mesh refinement method using advanced vortex identification sensors in wake flow[J]. Aerospace Science and Technology, 2021(115): 106796.

[43] 庞超. 针对复杂构型飞行器流场与气动力的嵌套计算技术及 NS 方程数值模拟方法研究与应用[D]. 西安: 西北工业大学, 2023.

[44] KALLINDERIS Y, KHAWAJA A, MCMORRIS H. Hybrid prismatic/tetrahedral grid generation for complex geometries[J]. AIAA Journal, 1995, 34(2): 291 - 298.

[45] HASELBACHER A, MCGUIRK JJ, PAGE G J. Finite volume discretization aspects for viscous flows on mixed unstructured grids[J]. AIAA Journal, 1999, 37(2): 177 - 184.

[46] COIRIER W, JORGENSON P. A mixed volume grid approach for the Euler and Navier-Stokes equations[C]//34th Aerospace Sciences Meeting and Exhibit, January 15 - 18, 1996, Reno, Nevada. Reston: AIAA, 1996: 762.

[47] MARCUM D, GAITHER J. Mixed element type unstructured grid generation for viscous flow applications[C]//14th Computational Fluid Dynamics Conference, November 01 - 05, 1999, Norfolk, Virginia. Reston: AIAA, 1999: 3252.

[48] LUO H, BAUM J D, LOHNER R. High-Reynolds number viscous flow computations using an unstructured-grid method[J]. Journal of Aircraft, 2005, 42(2): 483 - 492.

[49] KARMAN L JR S. SPLITFLOW-A 3D unstructured Cartesian/prismatic grid CFD code for complex geometries[C]//33rd Aerospace Sciences Meeting and Exhibit, January 09 - 12, 1995, Reno, Nevada. Reston: AIAA, 1995: 343.

[50] WANG Z J. A quadtree-based adaptive Cartesian/quad grid flow solver for Navier-Stokes equations[J]. Computers & fluids, 1998, 27(4): 529 - 549.

[51] 张来平, 张涵信, 高树椿. 矩形/非结构混合网格技术及在二维/三维复杂无粘流场数值模拟中的应用[J]. 空气动力学学报, 1998(1): 79 - 88.

[52] SOETRISNO M, IMLAY S, ROBERTS D, et al. Computations of viscous flows for multi-element wings using hybrid structured-unstructured grids[C]//35th Aerospace Sciences Meeting and Exhibit, January 06 - 09, 1997, Reno, Nevada. Reston: AIAA, 1997: 623.

[53] MANI M, CARY A, RAMAKRISHNAN S. A structured and hybrid-unstructured grid Euler and Navier-Stokes solver for general geometry[C]//42nd AIAA

Aerospace Sciences Meeting and Exhibit, January 05 – 08, 2004, Reno, Nevada. Reston: AIAA, 2004: 524.

[54] STEGER J L, DOUGHERTY F C, BENEK J A. A chimera grid scheme[C]// ASME Mini-Symposium on Advances in Grid Generation. March 04 – 07, 1983, Houston, Texas. New York: ASME, 1983: 447 - 458.

[55] KAZUHIRO N, GUMIYA T. Intergrid boundary definition method for overset unstructured grid approach[J]. AIAA Journal, 2000, 38(11): 2077 – 2084.

[56] LUO H, SHAROV D, BAUM J, et al. An overlapping unstructured grid method for viscous flows[C]// 15th AIAA Computational Fluid Dynamics Conference, June 11 – 14, 2001, Anaheim, California. Reston: AIAA, 2001: 2603.

[57] TAKAHASHI S, MONJUGAWA I, NAKAHASHI K. Unsteady flow computation around moving multiple bodies using overset unstructured grids[C]// 24th AIAA Applied Aerodynamics Conference, June 05 – 08, 2006, San Francisco, Califonia. Reston: AIAA, 2006: 2839.

[58] PANG C, GAO Z H, YANG H, et al. An efficient grid assembling method in unsteady dynamic motion simulation using overset grid[J]. Aerospace Science and Technology, 2021(110): 106450.

[59] BENEK J A, STEGER J L, DOUGHERTY F C. A flexible grid embedding technique[J]. AIAA paper, 1985: 1523.

[60] LABOZZETTA W F, GATZKE T D, ELLISON S, et al. MACGS-Towards the complete grid generation system[C]// 12th Applied Aerodynamics Conference, June 20 – 23, 1994, Colorado Springs, Colorado. Reston: AIAA, 1994: 1923.

[61] CHESSHIRE G, HENSHAW W D. Composite overlapping meshes for the solution of partial differential equations[J]. Journal of Computational Physics, 1990, 90(1): 1 - 64.

[62] CHIU I T, MEAKIN R. On automating domain connectivity for overset grids [C]// 33rd Aerospace Sciences Meeting and Exhibit, January 09 – 12, 1995, Reno, Nevada. Reston: AIAA, 1995: 854.

[63] SUHS N, ROGERS S, DIETZ W. Pegasus 5: An automated pre-processor for overset-grid CFD[C]// 32nd AIAA Fluid Dynamics Conference and Exhibit, June 24 – 26, 2002, St. Louis, Missouri. Reston: AIAA, 2002: 3186.

[64] BELK D, MAPLE R. Automated assembly of structured grids for moving body problems[C]// 12th Computational Fluid Dynamics Conference, June 19 – 22, 1995, San Diego, California. Reston: AIAA, 1995: 1680.

[65] MEAKIN R. A new method for establishingintergrid communication among systems of overset grids[C]// 10th Computational Fluid Dynamics Conference, June 24 – 26, 1991, Honolulu, Hawaii: AIAA, 1991: 1586.

[66] BONET J, PERAIRE J. An alternating digital tree (ADT) algorithm for 3D geometric searching and intersection problems[J]. International Journal for Numeri-

cal Methods in Engineering，1991，31(1)：1 - 17.

[67]　田书玲. 基于非结构网格方法的重叠网格算法研究[D]. 南京：南京航空航天大学，2008.

[68]　LÖHNER R，SHAROV D，LUO H，et al. Overlapping unstructured grids[C]// 39th Aerospace Sciences Meeting and Exhibit，January 08 - 11，2001，Reno，Nevada. Reston：AIAA，2001：439.

[69]　袁武. 新型重叠网格方法研究及其在复杂多体气动问题中的应用[D]. 北京：北京航空航天大学，2013.

[70]　THOMPSON J，WEATHERILL N. Aspects of numerical grid generation-current science and art[C]//11th Applied Aerodynamics Conference，August 09 - 11，1993，Monterey，California. Reston：AIAA，1993：3539.

[71]　STEINBRENNER J，WYMAN N，CHAWNER J. Development and implementation of Gridgen's hyperbolic PDE and extrusion methods[C]//38th Aerospace Sciences Meeting and Exhibit，January 10 - 13，2000，Reno，Nevada. Reston：AIAA，2000：679.

[72]　STEINBRENNER J，CHAWNER J，FOUTS C. Multiple block grid generation in the interactive environment[C]//21st Fluid Dynamics，Plasma Dynamics and Lasers Conference，June 18 - 20，1990，Seattle，Washington. Reston：AIAA，1990：1602.

[73]　CHAKWNER J，STEINBRENNER J. Demonstration of the use of GRIDGEN to generate a 3D，multiple block，structured grid[C]// 30th Aerospace Sciences Meeting and Exhibit，January 06 - 09，1992，Reno，Nevada. Reston：AIAA，1992：69.

[74]　STEINBRENNER J，CHAWNER J. Incorporation of a hierarchical grid component structure into GRIDGEN[C]// 31st Aerospace Sciences Meeting，January 11 - 14，1993，Reno，Nevada. Reston：AIAA，1993：429.

[75]　AKDAG V，WULF A. Integrated geometry and grid generation system for complex configurations[R]. Hampton：Langley Research Center，1992.

[76]　LA VIUDA D E. Patch-independent structured multiblock grids for CFD computations[J]. AIAA Journal，1991，31(2)：703 - 715.

[77]　庞宇飞，卢凤顺，刘杨，等. 网格之星：国家数值风洞的通用型结构网格生成软件[J]. 空气动力学学报，2020，38(4)：677 - 686.

第5章　高超声速边界层转捩数值模拟

边界层转捩是指边界层状态从层流向湍流过渡的物理现象,是经典物理领域的一大难题,至今尚未完全解决。伴随着高超声速飞行器的快速发展,准确预测高超声速边界层转捩愈发重要[1]。转捩预测的主要手段包括飞行试验、风洞实验、理论分析和数值模拟等,其中数值模拟又包括高精度数值模拟(DNS、LES)、转捩准则和转捩模式理论。在转捩预测手段中,转捩模式理论以其效率高、成本低的特点成为最具工程应用前景的转捩数值模拟方法之一。转捩模式理论主要是在湍流模型的基础上,通过对转捩现象引入一系列数学、物理模型和经验假设,实现对转捩现象相关统计量的模化以及对转捩现象的模拟。

本章首先对高超声速边界层转捩的基本特征以及转捩模型进行介绍,然后基于高超声速边界层转捩预测模型,对具有真实飞行器典型气动布局特征、全数学解析的高超声速转捩研究飞行器(Hypersonic Transition Research Vehicle,HyTRV)标模外形进行高超声速三维边界层转捩数值模拟与分析。

5.1　高超声速边界层转捩的基本特征

5.1.1　高超声速边界层转捩的模态与途径

从理论分析的角度看[1-2],转捩是边界层内的流动在外界扰动的激励下出现了不稳定波形式的扰动,该扰动的进一步演化发展使流动进入湍流状态。与上述对转捩过程的描述相对应,自然转捩过程按先后顺序分为三个阶段[3],分别是感受性阶段、扰动演化阶段与转捩触发阶段,如图5-1所示。另外,Fedorov[4]给出了5种边界层转捩途径,并进行了详细论述(见图5-2)。其中,途径a是低来流扰动条件下最为常见的转捩途径,第一与第二模态、横流失稳以及 Görtler 不稳定性都属于该转捩途径;途径 b~d 均属于瞬态增长范畴;途径 e 则是跳过扰动线性增长阶段的旁路转捩过程。

高超声速边界层转捩包含多种模态,主要有第一模态、第二模态、横流模态、Görtler 不稳定性、附着线不稳定性等。高超声速可压缩边界层的转捩研究,对风洞实验设备及测量技术的要求均高于低速风洞,因而更倾向于使用理论分析和数值模拟方法。Mack[6]对无黏不稳定性理论进行了完善,分析了可压缩与不可压缩流场稳定性及主导模态的区别,并指出在高超声速条件下,无黏不稳定性的第二模态占主导地位。

在低马赫数的转捩流场中,边界层内由黏性不稳定性占主导的低频涡诱发转捩,称为第一模态,与低速不可压流中的 $T\text{-}S$ 波相对应。随着马赫数的增大,边界层内扰动的黏性不稳定性逐渐减弱而无黏不稳定性开始出现并逐渐增强。当来流马赫数达到一定的超声速/高超声速范围,无黏不稳定性占据主导地位[7]。此时,与该不稳定性相对应的是高频声模态不稳定波,其中频率最低的声模态最不稳定,称之为第二模态[5]。在高马赫数来流条件下,第二模态的扰动增长率会远高于第一模态,并成为边界层转捩的主导模态。

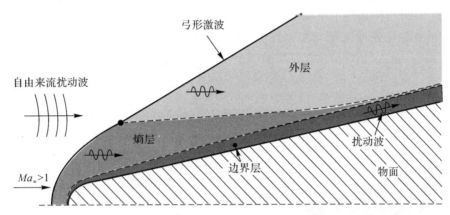

图 5-1　边界层转捩过程[5]

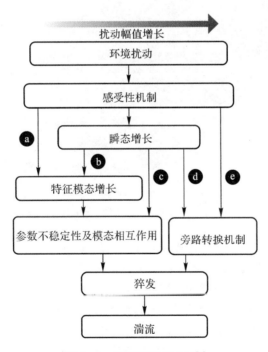

图 5-2　边界层转捩途径[4]

真实高超声速飞行器外形普遍具有显著的三维特征,即使对于简单旋成体外形如钝锥,在带有攻角的情况下其绕流流场同样具有三维流动特性。相比于二维边界层,三维边界层的一大特点是存在横流流动。横流流动是指在三维边界层中,受压力梯度、飞行器三维外形以及姿态角的影响,边界层内的近壁区往往出现与边界层外势流流线方向垂直的横向流动分量(称为横流流动[8]),如图 5-3 所示。由于广义拐点的存在,横流速度型扰动增长率较大,易发生无黏失稳并主导转捩[9]。横流诱导转捩可分为定常横流涡模态和非定常横流涡模态。目前,面向高超声速飞行器横流不稳定性诱导转捩的数值模拟方法主要有两种[8]:一种是稳定性分析方法,能够模拟横流不稳定性中的首次失稳[10-11]、横流涡的饱和以及横流二次失稳[12];另一种是基于雷诺平均方程(RANS)的转捩模型,从转捩的统计特性出发对横流诱导转捩流场进行预测。对于流场三维特征及横流失稳,将在 5.1.2 节详细论述;对于横流转捩模型,则在 5.2 节"边界层转捩模型"中详细介绍。

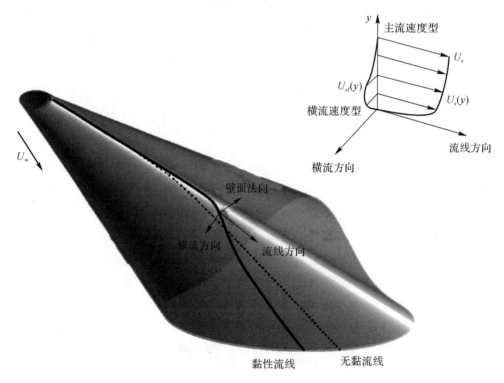

图 5-3   HyTRV 升力体上的横流流动示意图[13]

在带有壁面曲率的高超声速边界层转捩中,转捩可能由 Görtler 不稳定性所主导。Görtler 涡(见图 5-4)是一种在流向曲面上存在的驻定、展向周期性、反向旋转的流向涡结构。该涡结构是由壁面曲率导致边界层法向压力梯度与离心力的不平衡所产生的。Görtler 首先对凹壁面层流边界层中的上述涡结构及流动稳定性开展研究[14],故后续研究以其名字命名该涡结构。在高超声速边界层流动中,单纯依靠 Görtler 涡自身失稳诱导转捩是较难的,该涡结构将边界层外含能较高的高速流体带向壁面,将近壁区低速流体带离壁面,并产生低速、高速条带,导致流动二次失稳,诱发转捩。

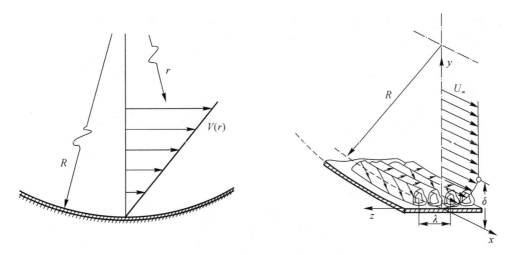

图 5-4　Görtler 涡示意图[15]

5.1.2　高超声速三维边界层横流转捩

对于真实外形的高超声速飞行器表面的三维边界层转捩,在压力梯度、姿态角/后掠角等的共同作用下,边界层内的流线往往出现与其对应法向方向边界层外流线交叉的情况,如图5-3所示。此时边界层内存在与势流方向垂直的横流分量,横流速度型在壁面和边界层外缘为0,在边界层中间某处达到最大值。横流速度型存在广义拐点,横流失稳常主导三维边界层转捩。

现在来分析横流失稳的过程。此处三维外形以无限展长后掠翼为例,由于后掠角的影响,存在沿展向方向的压力梯度。边界层外的无黏流线在压力梯度的作用下发生弯曲,这区别于无后掠角情况下的沿展向方向平直的流线分布情况。同时,在边界层内部,由于黏性作用,流体质点的速度减小,而压力梯度相对于边界层外并未发生变化。因此,若按照势流流线方向,边界层内的流体质点离心力不足以抵御压力梯度,故产生了垂直于边界层外无黏流线方向的二次流动(称为横流流动)。横流失稳会在流场中产生横流涡,横流涡是近似流向的扁平同向旋转的涡结构。横流涡存在两种形式,即横流驻涡(定常横流涡)和横流行进波(非定常横流涡)。在较高来流湍流度条件下,非定常饱和横流涡主导转捩;在低来流湍流度静音条件下,定常饱和横流涡主导横流转捩[16]。真实高超声速飞行器的来流条件和飞行环境与后者更为接近。

同其他自然转捩过程一致,横流不稳定诱导转捩的过程包括感受性阶段、扰动的线性与非线性增长阶段、非线性饱和及二次失稳阶段,最终触发转捩。感受性阶段是指横流转捩流场中的来流扰动对层流边界层内初始扰动的激励过程,即来流扰动的形式及幅值大小决定了三维边界层横流转捩是上一段所述的定常横流模态抑或是非定常横流模态。对于三维边界层的感受性,主要扰动来源是来流湍流度和壁面粗糙度[16]。来流湍流度主要对应来流速度脉动,同时通过实验发现,三维边界层横流转捩对来流声扰动不敏感[17]。图 5-5 展示的是在不同的来流条件下以及不同表面粗糙度条件下椭圆锥表面的高超声速横流转捩阵面的差异,图中明显反映出来流扰动、表面粗糙度对高超声速横流转捩的影响。

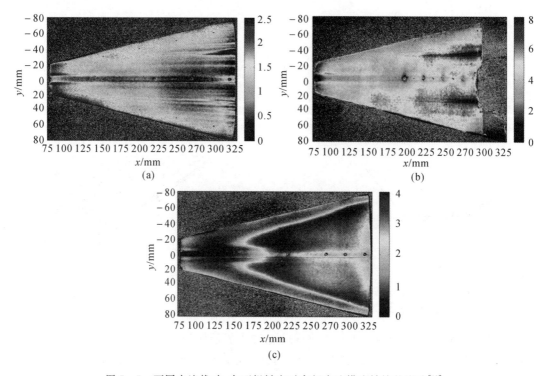

图 5-5　不同来流扰动、表面粗糙度对高超声速横流转捩的影响[18]

(a)静音来流、光滑表面、$Re=10.2\times10^6/\text{m}$；(b)静音来流、粗糙表面、$Re=10.0\times10^6/\text{m}$；

(c)噪声来流、光滑表面、$Re=10.2\times10^6/\text{m}$

对于高超声速横流诱导转捩的相关研究,主要包括飞行试验、风洞实验、稳定性分析和转捩模型等方面。

飞行试验与风洞实验主要针对典型高超声速三维边界层转捩展开研究,横流模态是其中主导模态之一。为研究三维复杂外形的高超声速飞行器的边界层转捩问题,中国空气动力研究与发展中心设计并发布了一款接近真实飞行器气动布局特征,同时拥有全数学解析的升力体布局的转捩研究飞行器外形。该飞行器被命名为高超声速转捩研究飞行器(Hypersonic Transition Research Vehicle,HyTRV)。中国空气动力研究与发展中心针对该外形进行了一系列风洞实验[19]、稳定性分析[20]与转捩建模研究[13]。在该飞行器下表面,横流诱导转捩是边界层转捩的主导模态之一。在国际高超声速转捩研究中,由美国与澳大利亚联合开展的高超声速国际飞行研究实验项目(Hypersonic International Flight Research Experimentation,HIFiRE)计划,其第五次飞行试验(HIFiRE-5b)[21]就是专门针对高超声速三维边界层转捩进行的,其中横流模态同样占据主导地位。业界围绕该椭圆锥外形开展了一系列横流转捩相关的风洞实验[22-24]、稳定性分析[25-26]等相关研究。其他涉及高超声速转捩研究的飞行试验还包括 HyBOLT[27]、X43 计划[28]、X-51 计划[29]等。

在高超声速横流诱导转捩的稳定性分析中,高超声速流动的强压缩性不会直接产生新的横流模态,但压缩性会影响边界层形态,从而影响横流区域以及转捩位置[30]。向星皓等[31]对照定常横流模态的稳定性分析结果,从横流转捩准则的角度研究了高超声速条件下马赫数对横流转捩判据的影响。相关稳定性研究表明[30],高超声速条件下的横流模态还会影响第一模态,使其扰动增长率明显增大,并且该影响随马赫数增大而逐渐减弱。稳定性分析通常与实验结果互相印证,早期通过实验结合稳定性分析,研究了各类流动来流条件及流场信息对横流首次失稳的影响。Radeztsky 等[17]采用风洞实验与稳定性分析研究了定常横流涡在后掠翼上的发展情况,发现在不考虑非线性影响的前提下,线性稳定性理论(Linear Stability Theory,LST)以及线性抛物化稳定性方程(LPSE)预测的增长率同实验存在差距。在三维边界层横流转捩中,边界层内的定常横流涡扰动需要经历线性与非线性增长、非线性饱和及横流二次失稳过程。目前,线性稳定性理论(LST)已经可以较好地模拟三维边界层横流诱导失稳过程的线性失稳阶段,能够预测其最不稳定波的波数以及扰动的法向分布[16]。然而对于三维边界层横流流动的非平行效应及非线性效应,LST 方法不能较好预测。而横流涡的饱和正是上述非线性效应达到饱和的过程,因此,横流涡的饱和以及二次不稳定波的传播和发展,需依靠除 LST 以外的方法进行预测,如 Floquet 理论[32]以及二维特征函数计算方法[33]等。实验及稳定性理论发现[34],饱和横流涡不能直接触发转捩,但饱和横流涡的二次失稳过程是导致横流转捩的关键阶段。

基于雷诺平均方程(RANS)的转捩模型,在实际工程转捩预测中发挥了重要作用。对于真实三维外形的高超声速转捩预测,横流效应是模型的主要考虑因素之一。横流转捩模型通常是在现有转捩模型基础上引入横流转捩判据,实现横流转捩功能拓展。

转捩判据是构建转捩模型的核心。后掠翼横流转捩实验[35]曾于 1952 年进行,同年 Owen 和 Randall[36]提出了横流失稳的转捩准则,其主要判据基于当地壁面法线方向最大横流速度的横流雷诺数。随后 Kohama 和 Davis[37]提出了一种应用广泛的判据,该判据将横流失稳与 Görtler 失稳类比,对横流转捩的判断基于势流流线曲率半径,称为 Kohama 数或 Kohama 准则。Arnal 等[38]根据风洞实验数据标定了横流转捩位移厚度雷诺数 $Re_{\delta\text{-C1}}^*$,称之为 C1 准则。Grabe 和 Krumbein 等[39]根据 Falkner-Skan-Cooke(FSC)方程的三维边界层相似解,类比 γ-$Re_{\theta t}$ 转捩模型的处理方法,对横流转捩判据进行当地化。Müller 和 Herbst[40]则针对横流涡的辨识对应提出了横流涡强度的判定标准。

转捩模型通常基于涡黏性湍流模型开发,如 S－A 模型[41]、k-ω SST 剪切应力输运模型[42]等。将湍流模型与间歇因子、层流脉动动能、转捩经验关系式等转捩相关量相结合,通常以增加输运方程的形式建立各种转捩模型[43],并通过各类横流判据实现转捩模型的横流预测功能。Medida 和 Baeder[44]对横流雷诺数建模并以其为判据引入 γ-$Re_{\theta t}$ 模型中。王亮[45]基于转捩模态的各类时间尺度,构建了新型 k-ω-γ 湍流/转捩模型,其中包含了横流时间尺度。周玲等[46]基于 Owen 和 Randall[36]提出的横流雷诺数,对 k-ω-γ 模型的横流转捩预测功能进行了改进。张毅锋等[47]采用了可压缩效应与壁温效应修正的横流雷诺数[48],初步实现了 γ-$Re_{\theta t}$ 模型对高超声速横流转捩的预测。在 Kohama 参数[37]提出之后,Watanabe 等[49]以其为判据在 γ $Re_{\theta t}$ 模型中添加了横流模块,并尝试对 Kohama 参数进行模化。Langtry 等[50]根据 Müller 和 Herbst[40]提出的 Helicity 参数,引入粗糙度影响,构建了横流判据与模型。向星皓等[31]在高超声速修正的 γ-$Re_{\theta t}$ 模型[47]基础上,类比 Langtry 横流模型框架,提出了适用于高超声速横流转捩的 C-γ-$Re_{\theta t}$ 模型,并在高超声速尖锥、椭锥、升力体等外形中进行了验证[13,31,51]。Grabe 和 Krumbein[39,52]基于 FSC 方程相似解构建了当地化横流模型,Choi 和 Kwon[53-54]在此模型中引入了 T－S 波和横流不稳定性相互作用机制。徐家宽等[55]建立了变梯度 FSC 方程解数据库,并构建了横流判据与模型。在独立的横流建模方面,Vizinho 等[56]基于 S-A 一方程湍流模型构造了唯象的三维边界层横流转捩模型。关于横流转捩模型及其应用与分析,将在后续章节进行详细的介绍与阐述。

5.2 高超声速三维边界层转捩模型

本节首先分类归纳目前常用的多种边界层横流转捩判据,详细分析其构建思路和判据特性,并介绍判据相关研究工作。其次分类探讨基于不同横流转捩判据的各类横流转捩模型,给出模型的具体构造形式和耦合方法,指出模型的适用范围、优势和局限性。

5.2.1 横流转捩判据

横流不稳定波的增长率比 T-S 波的增长率大得多[45],相应地,在相同来流条件与相同迎角下,后掠翼绕流相比平直翼绕流,其转捩位置更为靠前,湍流区域也更大。在转捩模型中,横流转捩的位置通常由横流转捩准则来判断,构建转捩模型的核心就是转捩判据的建立。针对不同的流动工况和横流关键特征量,目前业界已发展出多种横流转捩判据,本节将对各类判据的构造、适用范围和相关研究进行介绍。

1. 横流雷诺数

通过构造横流雷诺数并寻找临界值作为横流转捩判据是传统的横流判据研究思路。早期横流雷诺数是由 Owen 和 Randall[36]基于英国皇家空军实验室的飞行试验数据[35]提出的,其横流雷诺数构造如下:

$$Re_{\text{crossflow}} = \frac{W_{\max}\delta_{10\%}}{\nu} \tag{5.1}$$

式中:最大横流速度 $W_{\max}$ 为沿当地壁面法向寻找的横流速度最大值;$\delta_{10\%}$ 是横流速度为最大横流速度 10% 且更靠近边界层外缘的位置所对应的壁面距离。该判据采用亚声速实验标定,横流涡生成和由横流涡导致转捩的临界雷诺数分别约为 125 和 175。由于该判据需要全场搜寻 $W_{\max}$ 和 $\delta_{10\%}$,因此效率较低[44]。

关于横流雷诺数,Boltz 等[57]以及 Scott-Wilson 等[58]分别进行了亚声速和超声速的实验补充。Dagenhart[59]采用小扰动理论计算后掠翼绕流,发现横流扰动增长率正比于最大横流速度,并指出临界横流雷诺数是横流边界层形状因子 H_{12} 的函数。Arnal 等[38]将横流位移厚度雷诺数与转捩起始位置的形状因子进行拟合得到横流转捩位移厚度雷诺数 $Re_{\delta-C1}^{*}$,将其作为后掠翼前缘附近加速区域的转捩重要判据,称为 C1 准则:

$$Re_{\delta-C1}^{*} = \begin{cases} \dfrac{300}{\pi}\arctan\left[\dfrac{0.106}{(H_{12}-2.3)^{2.05}}\right], & 2.3 \leqslant H_{12} < 2.7 \\ 150.0, & H_{12} < 2.3 \end{cases} \tag{5.2}$$

C1 准则的局限性在于,其只适用于计算后掠翼前缘附近的加速区域[44]。Chapman[60]验证了 Owen 和 Randall[36]的横流判据在亚声速至超声速较大马赫数范围内钝前缘后掠翼绕流中的适用性,并基于实验数据和二维边界层近似假设提出了针对翼型的圆柱形前缘横流雷诺数的简化计算方法。Boltz 等[57]通过风洞实验研究了低速无尖梢后掠翼的后掠角对边界层稳定性的影响,认为后掠角、压力梯度和流向雷诺数的综合效应可以用横流雷诺数来表述,给出了临界雷诺数,并提出了在后掠翼算例中已知压力梯度时快速计算横流雷诺数的方法。

迄今为止,多数横流转捩判据研究局限于低速流动,关于高超声速流动横流转捩判据的研究还很少,同时各种来流参数对高超声速下横流失稳的影响还没有严格定论[1]。Reed 和 Haynes[48]开展了带迎角的高超声速圆锥实验,提出了高超声速条件下考虑可压缩效应和壁温效应的横流雷诺数 $R_{\text{CF(new)}}$。新定义的横流雷诺数为

$$R_{\text{CF(new)}} = H \cdot L \cdot R_{\text{CF}} = H \cdot L \cdot W_{\max} \cdot \delta_{10\%} / \nu_e \tag{5.3}$$

压缩性修正因子 H 定义为

$$H = \eta(\delta_{10\%}) / \int_0^{\eta(\delta_{10\%})} (T/T_e) \mathrm{d}\eta \tag{5.4}$$

壁温修正因子 L 定义为

$$L = (C^*/C_{\text{ad}}^*)^{0.5} [3.279 + 1.721(T_w/T_{\text{ad}})(1+A) + 0.664A]/(5 + 2.385A) \tag{5.5}$$

式中:T_e、T_w、T_{ad} 分别是边界层外缘温度、当地壁温和当地绝热壁温;C^* 和 C_{ad}^* 是基于参考温度和参考绝热壁温度的 Chapman-Rubesin 参数。关于各项参数的详细定义可参见文献[48]。

如图 5-6 所示,Reed 等采用上述实验数据拟合得到新的横流雷诺数转捩判据:

$$R = R_{\text{CF(new)}} U_e / W_{\max} = \begin{cases} 44.0, & \text{静音} \\ 33.7, & \text{噪声} \end{cases} \tag{5.6}$$

该判据适用于高超声速流动,并且在不可压条件下退化到传统横流雷诺数。但也正如图 5-6 所示,依靠经验拟合构造的新横流雷诺数的横流强度范围有限,当横流强度大于 8% 以后,$R_{\text{CF(new)}}$-$W_{\max}/U_e$ 是否满足线性关系目前未知。

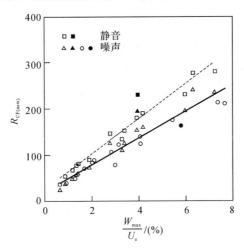

图 5-6　带侧滑角圆锥实验数据[48]

2. Kohama 参数

在 Kohama 参数提出前,横流转捩判据研究工作基本上围绕横流雷诺数展开。横流雷诺数虽然有多种定义形式,但始终未摆脱单纯依靠实验标定、受外形参数影响而适用范围受限,以及因需要全场寻找边界层特定厚度和特定速度导致计算效率低等问题。基于此,Kohama 和 Davis[37]根据横流涡和 Görtler 涡的相似性提出了采用仅与无黏流区域相关而不需要边界层全场信息的 Kohama 参数作为横流转捩判据。Kohama 等认为横流不稳定性和 Görtler 不稳定性的主要区别仅在于离心力的方向不同,可以用相似的参数来判断转捩发生,类比 Görtler 数提出了 Kohama 参数,定义如下:

$$C_{\mathrm{K}} = \frac{U_e \theta}{\upsilon} \sqrt{\frac{\theta}{r}} \tag{5.7}$$

式中:U_e是边界层外的势流流速;r是平行于壁面平面内的势流流线曲率半径;θ是横流方向边界层动量厚度,$\theta = 0.636\sqrt{\upsilon/\omega}$。

Kohama 参数的局限在于具有较强的几何相关性[44]。在该横流转捩判据提出以后,Watanabe 等[49]对 Kohama 参数进行改进以减弱其受边界条件几何特性影响,并将改进后的判据应用到 $\gamma\text{-}Re_{\theta t}$ 转捩模型中,构造了基于当地量的横流转捩模型,详细介绍见 5.2.2 节"横流转捩模型"。

3. 横流强度判据

一般来说,后掠角越大,横流效应越明显。Müller 和 Herbst[40]采用流向涡强度指示边界层内的横流信息,将无量纲的速度矢量与涡矢量点乘以获得流线方向的涡量大小,又称之为 Helicity 参数。当用壁面距离 y 对流向涡量无量纲化,得到横流强度的判定标准 $H_{\mathrm{crossflow}}$:

$$\boldsymbol{U} = \left(\frac{u}{\sqrt{u^2+v^2+w^2}} \quad \frac{v}{\sqrt{u^2+v^2+w^2}} \quad \frac{w}{\sqrt{u^2+v^2+w^2}} \right) \tag{5.8}$$

$$\boldsymbol{\Omega} = \left(\frac{\partial w}{\partial y} - \frac{\partial v}{\partial z} \quad \frac{\partial u}{\partial z} - \frac{\partial w}{\partial x} \quad \frac{\partial v}{\partial x} - \frac{\partial u}{\partial y} \right) \tag{5.9}$$

$$\Omega_{\mathrm{streamwise}} = |\boldsymbol{U} \cdot \boldsymbol{\Omega}| \tag{5.10}$$

$$H_{\mathrm{crossflow}} = \frac{y\Omega_{\mathrm{streamwise}}}{|\boldsymbol{U}|} \tag{5.11}$$

$H_{\mathrm{crossflow}}$ 具有如下特点:无横流时,在展向速度为 0 的近似二维流动中值为 0;在横流效应很强的三维流动当中,横流强度越大,该值越大。$H_{\mathrm{crossflow}}$ 的取值与后掠角和速度相关,可以用来指示横流转捩。需说明,$H_{\mathrm{crossflow}}$ 并不是像传统横流雷诺数或者 Kohama 参数那样直接作为横流转捩判据,而是参与转捩判据的构造,如 Langtry 等[50]提出的定常横流雷诺数 Re_{SCF}(见 5.2.2 节"横流转捩模型")。Müller 和 Herbst[40]也根据 Helicity 参数提出了横流转捩模型,国内史亚云等[61]对其进行了改进。

4. 基于 FSC 方程相似解的横流转捩判据

目前横流转捩预测模型研究的重点在于模型参数的完全当地化以及提高模型在复杂构型下的适用性[61]。Kohama 准则[37]和流向涡判据[40]都是将当地求解作为判据构造要求之一。而三维边界层方程相似解是实现横流模型参数当地化的又一有效途径。

Grabe 和 Krumbein[39,52]针对 $\gamma\text{-}Re_{\theta t}$ 转捩模型不适合计算三维横流转捩的问题,对该模型进行了拓展,增加了横流转捩判据。如图 5-7 所示,该判据核心是当基于速度梯度的横流雷诺数 $Re_{\mathrm{dw/dy}}$ 与横流临界位移厚度雷诺数 $Re_{\delta2c}$ 的比值达到临界值 $K_{\mathrm{cf}}(Re_{\mathrm{dw/dy}}/Re_{\delta2c} = K_{\mathrm{cf}})$ 时,即认为转捩发生。

由于横流方向不存在类似二维边界层方程中涡雷诺数 Re_v 与动量厚度雷诺数 Re_θ 之间的线性关系,因此 K_{cf} 不是常数,而是 Hartree 压力梯度因子的函数。临界横流位移厚度雷诺数 $Re_{\delta2c}$ 是通过经验拟合而成的压力梯度因子 β_h 和当地后掠角 ϑ 的函数。该函数通过不同压力梯度下 FSC 方程的解来确定。该判据未涉及动量厚度雷诺数 $Re_{\delta2t}$ 输运方程求解,并且通过 FSC 数据库实现了 $Re_{\delta2c}$ 的当地化,因而具有当地求解特性。

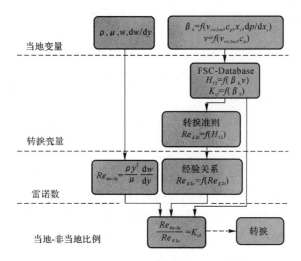

图 5 - 7　横流转捩判据构造思路[39]

5.2.2　横流转捩模型

目前,在高超声速横流转捩领域,缺乏足够丰富的变参数试验结果,例如表面粗糙度、噪声等,导致高超声速横流转捩建模与应用遇到一定困难。关于高超声速横流转捩建模,国内研究相对较多:王亮[45]提出了 $k\text{-}\omega\text{-}\gamma$ 新型湍流/转捩模型,对高超声速圆锥预测效果良好;周玲等[46]基于传统横流雷诺数判据对 $k\text{-}\omega\text{-}\gamma$ 转捩模型进行了改进;张毅锋等[47]改进的 $\gamma\text{-}Re_{\theta t}$ 转捩模型实现了对零攻角尖锥、椭锥表面转捩阵面的模拟;徐晶磊等[65]提出了 KDO(Kinetic Dependent Only)单方程湍流/转捩一体化模型,实现了对椭球体、尖锥表面的转捩预测。此外,国内外学者进行了大量的低速横流转捩模型与判据研究,取得了较好的预测效果,但对高超声速横流转捩方面的模型研究较少。下面对照转捩判据对低速横流模型和相关高超声速横流建模工作进行简单介绍。

1.基于横流时间尺度的转捩模型

Warren 和 Hassan[66]将不稳定扰动波的影响通过非湍流脉动涡黏系数 ν_{nt} 引入湍流/转捩模型中,记作 $\nu=(1-\gamma)\nu_{nt}+\gamma\nu_t$,并假设 ν_{nt} 的形式与湍流黏性系数的形式相似,即 $\nu_{nt}=C_\mu k\tau_{nt}$。其中,$\tau_{nt}$ 对应各模态不稳定波的时间尺度,也包括横流时间尺度。通过采用横流时间尺度能够准确预测多种表面粗糙度下变雷诺数的亚声速 NFL(2)-0415 后掠翼的一系列转捩位置。

符松、王亮[80]提出了新型 $k\text{-}\omega\text{-}\gamma$ 湍流/转捩模型,模型通过有效涡黏系数 μ_{eff} 对黏性系数 μ_t 的替代,将间歇因子 γ 输运方程与可压缩修正后的 SST 湍流模型的湍流脉动动能 k、湍动能单位耗散率 ω 两个输运方程耦合。输运方程构造如下:

$$\frac{\partial(\rho k)}{\partial t}+\frac{\partial(\rho u_j k)}{\partial x_j}=\frac{\partial}{\partial x_j}\left[(\mu+\mu_{\text{eff}})\frac{\partial k}{\partial x_j}\right]+P_k-D_k \tag{5.12}$$

$$\frac{\partial(\rho\omega)}{\partial t}+\frac{\partial(\rho u_j\omega)}{\partial x_j}=\frac{\partial}{\partial x_j}\left[(\mu+\sigma_\omega\mu_{\text{eff}})\frac{\partial\omega}{\partial x_j}\right]+P_\omega-D_\omega+Cd_\omega \tag{5.13}$$

$$\frac{\partial(\rho\gamma)}{\partial t}+\frac{\partial(\rho u_j\gamma)}{\partial x_j}=\frac{\partial}{\partial x_j}\left[(\mu+\mu_{\text{eff}})\frac{\partial\gamma}{\partial x_j}\right]+P_\gamma-D_\gamma \tag{5.14}$$

式中:P_k、P_ω、P_γ 和 D_k、D_ω、D_γ 分别是各输运方程的生成项与耗散项。湍流模型相关项

的构造可参见前面对湍流模型的介绍,间歇因子 γ 的生成耗散项构造如下:

$$P_\gamma = C_4 \rho F_{\text{onset}} \left[-\ln(1-\gamma) \right]^{0.5} \left(1 + C_5 \sqrt{\frac{k}{2E_u}} \right) \frac{d}{\nu} \mid \nabla E_u \mid \tag{5.15}$$

$$D_\gamma = \gamma P_\gamma \tag{5.16}$$

转捩启动函数 F_{onset} 的定义为

$$F_{\text{onset}} = 1.0 - \exp\left(-C_6 \frac{\zeta_{\text{eff}} k^{0.5} \mid \nabla k \mid}{\nu \mid \nabla E_u \mid} \right) \tag{5.17}$$

$$\zeta_{\text{eff}} = \min(\zeta, C_1 l_{\text{T}}) = \min\left\{ \frac{d^2 \Omega}{\sqrt{2E_u}}, \frac{C_1 \sqrt{k}}{\omega} \right\} \tag{5.18}$$

式中:ζ_{eff} 为有效长度尺度;$E_u = (U-U_w)^2/2$,是相对壁面的流动动能;d 为壁面距离。

对于模型中不同转捩模态的预测,是通过结合有效长度尺度的第一、第二模态时间尺度以及横流时间尺度的切换来实现的:

$$\tau_{nt} = \tau_{nt,\text{2d}} + \tau_{\text{crossflow}} \tag{5.19}$$

$$\tau_{\text{crossflow}} = C_7 \times (4\zeta_{\text{eff}}/U_e) \times \{ -\exp[-C_8 (\zeta_{\text{eff}} U_e/\nu_e - 44)^2] \} \times (W/U_e)^{C_9} \tag{5.20}$$

该模型未考虑表面粗糙度因素对横流转捩的影响,在对不可压后掠翼、后掠平板以及带迎角的高超声速圆锥边界层的转捩预测中,与实验值符合较好。模型只采用了当地量与边界层外缘量,避免了在边界层内进行参数积分,提高了计算效率[62]。模型中 $R=44$ 的横流判据是基于静音风洞带迎角尖锥的实验数据拟合得到的,对于不同的风洞设备或不同来流噪声条件,该判据可能需要重新标定。

周玲等[46]基于传统横流雷诺数判据对 $k\text{-}\omega\text{-}\gamma$[45]转捩模型进行了改进,构造了新的横流时间尺度 $\tau_{\text{crossflow}}$,增大了横流预测的适用性,并在高超声速算例中进行了测试。横流时间尺度 $\tau_{\text{crossflow}}$ 包含了横流速度、横流雷诺数等横流相关物理量,有

$$\tau_{\text{crossflow}} = C_7 \times \zeta_{\text{eff}}/U_e \times 100 \times f(w) f(Re_{\text{CF}}) \tag{5.21}$$

$$f(w) = 0.5[\text{sign}(\mid w/U_e \mid_{\text{local}} - \mid w/U_e \mid_{\text{crit}}) + 1] \times \mid w/U_e \mid_{\text{local}} \tag{5.22}$$

$$f(Re_{\text{CF}}) = 1 - \exp[-\max(Re_{\text{CF,local}}/Re_{\text{CF,crit}} - 1, 0)^2] \tag{5.23}$$

其中,横流雷诺数采用 Owen 和 Randall 等[36]的定义,将横流时间尺度大于 0 视作横流转捩的启动,该模型采用双重判据,即横流雷诺数和横流速度同时超过临界值时,横流时间尺度为正值。图 5-8 为该模型对马赫数为 6、迎角为 0°、外形为 HIFiRE-5 椭锥的转捩位置进行预测的结果。由图可见,模型基本可以模拟出双肺叶状转捩阵面。模型需要确认边界层范围并需要沿壁面法向搜寻横流速度最大值。

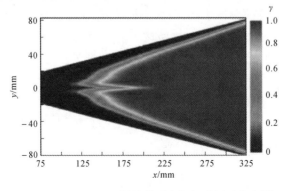

图 5-8 HIFiRE-5 椭锥外形流场间歇因子分布[46]

2. 基于横流雷诺数的 γ-$Re_{\theta t}$ 横流拓展

γ-$Re_{\theta t}$ 转捩模型是 Menter 等[76-77]提出的一种经验关系式转捩模型,该模型中的间歇因子触发函数和有效间歇因子可以被用来实现横流转捩模拟。模型包括间歇因子 γ 输运方程和当地转捩起点动量厚度雷诺数 $\widetilde{Re}_{\theta t}$ 输运方程。γ 表征流动处于湍流和层流的时间比例,用以捕捉湍流强度的非局部影响以及避免模型当中的非局部计算。输运方程形式如下:

$$\frac{\partial(\rho\gamma)}{\partial t} + \frac{\partial(\rho u_j \gamma)}{\partial x_i} = \frac{\partial}{\partial x_i}\left[\left(\mu + \frac{\mu_t}{\sigma_f}\right)\frac{\partial\gamma}{\partial x_j}\right] + P_\gamma - D_\gamma \tag{5.24}$$

$$\frac{\partial(\rho\widetilde{Re}_{\theta t})}{\partial t} + \frac{\partial(\rho u_j \widetilde{Re}_{\theta t})}{\partial x_j} = \frac{\partial}{\partial x_j}\left[\sigma_{\theta t}\left(\mu + \frac{\mu_t}{\sigma_f}\right)\frac{\partial\widetilde{Re}_{\theta t}}{\partial x_j}\right] + P_{\theta t} \tag{5.25}$$

其中,P_γ、$P_{\theta t}$ 是输运方程的生成项,D_γ 是间歇因子输运方程的耗散项,它们的构造如下:

$$P_\gamma = F_{\text{length}} c_{a1} \rho S \sqrt{\gamma F_{\text{onset}}}(1 - c_{e1}\gamma) \tag{5.26}$$

$$P_{\theta t} = c_{\theta t}\frac{\rho}{t}(Re_{\theta t} - \widetilde{Re}_{\theta t})(1.0 - F_{\theta t}) \tag{5.27}$$

$$D_\gamma = c_{a2}\rho\Omega\gamma F_{\text{turb}}(c_{e2}\gamma - 1) \tag{5.28}$$

式中:F_{onset} 是转捩起始函数,用于控制近壁区转捩间歇因子开始增长的位置;F_{length} 是一个拟合函数,用于控制从转捩起始位置至转捩结束位置的转捩区长度。关于函数及相关参数的详细设置可参见相关文献[63][76][77],有

$$F_{\text{onset}} = \max(F_{\text{onset2}} - F_{\text{onset3}}, 0) \tag{5.29}$$

$$Re_v = \frac{\rho y^2 S}{\mu}, \ R_T = \frac{\rho k}{\mu\omega} \tag{5.30}$$

$$F_{\text{onset1}} = \frac{Re_v}{2.193 Re_{\theta c}} \tag{5.31}$$

$$F_{\text{onset2}} = \min[\max(F_{\text{onset1}}, F_{\text{onset1}}^4), 2.0] \tag{5.32}$$

$$F_{\text{onset3}} = \max\left[1 - \left(\frac{R_T}{2.5}\right)^3, 0\right] \tag{5.33}$$

考虑到势流区无黏流线弯曲是横流流动的重要特征,Medida 和 Baeder[44]以横流曲率半径为长度尺度,并将曲率半径矢量引入速度尺度中,基于不同横流速度的定义构造了两种横流雷诺数,并将其作为判据引入 γ-$Re_{\theta t}$-SA 转捩模型当中。具体为

$$Re_{\text{MCF1}} = \frac{U_{\text{CF1}}|\boldsymbol{R}|}{\upsilon} \tag{5.34}$$

$$Re_{\text{MCF2}} = \frac{U_{\text{CF2}}|\boldsymbol{R}|}{\upsilon} \tag{5.35}$$

$$U_{\text{CF1}} = |u \cdot r_1 + v \cdot r_2 + w \cdot r_3| \tag{5.36}$$

$$U_{\text{CF2}} = |u \cdot r_1| + |v \cdot r_2| + |w \cdot r_3| \tag{5.37}$$

式中,$\boldsymbol{R}$ 是边界层边缘平行于壁面平面的横流曲率半径矢量,转捩判据为

$$F_{\text{BL}} \cdot \max[Re_{\text{MCF1}}]_{\text{BL}} > 0.7 \tag{5.38}$$

$$F_{\text{BL}} \cdot \max[Re_{\text{MCF2}}]_{\text{BL}} > 2.0 \tag{5.39}$$

Medida 等[44]研究发现,第一种判据(Re_{MCF1})在非定常流动以及动边界问题中的适应性较差,因此他们将第二种判据用于 γ-$Re_{\theta t}$ 模型中的触发函数:

$$F_{\text{onset1}} = \max\left(\frac{Re_v}{2.193 Re_{\theta c}}, \frac{F_{\text{BL}} \cdot Re_{\text{MCF2}}}{2.0}\right) \tag{5.40}$$

该模型的标定主要采用不考虑表面粗糙度因素的 NLF(2)-0415 后掠翼实验数据,其判据 Re_{MCF1} 和 Re_{MCF2} 的临界值则是采用了该后掠翼算例上表面实验转捩位置处层流计算得到的最大值。模型的标定及判据临界值的确定所涉及算例类型较为单一,造成该模型过于经验化,普适性较差。

虽然该模型判据未实现完全当地化($\boldsymbol{R}$ 是非当地变量),受到非并行求解的限制,但在湍流模型中可实现性强,并且由于转捩判据基于平均量,所以能够添加至各类湍流模型中。Medida 和 Baeder[44] 采用横流模型对 ONERA M6 机翼转捩位置进行预测,与未添加横流判据模型(streamwise)相比,横流(crossflow)模型预测结果更接近实验值。

张毅锋等[47] 对 Langtry 和 Menter 提出的 $\gamma\text{-}Re_{\theta t}$ 模型[63-64] 进行改进以模拟高超声速边界层转捩,并且根据 Reed 等[48] 的高超声速横流转捩实验结果,采用以横流雷诺数 $Re_{CF(new)}$ 为基础的转捩准则,通过有效间歇因子的形式在 $\gamma\text{-}Re_{\theta t}$ 转捩模型中实现横流转捩预测:

$$\gamma_{eff} = \min(\gamma, \gamma_{sep}, \gamma_{CF}) \tag{5.41}$$

$$\gamma_{CF} = \max\left[\min\left(\frac{R}{R_{threshold}}, 1\right), 0\right] F_{\theta t} \tag{5.42}$$

$$R = Re_{CF(new)} U_e / W_{max} \tag{5.43}$$

式中:U_e 是边界层外缘速度;W_{max} 是最大横流速度。$Re_{CF(new)}$ 作为新定义的横流雷诺数,相比于 Owen 等[36] 提出的传统横流雷诺数,更适合作为高超声速流场中的横流判别标准。张毅锋等[47] 采用该模型对 HIFiRE-5 椭锥、马赫数为 6 的风洞实验状态进行了数值计算。计算前首先对 R 值进行了数值标定,在噪声条件下取 $R=45$。标定后,该模型在不同雷诺数下都取得了与噪声风洞实验比较吻合的计算结果。图 5-9 给出了其中一组单位雷诺数 $Re=4.1\times10^6\,\text{ft}^{-1}$ 的壁面热流分布,预测的转捩位置与测量结果符合较好。与周玲等[46] 方法类似,该方法需要沿法向搜索边界层最大横流速度及相关的物理量,不属于完全的局部计算。

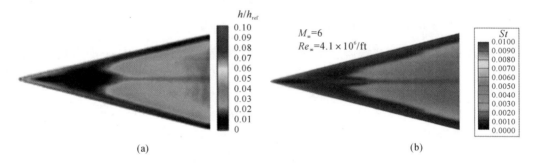

图 5-9　椭锥壁面热流分布[47]

(a)风洞实验;(b)转捩模型

3. 基于横流强度的 $\gamma\text{-}Re_{\theta t}$ 横流拓展

流向涡强度常被用来表示横流的强度,例如 $H_{crossflow}$ 是横流涡强度的指示方法之一。Langtry 等[50] 根据 45°NLF(2)-0415 后掠翼变粗糙度实验结果,借助线性稳定性分析,拟合了新的定常横流经验关系式 $Re_{SCF}\text{-}h\text{-}H_{crossflow}$,其中包含壁面粗糙度信息[17] 和 Müller & Herbst[40] 构造的横流涡强度。将该经验公式应用于 $\gamma\text{-}Re_{\theta t}$ 转捩模型,实现了完全基于局部变量的横流转捩预测。该横流模型与一般横流转捩模型在间歇因子生成项上增加转捩开关控制的方法不同,Langtry 等通过在 $\gamma\text{-}Re_{\theta t}$ 模型中动量厚度雷诺数输运方程的右端增加衰减

项 D_{SCF} 来实现对由粗糙度引起的横流转捩的预测。

$$\frac{\partial(\rho \widetilde{Re}_{\theta t})}{\partial t}+\frac{\partial(\rho u_j \widetilde{Re}_{\theta t})}{\partial x_j}=P_{\theta t}+D_{SCF}+\frac{\partial}{\partial x_j}\left[\sigma_{\theta t}(\mu+\mu_t)\frac{\partial \widetilde{Re}_{\theta t}}{\partial x_j}\right] \tag{5.44}$$

$$D_{SCF}=c_{\theta t}\frac{\rho}{t}c_{\text{crossflow}}\min(Re_{SCF}-\widetilde{Re}_{\theta t},0)F_{\theta 2} \tag{5.45}$$

$$Re_{SCF}=\frac{\theta_t \rho\left(\dfrac{U}{0.82}\right)}{l'}=-35.088\ln\left(\frac{h}{\theta_t}\right)+319.51+f(+\Delta H_{\text{crossflow}})-f(-\Delta H_{\text{crossflow}}) \tag{5.46}$$

式(5.46)为定常横流雷诺数 Re_{SCF} 与粗糙 h 和 $H_{\text{crossflow}}$ 的拟合关系式。拟合关系的数据点来自不同后掠角和粗糙度下的 Re_{SCF} 实验值和稳定性计算结果,如图 5-10 所示。定常横流雷诺数 Re_{SCF} 与对数坐标系下表面粗糙元的高度 h/θ_t 呈线性关系。$\pm\Delta H_{\text{crossflow}}$ 为横流强度偏移量,用来反映不同横流强度效应。当边界层中 Re_{SCF} 小于输运 $\widetilde{Re}_{\theta t}$ 值时,衰减项 D_{SCF} 开始起作用。

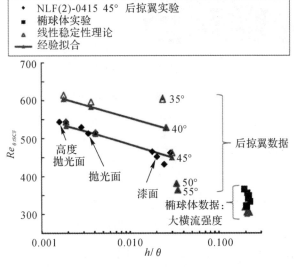

图 5-10　新型定常横流经验关系式[50]

Langtry 等[50]采用该模型对 NLF(2)-0415 机翼、6:1椭球体和变后掠镰刀机翼进行了模拟,计算结果较准确地再现了横流转捩位置,与实验值吻合较好。如图 5-11 所示,转捩模型能够准确预测镰刀翼面上沿展向不规则分布的转捩位置。该模型的优点是转捩预测完全基于当地量,同时合理地考虑了壁面粗糙度的影响,并适用于非结构网格和大规模并行计算。但 $H_{\text{crossflow}}$ 以及速度标量不具有伽利略不变性,并且修改后的衰减项 D_{SCF} 具有较大的网格相关性。

Müller 和 Herbst 以 γ-$Re_{\theta t}$ 转捩模型为基础,在动量厚度雷诺数输运方程中添加源项 P_{CF} 以考虑横流效应对转捩的影响,采用 Helicity 参数 $H=|u_i\cdot\omega_i|$ 来表征当地的横流强度。对模型在 NLF(2)-0415 后掠翼以及椭球体算例中进行了测试。P_{CF} 的具体表达式为

$$P_{CF}=-\min\left\{\max\left[0,\frac{\rho}{1\,000t}\cdot\left(\frac{Re_H}{6}\right)^{c_1}\cdot(Re_\Omega)^{c_2}\left(\frac{12\theta}{y}\right)^{c_3}\cdot c_4\right],c_5\right\} \tag{5.47}$$

式(5.47)中各项的定义详见文献[40]和[61]，$Re_H = \frac{\theta}{\upsilon}\sqrt{\theta H}$，Helicity 参数 $H = |u_i \cdot \omega_i|$，与流向涡量强度 $\Omega_{\text{streamwise}}$ 类似。

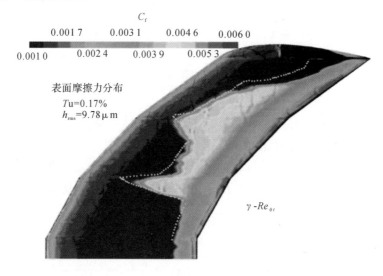

图 5-11　镰刀翼转捩位置预测[50]

史亚云等[61]在横流源项 P_{CF} 中添加了横流速度，并将其与 Helicity 参数相结合来指示横流信息，对其参数 $c_1 \sim c_6$ 都进行了重新标定，修改后的横流源项 $P_{CF,\text{improved}}$ 为

$$P_{CF,\text{improved}} = -\min\left\{\max\left[0, \frac{\rho}{1\,000t} \cdot (Re_H)^{c_1} \cdot (Re_\Omega)^{c_2} \cdot \theta^{c_3} \left(\frac{\omega}{U}\right)^{c_6} \cdot c_4\right], c_5\right\} \quad (5.48)$$

改进后的模型提升了对 6:1 椭球横流转捩的预测能力，如图 5-12 所示。同时在对 DLR-F5 机翼的数值模拟中，捕捉到了翼根处的横流转捩现象，其与风洞实验测量吻合较好。

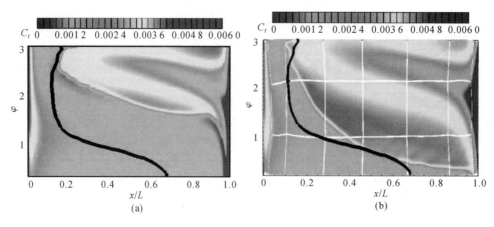

图 5-12　椭球数值模拟同实验转捩位置对比[61]
(a)Müller 模型；(b)改进模型

4. 基于 Kohama 横流准则的转捩模型

横流转捩的当地化预测一直是横流模型的主要发展方向。构建当地求解的横流转捩模

型的有效方法之一是在现有的转捩模型中添加基于当地量的横流判据。Watanabe 等[49] 提出了计算边界层内 Kohama 参数(C_K)的方法,并对 C_K 进行了模化改进以尝试解决 C_K 受物体边界几何外形影响较大的问题,将转捩判据 C_K 以有效间歇因子 γ_eff 的形式在 $\gamma\text{-}Re_{\theta t}$ 转捩模型中实现:

$$\gamma_\mathrm{eff} = \max(\gamma, \gamma_\mathrm{sep}, \gamma_\mathrm{CF}) \tag{5.49}$$

$$\gamma_\mathrm{CF} = \min\left[\max\left(\frac{C_\mathrm{K}}{C_\mathrm{threshold}}, 1\right), 0\right] F_{\theta t} \tag{5.50}$$

$$C_\mathrm{K} = \frac{U_e \theta}{\upsilon} \sqrt{\frac{\theta}{r}} \tag{5.51}$$

$$C_{\mathrm{K}U_e} = C_\mathrm{K} Re_{U_e} \tag{5.52}$$

式中:U_e 是边界层边缘速度;r 是平行于壁面平面的势流区流线曲率半径;θ 是横流方向边界层动量厚度;Re_{U_e} 是基于边界层边缘速度的雷诺数。原始定义的 C_K 为非当地参数,对应的转捩模型无法完全当地求解。Watanabe 等[49] 指出 C_K 不应定义在壁面边界层外,而应定义为当地参数。其中动量厚度 θ 可由 $Re_{v,\max} \approx 2.193 Re_\theta$ 进行反推。对模型在后掠圆柱和有限长后掠翼流场中进行了测试,发现其中较突出的问题是参数 C_K 临界值具有几何相关性。模化的 Kohama 参数 C_K 能够在一定的几何边界范围内解决该问题。该研究工作是在 Langtry[63-64] 公布 $\gamma\text{-}Re_{\theta t}$ 全部经验公式之前开展的,模型构造存在简化近似。即便如此,该模型依然展现出了 Kohama 参数用于构建当地横流转捩模型的巨大潜力。

5. 基于 FSC 方程的横流转捩模型

采用三维边界层相似解实现横流转捩判据和横流转捩模型的当地化求解是目前横流转捩模型研究的一个重要方向。Grabe 和 Krumbein[39,52] 基于 FSC 三维边界层相似解首先提出了类比 $\gamma\text{-}Re_{\theta t}$ 模型中转捩判据的横流转捩判据。Choi 和 Kwon[53-54] 采用该判据,在数值模拟中引入了 T-S 不稳定性和横流不稳定性相互作用的机制,拓宽了模型的适用范围,明显地提升了模型对椭球迎风面的横流转捩预测能力。徐家宽等[55] 以不同压力梯度 FSC 方程的解为数据库,类似地构造了当地化的横流转捩判据与模型。

FSC 方程的解是二维 Falkner-Skan 方程拓展到三维 Falkner-Skan-Cooke 方程的相似解,二维边界层(F-S 方程)沿垂直于前缘的弦向,拓展的横向流动方程(Cooke 方程)沿前缘展向。通过引入流函数和无量纲化壁面距离,在边界层外缘速度满足一定条件下推导可得 FSC 方程[67]。采用 FSC 方程对横流判据和模型当地化的基本思想是:横流转捩的判断是用当地横流雷诺数 $Re_{\mathrm{d}w/\mathrm{d}y}$ 与横流位移厚度雷诺数 $Re_{\delta 2c}$ 的比值来实现的,该比值与压力梯度相关。通过数值求解 FSC 方程获得不同压力梯度因子 β_H 下典型流场的横流速度型,将其作为数据库,进而获得所需横流位移厚度雷诺数及比值判据函数。

Grabe 和 Krumbein[39,52] 以不同后掠角和压力梯度因子下 FSC 方程解作为数据库,构建了横流涡黏雷诺数 $Re_{\mathrm{d}w/\mathrm{d}y}$ 与横流临界位移厚度雷诺数 $Re_{\delta 2c}$ 比值形式的判据函数和对应模型。由于 FSC 方程的限制以及采用的 C1 准则仅适用于翼型类流动,Grabe 等[52] 评价该类模型适用范围受限,认为其主要适用于后掠翼计算,不适合带迎角的旋成体计算。

Choi 和 Kwon[53-54] 对采用 FSC 方程的横流模型进行了详细阐述,并引入了 T-S 不稳定性和横流不稳定性相互作用的机制。他们在转捩模型的实现过程中主要是对 $\gamma\text{-}Re_{\theta t}$ 模型间歇因子输运方程的 F_{length} 和 F_{onset} 进行了修改。对 F_{length}，采用了带迎角椭球实验数据进行重新标定。对 F_{onset}，引入了前面提到的由 FSC 方程求解得到的横流转捩判据。模型在保留了原始 $\gamma\text{-}Re_{\theta t}$ 转捩模型触发函数 F_{onset1} 的基础上，增加了横流触发函数 $F_{\text{onset\_CF}}$，并将二者合并为三维转捩触发函数 $F_{\text{onset\_3D}}$，最终构建了针对三维边界层转捩的间歇因子输运方程生成项 P_γ，具体构造如下：

$$F_{\text{onset1}} = \frac{Re_\nu}{2.193 Re_{\theta c}} \tag{5.53}$$

$$F_{\text{onset\_CF}} = \frac{Re_{\text{d}w/\text{d}y}}{Re_{\delta 2t}^* \cdot K_{\text{cf}}} \tag{5.54}$$

$$F_{\text{onset\_3D}} = \max(F_{\text{onset1}}, F_{\text{onset\_CF}}) \tag{5.55}$$

$$P_\gamma = F_{\text{length\_3D}} c_{\text{a1}} \rho S (\gamma F_{\text{onset\_3D}})^{0.5} (1 - c_{\text{e1}} \gamma) \tag{5.56}$$

Choi 和 Kwon 进一步引入了 T－S 不稳定性和横流不稳定性相互作用的机制，对原触发函数进行线性组合。图 5－13 所示是各类方法计算的椭球体表面截面摩擦力系数分布图，可见引入不稳定性相互作用机制的横流转捩模型在椭球体迎风面（$50° \leqslant \psi \leqslant 90°$）转捩预测中的表现明显优于其他方法。

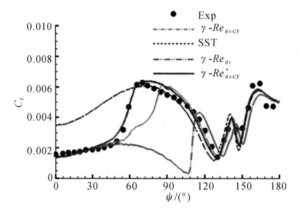

图 5－13　椭球体表面截面摩擦力系数分布图[54]

6. 三维唯象转捩模型

目前，横流转捩模型普遍是在现有转捩模型（如 $k\text{-}\omega\text{-}\gamma$ 或者 $\gamma\text{-}Re_{\theta t}$ 模型）基础上根据某一横流判据对转捩模型输运方程进行修改来实现的，直接在湍流模型基础上进行横流建模的相关研究较少。Vizinho 等[56]的工作则是上述研究方向的典型代表，为构造不显含横流判据的独立横流模型提供了思路。

类似于层流脉动转捩模型，该横流转捩模型是基于层湍流发展过程中的动力学近似，从唯象的角度，用 $\overline{u'v'}$ 来记录在转捩完成前出现边界层内低频脉动的 Klebanoff 模态，其引入的转捩前湍动能（pre-transitional turbulent kinetic energy）输运方程及生成项为

$$\frac{Dk_{\text{p}}}{Dt} = \text{Prod}_{k_{\text{p}}} - \text{Dest}_{k_{\text{p}}} + \frac{\partial}{\partial x_j}\left[(\nu + \nu_{\text{T}}) \frac{\partial k_{\text{p}}}{\partial x_j}\right] \tag{5.57}$$

$$\text{Prod}_{k_{\text{p}}} = -Cp_k \cdot S \cdot \overline{u'v'} \tag{5.58}$$

其中 $\overline{u'v'}$ 与平均湍流尺度和平均变形角有关，关于每一项的具体定义见文献[56]。该模型称为"V-model"，通过在 SA 一方程生成项中增加控制函数实现转捩模型与一方程湍流模型的耦合。模型在不显含横流判据的情况下，被应用于 6:1 椭球体亚声速绕流以及跨声速 DLR-F5 机翼绕流的三维边界层转捩预测。在跨声速三维机翼绕流算例中，该模型能够较准确地预测上翼面转捩位置及各截面压力系数的分布。椭球体算例中，大迎角下能准确预测转捩位置，但在 5°迎角下，存在转捩过早、转捩区域过短的问题，如图 5-14 所示。

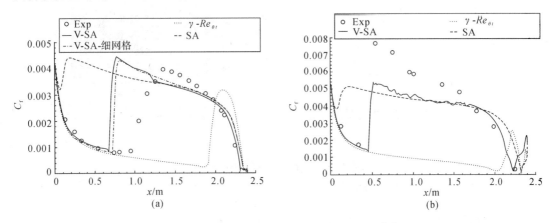

图 5-14　椭球体轴向截面摩擦系数分布图[56]

(a)攻角 5°;(b)攻角 15°

7. KDO(Kinetic Dependent Only)单方程湍流/转捩一体化模型

徐晶磊等[65][68]以黏性比值 $r=\mu_t/\mu$ 对 KDO 湍流模型进行重新标定，在不特定引入转捩机制的情况下，使 KDO 模型具备了转捩预测能力。模型通过将 Bradshaw 假设扩展到壁面，构建了新的雷诺应力本构关系：

$$-\overline{u'_i u'_j} = R_b k \frac{2S_{ij}}{S}, \quad R_b = \tau_{12}/k \tag{5.59}$$

其中，经验参数 R_b 表征了流场壁面对流向-法向速度关联度的约束，在远壁区恢复为 Bradshaw 常数，该参数由直接数值模拟的平板边界层数据标定，并采用了黏性比 r 重新标定 R_b 以预测边界层转捩，具体构造参见文献[68]。转捩/湍流一体化模型在湍动能输运方程基础上采用代数封闭湍动能耗散率：

$$k_t + (U_j k)_j = -\overline{u'_i u'_j} U_{i,j} + [(\nu + \nu_t)k_j]_j - \varepsilon \tag{5.60}$$

$$\varepsilon = \varepsilon_1 + \varepsilon_2 \tag{5.61}$$

$$\varepsilon_1 = 2\upsilon \left(\frac{\partial \sqrt{k}}{\partial x_j}\right)^2 \tag{5.62}$$

$$\varepsilon_2 = A_\varepsilon k^{3/2}/\tilde{L} \tag{5.63}$$

模型的两个主要经验参数为 R_b 与 A_ε。KDO 模型在一系列平板边界层自然/旁路转捩、低速三维边界层横流转捩算例中得到了良好运用，其能够较为准确地预测出摩擦阻力分布以及相应的转捩位置。王浩等[69]对 KDO 模型进行了可压缩修正(修正后的一体化模型命名为 CKDO-tran)，在不改变模型主要经验参数的前提下，实现了对超声速平板转捩的预测,他们进一步在 HIFiRE-5 算例中研究了模型对高超声速横流转捩的预测性能,评估了可压缩性、雷诺数和迎角等因素对模型预测性能的影响。研究表明[69],CKDO-tran 模型能够预测高超声速椭锥风洞实验的三维边界层横流转捩,模型性能明显优于 KDO-tran 模型,同时能够一定程度反映出来流条件等因素对转捩的影响。

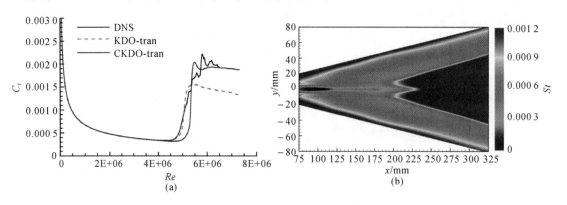

图 5-15　KDO 模型预测转捩[69]

(a)平板表面摩阻;(b)HIFiRE-5 表面 St 分布(CKDO-tran)

8. SED 系综模型

由佘振苏等[70-72]基于结构系综理论所发展的工程湍流模型,是一种代数湍流/转捩一体化模型,其被命名为 SED-SL(Structural Ensemble Dynamics-Stress Length)模型。模型的基本思路是采用结构系综理论的应力长函数 l_{12}^+ 来封闭 RANS 方程组中的雷诺应力项:

$$\mu_t = \rho l_{12}^2 |\Omega| \tag{5.64}$$

$$l_{12}^+ = l_{12}^{+\text{inner}} (y^+) \times l_{12}^{+\text{outer}} (r) \tag{5.65}$$

其中,y^+ 是归一化的壁面距离,r 是外区坐标,$l_{12}^{+\text{inner}}$ 是应力长内区解,$l_{12}^{+\text{outer}}$ 是应力长外区解,详细定义可参见文献[71][72]:

$$l_{12}^{+\text{inner}} = l_0^+ \left(\frac{y^+}{9.7}\right)^{3/2} \left[1 + \left(\frac{y^+}{9.7}\right)^4\right]^{0.5/4} \left[1 + \left(\frac{y^+}{y_{\text{buf}}^+}\right)^4\right]^{-1/4} \tag{5.66}$$

$$l_{12}^{+\text{outer}} = \frac{1 - r^4}{4(1-r)} \tag{5.67}$$

在转捩预测功能方面,肖梦娟和佘振苏[73]以及唐帆[74]对上述模型进行了拓展,依据广义拉伸不变性原理,为应力长内区解中的内区慢变量 l_0 和 y_{buf}^+ 给出了流向变化函数,对应力长外区解的拉伸系数开展了流向分析,给出了流向变化函数:

$$l_0 = l_0^\infty \left(\frac{x}{x_1}\right)^{\gamma_l} \left[1 + \left(\frac{x}{x_1}\right)^{10}\right]^{-\gamma_l/10} \tag{5.68}$$

$$y_{\text{buf}}^+ = y_{\text{buf}}^{+\infty} \left(\frac{x}{x_1}\right)^{\gamma_1} \left[1 + \left(\frac{x}{x_1}\right)^{10}\right]^{-\gamma_1/10} \tag{5.69}$$

上述改进与拓展使模型具备了边界层转捩预测能力,并通过广义雷诺数比拟引入了可压缩效应。模型在超声速尖锥[73]以及带攻角的高超声速尖锥[75]中得到了应用,实现了对高超声速三维边界层转捩的有效预测,具体结果如图 5-16 所示。

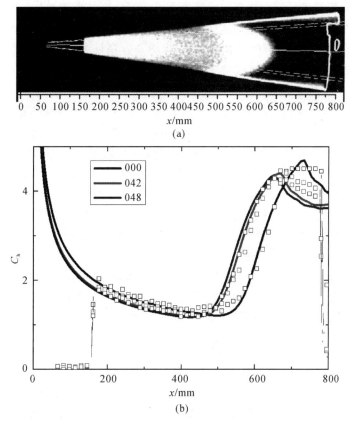

图 5 - 16　SED-SL 预测的带攻角尖锥[75]

(a)尖锥迎风面风洞实验结果及截面示例；(b)尖锥迎风面 SED-SL 转捩模型预测结果

5.3　HyTRV 升力体数值模拟与分析

本节采用 C-γ-Re_θ 转捩模型[31]对 HyTRV 升力体的高超声速三维转捩流场开展研究。作为对高超声速横流转捩模型预测的展示，通过将模型预测的转捩区域与稳定性分析横流模态 N 值分布和风洞实验热流分布进行对比，一方面验证了模型的预测性能，另一方面确认了 HyTRV 表面小攻角下由横流模态主导。同时对 HyTRV 表面的横流转捩进行了区域划分，对 HyTRV 表面的横流转捩现象随攻角与马赫数的变化情况进行了分析。

5.3.1　C-γ-Re_θ 转捩模型

前面提到，适用于低速流动的横流转捩模型种类较多，它们的主要区别是采用的横流转捩准则以及基础转捩模型不同。γ-$Re_{\theta t}$ 转捩模型是由 Menter 等[76-77]提出的一种基于风洞实验数据的经验模型，人们基于该模型进行了大量的横流转捩拓展工作[44,47,50-51,78]。流向涡强度可以近似地用于反映横流强度，例如 Helicity 参数[40]即是横流强度的指标之一。Langtry 等[50]结合 Helicity 参数[40]与壁面粗糙度信息[17]，根据风洞实验数据与稳定性分析，通过拟合的方法构建了考虑表面粗糙度的定常横流转捩准则 $Re_{\text{SCF}}\text{-}h\text{-}H_{\text{crossflow}}$，并对 $\gamma\text{-}Re_{\theta t}$ 转捩模型进行了横流拓展。该判据与拓展模型在高超声速横流转捩的预测中可能面临失效的问题[31]，因此本模型参照 Langtry 低速横流转捩判据的构建形式，以稳定性拓展的 DNS 试验数据[79] 为基础，基于 $\gamma\text{-}Re_{\theta t}$ 模型构造了适用于高超声速横流转捩的预测判据与模型[31]。

　　静音风洞实验数据[18] 说明，在低来流湍流度条件下，占主导地位的定常横流转捩受物面粗糙度的影响较大，在转捩建模中应对该因素加以考虑。由于转捩机理的高度复杂性，基于理论方法构建工程模型目前仍不太可能实现，因此选择基于大量实验数据建立经验模型的研究路线。模型研究面临的困难之一就是实验数据的缺乏，特别是改变表面粗糙度的风洞实验数据与飞行试验数据的严重匮乏。对飞行试验而言，技术上很难实现不同表面粗糙度模型的飞行弹道完全一致，试验成本也非常高；对风洞实验而言，全球的静音风洞屈指可数，单独研究表面粗糙度亦存在模型加工复杂、实验周期长、成本高等特点。针对受到表面粗糙度影响的高超声速定常横流转捩，相关实验研究见诸文献的较少。

　　一方面实验数据严重匮乏，另一方面是构建模型又需要考虑粗糙度因素。因此，本书采用线性稳定性方法的拓展技术[79] 对改变表面粗糙度的 DNS 数据进行拓展，根据"临界横流雷诺数-表面粗糙度"数据组构造当地化的横流转捩判据。参考低速横流转捩判据形式，构造了考虑表面粗糙度的当地化高超声速横流转捩判据：

$$Re_{\text{CF}} = C_1 \cdot \ln\left(\frac{h}{l_\mu}\right) + C_2 + f(H_{\text{crossflow}}) \tag{5.70}$$

$$f(H_{\text{crossflow}}) = 6\,000\,|\,0.106\,6 - \Delta H_{\text{crossflow}}\,| + 50\,000\,(0.106\,6 - \Delta H_{\text{crossflow}})^2 \tag{5.71}$$

该判据的意义在于，根据对数坐标下的线性关系，可以由粗糙度决定临界横流雷诺数的大小，同时该临界值的大小还受到当地横流强度的影响。此处以 0°攻角数据为基准数据（因为对于所研究的实验数据而言，该攻角下横流强度最大，对应的转捩临界值最小），构建了高超声速横流转捩判据，如图 5 - 17 所示。

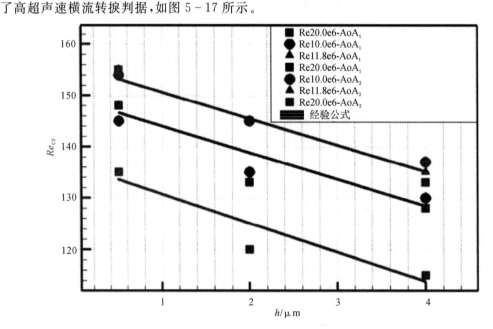

图 5 - 17　高超声速横流转捩判据[13]

Re_{CF} 并非传统意义上的横流雷诺数 $Re_{crossflow} = (W_{max}\delta_{10\%})/\nu$（其中，$W_{max}$ 为当地最大横流速度，$\delta_{10\%}$ 是当地横流速度大小为最大横流速度 1/10 的离壁面较远的点）。可以看出，传统横流雷诺数是非当地量，判断转捩是通过比较 $Re_{crossflow}$ 与其临界值大小来进行的。本书的转捩判断是通过比较输运量 $\widetilde{Re}_{\theta t}$ 与 Re_{CF} 的相对大小实现的。通过在输运方程中增加横流源项 D_{CF} 实现模型的横流效应的拓展。同时，基础转捩模型采用了经过压力梯度参数修正与普朗特数修正的 $\gamma\text{-}Re_{\theta t}$ 转捩模型，即

$$Pr_t = \frac{C_1\left[1 - \exp\left(-\dfrac{\sqrt{k}y}{C_2\nu}\right)\right]}{C_3\left[1 - \exp\left(-\dfrac{\sqrt{k}y}{C_4\nu}\right)\right]} \tag{5.72}$$

$$\lambda_\theta' = \lambda_\theta\left(1 + \frac{\gamma' - 1}{2}M_e^2\right) \tag{5.73}$$

关于原始模型的高超声速流向不适应性的验证、横流失效的证明以及详细参数设置，可以参见文献[13][31][47]，包括压力梯度参数修正与湍流普朗特数修正（见图 5-18）。将上述经过高超声速修正以及高超横流拓展的 $\gamma\text{-}Re_{\theta t}$ 转捩模型命名为 $C\text{-}\gamma\text{-}Re_\theta$ 转捩模型，该模型为 HyTRV 升力体数值模拟与分析的主要转捩预测手段。

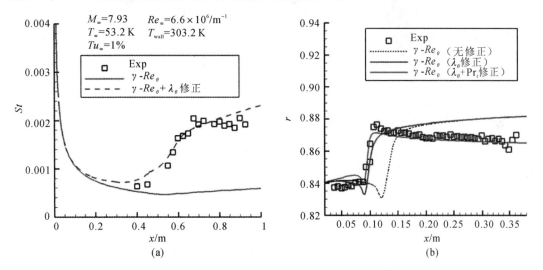

图 5-18　压力梯度参数修正与湍流普朗特数修正[47]

(a)压力梯度参数修正；(b)湍流普朗特数修正

5.3.2　HyTRV 升力体

高超声速转捩研究飞行器（Hypersonic Transition Research Vehicle，HyTRV）标模外形由中国空气动力研究与发展中心设计提出，该外形更加接近真实飞行器的典型布局特征，是全数学解析光滑的升力体外形，如图 5-19 所示。头部区域为长短轴比为 2∶1 的椭球体，下表面横截面逐渐过渡至长短轴比为 4∶1 的椭圆半圆，上表面为 CST 函数与椭圆函数共同控制的曲线形状。

相比于圆锥、椭锥等外形而言,高超声速转捩研究飞行器(HyTRV)的外形曲面更加复杂,包含的转捩机理也更多。HyTRV 是为研究复杂三维边界层转捩而设计的一款具备真实飞行器典型特征的升力体标模。稳定性研究表明[20],HyTRV 表面有多个相对独立的横流区域和多个流向涡结构,其边界层内存在横流失稳模态、第二模态、附着线失稳模态等常见模态。HyTRV 外形可用于测试横流转捩模型的性能。

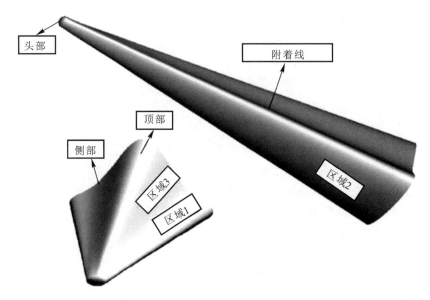

图 5 - 19　HyTRV 升力体外形[13]

文献[13][20]对 HyTRV 外形绕流开展了高超声速条件下的流场特征研究与边界层稳定性分析。将升力体的上、下表面按照主导模态的不同划分为了多个区域,如图 5 - 19 所示。在下表面中心线至两侧附着线之间的两个区域,位于大约 $x/L_t=0.75$ 及之后的区域,为下表面的主要转捩区域。经稳定性分析,该区域的主导模态为横流模态。下表面的区域 2 由横流转捩形成的高热流区域,呈对称状分布于中心线的两侧,中心线区域存在明显的流向涡结构。上表面呈对称状分布,存在 2 组主要转捩区域(区域 1 和区域 3),稳定性分析同样是横流模态占主导。同时如图 5 - 19 所示,前缘至顶部之间的侧部区域存在狭长的长条状不稳定区域,该区域的不稳定性由流向涡结构导致。

5.3.3　计算状态

对于 HyTRV 模型,中国空气动力研究与发展中心进行了 2 m 激波风洞转捩实验,模型尺寸为 1/2 缩比模型,采用温敏漆技术获得表面温度分布及转捩阵面形态。计算工况如表 5 - 1 所示,其中工况 1 和工况 5 有对应实验数据,工况 1～工况 5 有稳定性分析结果[20]。将转捩模型预测结果与风洞实验、稳定性分析结果进行对比分析,从而验证 C-γ-Re_θ 转捩模型对具备真实飞行器典型特征的外形标模在变雷诺数、变攻角情况下的高超声速三维边界层转捩预测能力。计算状态如表 5 - 1 所示,来流湍流度 $Tu_\infty=0.8\%$,表面粗糙度 $h=1.6~\mu m$。网格量约为 320 万,采用半模计算,边界层底层网格高度保证 $y^+<1$。

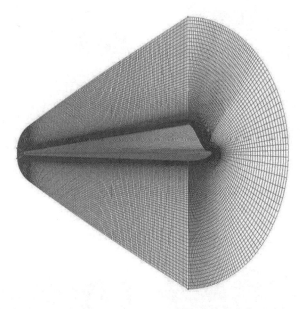

图 5 - 20　HyTRV 升力体计算网格[13]

表 5 - 1　HyTRV 计算状态

工况	Ma_∞	$Re_\infty/\mathrm{m}^{-1}$	AoA/(°)	p_0/MPa	T_0/K	T_∞/K	T_w/K
1			0				
2			2				
3	6	1.1×10^7	6	2.67	795	97	300
4			8				
5		4.2×10^7	0	10.4	664	81	

5.3.4　模型预测结果与分析

1. HyTRV 表面横流转捩准则研究

图 5 - 21 和图 5 - 22 是 HyTRV 激波结构、表面压力分布及势流流线与边界层近壁流线分布图。由图 5 - 21 的激波结构可以看出,0°攻角下,侧缘和顶部激波相比下表面中心线和顶部内凹处激波更为靠近物面,导致顶部及侧缘的压力高于底部及上表面内凹区域,较大的周向压力梯度使 HyTRV 上、下表面均出现了横流。如图 5 - 22 所示,下表面由高压区到低压区的方向为"长轴(侧缘)→短轴(下表面中心线)",上表面的方向为由顶部至内凹区域及侧缘至内凹区域。因此,由于上表面对称面一侧有两个从高压指向低压的方向,上表面存在两组横流区(区域 1 和区域 3);下表面只有一个方向,故只存在一组横流区(区域 2)。在图 5 - 22 中,实线代表近壁流线,虚线代表势流流线。在上表面区域 1、区域 3 与下表面区域 2,两类流线均在部分区域存在一定夹角,意味着在对应区域存在较大的横流强度。

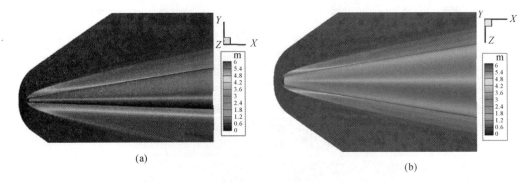

图 5-21　HyTRV 长短轴截面激波结构图[13]
(a)短轴截面,侧视图;(b)长轴截面,俯视图

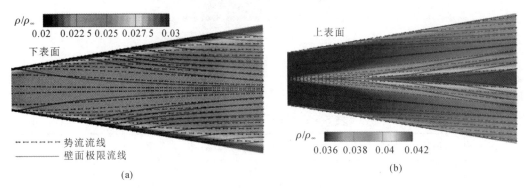

图 5-22　HyTRV 壁面极限流线与势流流线的对比图[13]
(a)下表面;(b)上表面

　　由势流流线与边界层内近壁流线对比得到的主要横流区域,同样能够通过横流雷诺数分布云图对横流强度进行进一步定量验证。横流强度的量化方式之一是横流雷诺数 Re_{CF},它也是最常用的非当地横流转捩判据之一。其中最大横流速度 W_{max} 是沿当地壁面法向寻找的横流速度最大值,$\delta_{10\%}$ 是横流速度为最大横流速度 10% 且更为靠近边界层外缘的位置所对应的壁面距离,ν 为流体的运动黏性系数。图 5-23 是状态 1 条件下下表面横流雷诺数分布与横流模态 N 值分布对比图。虽然相比于线性稳定性 e-N 方法,横流雷诺数具有较强的经验性,并且与横流转捩之间缺乏直接的物理关联,但从图中对比可知,稳定性方法预测的位于下表面的区域 2 以及上表面区域 1、区域 3 的主要横流区域,在横流雷诺数分布图中均以高 Re_{CF} 的形式反映出来,并且高 N 值区域与高 Re_{CF} 区域的轮廓形状和位置相一致。在 Re_{CF} 分布图中,上表面存在一对长条状的高值区域,下表面中心线存在叉状高值区域。这是由于在两个横流区域之间,存在流线汇聚形成流向涡的情况。流向涡使边界层名义厚度显著增大,导致横流雷诺数判据中 $\delta_{10\%}$ 增大(甚至高达一个量级),从而 Re_{CF} 整体偏高。

　　2. 迎风面转捩阵面预测结果

　　N 值与 Re_{CF} 均可作为横流转捩的判据,前者具有更强的物理意义,但是二者都不能与流场中的转捩高热流区直接对应,故不能直接用于转捩流场模拟。采用转捩模型进行转捩预测,并将模型计算的热流分布与风洞实验测量结果以及稳定性分析 N 值分布进行对比分析。本书对 $0°$ 攻角下两个雷诺数的 HyTRV 外形下表面转捩的实验结果、稳定性分析结果和转捩模型预测结果进行了对比分析,如图 $5-24$ 所示。可以看出,在周向压力梯度作用下,HyTRV 迎风面转捩由横流失稳机制主导。风洞实验为噪声条件,其转捩位置通过温敏漆技术测量结果得到,判定温度陡增的红色区域为转捩区域。

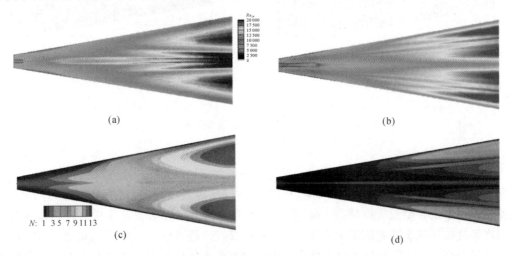

图 $5-23$　工况 1 横流模态 N 值分布与横流雷诺数分布对比图[13]

(a)下表面,横流雷诺数;(b)上表面,横流雷诺数

(c)下表面,N 值;(d)上表面,N 值

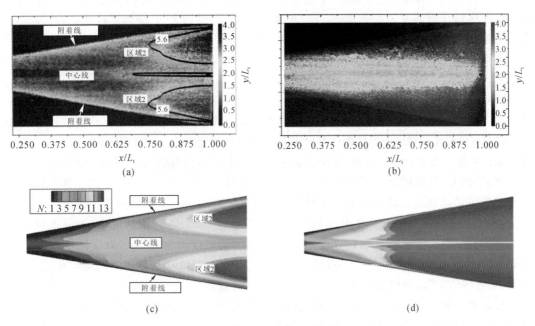

图 $5-24$　$Re=1.1×10^7$ 和 $Re=4.2×10^7$,$0°$ 攻角风洞实验温敏漆测量结果、

稳定性方法 N 值分布和转捩模型预测热流分布对比[13]

(a)$Re=1.1×10^7$,实验;(b)$Re=4.2×10^7$,实验;

(c)$Re=1.1×10^7$,稳定性理论;(d)$Re=4.2×10^7$,稳定性理论

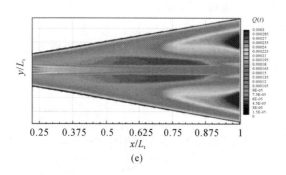
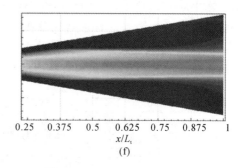

续图 5-24　$Re=1.1\times10^7$ 和 $Re=4.2\times10^7$,0°攻角风洞实验温敏漆测量结果、
稳定性方法 N 值分布和转捩模型预测热流分布对比[13]
(e)$Re=1.1\times10^7$,转捩模型;(f)$Re=4.2\times10^7$,转捩模型

如图 5-24(a)所示,在 $Re=1.1\times10^7$ 的实验条件下,N 的标定值为 5.6,N 值等值线与风洞实验转捩阵面形态基本一致,频率在 10~40 kHz 范围内,说明该工况下的 HyTRV 迎风面转捩由非定常横流失稳模态主导,该工况下迎风面椭锥外形非定常横流失稳现象与其他噪声条件的风洞实验观测结果相似[18]。图 5-24(c)是对应工况的横流模态 N 值分布,包络频率范围为 0~30 kHz。最不稳定的横流模态位于区域 2,其位置与风洞实验横流转捩位置一致。图 5-24(e)是相同工况的转捩模型预测的热流分布,转捩由横流模态主导,横流转捩的空间起始位置在 x/L_t 约为 0.75 处,与风洞实验结果一致。但模型预测的由横流转捩高热流区在整体形态上同风洞实验存在区别,没有实验结果饱满。此外,模型预测结果在中心线区域出现非常靠前的细长条带状形态,在稳定性分析中并无对应形态的 N 值分布。转捩模型"错误"地提前开启了横流源项,是因为在上述区域存在较强的流向涡量。

图 5-24(b)(d)(f)分别是 $Re=4.2\times10^7$ 条件下的风洞实验、稳定性分析以及转捩模型预测结果。这些图中没有显示出类似图 5-24(a)的典型横流转捩阵面,而且实验中测得的压力脉动信号也没有捕捉到清晰的低频物理信号,在该工况下测得风洞实验脉动压力测量低频信号消失,说明在较大单位雷诺数条件下,流场趋向于湍流状态。在这种情况下,横流模态的 N 值分布趋势与风洞实验转捩位置轮廓线差异很大,e-N 方法预测失效。本模型预测的热流分布则与风洞实验非常一致,展示出 C-γ-Re_θ 模型在高超声速三维边界层转捩预测中的较强适用性。

文献[20]采用高精度数值模拟结合 e-N 方法对 HyTRV 在工况 1~工况 4 的不同攻角条件下进行了边界层失稳特征的稳定性分析。图 5-25 为 C-γ-Re_θ 预测的热流分布与稳定性分析的 N 值分布对比图。模型预测热流分布与稳定性 N 值分布的对比,主要关注横流转捩的高热流区(区域 2)。稳定性分析结果为包络频率范围为 0~30 kHz 的横流模态 N 值分布,在 0°~8°的攻角范围内,迎风面最不稳定横流模态位于区域 2。随着攻角增加,迎风面 N 值整体下降,推测转捩阵面与 N 值趋势一致后退。横流转捩模型预测结果与稳定性分析结果一致,攻角增大后迎风面周向压力梯度降低,横流强度随之降低,横流转捩位置整体后移。在工况 3 和工况 4 中,模型预测的 HyTRV 下表面区域 2 没有转捩发生,稳定性预测的 N 值相比工况 1 和工况 2 也整体下降了,未达到 0°攻角下标定的临界值 $N_{crit}=5.6$,同样推测转捩未发生。下表面的模型预测结果与稳定性分析的横流模态 N 值分布结果在流动失稳占主导模态以及转捩阵面变化趋势上相一致。

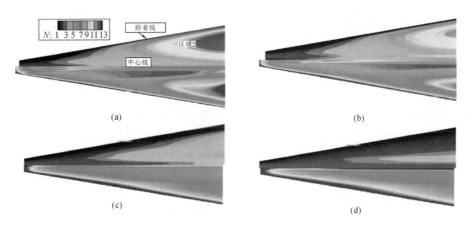

图 5-25　工况 1～工况 4 迎风面横流模态 N 值分布(图上半部分)与转
捩模型预测热流分布(图下半部分)对比图[13]
(a)工况 1;(b)工况 2;(c)工况 3;(d)工况 4

3. 背风面转捩阵面预测结果

与半椭锥外形的迎风面不同,背风面外形横截面是更为复杂的由 CST 函数与椭圆函数共同控制的曲线形状,背风面及侧缘亦存在多种失稳机制,包括横流失稳模态、第二模态、附着线失稳模态等[20]。转捩模型是由低速 $\gamma\text{-}Re_{\theta}$ 模型进行高超声速修正以及横流拓展得到的,仍然是基于经验关系式的转捩模型,故尚不具备分辨除横流模态以外的其他模态的能力。由于上表面无实验测量数据,仍然将模型预测结果与横流不稳定性 N 值分布进行对比以研究模型的横流预测性能。如图 5-26 所示,上表面稳定性分析的 N 值分布随攻角的变化趋势与下表面相反。当攻角增大时,上表面 N 值整体增加,横流模态区域面积逐渐增大。模型预测的转捩高热流区域也随攻角增大而变大。和迎风面中心区域一样,图 5-26(c)(d)中的转捩区也出现了非常靠前的细长条带状形态,形成原因也与迎风面中心区域一样。而且随着攻角增加,背风面逐渐出现多种分离涡,导致转捩模型预测出更大范围的高热流区域。

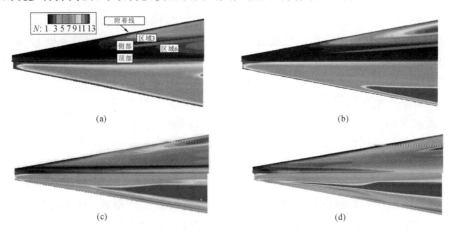

图 5-26　工况 1～工况 4 背风面横流模态 N 值分布(图上半部分)与转
捩模型预测热流分布(图下半部分)对比图[13]
(a)工况 1;(b)工况 2;(c)工况 3;(d)工况 4

目前的转捩模型的横流强度量化用的是 $H_{\text{crossflow}}$,本质上是无量纲的流向涡量强度,是以当地流向涡量强度近似作为横流强度的判断标准,从而避免了非当地的横流相关量计算。在享受当地化带来的计算便捷的同时,面临的问题就是转捩模型在流向涡较强的区域可能会提前开启横流转捩,从而造成模型失效,这是构造模型时存在的局限性。

4. 小结

通过将构造的 $C\text{-}\gamma\text{-}Re_\theta$ 模型应用到高超声速转捩研究飞行器(HyTRV)外形,用于变攻角、变雷诺数的高超声速三维边界层转捩预测,并将模型预测的转捩结果与稳定性分析结果和风洞实验温敏漆测量结果进行了初步对比,此外对 HyTRV 外形绕流的流动特征与转捩现象进行了分析,验证了转捩模型在真实飞行器典型气动布局特征外形下的预测性能,并指出了模型存在的不足。主要得到了如下结论:

(1) $C\text{-}\gamma\text{-}Re_\theta$ 转捩模型通过了高超声速尖锥、椭锥风洞实验数据的验证,在对 HyTRV 的转捩预测与分析中,转捩判据分布与稳定性分析 N 值分布具有相似性,模型预测的转捩起始位置整体轮廓与风洞试验温敏漆测量结果基本一致。转捩模型具备高超声速横流转捩预测能力。

(2) $C\text{-}\gamma\text{-}Re_\theta$ 转捩模型存在一定的局限性:采用当地流向涡强度近似表示横流强度,会将流向涡强度较大的区域误判为强横流区,使转捩提前,导致模型预测性能失效。采用非当地的横流雷诺数判据,仍然不能避免这个问题。

(3)风洞实验、稳定性分析与转捩模型预测的综合研究表明:对 HyTRV 外形绕流,0°攻角情况下,下表面转捩区域较大,由横流模态主导;上表面存在多个较小的横流转捩区域。随着攻角增加,下表面周向压力梯度降低,横流强度减弱,导致横流转捩位置后退直至消失;上表面周向压力梯度多区域分布,形成多个区域横流和流向分离涡,导致转捩问题复杂。增加雷诺数,模型预测与风洞实验的下表面转捩位置同步前移,边界层更容易发生转捩。分析表明,HyTRV 外形表面存在明显的横流转捩区域,该外形可以作为横流转捩的标准模型。

5.4 小　　结

高超声速边界层转捩具有多因素综合影响、多模态共存的复杂非线性特征,其研究难度较大。真实条件下的高超声速边界层转捩具有典型三维流动特征,存在着第一模态、第二模态、Görtler 不稳定性、附着线不稳定性以及横流不稳定性等,而横流模态往往是其主导模态之一。

在高精度数值模拟、稳定性理论以及转捩模型等高超声速边界层转捩预测手段中,转捩模型是较具有工程应用前景的一种方法。高超声速三维边界层转捩模型,既可以通过对低速模型的高超声速修正与拓展,也可以通过直接进行高超声速转捩建模的方法来实现。不同模型在判据集的通用性、模型普适性、模型当地化等方面存在一定差异。未来高超声速三维边界层转捩模型应向物理意义更强、经验性更低、适用范围更广的方向发展。

高超声速三维构型的全外形多状态转捩精准预测,对转捩模型而言是一个挑战。HyTRV 升力体是一款具备真实高超声速飞行器典型特征的转捩预测标模,其表面存在多个不同模态的独立转捩区域,可用于横流转捩模型性能的测试。由 $C\text{-}\gamma\text{-}Re_\theta$ 模型预测的 HyTRV 表面转捩阵面取得了与风洞实验、稳定性分析一致的预测结果,验证了模型具备一定的高超声速三维边界层转捩预测能力。

参 考 文 献

[1] 陈坚强，涂国华，张毅锋，等. 高超声速边界层转捩研究现状与发展趋势[J]. 空气动力学学报，2017，35(3)：311 - 337.

[2] 苏彩虹. 高超声速边界层转捩预测中的关键科学问题——感受性、扰动演化及转捩判据研究进展[J]. 空气动力学学报，2020，38(2)：355 - 367.

[3] 周恒，张涵信. 有关近空间高超声速边界层转捩和湍流的两个问题[J]. 空气动力学报，2017，35(2)：151 - 155.

[4] FEDOROV A. Transition and stability of high speed boundary layers[J]. Annual Review of Fluid Mechanics，2011(43)：79 - 95.

[5] 万兵兵. 考虑熵层高超声速钝头体边界层的感受性问题研究[D]. 天津：天津大学，2018.

[6] MACK L M. Boundary layer linear stability theory[R]. Brussels：AGARD，1984.

[7] ARNAL D. Predictions based on linear theory[R]. Brussels：AGARD，1994.

[8] 向星皓，张毅锋，陈坚强，等. 横流转捩模型研究进展[J]. 空气动力学学报，2018，36(2)：254 - 264.

[9] 陈坚强，袁先旭，涂国华，等. 高超声速边界层转捩的几点认识[J]. 中国科学：物理学 力学 天文学，2019，49(11)：125 - 138.

[10] REED H，SARIC W，ARNAL D. Linear stability theory applied to boundary layers[J]. Annual Review of Fluid Mechanics，1996(28)：389 - 428.

[11] BALAKUMAR P，MALIK M. Discrete modes and continuous spectra in supersonic boundary layer[J]. Journal of Fluid Mechanics，1992(239)：631 - 656.

[12] MALIK M R，LI F，CHANG C L. Crossflow disturbances in three-dimensional boundary layers：nonlinear development，wave interaction and secondary instability[J]. Journal of Fluid Mechanics，1994(268)：1 - 36.

[13] XIANG X H，CHEN J Q，YUAN XX，et al. Cross-flow transition model predictions of hypersonic transition research vehicle[J]. Aerospace Science and Technology，2022(122)：107327.

[14] GÖRTLER H. Instabilita-umt laminarer grenzchichten an konkaven wäden gegenber gewissen dreidimensionalen störungen[J]. ZAMM，1941(21)：250 - 252.

[15] SARIC W S. Görtler vortices[J]. Annual Review of Fluid Mechanics. 1994(26)：379 - 409.

[16] 徐国亮，符松. 可压缩横流失稳及其控制[J]. 力学进展，2012，42(3)：262 - 273.

[17] RADEZTSKY R H，Jr，REIBERT M S，SARIC W S. Development of stationary crossflow vortices on a swept wing[R]. Reston：AIAA，1994.

[18] JULIANO T J. Instability and transition on the HIFiRE-5 in a Mach 6 quiet tunnel[D]. West Lafayette：Purdue University，2010.

[19] 陈久芬，徐洋，蒋万秋，等. 升力体外形高超声速边界层转捩红外测量实验[J]. 实验流体力学，2022(36)：1－9.

[20] 陈坚强，涂国华，万兵兵，等. HyTRV 流场特征与边界层稳定性特征分析[J]. 航空学报，2021，42(6)：264－279.

[21] JULIANO T J, POGGIE J, PORTER K M, et al. HIFiRE-5b heat flux and boundary-layer transition[J]. Journal of Spacecraft and Rockets, 2018, 55(6)：1315－1328.

[22] JULIANO T J, BORG M P, SCHNEIDER S P. Quiet tunnel measurements of HIFiRE-5 boundary-layer transition[J]. AIAA Journal, 53(4)：832－846.

[23] BORG M P, KIMMEL R L. Simultaneous infrared and pressure measurements of crossflow instability modes for HIFiRE-5[C]//54th AIAA Aerospace Sciences Meeting, January 04－08, 2016, San Diego, California. Reston：AIAA, 2016：0354.

[24] JULIANO T J, PAQUIN L, BORG M P. Measurement of HIFiRE-5 boundary-layer transition in a Mach-6 quiet tunnel with infrared thermography[C]//54th AIAA Aerospace Sciences Meeting, January 04－08, 2016, San Diego, California. Reston：AIAA, 2016：0595.

[25] BORG M, KIMMEL R, STANFIELD S. HIFiRE－5 attachment-line and cross-flow instability in a quiet hypersonic wind tunnel[C]//41st AIAA Fluid Dynamics Conference and Exhibit, June 27－30, 2011, Honolulu, Hawaii. Reston：AIAA, 2011：3247.

[26] BORG M, KIMMEL R, STANFIELD S. Crossflow instability for HIFiRE-5 in a quiet hypersonic wind tunnel[C]// 42nd AIAA Fluid Dynamics Conference and Exhibit. New Orleans：AIAA, 2011.

[27] FRANK C, SCOTT A B. HyBoLT flight experiment[R]. Washington, D. C.：NASA, 2010.

[28] SCOTT A B, AARON H A, AUTHUR DD, et al. Hypersonic boundary-layer trip development for Hyper-X [J]. Journal of Spacecraft and Rockets, 2001, 38(6)：853－864.

[29] HANK J M, MURPHY J S, MUTZMAN R C. The X-51scramjet engine flight demonstration program[R]. Reston：AIAA, 2008.

[30] 周恒，赵耕夫. 流动稳定性[M]. 北京：国防工业出版社，2004.

[31] 向星皓，张毅锋，袁先旭，等. C-γ-Re_θ 高超声速三维边界层转捩预测模型[J]. 航空学报，2021，42(9)：196－204.

[32] HERBERT T. Secondary instability of plane channel flow to subharmonic 3D-disturbances[J]. Physicals of Fluids, 1983, 26(4)：871－874.

[33] LN R S, MALIK M R. On the stability of attachment line boundary layers, Part 1：the incompressible swept Hiemenz flow[J]. Journal of Fluid Mechanics, 1996 (311)：239－255.

[34] 赵磊，罗纪生. 高超声速三维边界层中横流定常涡的二次失稳[C]//第九届全国流

体力学学术会议,南京,2016.10. 20 - 23 日. 北京：中国力学学会，2016：21 - 22.

[35]　GRAY W E. The effect of wing sweep on laminar flow[R]. Columbia：RAETM Aero，1952.

[36]　OWEN P R，RANDALL D J. Boundary-layer transition on a swept-back wing [R]. Columbia：RAETM Aero，1952.

[37]　KOHAMA Y，DAVIS S S. A new parameter for predicting crossflow instability [J]. JSME International Journal Series B Fluids and Thermal Engineering，1993，36(1)：80 - 85.

[38]　ARNAL D，HABIBALLAH M，COUTOLS E. Theory of laminar instability and transition criteria in two and three dimensional flow[J]. The Aerospace Research，1984，33(2)：125 - 143.

[39]　GRABE C，KRUMBEIN A. Extension of the γ-$Re_{\theta t}$ model for prediction of cross-flow transition[C]//52nd aerospace sciences meeting，January 13 - 17，2014，National Harbor，Maryland. Reston：AIAA，2014：1269.

[40]　MÜLLER C，HERBST F. Modelling of crossflow-induced transition based on local variables[J]. ECCOMAS Paper，2014，225：72 - 84.

[41]　SPALART P，ALLMARAS S. A one-equation turbulence model for aerodynamic flows[C]//30th aerospace sciences meeting and exhibit，January 06 - 09，1992，Reno，Nevada. Reston：AIAA，1992：439.

[42]　MENTER F. Zonal two equation k-ω turbulence models for aerodynamic flows [C]//23rd fluid dynamics，plasmadynamics，and lasers conference，July 06 - 09，1993，Orlando，Florida. Reston：AIAA，1993：2906.

[43]　符松，王亮. 湍流转捩模式研究进展[J]. 力学进展，2007，37(3)：409 - 416.

[44]　MEDIDA S，BAEDER J. A new crossflow transition onset criterion for RANS turbulence models[C]//21st AIAA computational fluid dynamics conference，June 24 - 27，2013，San Diego，California. Reston：AIAA，2013：3081.

[45]　王亮. 高超音速边界层转捩的模式研究[D]. 北京：清华大学，2008.

[46]　周玲，阎超，郝子辉，等. 转捩模式与转捩准则预测高超声速边界层流动[J]. 航空学报，2016，37(4)：1092 - 1102.

[47]　ZHANG Y，ZHANG Y，CHEN J，et al. Numerical simulations of hypersonic boundary layer transition based on the flow solver chant 2. 0[C]//21st AIAA International Space Planes and Hypersonics Technologies Conference，March 06 - 09，2017，Xiamen，China. Reston：AIAA，2017：2409.

[48]　REED H L，HAYNES T S. Transitioncorrelation in 3 - D boundary Layers[J]. AIAA Journal，1994，32(5)：923 - 945.

[49]　WATANABE Y，MISAKA T，OBAYASHI S，et al. Application of crossflow transition criteria to local correlation-based transition model[C]//47th AIAA Aerospace Sciences Meeting including The New Horizons Forum and Aerospace Exposition，January 05 - 08，2009，Orlando，Florida. Reston：AIAA，2009：1145.

[50] Langtry R. Extending the gamma-rethetat correlation based transition model for crossflow effects[C]//45th AIAA fluid dynamics conference, June 22 – 26, 2015, Dallas, Texas. Reston：AIAA, 2015：2474.

[51] XING H X, HAI J R, YI F Z, et al. Transition prediction with hypersonic crossflow model on HIFiRE – 5[C]//The 11th Asia Conference on Mechanical and Aerospace Engineering, December 25 – 27, 2021, Chengdu, China. Hong Kong：WASE 1786(1)：012051.

[52] GRABE C, KRUMBEIN A. Correlation-based transition transport modeling for three-dimensional aerodynamic configurations [J]. Journal of Aircraft, 2013, 50(5)：1533 – 1539.

[53] CHOI J, KWON O J. Recent improvement of a correlation-based transition turbulence model for simulating three-dimensional boundary layers[C]//22nd AIAA computational fluid dynamics conference, June 22 – 26, 2015, Dallas, Texas. Reston：AIAA, 2015：2762.

[54] CHOI J H, KWON O J. Enhancement of a correlation-based transition turbulence model for simulating crossflow instability[J]. AIAA Journal, 2015, 53(10)：3063 – 3072.

[55] 徐家宽, 白俊强, 乔磊, 等. 横流不稳定性转捩预测模型[J]. 航空学报, 2015, 36(6)：1814 – 1822.

[56] VIZINHO R, MORGADO J, PASCOA J, et al. Analysis of transitional flow in 3D geometries using a novel phenomenological model[J]. Aerospace Science and Technology, 2015(45)：431 – 441.

[57] BOLTZ F W, KENYON G C, ALLEN C Q. Effects of sweep angle on the boundary-layer stability characteristics of an untapered wing at low speeds[R]. Washington,D. C.：NASA, 1960.

[58] SCOTT-WILSON J B, CAPPS D S. Windtunnel observations of boundary layer transition on two sweptback wings at a mach number of 1. 61[M]. RAE, 1954.

[59] DAGENHART J R. Amplified crossflow disturbances in the laminar boundary layer on swept wings with suction[R]. Washington,D. C.：NASA, 1982.

[60] CHAPMAN G T. Some effects of leading-edge sweep on boundary-layer transition at supersonic speeds[M]. Washington,D. C.：NASA, 1961.

[61] 史亚云, 白俊强, 华俊, 等. 基于当地变量的横流转捩预测模型的研究与改进[J]. 航空学报, 2016, 37(3)：780 – 789.

[62] TU G H, DENG X G, MAO M L. Validation of a RANS transition model using a high-order weighted compact nonlinear scheme[J]. Science China, Physics (Mechanics & Astronomy), 2013, 56(4)：1 – 7.

[63] LANGTRY R, MENTER F. Transition modeling for general CFD applications in aeronautics[C]//43rd AIAA aerospace sciences meeting and exhibit, January 10 – 13, 2005, Reno, Nevada. Reston：AIAA, 2005：522.

[64] LANGTRY R B, MENTER F R. Correlation-based transition modeling for un-

structured parallelized computational fluid dynamics codes[J]. AIAA Journal, 2009, 47(12): 2894 - 2906.

[65] XU J L, ZHANG Y, BAI J Q. One-equation turbulence model based on extended-bradshaw assumption[J]. AIAA Journal, 2015, 53(6): 1433 - 1441.

[66] WARREN E S, HASSAN H A. Transition closure model for predicting transition onset[J]. Journal of Aircraft, 1998, 35(5): 769 - 775.

[67] 章梓雄, 董曾南. 黏性流体力学[M]. 北京: 清华大学出版社, 1998.

[68] 徐晶磊, 周禹, 乔磊, 等. 基于湍动能输运的一方程转捩模型[J]. 推进技术, 2019, 40(4): 741 - 749.

[69] 王浩, 徐晶磊. CKDO 一方程模型计算高超声速横流转捩[J]. 空气动力学学报, 2023, 41(2): 75 - 82.

[70] SHE Z S, CHEN X, HUSSAIN F. Quantifying wall turbulence via a symmetry approach: a lie group theory[J]. Journal of Fluid Mechanics, 2017(827): 322 - 356.

[71] 佘振苏, 唐帆, 肖梦娟. 面向精准工程湍流模型的理论研究[J]. 空气动力学学报, 2019, 37(1): 1 - 18.

[72] 毕卫涛, 唐帆, 胡永煌, 等. 基于结构系综理论发展可靠工程转捩模型的一种新思路[J]. 空气动力学学报, 2020, 38(6): 1136 - 1148.

[73] 肖梦娟. 基于结构系综理论的新型工程湍流模型[D]. 北京: 北京大学, 2019.

[74] 唐帆. k-ω 模型与边界层转捩流动中的结构系综研究[D]. 北京: 北京大学, 2020.

[75] 胡永煌. 应用于高超尖锥转捩的 SED-SL 湍流模型研究[D]. 北京: 北京大学, 2020.

[76] MENTER F R, LANGTRY R B, LIKKI S R, et al. A correlation-based transition model using local variables-part I: model formulation[J]. Journal of Turbomachinery, 2006, 128(3): 413 - 422.

[77] LANGTRY R B, MENTER F R, LIKKI S R, et al. A correlation-based transition model using local variables-part II: test cases and industrial applications[J]. Journal of Turbomachinery, 2006, 128(3): 423 - 434.

[78] NIE S, KRIMMELBEIN N, KRUMBEIN A, et al. Extension of a Reynolds-stress-based transition transport model for crossflow transition[J]. Journal of Aircraft, 2018, 55(4): 1641 - 1654.

[79] 张毅锋, 向星皓, 万兵兵, 等. 一种基于稳定性方法的横流转捩实验数据拓展技术: ZL202010116102.5[P]. 2021 - 11 - 09.

[80] 符松, 王亮. 基于雷诺平均方法的高超音速边界层转捩模拟[J]. 中国科学: 物理学 力学 天文学, 2009, 39(4): 617 - 626.

第6章　高超声速真实气体效应数值模拟

近几十年来,各航天大国的载人航天、火星探测等任务蓬勃发展。航天探测器在返回地球大气层或进入火星大气层阶段,飞行速度通常极快(2006年美国Stardust返回舱进入地球大气层时,最高速度甚至达到了12.6 km/s[1])。在头部激波的强压缩作用下,气体粒子会发生多种能量模式的激发、转换以及化学反应,这种真实气体效应导致探测器所面临的气动力/热环境更为复杂,对探测器的精确控制及热防护系统设计构成了严峻挑战。

同大多数流动类似,真实气体效应的研究目前也主要有风洞实验、数值模拟以及飞行试验三种手段。当前国内外较为著名的高焓风洞有美国NASA的HYPULSE风洞[2]、美国加州理工学院的T5风洞[3-5]、中国科学院力学研究所的JF-16风洞[6]等。高焓风洞的建成运行,为真实气体效应的研究提供了重要支撑,但同时也存在着若干问题,如:风洞来流段喷管中的非平衡效应可能导致试验气体热化学性质发生改变;同时模拟高空条件下高焓高马赫数流动难度巨大;模型缩比、相似率、洞壁干扰等问题使得精确测量更加困难。飞行试验虽然可以还原真实的物理情况,但存在成本高昂、试验风险与不确定性较大、测量的试验数据量有限等问题,因此仅在最终的验证和确认阶段使用[7]。相对而言,随着计算方法及物理化学模型的不断发展,以及计算资源的大幅增加,CFD方法已经成为研究真实气体效应不可或缺的手段。CFD方法具备使用成本较低、适应各种工况能力较强、可以捕捉到流动细节等诸多优点,因而在航天探测器的流场预测和气动力/热环境分析方面得到了广泛应用。

本章内容围绕真实气体效应的数值计算方法及工程应用展开,共分为三节。6.1节介绍真实气体效应的基本概念和特点,并梳理其对高超声速流场和气动力/热环境预测的主要影响。6.2节主要介绍相关数值计算方法,包括控制方程、物理化学模型、计算格式及边界条件等。其中,物理化学模型重点介绍热力学模型、输运系数模型、化学反应模型、平动能和振动能的松弛模型、振动-离解耦合模型等。6.3节以"阿波罗"飞船和"凤凰号"火星探测器为例,对地球大气和火星大气环境下非平衡流场进行数值模拟与分析。

6.1　真实气体效应概述

在高超声速飞行过程中,由于强激波压缩和黏性滞止,激波后的气体温度急剧升高。高温导致气体粒子多种能量模式的激发和转换,并伴随着一系列化学反应。上述变化使得传统的完全气体假设失效,高温流场中的气体呈现"非完全气体"的性质。这种复杂的物理化学现象以及由此引起的流场和飞行器性能的显著改变,通常被称为"真实气体效应"或者"高温效应"[8]。

　　图 6-1 以半径为 30.5 cm 的圆球为例,给出了不同飞行高度和飞行速度条件下,驻点区域的热化学反应状态。可以看出,真实气体效应具有以下特征。

具有化学和热力学非平衡的区域	
区域	空气热现象
Ⓐ	化学和热力学平衡
Ⓑ	热力学平衡化学非平衡
Ⓒ	热化学非平衡

高温空气中的化学物质		
区域	空气化学模型	存在的物质
Ⓘ	2种物质	O_2,N_2
Ⓘ	5种物质	O_2,N_2,O,N,NO
Ⓘ	7种物质	O_2,N_2,O,N,NO,NO^+,e^-
Ⓘ	11种物质	$O_2,N_2,O,N,NO,O_2^+,N_2^+,O^+,N^+,NO^+,e^-$

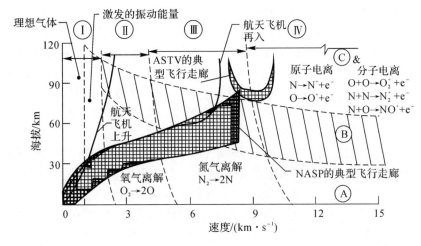

图 6-1　驻点区域空气的热化学反应状态(半径为 30.5 cm 的圆球)[9]

　　一方面,真实气体效应会改变气体的热力学性质。以地球大气为例,根据统计热力学可知,空气中分子的内能包含平动能、转动能、振动能和电子能,而原子的内能包含平动能和电子能。根据气体的热力学特性,可将其分为以下类型[8]:

　　(1)量热完全气体。当温度相对较低时,气体内能主要包含分子的平动能、转动能以及原子的平动能。此时,热力学能是温度的线性函数,比定压热容 c_p 和比定容热容 c_V 均为常数,二者比值(即比热比 γ)亦为常数(见图 6-1 中Ⅰ区域)。

　　(2)热完全气体。当气体温度超过 800 K 时,分子内部的振动能开始激发。由于振动能与温度不满足线性关系,所以总的热力学能、比定压热容和比定容热容均变成温度的非线性函数,比热比也不再保持常数(见图 6-1 中Ⅱ区域)。

　　(3)化学反应完全气体混合物。此时气体温度升高到引起流场发生离解、复合、置换、电离等一系列化学反应,热力学能也变成了温度和反应组分浓度的复杂函数(见图 6-1 中Ⅲ和Ⅳ域)。

　　在高温条件下,不同模式的能量之间存在差异,并以粒子碰撞的方式实现能量交换从而逐步趋于平衡状态,这一过程被称为能量松弛,对应的特征时间称为松弛时间[8]。当松弛时间远小于流动的特征时间时,不同模式的能量几乎瞬间达到平衡状态。此时,可采用统一的温度来描述不同的能量模式(通常采用平动温度 T),该情况下的流动称为热力学平衡流[8]。

当松弛时间与流动的特征时间可以比拟时,需要采用不同的温度来描述不同的能量模式(通常采用平动温度 T、振动温度 T_v,更高温度条件下还会添加电子温度 T_{el}),此时的流动称为热力学非平衡流[8]。

另一方面,真实气体效应会改变气体的化学组分。同样,以地球大气为例,在一个标准大气压下,当空气的温度超过 2 000 K 时,氧气分子(O_2)开始离解,生成氧原子(O)。当温度升至 4 000 K 时,O_2 几乎离解完毕,氮气分子(N_2)开始离解,生成氮原子(N)。而当温度上升至 9 000 K 时,N_2 几乎完全离解,空气中的分子和原子开始发生电离[8]。

为了区分气体的化学状态,国外有学者引入了达姆科勒数 Da 作为判据[10],即 $Da = \tau_f/\tau_c$。其中:τ_f 代表流动的特征时间,即流体微团经过流场的时间;τ_c 表示化学反应的特征时间,即化学反应达到平衡所需要的时间。当 $Da \ll 1$ 时,意味着各组分的化学反应速率极快,并根据当地的环境(主要是压力和温度)瞬间调整到平衡状态,此时的流动称为化学平衡流。当 $Da \gg 1$ 时,意味着各组分来不及进行化学反应就已经通过流场,此时的流动称为化学冻结流。而当化学反应的特征时间和流动的特征时间处于可比拟的范围时,流体微团一边通过流场一边发生着有限速率的化学反应,对流扩散项和组分的生成及毁灭项均对组分控制方程有重要的影响,此时的流动称为化学非平衡流动。从某种意义上说,化学平衡流和化学冻结流是化学非平衡过程的两个特例[11]。

需要说明的是,当流动同时处于热力学非平衡和化学非平衡状态时,则称该流动为热化学非平衡流动[12];而当流动处于热力学平衡而化学非平衡状态时,则称该流动为热力学平衡化学非平衡流动[12]。本章的研究即针对上述两类流动状态开展。

真实气体效应通常出现在再入/进入大气层的探测器以及弹道导弹和临近空间飞行器等周边,其对飞行器的气动特性与设计工作主要有以下影响[13]:

(1)真实气体效应引起流场中的激波位置和强度、复杂波系干扰的位置和强度、分离区尺寸等发生变化,进而对飞行器的流场结构和气动力/热特性产生影响。

(2)真实气体效应引起激波层内能量模式的激发以及离解、电离等吸热反应的发生,这会大幅降低流场温度,进而影响飞行器的气动加热特性。此外,气体原子在壁面材料的催化作用下发生复合反应释放热量,也可能改变飞行器表面的气动加热情况。

(3)极高温条件下,真实气体效应会引起空气组分电离,在飞行器表面附近形成等离子体"鞘套",影响甚至中断飞行器的正常通信(黑障)。

(4)真实气体效应引起高温辐射现象,会改变流场的气动光学特性,继而影响飞行器的识别跟踪。

此外,真实气体效应与复杂湍流、壁面烧蚀等相互耦合,大幅提高了对高超声速流动的预测难度,而这也正是目前国际上公认的一个前沿热点和难题[14-16]。对真实气体效应开展数值模拟研究,不仅具有重要的工程实践意义,同时也具有极高的学术研究价值。

6.2　真实气体效应数值计算方法

传统的完全气体 RANS 方程难以准确描述高温热化学非平衡流动现象,需要引入组分输运方程、振动能输运方程,以及各类物理化学模型等。本节将对所涉及的流动控制方程、物理化学模型、数值计算格式以及边界条件等进行阐述。

6.2.1　流动控制方程

在三维直角坐标系下,热化学非平衡流守恒形式的控制方程为

$$\frac{\partial \boldsymbol{Q}}{\partial t}+\frac{\partial \boldsymbol{F}_{\mathrm{c}}}{\partial x}+\frac{\partial \boldsymbol{G}_{\mathrm{c}}}{\partial y}+\frac{\partial \boldsymbol{H}_{\mathrm{c}}}{\partial z}=\frac{\partial \boldsymbol{F}_{\mathrm{v}}}{\partial x}+\frac{\partial \boldsymbol{G}_{\mathrm{v}}}{\partial y}+\frac{\partial \boldsymbol{H}_{\mathrm{v}}}{\partial z}+\boldsymbol{S} \tag{6.1}$$

式中:$\boldsymbol{Q}$ 为守恒量矢量;$\boldsymbol{F}_{\mathrm{c}}$、$\boldsymbol{G}_{\mathrm{c}}$ 和 $\boldsymbol{H}_{\mathrm{c}}$ 分别为无黏对流项矢量;$\boldsymbol{F}_{\mathrm{v}}$、$\boldsymbol{G}_{\mathrm{v}}$ 和 $\boldsymbol{H}_{\mathrm{v}}$ 分别为黏性项矢量;$\boldsymbol{S}$ 为化学反应源项。各矢量的具体表达式如下:

$$
\boldsymbol{Q}=\begin{Bmatrix} \rho_s \\ \rho u \\ \rho v \\ \rho w \\ \rho E \\ \rho e_{\mathrm{v}} \end{Bmatrix},\quad
\boldsymbol{S}=\begin{Bmatrix} \omega_s \\ 0 \\ 0 \\ 0 \\ 0 \\ \omega_{\mathrm{v}} \end{Bmatrix},\quad
\boldsymbol{F}_{\mathrm{c}}=\begin{Bmatrix} \rho_s u \\ \rho u^2+p \\ \rho uv \\ \rho uw \\ \rho Hu \\ \rho e_{\mathrm{v}} u \end{Bmatrix},\quad
\boldsymbol{G}_{\mathrm{c}}=\begin{Bmatrix} \rho_s v \\ \rho vu \\ \rho v^2+p \\ \rho vw \\ \rho Hv \\ \rho e_{\mathrm{v}} v \end{Bmatrix},\quad
\boldsymbol{H}_{\mathrm{c}}=\begin{Bmatrix} \rho_s w \\ \rho uw \\ \rho vw \\ \rho w^2+p \\ \rho Hw \\ \rho e_{\mathrm{v}} w \end{Bmatrix}
$$

$$
\boldsymbol{F}_{\mathrm{v}}=\begin{Bmatrix} \rho D_s \dfrac{\partial Y_s}{\partial x} \\ \tau_{xx} \\ \tau_{xy} \\ \tau_{xz} \\ u\tau_{xx}+v\tau_{xy}+w\tau_{xz}-q_x \\ -q_{\mathrm{v},x}+\rho\sum\limits_{s=1}^{ns}D_s h_{\mathrm{vs}}\dfrac{\partial Y_s}{\partial x} \end{Bmatrix},\quad
\boldsymbol{G}_{\mathrm{v}}=\begin{Bmatrix} \rho D_s \dfrac{\partial Y_s}{\partial y} \\ \tau_{xy} \\ \tau_{yy} \\ \tau_{yz} \\ u\tau_{xy}+v\tau_{yy}+w\tau_{yz}-q_y \\ -q_{\mathrm{v},y}+\rho\sum\limits_{s=1}^{ns}D_s h_{\mathrm{vs}}\dfrac{\partial Y_s}{\partial y} \end{Bmatrix}
$$

$$
\boldsymbol{H}_{\mathrm{v}}=\begin{Bmatrix} \rho D_s \dfrac{\partial Y_s}{\partial z} \\ \tau_{xz} \\ \tau_{zy} \\ \tau_{zz} \\ u\tau_{xz}+v\tau_{zy}+w\tau_{zz}-q_z \\ -q_{\mathrm{v},z}+\rho\sum\limits_{s=1}^{ns}D_s h_{\mathrm{vs}}\dfrac{\partial Y_s}{\partial z} \end{Bmatrix} \tag{6.2}
$$

式中:ρ_s 为组分 s 的密度,ρ 为混合气体的总密度,u、v 和 w 分别为 x、y 和 z 方向的速度;Y_s 为组分 s 的质量分数;E、H 和 e_{v} 分别为单位质量混合气体的总能、总焓和振动能;h_s 和 h_{vs} 分别为组分 s 单位质量的静焓和振动焓;D_s 为组分 s 的质量扩散系数;q_x、q_y 和 q_z 分别为总热流在 x、y 和 z 方向的分量;$q_{\mathrm{v},x}$、$q_{\mathrm{v},y}$ 和 $q_{\mathrm{v},z}$ 分别为振动热在 x、y 和 z 方向的分量;ω_s 为组分 s 的生成率源项;ω_{v} 为振动能源项;各黏性应力分量参见第 2 章式(2.5)。

热传导项分别为

$$\left.\begin{array}{llll} q_x = q_{\mathrm{tr},x} + q_{\mathrm{v},x} + q_{\mathrm{d},x}, & q_{\mathrm{tr},x} = -k_{\mathrm{tr}}\dfrac{\partial T}{\partial x}, & q_{\mathrm{v},x} = -k_{\mathrm{v}}\dfrac{\partial T_{\mathrm{v}}}{\partial x}, & q_{\mathrm{d},x} = -\rho\displaystyle\sum_{s=1}^{ns}D_s h_s\dfrac{\partial Y_s}{\partial x} \\[3mm] q_y = q_{\mathrm{tr},y} + q_{\mathrm{v},y} + q_{\mathrm{d},y}, & q_{\mathrm{tr},y} = -k_{\mathrm{tr}}\dfrac{\partial T}{\partial y}, & q_{\mathrm{v},y} = -k_{\mathrm{v}}\dfrac{\partial T_{\mathrm{v}}}{\partial y}, & q_{\mathrm{d},y} = -\rho\displaystyle\sum_{s=1}^{ns}D_s h_s\dfrac{\partial Y_s}{\partial y} \\[3mm] q_z = q_{\mathrm{tr},z} + q_{\mathrm{v},z} + q_{\mathrm{d},z}, & q_{\mathrm{tr},z} = -k_{\mathrm{tr}}\dfrac{\partial T}{\partial z}, & q_{\mathrm{v},z} = -k_{\mathrm{v}}\dfrac{\partial T_{\mathrm{v}}}{\partial z}, & q_{\mathrm{d},z} = -\rho\displaystyle\sum_{s=1}^{ns}D_s h_s\dfrac{\partial Y_s}{\partial z} \end{array}\right\} \tag{6.3}$$

式中：$q_{\mathrm{d},x}$、$q_{\mathrm{d},y}$ 和 $q_{\mathrm{d},z}$ 分别为组分扩散热在 x、y 和 z 方向的分量；k_{tr} 和 k_{v} 分别为平动热传导系数和振动热传导系数。

6.2.2 物理化学模型

相比于传统的完全气体流动数值模拟,热化学非平衡流动数值模拟由于考虑了振动能的激发和化学反应的发生,需要增加多种复杂的物理化学模型,如化学反应动力学模型、平动能和振动能的松弛模型、振动-离解耦合模型等。此外,另一些物理模型,如热力学模型、输运系数模型等,在模型构造、参数选取和适用范围等方面,与传统的完全气体流动下的相应模型也存在明显不同。本小节将对涉及的物理化学模型逐一作介绍。

1. 热力学模型

多组分混合气体的总能 E 和总焓 H 分别为[17]

$$\left.\begin{array}{l} E = e + \dfrac{1}{2}(u^2 + v^2 + w^2) \\[3mm] H = E + \dfrac{p}{\rho} \end{array}\right\} \tag{6.4}$$

式中：e 代表混合气体的内能,它是由各组分内能 e_s 按照质量分数 Y_s 加权得到的,即

$$e = \sum_{s=1}^{ns}Y_s \cdot e_s \tag{6.5}$$

根据统计热力学可知,分子内能 e 包含平动能 e_{t}、转动能 e_{r}、振动能 e_{v} 和电子能 e_{el}。原子内能 e 包含平动能 e_{t} 和电子能 e_{el}。鉴于电子能的激发温度通常很高[8],本书忽略其对总内能的贡献,则组分 s 的内能为

$$e_s = \begin{cases} e_{\mathrm{tr},s} + e_{\mathrm{v},s} + e_{0,s} & (s\text{ 代表分子}) \\ e_{\mathrm{t},s} + e_{0,s} & (s\text{ 代表原子}) \end{cases} \tag{6.6}$$

根据统计热力学,内能的求解常采用配分函数法[8]。本书的热化学非平衡流计算采用 Park 的双温模型假设,这意味着平动能和转动能可迅速达到平衡,可以采用统一的平动温度 T 表征。假设不同能级的振动能满足谐振子假设,可以采用统一的 T_{v} 表征[17],从而有

$$e_{\mathrm{tr},s} = \begin{cases} e_{\mathrm{t},s} + e_{\mathrm{r},s} = \dfrac{5}{2}\dfrac{R_{\mathrm{u}}T}{M_s} & (s\text{ 代表分子}) \\[3mm] e_{\mathrm{t},s} = \dfrac{3}{2}\dfrac{R_{\mathrm{u}}T}{M_s} & (s\text{ 代表原子}) \end{cases}, \quad e_{\mathrm{v},s} = \begin{cases} \dfrac{R_{\mathrm{u}}}{M_s}\dfrac{\theta_{\mathrm{vs}}}{\exp(\theta_{\mathrm{vs}}/T_{\mathrm{v}})-1} & (s\text{ 代表分子}) \\[3mm] 0 & (s\text{ 代表原子}) \end{cases} \tag{6.7}$$

式中：θ_{vs} 表示组分 s 的特征振动温度,详细数值参见文献[17]。

比定容热容 c_V 和比定压热容 c_p 作为气体的重要参数,在数值计算中经常用到。组分 s 的比定容热容表达式为[17]

$$c_{V,s} = c_{V,\mathrm{tr},s} + c_{V,v,s}, \quad c_{V,\mathrm{tr},s} = c_{V,t,s} + c_{V,r,s} \left.\begin{array}{r} \\ \end{array}\right\}$$
$$c_{V,t,s} = \left(\frac{\partial e_{t,s}}{\partial T}\right), \quad c_{V,r,s} = \left(\frac{\partial e_{r,s}}{\partial T}\right), \quad c_{V,v,s} = \left(\frac{\partial e_{v,s}}{\partial T_\mathrm{v}}\right)_\mathrm{v} \tag{6.8}$$

具体表达式为

$$c_{V,\mathrm{tr},s} = \begin{cases} 2\dfrac{R_\mathrm{u}}{M_s} & (s\ \text{代表分子}) \\[3mm] \dfrac{3}{2}\dfrac{R_\mathrm{u}}{M_s} & (s\ \text{代表原子}) \end{cases}, \quad c_{V,v,s} = \begin{cases} \dfrac{R_\mathrm{u}}{M_s}\left(\dfrac{\theta_{v,s}}{T_\mathrm{v}}\right)^2 \dfrac{\exp(\theta_{v,s}/T_\mathrm{v})}{[\exp(\theta_{v,s}/T_\mathrm{v})-1]^2} & (s\ \text{代表分子}) \\[3mm] 0 & (s\ \text{代表原子}) \end{cases} \tag{6.9}$$

组分 s 的比定压热容表达式为

$$c_{p,s} = c_{V,s} + \frac{R_\mathrm{u}}{M_s} \tag{6.10}$$

作为火星大气主要组分的 CO_2，其平动能和转动能表达形式与双原子分子的一致。CO_2 分子结构为三个原子直线排列，使得它有三个振动模态，振动能表达形式与双原子的存在显著差异。振动能的具体表达式为

$$e_{v,CO_2} = \frac{R_\mathrm{u}}{M_{CO_2}}\frac{\theta_{v,CO_2}^1}{\exp(\theta_{v,CO_2}^1/T_\mathrm{v})-1} + 2\frac{R_\mathrm{u}}{M_{CO_2}}\frac{\theta_{v,CO_2}^2}{\exp(\theta_{v,CO_2}^2/T_\mathrm{v})-1} + \frac{R_\mathrm{u}}{M_{CO_2}}\frac{\theta_{v,CO_2}^3}{\exp(\theta_{v,CO_2}^3/T_\mathrm{v})-1} \tag{6.11}$$

继而，有

$$c_{V,v,CO_2} = \frac{R_\mathrm{u}}{M_{CO_2}}\left(\frac{\theta_{v,CO_2}^1}{T_\mathrm{v}}\right)^2 \frac{\exp(\theta_{v,CO_2}^1/T_\mathrm{v})}{[\exp(\theta_{v,CO_2}^1/T_\mathrm{v})-1]^2} + 2\frac{R_\mathrm{u}}{M_{CO_2}}\left(\frac{\theta_{v,CO_2}^2}{T_\mathrm{v}}\right)^2 \frac{\exp(\theta_{v,CO_2}^2/T_\mathrm{v})}{[\exp(\theta_{v,CO_2}^2/T_\mathrm{v})-1]^2} +$$
$$\frac{R_\mathrm{u}}{M_{CO_2}}\left(\frac{\theta_{v,CO_2}^3}{T_\mathrm{v}}\right)^2 \frac{\exp(\theta_{v,CO_2}^3/T_\mathrm{v})}{[\exp(\theta_{v,CO_2}^2 - T_\mathrm{v})-1]^2} \tag{6.12}$$

此外，式(6.4)中的 p 表示混合气体总压力。根据道尔顿分压定理及各组分完全气体状态方程可知[17]

$$p = \sum \rho_s \frac{R_\mathrm{u}}{M_s} T \tag{6.13}$$

式中：$R_\mathrm{u} = 8\ 314\ \mathrm{J/(kmol \cdot K)}$，表示通用气体常数；$M_s$ 表示组分 s 的摩尔质量，单位是 g/mol。

2. 输运系数模型

气体粒子在做永不停息的热运动，粒子之间会发生质量、动量和能量的输运。当气体处于不同的热力学状态时，其输运特性也存在显著不同。针对高温气体输运求解，经常采用多项式拟合法或碰撞截面法。现对这两种方法做简要介绍。

(1)多项式拟合法。首先求解各组分的黏性系数、平动热传导系数和振动热传导系数。

针对组分 i 的黏性系数，由 Blottner 拟合多项式可得[17]

$$\mu_i = 0.1\exp[(A_i\ln T + B_i)\ln T + C_i] \tag{6.14}$$

式中：组分 i 的 A_i，B_i，C_i 的详细值参见文献[17]。当温度低于 1 000 K 时，由 Sutherland 公式可得[18]

$$\mu_i = \mu_0 \cdot \left(\frac{T}{T_0}\right)^{1.5}\left(\frac{T_0 + T_c}{T + T_c}\right) \tag{6.15}$$

式中：$\mu_0 = 1.789\ 4 \times 10^{-5}$ Pa $\cdot$ s；$T_0 = 288.15$ K；$T_c = 110.4$ K。

针对组分 i 的热传导系数，采用 Eucken 的半经验关系式求解[17]：

$$\left.\begin{array}{l} k_{\mathrm{tr},i} = \mu_i \cdot (c_{V,\mathrm{tr},i} + c_{V,\mathrm{rot},i}) \\ k_{\mathrm{v},i} = \mu_i \cdot c_{V,\mathrm{v},i} \end{array}\right\} \tag{6.16}$$

式中：$k_{\mathrm{tr},i}$ 和 $k_{\mathrm{v},i}$ 分别为组分 i 的平动和振动热传导系数。

在此基础上，采用 Wilke 半经验公式求解混合气体的输运系数[17]：

$$\mu = \sum_{i=1}^{ns}\frac{X_i \cdot \mu_i}{\sum\limits_{j=1}^{ns}X_i \cdot \Phi_{ij}}, \quad k_{\mathrm{tr}} = \sum_{i=1}^{ns}\frac{X_i \cdot k_{\mathrm{tr},i}}{\sum\limits_{j=1}^{ns}X_j \cdot \Phi_{ij}}, \quad k_{\mathrm{v}} = \sum_{i=1}^{ns}\frac{X_i \cdot k_{\mathrm{v},i}}{\sum\limits_{j=1}^{ns}X_j \cdot \Phi_{ij}} \tag{6.17}$$

式中：X_i 为组分 i 的摩尔分数。X_i 和 Φ_{ij} 的计算公式分别为[17]

$$\left.\begin{array}{l} X_i = Y_i\dfrac{M_0}{M_i}, \quad M_0 = \left(\sum\limits_{i=1}^{ns}\dfrac{Y_i}{M_i}\right)^{-1} \\[3mm] \Phi_{ij} = \left[1 + \left(\dfrac{\mu_i}{\mu_j}\right)^{0.5}\left(\dfrac{M_j}{M_i}\right)^{0.25}\right]^2\left[\sqrt{8\left(1 + \dfrac{M_i}{M_j}\right)}\right]^{-1} \end{array}\right\} \tag{6.18}$$

组分 i 的质量扩散系数 D_i，由一个简单的双扩散系数 D 替代，从而确保扩散通量之和为零。需要说明的是，当飞行速度大于 10 km/s 时，该方法的计算精度会有所下降[19]。假设路易斯数（Le）为常数，则[17]

$$D_i = D = \frac{Lek_{\mathrm{tr}}}{\alpha c_{p\mathrm{tr}}} \tag{6.19}$$

其中：k_{tr} 为混合气体的平动热传导系数；$c_{p\mathrm{tr}}$ 为混合气体的平动比定压热容。

（2）碰撞截面法。碰撞截面法的黏性系数和热传导系数均由 Gupta 混合律计算。Gupta 混合律是 Chapman – Enskog 一阶近似结果的简化，通过对控制温度下碰撞截面的计算，可以将该混合律推广到多温度混合气体中。控制温度的选取通常采用如下准则：对于两个重粒子之间的碰撞，控制温度为平动-转动温度 T_{tr}。当碰撞粒子包含电子时，控制温度为振动-电子温度 T_{ve}[17]。

因此，混合气体的黏性系数 μ 由下式求解[17]：

$$\mu = \sum_{s \neq e}\frac{m_s\gamma_s}{\sum\limits_{r \neq e}\gamma_r\Delta_{sr}^{(2)}(T_{\mathrm{tr}}) + \gamma_e\Delta_{se}^{(2)}(T_{\mathrm{ve}})} + \frac{m_e\gamma_e}{\sum\limits_{r}\gamma_r\Delta_{er}^{(2)}(T_{\mathrm{ve}})} \tag{6.20}$$

式中：γ_s 为组分 s 的摩尔浓度；m_s 为组分 s 的分子（或原子）质量。具体表达式如下：

$$\gamma_s = \frac{\rho_s}{\rho M_s}, \quad m_s = \frac{M_s}{N_{\mathrm{Avo}}} \tag{6.21}$$

平动-转动热传导系数 k_{tr} 为[17]

$$\left.\begin{array}{l} k_{\mathrm{tr}} = k_{\mathrm{t}} + k_{\mathrm{r}} \\[2mm] k_{\mathrm{t}} = \dfrac{15}{4}k_{\mathrm{B,SI}}\sum\limits_{s \neq e}\dfrac{\gamma_s}{\sum\limits_{r \neq e}a_{sr}\gamma_r\Delta_{sr}^{(2)}(T_{\mathrm{tr}}) + 3.54\gamma_e\Delta_{se}^{(2)}(T_{\mathrm{ve}})} \\[4mm] k_{\mathrm{r}} = k_{\mathrm{B,SI}}\sum\limits_{s=\mathrm{mol}}\dfrac{\gamma_s}{\sum\limits_{r \neq e}\gamma_r\Delta_{sr}^{(1)}(T_{\mathrm{tr}}) + \gamma_e\Delta_{se}^{(1)}(T_{\mathrm{ve}})} \end{array}\right\} \tag{6.22}$$

式中：$k_{\mathrm{B,SI}}$ 为国际单位制下的玻尔兹曼常数，a_{sr} 的表达式为[17]

$$a_{\mathrm{sr}} = 1 + \frac{[1 - (m_s/m_r)][0.45 - 2.54(m_s/m_r)]}{[1 + (m_s/m_r)]^2} \tag{6.23}$$

振动-电离热传导系数 k_{vel} 为[17]

$$k_{\mathrm{vel}} = k_{\mathrm{B,SI}} \frac{c_{V,\mathrm{ve}}}{R} \sum_{s=\mathrm{mol}} \frac{\gamma_s}{\sum_{r \neq e} \gamma_r \Delta_{sr}^{(1)}(T_{\mathrm{tr}}) + \gamma_e \Delta_{se}^{(1)}(T_{\mathrm{ve}})} \tag{6.24}$$

式中：$c_{V,\mathrm{ve}}$ 为包含振动和电离模式的比定容热容。

电子热传导系数 k_e 为[17]

$$k_e = \frac{15}{4} k_{\mathrm{B,SI}} \frac{\gamma_e}{\sum_r 1.45 \gamma_r \Delta_{er}^{(2)}(T_{\mathrm{ve}})} \tag{6.25}$$

上述公式中出现的碰撞项 $\Delta_{sr}^{(1)}(T)$ 和 $\Delta_{sr}^{(2)}(T)$ 的计算方法如下[17]：

$$\left. \begin{aligned} \Delta_{sr}^{(1)}(T) &= \frac{8}{3} \left[\frac{2M_s M_r}{\pi R_u T(M_s + M_r)} \right]^{1/2} 10^{-20} \pi \Omega_{sr}^{(1,1)}(T) \\ \Delta_{sr}^{(2)}(T) &= \frac{16}{5} \left[\frac{2M_s M_r}{\pi R_u T(M_s + M_r)} \right]^{1/2} 10^{-20} \pi \Omega_{sr}^{(2,2)}(T) \end{aligned} \right\} \tag{6.26}$$

需要说明的是，碰撞积分 $\pi \Omega_{sr}^{(l,j)}$ 的计算必须依据碰撞的类型。式(6.26)中的常数 10^{-20} 是为了把单位从 $\mathring{A}^2$（$1\ \mathring{A} = 1 \times 10^{-10}\,\mathrm{m}$）转换算成国际单位（此处为 m^2）。对于中性-中性粒子碰撞、电子-中性粒子碰撞和离子-中性粒子碰撞，可以通过多种方法得到碰撞积分[20-21]。这类方法的整体思路是通过粒子对的相互作用势进行建模，并对该作用势在整个立体角空间上得到的微分截面进行积分[22]。由于积分的结果取决于粒子的相对速度，而粒子的相对速度又是粒子温度的函数，因而可将碰撞积分数据作为温度的函数制成表格。为了简化计算，涉及中性粒子的碰撞积分可由下式得到[17]：

$$\pi \Omega_{sr}^{(l,j)}(T) = DT^{[A(\ln T)^2 + B\ln T + C]} \tag{6.27}$$

式中，系数 A，B，C 和 D 的值可参见文献[17]。针对电子-离子、电子-电子、离子-离子碰撞对的作用势，可以采用拟合曲线[17]：

$$\pi \Omega^{(n,n)}(T) = 5.0 \times 10^{15} \pi (\lambda_D / T)^2 \ln \{ D_n T^* [1 - C_n \exp(-c_n T^*)] + 1 \} \tag{6.28}$$

其中

$$T^* = \frac{\lambda_D}{e_{\mathrm{CGS}}^2 / (k_{\mathrm{B,CGS}} T)}, \quad \lambda_D = \sqrt{\frac{k_{\mathrm{B,CGS}} T}{4\pi n e_{\mathrm{e,CGS}} e_{\mathrm{CGS}}^2}} \tag{6.29}$$

式中：$k_{\mathrm{B,CGS}}$、$e_{\mathrm{e,CGS}}$ 和 $n_{\mathrm{e,CGS}}$ 分别为 CGS(Centimeter – Gram – Second)单位制下的玻尔兹曼常数、电子电荷量和电子数密度。系数 D_n，C_n 和 c_n 的值可参见文献[17]。

针对组分 s 的质量扩散系数为[17]

$$D_s = \frac{\gamma_t^2 M_s (1 - M_s \gamma_s)}{\sum_{r \neq s} (\gamma_r / D_{sr})} \tag{6.30}$$

式中：$\gamma_t = \sum_s \gamma_s$。当碰撞对均为重粒子时，双扩散系数可由下式计算[17]：

$$D_{sr} = \frac{k_{\mathrm{B,SI}} T_{\mathrm{tr}}}{p \Delta_{sr}^{(1)}(T_{\mathrm{tr}})} \tag{6.31}$$

当碰撞对中包含电子时,双扩散系数的计算公式为[17]

$$D_{er} = \frac{k_{B,SI} T_{ve}}{p \Delta_{er}^{(1)} (T_{ve})} \quad (6.32)$$

需要说明的是,在采用碰撞截面法求解输运系数时,本书忽略了对计算结果影响微小的弱电离现象,因而所有与电子、电离相关项也已省略。

3. 化学反应动力模型

在流动控制方程中,化学反应导致的组分生成和毁灭是通过化学反应源项 ω_s 反映的。由于该源项的模拟精度对计算结果的影响极为显著,此处做重点介绍。

(1)化学反应源项。针对不同的飞行高度和飞行速度,飞行器周边的化学反应(包括反应种类和剧烈程度等)各不相同,导致气体组分的种类和质量分数分布存在显著差异。针对地球大气,化学组分可能包含:2 组分(O_2, N_2)、5 组分(O_2, N_2, O, N, NO)、7 组分(O_2, N_2, O, N, NO, NO^+, e^-)和 11 组分(O_2, N_2, O, N, NO, N_2^+, O_2^+, O^+, N^+, NO^+, e^-)等。针对火星大气,可能包含:2 组分(CO_2, N_2)、8 组分(CO_2, N_2, CO, O_2, O, C, N, NO)等。

一个常规的化学反应式可表示为

$$\sum_{i=1}^{ns} \alpha_{ri} X_i \Leftrightarrow \sum_{i=1}^{ns} \beta_{ri} X_i \quad (6.33)$$

式中:ns 为总的化学组分数,i 为组分序号,X_i 为组分 i 的单位体积摩尔数,α_{ri} 和 β_{ri} 分别为第 r 个反应中反应物 i 和生成物 i 的化学反应计量数。

组分 s 单位体积的质量生成率 ω_s 为

$$\omega_s = M_s \sum_{r=1}^{nr} (\beta_{rs} - \alpha_{rs}) \left[k_r^f \prod_{s=1}^{ns} \left(\frac{\rho_s}{M_s} \right)^{\alpha_{rs}} - k_r^b \prod_{s=1}^{ns} \left(\frac{\rho_s}{M_s} \right)^{\beta_{rs}} \right] \quad (6.34)$$

式中:r 为化学反应序号,nr 表示基元反应总个数;k_r^f 和 k_r^b 分别为基元反应的正向和逆向反应速率系数。

针对正向基元反应的速率系数,通常采用 Arrhenius 公式求解:

$$k_r^f = C_{fr} T_d^{n_{fr}} \exp\left(-\frac{E_{fr}}{T_d} \right) \quad (6.35)$$

针对逆向基元反应的速率系数,主要有两种求解方法:

第一种是采用 Arrhenius 公式求解,即

$$k_r^b = C_{br} T_d^{n_{br}} \exp\left(-\frac{E_{br}}{T_d} \right) \quad (6.36)$$

第二种是采用平衡常数法,即

$$k_r^b = k_r^f (T_d) / K_{eq} (T_d) \quad (6.37)$$

值得注意的是,此处 T_d 为化学反应控制温度,通常为平动温度和振动温度的函数,具体求解方法参见下小节——化学反应控制温度。

(2)地球大气化学反应模型。针对地球大气化学反应源项计算,常用的几种化学反应模型有 Dunn Kang 模型[23]、Gupta 模型[22] 和 Park 系列模型[24-27]。总体而言,这些化学反应模型的差异主要体现在化学反应式的选取、基元反应速率的确定和逆向反应速率的计算方式方面(见表 6.1)。

表 6-1　常用的地球大气化学反应模型

模型名称	组分数	反应式数	正向反应	逆向反应
Dunn Kang 模型	11	26	Arrhenius 公式	Arrhenius 公式
Gupta 模型	11	20	Arrhenius 公式	Arrhenius 公式($V<8$ km/s)； 平衡常数法($V\geqslant8$ km/s)
Park 85 模型	11	17	Arrhenius 公式	平衡常数法 $K_{eq}(Z)=\exp[A_1+A_2Z+A_3Z^2+A_4Z^3+A_5Z^4]$, 其中:$Z=10\,000/T_d$
Park 87 模型	11	21	Arrhenius 公式	平衡常数法 $K_{eq}(Z)=\exp[A_1+A_2\ln(Z)+A_3Z+A_4Z^2+A_5Z^3]$, 其中:$Z=10\,000/T_d$
Park 91 模型	11	21	Arrhenius 公式	平衡常数法 $K_{eq}(Z)=\exp[A_1/Z+A_2+A_3\ln(Z)+A_4Z+A_5Z^2]$, 其中:$Z=10\,000/T_d$

(3)火星大气化学反应模型。火星大气主要由质量占比约 97% 的 CO_2 和 3% 的 N_2 组成。此外,火星大气还含有极少量的其他气体(主要是 Ar),但通常不予考虑。针对火星大气,Park 于 1994 年提出了含 18 组分 33 反应的化学反应模型[28]。该模型考虑了气体的电离,因而可预测极高速下的化学非平衡流动。随后,有多位学者通过忽略电离反应和一些微量的中性组分反应,对 Park 的 18 组分 33 反应模型进行了简化,如 Wang 等[29]的 5 组分 8 反应模型、Mitcheltree 和 Gnoffo[30]的 8 组分 13 反应模型等。本书采用 Park 提出的 8 组分 14 反应模型,具体反应式如下:

$$
\begin{aligned}
&CO_2+M\rightleftharpoons CO+O+M; && M=CO_2,CO,N_2,O_2,NO\\
&CO_2+M\rightleftharpoons CO+O+M; && M=C,N,O\\
&CO+M\rightleftharpoons C+O+M; && M=CO_2,CO,N_2,O_2,NO\\
&CO+M\rightleftharpoons C+O+M; && M=C,N,O\\
&N_2+M\rightleftharpoons 2N+M; && M=CO_2,CO,N_2,O_2,NO\\
&N_2+M\rightleftharpoons 2N+M; && M=C,N,O\\
&O_2+M\rightleftharpoons 2O+M; && M=CO_2,CO,N_2,O_2,NO\\
&O_2+M\rightleftharpoons 2O+M; && M=C,N,O\\
&NO+M\rightleftharpoons N+O+M; && M=CO_2,CO,N_2,O_2,NO\\
&NO+M\rightleftharpoons N+O+M; && M=C,N,O\\
&NO+O\rightleftharpoons O_2+N\\
&N_2+O\rightleftharpoons NO+N\\
&CO+O\rightleftharpoons O_2+C\\
&CO_2+O\rightleftharpoons O_2+CO
\end{aligned}
\tag{6.38}
$$

(4)化学反应控制温度。在采用 Arrhenius 公式计算化学反应速率系数时,需要用到反应控制温度 T_d。针对不同类型的化学反应,反应控制温度 T_d 的选取也存在不同。通常采用的选取方法是:

1)针对离解反应:由于振动能激发的分子更容易发生离解反应,为了计及这种因素的影响,通常将离解反应的控制温度 T_d 写成平动温度和振动温度的函数形式,即[31]

$$T_d = T^a T_v^b \tag{6.39}$$

a 和 b 主要有两种取值方式,分别为 $a=0.5$、$b=0.5$,或者 $a=0.7$、$b=0.3$。本书的数值研究选用第一组参数[13]。

2)针对重粒子参加的基元反应:控制温度 T_d 等于平动温度 T[13]。

3)针对有电子参加的基元反应:控制温度 T_d 等于电子温度 T_{el}。但由于 Park 双温模型假设下,振动温度 T_v 等于电子温度 T_{el},因而控制温度 T_d 也等于振动温度 T_v[13]。

4)上述范围之外的化学反应,其反应控制温度 T_d 等于平动温度[13]。

4. 振动能源项求解

在高温环境下,分子内部的振动能发生激发,该变化在控制方程中通过振动能源项 ω_v 加以描述,其主要包含两部分[17]:

$$\omega_v = \sum_{s=\text{mol}} \omega_s \hat{D}_s + \sum_{s=\text{mol}} \rho_s \frac{e_{vs}^*(T) - e_{vs}(T_v)}{\tau_s} \tag{6.40}$$

下面介绍各部分的含义及具体的求解过程。

(1)化学反应导致的振动能变化。原子不具有振动能,而分子具有振动能。离解反应使得分子毁灭,振动能相应减少。而复合反应会生成分子,并导致振动能增加。式(6.40)等号右端第一项即表征了这种由化学反应导致的振动能变化,其中 $\hat{D}_s$ 为分子组分 s 发生离解造成的振动能损失。

为了求解 $\hat{D}_s$,常采用以下两种方法:

1)优先离解模型。分子处于高振动能级时,意味着能量更高,分子更为活跃,发生离解反应的概率也更大。优先离解模型即假设分子是在高振动能级上生成或毁灭的。通常设定振动能的变化值为分子离解能的一部分,即[17]

$$\hat{D}_s = \alpha \tilde{D}_s \tag{6.41}$$

式中:$\tilde{D}_s$ 为分子的离解能,具体数值见文献[17];α 为占比系数,通常设为 0.3[17]。

2)非优先离解模型。该模型假设分子是在平均振动能条件下产生或毁灭的[17]。也就是说,假设分子在所有的振动能级上的离解概率一样。因此[17]

$$\hat{D}_s = e_{vs} \tag{6.42}$$

式中:e_{vs} 为分子组分 s 的振动能。

本书研究采用非优先离解模型。需要说明的是,上述两个离解模型均为经验所得。关于模型的改进与完善,未来还需要借助量子力学理论研究和非侵入激光实验等,这也从侧面反映了热动力学研究的复杂性和不确定性。

(2)振动能与平动能的能量松弛。在双温模型求解热化学非平衡流场时,平动能与振动能之间会发生能量松弛。该过程导致的振动能变化可由 Landau – Teller 模型求解,具体表达见式(6.40)等号右端第二项。其中:$e_{vs}^*(T)$ 为组分 s 在平衡温度下的振动能;$e_{vs}(T_v)$ 为非

平衡温度下的振动能。τ_s 表达式为[32]

$$\tau_s = <\tau_s> + \tau_{ps} \tag{6.43}$$

其中，$<\tau_s>$ 被称为摩尔平均 Landau - Teller 松弛时间，可写为[33]

$$<\tau_s> = \left(\sum_{j=1}^{ns} X_j\right) / \left(\sum_{j=1}^{ns} X_j / \tau_{sj}\right) \tag{6.44}$$

式中：X_j 是组分 j 的摩尔分数。τ_{sr} 由 Millikan 和 White 通过曲线拟合得到[34]：

$$\tau_{sj} = \frac{101\ 325}{p} \exp\left[1.16 \times 10^{-3} \left(\frac{M_s M_j}{M_s + M_j}\right)^{1/2} \theta_{vs}^{4/3} (T^{-1/3} - 0.015 \mu_{sj}^{1/4}) - 18.42\right] \tag{6.45}$$

需要说明的是，Millikan 和 White 拟合公式的适用范围为 $300 \sim 8\ 000$ K。当温度超过 $8\ 000$ K 时，该拟合公式给出的松弛时间偏低。为此，Park 通过限制碰撞截面积修正了松弛时间项，添加的修正项 τ_{ps} 表达式如下[35]：

$$\tau_{ps} = (\sigma_s \bar{c}_s n_s)^{-1} \tag{6.46}$$

式中：σ_s 为组分 s 的振动松弛有效碰撞截面；$\bar{c}_s$ 为组分 s 的分子热运动平均速度；n_s 为数密度。各变量的具体表达式如下[17]：

$$\sigma_s = 10^{-21} (5\ 000/T)^2, \quad \bar{c}_s = \sqrt{8 R_u T / (\pi M_s)}, \quad n_s = \rho_s N_0 / M_s \tag{6.47}$$

式中：N_0 为阿伏伽德罗常数。

6.2.3　数值计算格式

1. 曲线坐标系下的控制方程

针对热化学非平衡流动的控制方程，其一般曲线坐标系下的方程处理手段与第 2 章类似，在此不赘述。本章用于无量纲化的特征参数包括特征长度 L_{ref}、来流密度 ρ_∞、来流温度 T_∞、来流声速 a_∞、来流黏性系数 μ_∞ 以及来流气体相对分子质量 $M_{0\infty}$。

(1)无量纲化后的坐标、速度和时间为

$$(x, y, z) = \frac{(x^*, y^*, z^*)}{L_{ref}}, \quad (u, v, w) = \frac{(u^*, v^*, w^*)}{a_\infty}, \quad t = \frac{t^*}{L_{ref}/a_\infty} \tag{6.48}$$

(2)无量纲化后的压力、温度和密度为

$$p = \frac{p^*}{\rho_\infty a_\infty^2}, \quad (T, T_v) = \frac{(T^*, T_v^*)}{T_\infty}, \quad \rho = \frac{\rho^*}{\rho_\infty} \tag{6.49}$$

(3)无量纲化后的分子量、通用气体常数和比热容为

$$M_i = \frac{M_i^*}{M_{0\infty}}, \quad R_u = \frac{R_u^*}{M_{0\infty} a_\infty^2 / T_\infty}, \quad (c_p, c_V) = \frac{(c_p^*, c_V^*)}{a_\infty^2 / T_\infty} \tag{6.50}$$

(4)无量纲化后的黏性系数、热传导系数和质量扩散系数为

$$\mu = \frac{\mu^*}{\mu_\infty}, \quad (k_{tr}, k_v) = \frac{(k_{tr}^*, k_v^*)}{\mu_\infty a_\infty^2 / T_\infty}, \quad D_i = \frac{D_i^*}{\mu_\infty / \rho_\infty} \tag{6.51}$$

(5)无量纲化后的能量、焓值和热流为

$$(e, e_{tr}, e_v, h, h_v) = \frac{(e^*, e_{tr}^*, e_v^*, h^*, h_v^*)}{a_\infty^2}, \quad (q, q_{tr}, q_v, q_d) = \frac{(q^*, q_{tr}^*, q_v^*, q_d^*)}{\rho_\infty a_\infty^3} \tag{6.52}$$

(6)无量纲化后的组分源项和振动能源项为

$$\omega_i = \frac{\omega_i^*}{\rho_\infty a_\infty / L_{ref}}, \quad \omega_v = \frac{\omega_v^*}{\rho_\infty a_\infty^3 / L_{ref}} \tag{6.53}$$

通过无量纲化处理，一般曲线系下的流动控制方程可写为

$$\frac{\partial \hat{\boldsymbol{Q}}}{\partial t} + \frac{\partial \hat{\boldsymbol{F}}_c}{\partial \xi} + \frac{\partial \hat{\boldsymbol{G}}_c}{\partial \eta} + \frac{\partial \hat{\boldsymbol{H}}_c}{\partial \zeta} = \frac{M_\infty}{Re}\left(\frac{\partial \hat{\boldsymbol{F}}_v}{\partial \xi} + \frac{\partial \hat{\boldsymbol{G}}_v}{\partial \eta} + \frac{\partial \hat{\boldsymbol{H}}_v}{\partial \zeta}\right) + \hat{\boldsymbol{S}} \tag{6.54}$$

2. 空间离散格式

目前，Roe 格式已成为热化学非平衡流动对流项离散的重要方法。以 ξ 方向为例，Roe 格式的数值通量为[7]

$$\boldsymbol{F}_{i+1/2}^{\text{Roe}}(\boldsymbol{Q}_L, \boldsymbol{Q}_R) = \frac{\boldsymbol{F}(\boldsymbol{Q}_L) + \boldsymbol{F}(\boldsymbol{Q}_R)}{2} - \frac{1}{2}|\tilde{\boldsymbol{A}}|\Delta \boldsymbol{Q} \tag{6.55}$$

式中，等号右端项为格式的耗散项，其向量形式为[7]：

$$|\tilde{\boldsymbol{A}}|\Delta \boldsymbol{Q} = \left\{\begin{array}{c} \alpha_{1,s} + \tilde{Y}_s \alpha_4 \\ \tilde{u}\alpha_4 + \bar{\xi}_x \alpha_5 + \alpha_6 \\ \tilde{v}\alpha_4 + \bar{\xi}_y \alpha_5 + \alpha_7 \\ \tilde{w}\alpha_4 + \bar{\xi}_z \alpha_5 + \alpha_8 \\ \tilde{H}\alpha_4 + \tilde{U}\alpha_5 + \tilde{u}\alpha_6 + \tilde{v}\alpha_7 + \tilde{w}\alpha_8 - \dfrac{\tilde{a}^2}{\tilde{\varphi}}\alpha_1 - \dfrac{\tilde{\beta}_s}{\tilde{\varphi}}\alpha_{1,s} + \alpha_9 \\ \alpha_9 + \tilde{e}_v \alpha_4 \end{array}\right\} \tag{6.56}$$

其中

$$\left\{\begin{array}{l} \alpha_1 = \left|\dfrac{\nabla \xi}{J}\right||\tilde{U}|(\Delta \rho - \Delta p/\tilde{a}^2) \\[2mm] \alpha_{1,s} = \left|\dfrac{\nabla \xi}{J}\right||\tilde{U}|(\Delta \rho_s - Y_s \Delta \rho) \\[2mm] \alpha_2 = \dfrac{1}{2\tilde{a}^2}\left|\dfrac{\nabla \xi}{J}\right||\tilde{U} + \tilde{a}|(\Delta p + \tilde{\rho}\tilde{a}\Delta U), \\[2mm] \alpha_3 = \dfrac{1}{2\tilde{a}^2}\left|\dfrac{\nabla \xi}{J}\right||\tilde{U} - \tilde{a}|(\Delta p - \tilde{\rho}\tilde{a}\Delta U) \\[2mm] \alpha_4 = \alpha_1 + \alpha_2 + \alpha_3 \end{array}\right. \qquad \left\{\begin{array}{l} \alpha_5 = \tilde{a}(\alpha_2 - \alpha_3) \\[2mm] \alpha_6 = \left|\dfrac{\nabla \xi}{J}\right||\tilde{U}|\tilde{\rho}(\Delta u - \bar{\xi}_x \Delta U) \\[2mm] \alpha_7 = \left|\dfrac{\nabla \xi}{J}\right||\tilde{U}|\tilde{\rho}(\Delta v - \bar{\xi}_y \Delta U) \\[2mm] \alpha_8 = \left|\dfrac{\nabla \xi}{J}\right||\tilde{U}|\tilde{\rho}(\Delta w - \bar{\xi}_z \Delta U) \\[2mm] \alpha_9 = \left|\dfrac{\nabla \xi}{J}\right||\tilde{U}|(\tilde{\rho}\Delta e_v) \end{array}\right. \tag{6.57}$$

式中，波浪形上标"～"表示 Roe 平均，定义参见第 2 章式(2.93)。界面声速基于 Roe 平均获得，表达式为[7]

$$\tilde{a} = \sqrt{\sum_{s=1}^{ns} \tilde{Y}_s \tilde{\beta}_s + \tilde{\varphi}(\tilde{H}^2 - \tilde{e}_v^2 - \tilde{u}^2 - \tilde{v}^2 - \tilde{w}^2)} \tag{6.58}$$

此外，本章计算选取 Muller 型熵修正方法解决 Roe 格式的红玉现象。采用 MUSCL 重构以获得高阶精度，采用 minmod 限制器提高计算的鲁棒性。采用二阶中心差分格式计算黏性通量。相关计算公式在第 2 章均已介绍过，在此不赘述。

3. 时间推进方法

针对热化学非平衡流动的数值求解，本书采用经典的 LU-SGS 时间推进方法，对前面一般曲线坐标系下的 N-S 方程进行如下离散：对时间项进行一阶离散，对无黏通量项和化学反应源项进行隐式离散，对黏性通量项进行显式离散。与第 2 章完全气体时间推进方法相比，热化学非平衡流动的主要不同在于需要在对角算子 $\boldsymbol{D}$ 内加入化学反应源项的影响。

根据$(\partial \boldsymbol{S}/\partial \boldsymbol{Q})_{i,j,k}$的表达式

$$\frac{\partial \boldsymbol{S}}{\partial \boldsymbol{Q}} = \begin{pmatrix} \dfrac{\partial \dot{\omega}_1}{\partial \rho_1} & \cdots & \dfrac{\partial \dot{\omega}_1}{\partial \rho_{ns}} & \dfrac{\partial \dot{\omega}_1}{\partial (\rho u)} & \dfrac{\partial \dot{\omega}_1}{\partial (\rho v)} & \dfrac{\partial \dot{\omega}_1}{\partial (\rho w)} & \dfrac{\partial \dot{\omega}_1}{\partial (\rho E)} & \dfrac{\partial \dot{\omega}_1}{\partial (\rho e_{ve})} \\ \vdots & & \vdots & \vdots & \vdots & \vdots & \vdots & \vdots \\ \dfrac{\partial \dot{\omega}_{ns}}{\partial \rho_1} & \cdots & \dfrac{\partial \dot{\omega}_{ns}}{\partial \rho_{ns}} & \dfrac{\partial \dot{\omega}_{ns}}{\partial (\rho u)} & \dfrac{\partial \dot{\omega}_{ns}}{\partial (\rho v)} & \dfrac{\partial \dot{\omega}_{ns}}{\partial (\rho w)} & \dfrac{\partial \dot{\omega}_{ns}}{\partial (\rho E)} & \dfrac{\partial \dot{\omega}_{ns}}{\partial (\rho e_{ve})} \\ 0 & \cdots & 0 & 0 & 0 & 0 & 0 & 0 \\ 0 & \cdots & 0 & 0 & 0 & 0 & 0 & 0 \\ 0 & \cdots & 0 & 0 & 0 & 0 & 0 & 0 \\ 0 & \cdots & 0 & 0 & 0 & 0 & 0 & 0 \\ \dfrac{\partial \dot{\omega}_{ve}}{\partial \rho_1} & \cdots & \dfrac{\partial \dot{\omega}_{ve}}{\partial \rho_{ns}} & \dfrac{\partial \dot{\omega}_{ve}}{\partial (\rho u)} & \dfrac{\partial \dot{\omega}_{ve}}{\partial (\rho v)} & \dfrac{\partial \dot{\omega}_{ve}}{\partial (\rho w)} & \dfrac{\partial \dot{\omega}_{ve}}{\partial (\rho E)} & \dfrac{\partial \dot{\omega}_{ve}}{\partial (\rho e_{ve})} \end{pmatrix} \quad (6.59)$$

可知,$(\partial \boldsymbol{S}/\partial \boldsymbol{Q})_{i,j,k}$为非对角矩阵。若直接基于式(6.59)进行 LU – SGS 隐式化处理,则在计算过程中需要进行复杂的矩阵求逆,导致计算效率显著降低。为此,需要对$\partial \boldsymbol{S}/\partial \boldsymbol{Q}$矩阵进行对角化处理。目前几种常见的对角化方法包括[12,36,38]:

(1)保留源项中与组分项相关的偏导数,并忽略其他物理量的偏导数;

(2)对角元素取为源项雅克比矩阵行向量 L2 模,将非对角元素强制设为 0;

(3)只保留源项雅克比矩阵中的对角线元素,其余元素全部置为 0。

先前的数值研究表明,上述三种方法均可获得令人满意的计算结果。本章中选用第三种对角化方法,即

$$\frac{\partial \boldsymbol{S}}{\partial \boldsymbol{Q}} = \begin{pmatrix} \dfrac{\partial \dot{\omega}_1}{\partial \rho_1} & \cdots & 0 & 0 & 0 & 0 & 0 & 0 \\ \vdots & & \vdots & \vdots & \vdots & \vdots & \vdots & \vdots \\ 0 & \cdots & \dfrac{\partial \dot{\omega}_{ns}}{\partial \rho_{ns}} & 0 & 0 & 0 & 0 & 0 \\ 0 & \cdots & 0 & 0 & 0 & 0 & 0 & 0 \\ 0 & \cdots & 0 & 0 & 0 & 0 & 0 & 0 \\ 0 & \cdots & 0 & 0 & 0 & 0 & 0 & 0 \\ 0 & \cdots & 0 & 0 & 0 & 0 & 0 & 0 \\ 0 & \cdots & 0 & 0 & 0 & 0 & 0 & \dfrac{\partial \dot{\omega}_{ve}}{\partial (\rho e_{ve})} \end{pmatrix} \quad (6.60)$$

其中,各项偏导数的具体求法可参见文献[18]。经过上述处理,矩阵 $\boldsymbol{D}$ 可化为对角矩阵,求解过程中不需要对矩阵求逆,大大减少了计算量。LU – SGS 方法在时间推进过程中,分两步采用高斯-赛德尔迭代求解。首先对矩阵 $\boldsymbol{L}$ 向前扫描,然后对矩阵 $\boldsymbol{U}$ 向后扫描,从而获得第 $n+1$ 时刻的守恒变量值。

6.2.4　边界条件

与第 2 章完全气体数值求解相比,热化学非平衡流动的边界条件存在以下不同:

(1)远场边界条件:新增对气体组分的规定,即气体组分在入口处采用给定值,在出口处

由内流场外插获得。

(2)壁面边界条件:壁面温度条件可设为等温壁或辐射平衡壁。针对等温壁面,则有 $T=T_v=T_w$,其中:T_w 为壁面温度。针对辐射平衡壁面,则需满足[39]:$q_w=\varepsilon\sigma T_w^4$。其中:$\sigma$ 为斯蒂芬-玻尔兹曼常数,ε 为材料的表面辐射系数。本章中 ε 取为 0.89。

针对热化学非平衡流计算,往往还需要设置壁面的催化特性。在工程应用上,经常采用完全催化壁和非催化壁两种假设。当采用完全催化壁假设时,认为到达壁面处的气体原子、离子等在壁面催化作用下会全部发生复合反应,继而变成气体分子,这意味着壁面处各组分的质量分数被强制恢复到来流的分子状态,即 $Y_{s,w}=Y_{s,\infty}$,$s=1,\cdots,ns$。当采用非催化壁假设时,认为到达壁面处的气体组分不会受到壁面催化作用,此时壁面处各组分的法向浓度梯度为零,即 $\partial Y_s/\partial n=0$,$s=1,\cdots,ns$;

(3)对称边界条件:新增对气体组分的规定,即各气体组分在对称面的法向梯度设为 0。

(4)对接边界条件:同完全气体的设置方式一致。

6.3 真实气体效应数值模拟与分析

6.3.1 "阿波罗"飞船应用与分析

目前,世界各国采用的返回舱外形主要有球形(如苏联早期的"东方号"飞船)、钟形(如中国的"神舟"飞船、俄罗斯的"联盟号"飞船)和圆锥形(如美国的"阿波罗"飞船)三种。本节以典型的"阿波罗"飞船为例,进行地球大气环境下非平衡流场的数值模拟与分析。

"阿波罗"飞船的几何外形如图 6-2 所示,计算网格如图 6-3 所示。采用半模网格计算,网格数量约 38 万,在壁面附近和飞船肩部进行加密处理,第一层网格高度设为 0.1 mm。典型状态的来流参数如表 6-2 所示。此处分别采用单温模型和双温模型开展计算。化学反应模型选用经典的 Park87 模型。壁面设为等温壁 $T_w=1\,500$ K,完全催化壁假设。

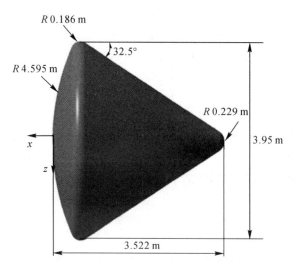

图 6-2 "阿波罗"飞船几何外形[12]

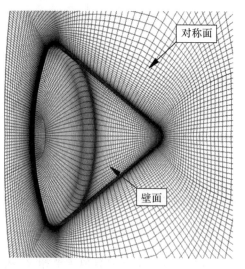

图 6-3 "阿波罗"飞船结构网格

表 6-2　"阿波罗"飞船再入段来流参数[12]

高度/km	马赫数	来流速度/(km·s⁻¹)	来流密度/(kg·m⁻³)	来流温度/K	攻角 α/(°)
70.1	27.2	8.08	8.7535×10^{-5}	219.7	21.0

图 6-4 和图 6-5 分别给出了单温和双温模型计算的对称面马赫数云图和壁面压力云图。可以看出二者流场结构较为相似,过头部强激波后,气流速度迅速降低。气流经过飞船肩部后发生膨胀,马赫数有所降低。由于黏性和逆压梯度作用,飞船尾部出现大尺度分离区。经过肩部的气流与飞船尾部的分离区形成明显的剪切层。

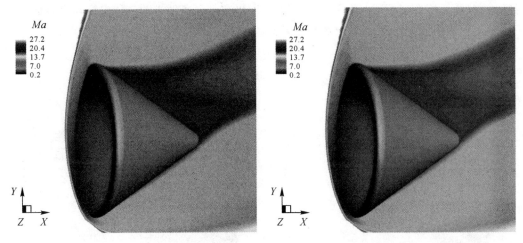

图 6-4　"阿波罗"飞船对称面马赫图及　　　　图 6-5　"阿波罗"飞船对称面马赫图及
　　　　壁面压力云图(单温)　　　　　　　　　　　　壁面压力云图(双温)

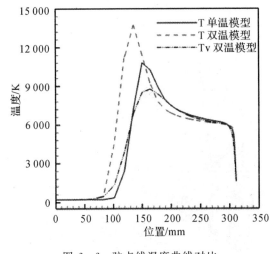

图 6-6　驻点线温度曲线对比

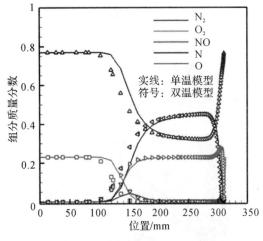

图 6-7　驻点线主要组分质量分数曲线对比

图 6-6 和图 6-7 给出了两种温度模型下驻点线的温度和组分质量分数分布曲线对比,可以看出:过头部弓形激波后,气体温度迅速升高,单温模型预测的平动温度峰值约 11 000 K,

之后逐渐降低。当采用双温模型时，气体平动温度迅速升高到约 14 000 K，显著高于单温模型预测的平动温度峰值。之后随着平动和振动能量模式的松弛，双温模型预测的振动温度逐渐升高，并在壁面附近与平动温度达到热力学平衡状态。单温模型和双温模型预测的驻点线组分质量分数分布较为接近，主要差异体现在刚过头部弓形激波之后。在该位置附近，由于双温模型预测的平动温度更高，化学反应更为剧烈，N_2 和 O_2 离解程度更高，导致 N_2 和 O_2 的质量分数较单温模型更低。

图 6-8～图 6-17 给出了单温和双温模型预测的主要组分质量分布云图，可以看到：二者预测的组分质量分布云图整体上较为一致。由于在飞船头部过激波后的气体温度极高，N_2 和 O_2 发生大量离解，质量分数迅速降低。由于 O_2 的离解温度（约 2 000 K）显著低于 N_2 的离解温度（4 000 K），因此在相同温度下 O_2 的离解程度更高。分离区内的气体温度相对较低，N 原子和 O 原子发生大量复合，质量分数明显降低，生成的 N_2 和 O_2 的质量分数显著增大。

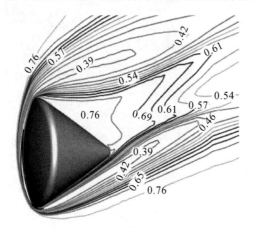

图 6-8　"阿波罗"飞船 N_2 质量
分数分布（单温）

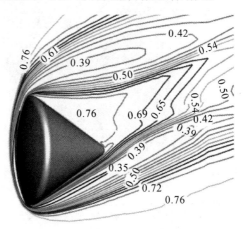

图 6-9　"阿波罗"飞船 N_2 质量
分数分布（双温）

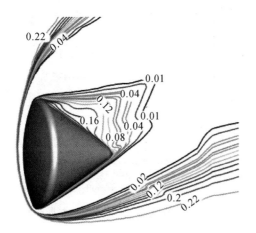

图 6-10　"阿波罗"飞船 O_2 质量
分数分布（单温）

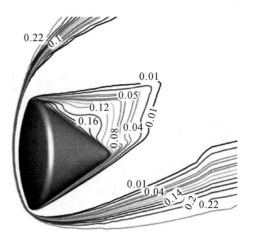

图 6-11　"阿波罗"飞船 O_2 质量
分数分布（双温）

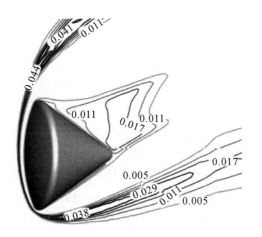

图 6-12　"阿波罗"飞船 NO 质量
分数分布（单温）

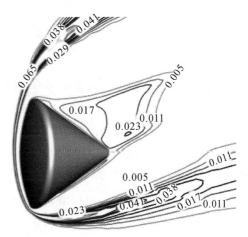

图 6-13　"阿波罗"飞船 NO 质量
分数分布（双温）

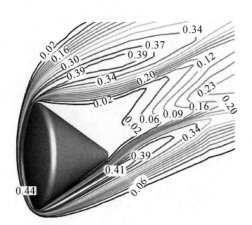

图 6-14　"阿波罗"飞船 N 质量
分数分布（单温）

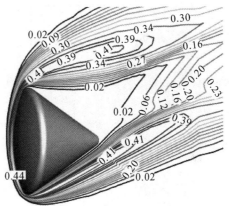

图 6-15　"阿波罗"飞船 N 质量
分数分布（双温）

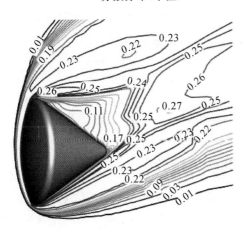

图 6-16　"阿波罗"飞船 O 质量
分数分布（单温）

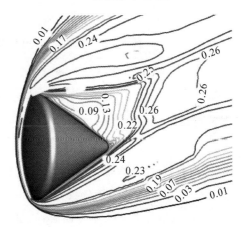

图 6-17　"阿波罗"飞船 O 质量
分数分布（双温）

6.3.2　"凤凰号"火星探测器应用与分析

在火星探测方面,美国处于领先地位,其发射的火星探测器采用 70°球锥大底,尾部基本采用双锥或三锥构型。本小节以美国"凤凰号"火星探测器为例,进行火星大气环境下非平衡流场的数值模拟与分析。

"凤凰号"火星探测器的几何外形如图 6-18 所示,计算网格如图 6-19 所示。假设飞行过程中无侧滑,因而采用半模网格计算,网格数量约 180 万,在探测器表面附近和肩部进行加密处理,满足壁面法向第一层网格高度雷诺数 $Re=50$。典型计算状态的来流参数如表 6-3 所示。热力学模型为单温模型,化学反应模型为 Park 的 8 组分 14 反应模型。从质量分数看,来流组分包含 97% 的 CO_2 和 3% 的 N_2。壁面设为等温壁 $T_w=300$ K,非催化壁假设[40]。

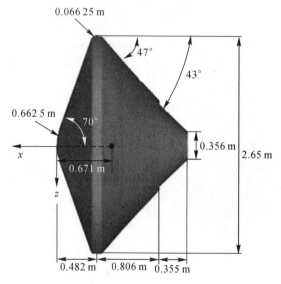

图 6-18　"凤凰号"探测器几何外形[40]

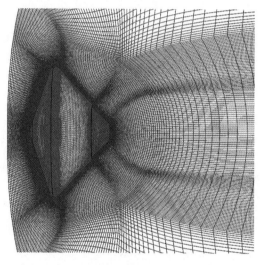

图 6-19　"凤凰号"探测器网格

表 6-3　"凤凰号"火星探测器计算状态参数表[40]

马赫数	来流压力/Pa	来流密度/$(kg \cdot m^{-3})$	来流温度/K	攻角/(°)
16.0	19.3	7.0×10^{-4}	147.2	0
25.3	1.87	7.0×10^{-5}	137.5	0

针对 $Ma=16.0$ 计算状态,对称面马赫数和壁面压力分布如图 6-20 所示,主要气体组分(CO_2、CO、O 和 O_2)的质量分数分布如图 6-21 和图 6-22 所示。可以看到:探测器头部弓形激波后的高温导致 CO_2 发生离解,质量分数有所下降。经过一系列复杂的化学反应后,CO 和 O_2 的质量分数明显增大。气流经过探测器肩部发生膨胀,马赫数降低。在探测器尾部大部分区域,气体温度相对较低且变化较小,导致各组分的质量分数较为接近,CO 和 O_2

仍有一定的分布。值得注意的是,在尾部前锥段附近,黏性和逆压梯度的共同作用导致流动发生分离,气体温度比尾部大部分区域更低,CO_2 复合反应更强,质量分数略有增加,而 CO 和 O_2 略有减小。

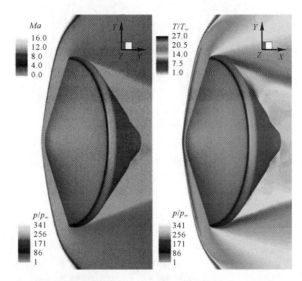

图 6 - 20　"凤凰号"火星探测器对称面马赫图、
温度图及壁面压力云图($Ma=16.0$)

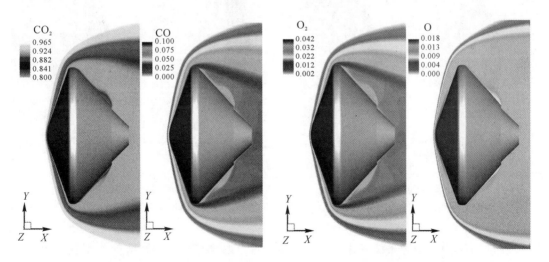

图 6 - 21　"凤凰号"火星探测器 CO_2 和 CO　　　图 6 - 22　"凤凰号"火星探测器 O_2 和 O
质量分数云图($Ma=16.0$)　　　　　　　　　质量分数云图($Ma=16.0$)

　　$Ma=25.3$ 的计算结果如图 6 - 23～图 6 - 25 所示。整体而言,流场结构及组分质量分布趋势与 $Ma=16.0$ 的较为类似。但是由于飞行速度更高,探测器头部弓形激波的压缩作用更加强烈,波后更高的气体温度导致化学反应更加剧烈,CO_2 离解程度更高,CO 和 O_2 的质量分数也大幅增加。

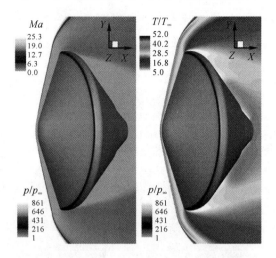

图 6-23 "凤凰号"火星探测器对称面马赫图、
温度图及壁面压力云图($Ma=25.3$)

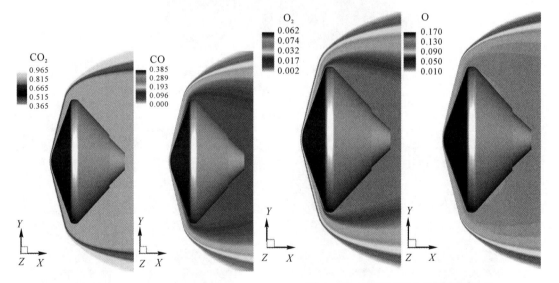

图 6-24 "凤凰号"火星探测器 CO_2 和
CO 质量分数云图($Ma=25.3$)

图 6-25 "凤凰号"火星探测器 O_2 和
O 质量分数云图($Ma=25.3$)

表 6-4 列出了两种条件下计算的探测器轴向力系数与文献计算结果[40]对比。可以看出，$Ma=16.0$ 和 $Ma=25.3$ 计算状态的相对误差分别仅为 -0.3% 和 -0.21%，表明对火星大气环境下非平衡流动的预测具有较高精度。

表 6-4 "凤凰号"探测器轴向力系数对比[40]

Ma	攻角/(°)	文献计算值	本书计算值	相对误差/(%)
16.0	0	1.682 5	1.677 4	-0.30
25.3	0	1.724 3	1.720 6	-0.21

6.4　小　　结

　　真实气体效应是航天领域研究的热点和难点之一,准确预测探测器周边流场及气动力/热环境对探测器的精确控制和热防护系统设计具有重要意义。本章主要围绕真实气体效应的数值计算方法及工程应用展开讨论。首先,在介绍真实气体效应的基本概念基础上,甄别出真实气体效应对气体的两大影响,即改变了气体的热力学性质和化学组分。其次,梳理了真实气体效应对高超声速流场和气动力/热环境预测的主要影响。接下来,从控制方程、物理化学模型、计算格式以及边界条件等角度着手,详细介绍了真实气体效应流场的数值求解方法。其中,在物理化学模型方面重点介绍了热力学模型、输运系数模型、化学反应模型、平动能和振动能的松弛模型、振动-离解耦合模型等。最后,以"阿波罗"飞船和"凤凰号"火星探测器为例,开展地球和火星大气环境下的高超声速非平衡流场的仿真及分析。

参 考 文 献

[1] ALKANDRY H, FARBAR E, BOYD I. Evaluation of finite-rate surface chemistry models for simulation of the stardust reentry capsule[C]//43rd AIAA Thermophysics Conference, June 15 - 28, 2012, New Orleans, Louisiana. Reston: AIAA, 2012: 2874.

[2] HASS N, SHIH A, ROGERS R. Mach 12 & 15 scramjet test capabilities of the HYPULSE shock-expansion tunnel[C]//43rd AIAA Aerospace Sciences Meeting and Exhibit, January 10 - 13, 2005, Reno, Nevada. Reston: AIAA, 2005: 690.

[3] HORNUNG H, STURTEVANT B, BELANGER J, et al. Performance data of the new free-piston shock tunnel T5 at GALCIT[C]//Shock Waves: Proceedings of the 18th International Symposium on Shock Waves, July 21 - 26, 1991, Sendai, Japan. Berlin, Heidelberg: Springer Berlin-Heidelberg, 1992: 603 - 610.

[4] OLEJNICZAK J, WRIGHT M, LAURENCE S, et al. Computational modeling of T5 laminar and turbulent heating data on blunt cones, part 1: Titan applications [C]//43rd AIAA Aerospace Sciences Meeting and Exhibit, January 10 - 13, 2005, Reno, Nevada. Reston: AIAA, 2005: 176.

[5] WRIGHT M, OLEJNICZAK J, BROWN J, et al. Computational modeling of T5 laminar and turbulent heating data on blunt cones, part 2: Mars applications[C]// 43rd AIAA Aerospace Sciences Meeting and Exhibit, January 10 - 13, 2005, Reno, Nevada. Reston: AIAA, 2005: 177.

[6] 周凯, 苑朝凯, 胡宗民, 等. JF-16 膨胀管流场分析及升级改造[J]. 航空学报, 2016, 37(11): 3296 - 3303.

[7] 周禹. 高超声速热化学非平衡流场数值模拟研究[D]. 北京: 北京航空航天大

学，2009.

[8] 卞荫贵，徐立功. 气动热力学[M]. 合肥：中国科学技术大学出版社，2011.

[9] GUPTA R N, YOS J M, THOMPSON R A, et al. A review of reaction rates and thermodynamic and transport properties for an 11 - species air model for chemical and thermal nonequilibrium calculations to 30000 K[J]. NASA Reference Publication, 1990, 34: 5 - 94.

[10] INGER G R. Scaling nonequilibrium-reacting flows: the legacy of Gerhard Damkohler [J]. Journal of Spacecraft and Rockets, 2001, 38(2): 185 - 189.

[11] 李海燕. 高超声速高温气体流场的数值模拟[D]. 绵阳：中国空气动力研究与发展中心，2007.

[12] 柳军. 热化学非平衡流及其辐射现象的实验和数值计算研究[D]. 长沙：国防科学技术大学，2004.

[13] 仲康. 高温气体效应关键因素影响及其机理分析[D]. 北京：北京航空航天大学，2020.

[14] BERTIN J J, CUMMINGS R M. Critical hypersonic aerothermodynamic phenomena[J]. Annual Review of Fluid Mechanics, 2006, 38(1): 129 - 157.

[15] PITSCH H, DESJARDINS O, BALARAC G, et al. Large-eddy simulation of turbulent reacting flows[J]. Progress in Aerospace Sciences, 2008, 44: 466 - 478.

[16] MORTENSEN C H, ZHONG X. Real-gas and surface-ablation effects on hypersonic boundary-layer instability over a blunt cone[J]. AIAA Journal, 2016, 54(3): 976 - 994.

[17] SCALABRIN L C. Numerical simulation of weakly ionized hypersonic flow over reentry capsules[D]. Michigan: University of Michigan, 2007.

[18] 刘巍，张理论，王勇献，等. 计算空气动力学并行编程基础[M]. 北京：国防工业出版社，2013.

[19] GOSSE R, CANDLER G. Diffusion flux modeling: application to direct entry problems[C]//43rd AIAA Aerospace Sciences Meeting and Exhibit, January 10 - 13, 2005, Reno, Nevada, 2005: 389.

[20] WRIGHT M J, BOSE D, PALMER G E, et al. Recommended collision integrals for transport property computations, Part 1: air species[J]. AIAA Journal, 2005, 43(12): 2558 - 2564.

[21] WRIGHT M J, HWANG H H, SCHWENKE D W. Recommended collision integrals for transport property computations-part 2: Mars and venus entries [J]. AIAA Journal, 2007, 45(1): 281 - 288.

[22] THOEMEL J, TIRTEY S, BIRJMOHAN S, et al. Development of an in-flight catalysis experiment within the EXPERT program[C]//46th AIAA Aerospace Sciences Meeting and Exhibit, January 07 - 10, 2008, Reno, Nevada. Reston: AIAA, 2008: 637.

[23] DUNN M G, KANG S K. Theoretical and experimental studies of reentry plasmas [R]. Washington, D. C. : NASA, 1973.

[24] PARK C. Assessment of a two-temperature kinetic model for dissociating and weakly ionizing nitrogen[J]. Journal of Thermophysics, 1987, 2(1): 8 – 16.

[25] PARK C, JAFFE R L, PARTRIDGE H. Chemical-kinetic parameters of hyperbolic earth entry[J]. Journal of Thermophysics and Heat Transfer, 2001, 15 (1): 76 – 90.

[26] PARK C, HOWE J, JAFFE R, et al. Chemical-kinetic problems of future NASA missions[C]//29th Aerospace Sciences Meeting, January 07 – 10, 1991, Reno, Nevada. Reston: AIAA, 1991: 464.

[27] PARK C. On convergence of computation of chemically reacting flows[C]//23rd Aerospace Sciences Meeting, January 14 – 17, 1985, Reno, Nevada. Reston: AIAA, 1985: 247.

[28] PARK C, HOWE J, JAFFE R, et al. Review of chemical-kinetic problems of future NASA missions, II: mars entries[J]. Journal of Thermophysics and Heat Transfer, 1994, 8(1): 9 – 23.

[29] WANG J L, QIAO P Z. Analysis of beam-type fracture specimens with crack-tip deformation[J]. International Journal of Fracture, 2005, 132(3): 223 – 248.

[30] MITCHELTREE R A, GNOFFO P A. Wake flow about the mars pathfinder entry vehicle[J]. Journal of Spacecraft and Rockets, 1995, 32(5): 771 – 776.

[31] GNOFFO P A. Conservation equations and physical models for hypersonic air flows in thermal and chemical nonequilibrium[M]. Washington, D. C. : Scientific and Technical Information Division, 1989.

[32] VINCENTI W G, KRUGER C H. Introduction to physical gas dynamics[M]. New York: Pergamon Press, 1982.

[33] LEE J H. Basic governing equations for the flight regimes of aeroassisted orbital transfer vehicles[J]. AIAA Journal, 1985(96): 3 – 53.

[34] MILLIKAN R C, WHITE D R. Systematics of vibrational relaxation[J]. Journal of Chemical Physics, 1963(39): 3209 – 3213.

[35] PARK C. Nonequilibrium Hypersonic Aerothermodynamics[R]. New York: John Wiley & Sons, 1990.

[36] 潘沙. 高超声速气动热数值模拟法及大规模并行计算研究[D]. 长沙:国防科学技术大学, 2010.

[37] HASSAN B, CANDLER G V, OLYNICK D R. Thermo-chemical nonequilibrium effects on the aerothermodynamics of aerobraking vehicles[J]. Journal of Spacecraft and Rockets, 1993, 30(6): 647 – 655.

[38] 马辉, 赵烈, 王发民. 高超声速三维化学非平衡流动的数值模拟[J]. 北京航空航天大学学报, 2004, 30(2): 168 – 172.

[39] EDQUIST K T，HOLLIS B R，JOHNSTON C O，et al. Mars science laboratory heatshield aerothermodynamics：design and reconstruction[J]. Journal of Spacecraft and Rockets，2014(51)：1106－1124.

[40] EDQUIST K T，DESAI P N，SCHOENENBERGER M. Aerodynamics for mars Phoenix entry capsule[J]. Journal of Spacecraft and Rockets，2011(48)：713－726.

第 7 章　高超声速动导数数值计算

　　动态稳定性导数,工程上常简称为动导数,是飞行器动态稳定性分析、弹道设计和控制系统设计的重要参数,它决定了飞行器在平衡攻角附近的运动形态,即飞行器能否稳定在平衡攻角,如果不能稳定在平衡攻角,它将演化至何种运动形态。因此,长期以来,动导数的预测一直是飞行器研制中十分重要的问题,与飞行器飞行安全及战术指标的实现密切相关[1]。过去,受限于风洞实验能力和超级计算机性能,动导数的预测主要采用半经验理论方法,包括修正牛顿理论、内伏牛顿理论、修正激波-膨胀理论、准定常和非定常理论等。这些理论没有考虑气流分离、再附和尾流效应,当飞行器存在较大流动分离时,动导数计算存在较大误差,特别是在跨声速区。近年来,随着计算流体力学和计算机的发展以及风洞实验能力的提升,地面风洞实验和数值模拟成为获取飞行器动导数的主要方式。

　　动导数的地面试验方法[2-5]有强迫振动法、有限自由振动法、自由翻滚法和模型自由飞试验法等,这些方法各有优缺点,但都存在费用高昂的弊端。强迫振动法技术设施较简单,但振幅较小,振心位置难以与实际重心一致,并存在尾支架干扰。有限自由振动法的振幅较大,但试验只允许在配平稳定区进行,也存在支架干扰。自由翻滚法试验技术的攻角范围不受限制,振心位置可与实际重心位置一致,但存在横支承干扰。模型自由飞试验法没有支架干扰,但试验振动周期较少,且纵向和横侧运动互相干扰,不易分清。直到现在,各种试验技术还在不断发展之中。

　　相比于地面试验方法,CFD 数值计算[6-8]的优点包括费用低、具有丰富的非定常动态流场、振心位置可与实际重心位置一致等。模拟预测动导数的关键技术包括非定常模拟方法、非定常流动/非定常运动的耦合模式等。同时由于需要提供振荡稳定后动态气动力时间历程曲线,计算时间较长,因此如何提高数值计算动导数的效率也是一个需要重点关注的方面。

　　本章分三节。7.1 节介绍动导数的基本概念和计算方法,包括动导数的工程由来、数学定义和物理意义,常规的基于强迫俯仰振荡的时域动导数预测方法,以及基于谐波平衡法的高效动导数计算方法;7.2 节是动导数在工程中的应用,介绍数值计算动导数方法在返回舱、带翼导弹等几种典型工程外形上的应用情况,分析振幅、振荡频率等关键参数在不同工程中对外形的影响,并给出参数设置建议;7.3 节将动力学方程和气动力模型相结合,建立非线性平面自治动力系统,基于该理论和静、动导数,分析返回舱 hopf 分叉和导弹鞍节点分叉两种典型动态失稳机制,并阐述飞行器偏离平衡攻角后运动形态的演化问题。

7.1 动导数的概念及其数值预测方法

7.1.1 动导数概念

动导数的概念来自工程设计,长期以来,学术界对动导数的确切含义仍存在争议,导致在非定常气动力建模方面存在较大分歧。

一般认为,最早的动导数数学模型由 Bryan[9] 提出,Bryan 将气动力、力矩视为扰动速度、控制角度和其速率瞬时值的函数。以俯仰力矩为例,有

$$C_m(t) = C_m(\alpha,\beta,\dot{\alpha},\dot{\beta},p,q,r) \tag{7.1}$$

式中:C_m 为俯仰力矩;α 和 β 分别为攻角和侧滑角;p、q 和 r 分别为偏航、俯仰和滚转角速度。Tobak 和 Schiff[10-11] 采用指示函数作为气动力的泛函,建立了非线性指示泛函理论。此处仍以俯仰力矩为例,其非定常动态俯仰力矩的依赖关系为如下微分-积分系统:

$$C_m(t) = C_m(t_0) + \int_{t_0}^t C_{m\alpha}[\alpha(\xi),q(\xi),t,\tau] \frac{d\alpha(\tau)}{d\tau}d\tau +$$
$$\frac{L}{2V_\infty} \int_{t_0}^t C_{mq}[\alpha(\xi),q(\xi),t,\tau] \frac{dq(\tau)}{d\tau}d\tau \tag{7.2}$$

式中:L 和 V_∞ 分别为参考长度和来流速度;$C_{m\alpha}$ 和 C_{mq} 分别为俯仰力矩对攻角和俯仰角速度的导数,$\xi\in[t_0,t]$。虽然式(7.2)在数学上是完备的,但非线性指示函数的确定非常困难,不可能直接求解这一微分-积分系统,而必须对其进行简化处理。

Etkin[12] 认为,非定常气动力/力矩是状态变量的泛函。在任意给定时刻,飞行器的气动力由流场决定,但该流场实际上不仅取决于当前瞬时的姿态,严格来说还与之前时刻的运动参数有关,此泛函关系式可表示为

$$L(t) = L[\alpha(\tau)], \infty \leqslant \tau \leqslant t \tag{7.3}$$

任玉新等[13] 利用 Tobak 和 Schiff 的非线性指示函数的方法,发展了改进的 Etkin 模型,在基准状态参数中加入了时间变量,扩展了动导数的应用范围。

根据 Etkin 模型,给出动导数的概念。对方程式(7.3),当 $\alpha(\tau)$ 可在 t 附近展开为收敛的泰勒级数时,有

$$\alpha(\tau) = \alpha(t) + (\tau-t)\dot{\alpha}(t) + \frac{1}{2}(\tau-t)^2\ddot{\alpha}(t) + \cdots \tag{7.4}$$

则无穷级数 $\alpha(t),\dot{\alpha}(t),\ddot{\alpha}(t),\cdots$ 可以代替式(7.3)中的 $\alpha(\tau)$,即

$$L(t) = L(\alpha,\dot{\alpha},\ddot{\alpha},\cdots) \tag{7.5}$$

式中,$\alpha,\dot{\alpha},\ddot{\alpha},\cdots$ 均是 t 时刻的值。在此情况下,t 时刻的气动力由 t 时刻的 α 及其各阶导数决定,即

$$\Delta L(t) = L_\alpha \Delta\alpha + L_{\dot{\alpha}} \Delta\dot{\alpha} + L_{\ddot{\alpha}} \Delta\ddot{\alpha} + \cdots \tag{7.6}$$

据此,以俯仰运动为例,可给出动态俯仰力矩系数的表达式:

$$C_m(t) = C_m(\theta,\dot{\theta},\ddot{\theta},\cdots) \tag{7.7}$$

取 α_0 为平衡攻角,θ 是由平衡攻角起算的俯仰角,则 $\theta=\alpha-\alpha_0$。将式(7.7)在平衡攻角

α_0 处进行泰勒展开,可得到:

$$C_m(\theta,\dot{\theta},\ddot{\theta}) = (C_m)_0 + \left(\frac{\partial C_m}{\partial \theta}\right)_0 \cdot \theta + \left(\frac{\partial C_m}{\partial \dot{\theta}}\right)_0 \cdot \dot{\theta} + \left(\frac{\partial C_m}{\partial \ddot{\theta}}\right)_0 \cdot \ddot{\theta} + G(\theta,\dot{\theta},\ddot{\theta}) \quad (7.8)$$

式中,一般将 $\left(\dfrac{\partial C_m}{\partial \theta}\right)_0$ 和 $\left(\dfrac{\partial C_m}{\partial \dot{\theta}}\right)_0$ 分别称为俯仰静导数和俯仰动导数。$\left(\dfrac{\partial C_m}{\partial \dot{\theta}}\right)_0$ 实际上是组合项,它由俯仰力矩对俯仰角速度的导数 C_{mq} 和俯仰力矩对攻角变化率的导数 $C_{m\dot{\alpha}}$ 组成。

记 C_m、C_n 和 C_l 分别为俯仰、偏航和滚转三个方向的气动力矩;$\dot{\alpha}$ 和 $\dot{\beta}$ 分别为攻角和侧滑角的变化率;q、r 和 p 分别为俯仰、偏航和滚转角速度。主导数共有 5 个,分别为 C_{mq},C_{nr},C_{lp},$C_{m\dot{\alpha}}$,$C_{m\dot{\beta}}$;交叉导数(指横侧向之间)共有 3 个,分别为 C_{lr},C_{np},$C_{l\dot{\beta}}$;交叉耦合导数(指纵向与横侧向之间)共有 6 项,分别为 C_{mr},C_{mp},C_{nq},C_{lq},$C_{n\dot{\alpha}}$,$C_{l\dot{\alpha}}$。

7.1.2　基于时域的动导数数值预测方法

基于时域的动导数数值预测方法,目前主要有强迫振荡法和自由振荡法两种。

1. 强迫振荡法

强迫振荡法是应用最为广泛的方法,工程计算、风洞实验和数值计算都可以根据这个方法来提供动态气动力系数的时间历程曲线和迟滞曲线。

以俯仰方向为例,强迫振荡法一般是给定一个如下形式的简谐振荡(无量纲化):

$$\alpha = A_0 + A_m \sin(\omega t^*) = A_0 + A_m \sin(kt) = A_0 + \theta \quad (7.9)$$

式中:A_0 为振荡起始攻角;A_m 为振荡幅值;ω 为振荡频率;k 为减缩频率(reduced frequency),有

$$k = \omega \frac{L_{\text{ref}}}{V_\infty} \quad (7.10)$$

对时间求导可得

$$\left.\begin{array}{l} \dot{\theta} = A_0 k \cos(kt) \\[2mm] \ddot{\theta} = -A_0 k^2 \sin(kt) \end{array}\right\} \quad (7.11)$$

将式(7.11)代入式(7.8)中,保留线性项,略去二阶项和高阶项,可得

$$\overline{C}_m = C_m - (C_m)_0 = \left[\left(\frac{\partial C_m}{\partial \theta}\right)_0 - k^2 \left(\frac{\partial C_m}{\partial \ddot{\theta}}\right)_0\right] \cdot A_m \sin(kt) + \left(\frac{\partial C_m}{\partial \dot{\theta}}\right)_0 \cdot A_m \cos(kt) \quad (7.12)$$

记

$$C_0 = \left(\frac{\partial C_m}{\partial \theta}\right)_0 - k^2 \left(\frac{\partial C_m}{\partial \ddot{\theta}}\right)_0 \quad (7.13)$$

$$C_1 = \left(\frac{\partial C_m}{\partial \dot{\theta}}\right)_0 \quad (7.14)$$

式中:C_0 表示静导数;C_1 表示动导数,则

$$\overline{C}_m = C_0 A_m \sin(kt) + C_1 A_m k \cos(kt) \quad (7.15)$$

通过数值求解飞行器作强迫俯仰振荡的时间历程,即可给出动态俯仰力矩系数 C_m 的时

间历程曲线和 C_m-α 迟滞圈。对上述迟滞圈在一个周期内进行积分，即

$$
\begin{aligned}
P_0 &= \int_{t_s}^{t_s+T} \overline{C}_m \sin(kt)\,\mathrm{d}t \\
&= \int_{t_s}^{t_s+T} \left[C_0 A_m \sin(kt) + C_1 A_m k \cos(kt) \right] \sin(kt)\,\mathrm{d}t \\
&= \int_{t_s}^{t_s+T} C_0 A_m \sin(kt)\sin(kt)\,\mathrm{d}t + \int_{t_s}^{t_s+T} C_1 A_m k \cos(kt)\sin(kt)\,\mathrm{d}t \\
&= \int_{t_s}^{t_s+T} C_0 A_m \sin(kt)\sin(kt)\,\mathrm{d}t + 0 \\
&= \frac{\pi}{k} C_0 A_m
\end{aligned}
\tag{7.16}
$$

$$
\begin{aligned}
P_1 &= \int_{t_s}^{t_s+T} \overline{C}_m \cos(kt)\,\mathrm{d}t \\
&= \int_{t_s}^{t_s+T} \left[C_0 A_m \sin(kt) + C_1 A_m k \cos(kt) \right] \cos(kt)\,\mathrm{d}t \\
&= \int_{t_s}^{t_s+T} C_0 A_m \sin(kt)\cos(kt)\,\mathrm{d}t + \int_{t_s}^{t_s+T} C_1 A_m k \cos(kt)\cos(kt)\,\mathrm{d}t \\
&= 0 + \int_{t_s}^{t_s+T} C_1 A_m k \cos(kt)\cos(kt)\,\mathrm{d}t \\
&= \pi C_1 A_m
\end{aligned}
\tag{7.17}
$$

式中：t_s 为积分起始时间。$T = 2\pi/k$ 为稳定后的谐振周期，易得

$$
C_0 = \frac{P_0 k}{A_0 \pi}
\tag{7.18}
$$

$$
C_1 = \frac{P_1}{A_0 \pi}
\tag{7.19}
$$

可以给定两个减缩频率 k_1 和 k_2，通过两组强迫简谐振动计算或实验，可得两组动态俯仰力矩系数，分别作积分，就可以得到 C_0^1 和 C_0^2：

$$
\left.
\begin{aligned}
C_0^1 &= \left[\left(\frac{\partial C_m}{\partial \theta} \right)_0 - k_1^2 \left(\frac{\partial C_m}{\partial \ddot{\theta}} \right)_0 \right] \\
C_0^2 &= \left[\left(\frac{\partial C_m}{\partial \theta} \right)_0 - k_2^2 \left(\frac{\partial C_m}{\partial \ddot{\theta}} \right)_0 \right]
\end{aligned}
\right\}
\tag{7.20}
$$

最后，就可以计算出在攻角 α_0 处的俯仰静导数、俯仰动导数和俯仰动导数的二阶项了：

$$
\left.
\begin{aligned}
\left(\frac{\partial C_m}{\partial \theta} \right)_0 &= \left(\frac{C_0^1}{k_1^2} - \frac{C_0^2}{k_2^2} \right) \Big/ \left(\frac{1}{k_1^2} - \frac{1}{k_2^2} \right) \\
\left(\frac{\partial C_m}{\partial \dot{\theta}} \right)_0 &= C_1 \\
\left(\frac{\partial C_m}{\partial \ddot{\theta}} \right)_0 &= \frac{C_0^1 - C_0^2}{k_1^2 - k_2^2}
\end{aligned}
\right\}
\tag{7.21}
$$

在减缩频率 k 很小的情况下，又一般有 $\left| \left(\dfrac{\partial C_m}{\partial \ddot{\theta}} \right)_0 \right| \ll \left| \left(\dfrac{\partial C_m}{\partial \theta} \right)_0 \right|$，此时近似有

$$C_0 = \left[\left(\frac{\partial C_m}{\partial \theta} \right)_0 - k^2 \left(\frac{\partial C_m}{\partial \ddot{\theta}} \right)_0 \right] \approx \left(\frac{\partial C_m}{\partial \theta} \right)_0 \tag{7.22}$$

这样给定一个减缩频率,经过一次积分就可以得到:

$$\left.\begin{array}{l} \left(\dfrac{\partial C_m}{\partial \theta} \right)_0 = C_0 \\[3mm] \left(\dfrac{\partial C_m}{\partial \dot{\theta}} \right)_0 = C_1 \end{array}\right\} \tag{7.23}$$

但这时较小的动导数的二阶项就不能辨识出来。

2. 自由振荡法

自由振荡法则是放开飞行器的转动自由度,飞行器在自身气动力矩的作用下自由振荡。工程计算、风洞实验和数值计算也都可以根据此法提供的动态气动力系数的时间历程曲线和迟滞曲线,但只能得到平衡攻角处的稳定性参数,不能得到任意攻角下的稳定性参数。

以俯仰为例,单自由度无机械阻尼俯仰自由振荡方程可写为

$$\begin{aligned} \ddot{\theta} &= c_I \cdot C_m[\theta, \dot{\theta}, \ddot{\theta}] \\ &= c_I \cdot \left[(C_m)_0 + \left(\frac{\partial C_m}{\partial \theta} \right)_0 \cdot \theta + \left(\frac{\partial C_m}{\partial \dot{\theta}} \right)_0 \cdot \dot{\theta} + \left(\frac{\partial C_m}{\partial \ddot{\theta}} \right)_0 \cdot \ddot{\theta} + \cdots \right] \end{aligned} \tag{7.24}$$

式中,下标"0"表示在平衡攻角处取值,即 $(C_m)_0 = 0$。$c_I = 1/I$ 为无量纲转动惯量的倒数。只考虑静导数和动导数时,就可以得到一个二阶常微分方程:

$$\ddot{\theta} + a\dot{\theta} + b\theta = 0 \tag{7.25}$$

式中

$$\left.\begin{array}{l} a = - c_I \cdot \left(\dfrac{\partial C_m}{\partial \dot{\theta}} \right)_0 \\[3mm] b = - c_I \cdot \left(\dfrac{\partial C_m}{\partial \theta} \right)_0 \end{array}\right\} \tag{7.26}$$

其相应的特征方程为

$$r^2 + ar + b = 0 \tag{7.27}$$

可解出其特征值:

$$r = - \frac{a}{2} \pm \sqrt{\left(\frac{a}{2} \right)^2 - b} = - \frac{a}{2} \pm \sqrt{\Delta} = \lambda \pm \omega \mathrm{i} \tag{7.28}$$

一般而言,飞行器是静稳定的,即有 $b = - c_I \cdot \left(\dfrac{\partial C_m}{\partial \theta} \right)_0 > 0$。通常情况下无量纲转动惯量的倒数 $c_I \ll 1$,而且不是 $\left(\dfrac{\partial C_m}{\partial \dot{\theta}} \right)_0$ 远远小于 $\left(\dfrac{\partial C_m}{\partial \theta} \right)_0$,也就是说二者为同一量级。由此可以得出

$$\Delta = \left(\frac{a}{2} \right)^2 - b < 0 \tag{7.29}$$

故进一步有

$$\lambda = -\frac{a}{2} = \frac{c_I}{2}\left(\frac{\partial C_m}{\partial \dot{\theta}}\right)_0$$

$$\omega = \sqrt{|\Delta|} = \left[\left|\frac{c_I^2}{4}\left(\frac{\partial C_m}{\partial \dot{\theta}}\right)_0^2 + c_I\left(\frac{\partial C_m}{\partial \theta}\right)_0\right|\right]^{1/2} \qquad (7.30)$$

则微分方程式(7.25)的解为

$$\theta = \theta_0 \cdot \exp(\lambda t) \cdot \sin(\omega t) \qquad (7.31)$$

由解的形式,易知:

(1)当 $\lambda > 0$,即 $\left(\dfrac{\partial C_m}{\partial \dot{\theta}}\right)_0 > 0$ 时,方程式(7.25)的解的轨线在平衡攻角附近为振幅发散的振荡;

(2)当 $\lambda < 0$,即 $\left(\dfrac{\partial C_m}{\partial \dot{\theta}}\right)_0 < 0$ 时,方程式(7.25)的解的轨线在平衡攻角附近为振幅收敛的振荡。

这也说明了动导数的符号决定了飞行器的动稳定性,即飞行器运动的稳定性取决于飞行器的阻尼特性。但这样的分析只能指出,如果随着马赫数的降低,λ 由 $\lambda < 0$ 变化至 $\lambda > 0$,则平衡解就会失稳,不能指出,平衡解失稳后,运动演化至极限环吸引子(即周期振荡)。

在通过实验或计算得到俯仰力矩系数的时间历程曲线后,就可以得到频率 $f = \dfrac{1}{T}$ 和一个周期的两个峰值解 θ_1、θ_2(对应于 t_1、t_2,而且 $t_2 = t_1 + T$):

$$\left.\begin{array}{l}\theta_1 = \theta_0 \cdot \exp(\lambda t_1) \cdot \sin(\omega t_1) \\ \theta_2 = \theta_0 \cdot \exp(\lambda t_2) \cdot \sin(\omega t_2) = \theta_0 \cdot \exp(\lambda t_1 + \lambda T) \cdot \sin(\omega t_1 + \omega T)\end{array}\right\} \qquad (7.32)$$

根据 $\omega T = 2\pi$,将式(7.32)中两式相除,得到

$$\left(\frac{\partial C_m}{\partial \dot{\theta}}\right)_0 = \frac{2}{c_I}f \cdot \ln\left(\frac{\theta_2}{\theta_1}\right) \qquad (7.33)$$

同理,根据 $\omega T = 2\pi$,有

$$\left.\begin{array}{l}\omega = \sqrt{|\Delta|} = \left[\left|\dfrac{c_I^2}{4}\left(\dfrac{\partial C_m}{\partial \dot{\theta}}\right)_0^2 + c_I\left(\dfrac{\partial C_m}{\partial \theta}\right)_0\right|\right]^{1/2} = 2\pi f \\ \left(\dfrac{\partial C_m}{\partial \theta}\right)_0 = -\dfrac{1}{c_I}(2\pi f)^2 - \dfrac{c_I}{4}\left(\dfrac{\partial C_m}{\partial \dot{\theta}}\right)_0^2\end{array}\right\} \qquad (7.34)$$

根据上面的分析,略去小量,近似得到

$$\left(\frac{\partial C_m}{\partial \theta}\right)_0 \approx -\frac{1}{c_I}(2\pi f)^2 \qquad (7.35)$$

以上的分析,对应于只考虑静导数和动导数的情况,根据本节的非定常动态气动力模型,保留线性项时需要保留俯仰静导数、俯仰动导数和俯仰动导数的二阶项 $\left(\dfrac{\partial C_m}{\partial \theta}\right)_0$、$\left(\dfrac{\partial C_m}{\partial \dot{\theta}}\right)_0$ 和 $\left(\dfrac{\partial C_m}{\partial \ddot{\theta}}\right)_0$,此时微分方程还是可以写成以下形式:

$$\ddot{\theta} + a\dot{\theta} + b\theta = 0 \qquad (7.36)$$

但式中: $a = \dfrac{-c_I \cdot \left(\dfrac{\partial C_m}{\partial \dot{\theta}}\right)_0}{1 - c_I \cdot \left(\dfrac{\partial C_m}{\partial \dddot{\theta}}\right)_0}$, 　$b = \dfrac{-c_I \cdot \left(\dfrac{\partial C_m}{\partial \theta}\right)_0}{1 - c_I \cdot \left(\dfrac{\partial C_m}{\partial \dddot{\theta}}\right)_0}$

本章后续的分析方法完全相同,由于 $\left| c_I \cdot \left(\dfrac{\partial C_m}{\partial \dddot{\theta}}\right)_0 \right| \ll 1$,故以上忽略该项的稳定性参数计算方法不会引入显著的误差。

7.1.3　基于频域的动导数数值预测方法

谐波平衡法是一种适用于周期性非定常流场的数值模拟方法,通过傅里叶变换将时间域上的问题转化到频域上求解,该方法只需要联合求解若干特定时刻的瞬时流场,通过简单的后处理,即可重建整个周期的非定常流动过程和气动力/力矩时间历程。谐波平衡法求解周期性非定常流场的特性,特别适用于动导数的预测,因为随着飞行器的强迫振荡,其绕流流场也呈现出周期性变化。谐波平衡法的本质是求解一种包含了若干时刻流场变量的特殊定常流场,用于定常问题的加速收敛技术(如当地时间步、多重网格法等)同样适用于谐波平衡法[14]。同时由于不需要计算非定常的时间历程,动导数计算效率非常高。

谐波平衡法的实现过程[15]如下:

对一般曲线坐标系下的 Navier - Stokes 方程:

$$J^{-1} \frac{\partial Q}{\partial t} = -\bar{R}(Q) - \frac{\partial J^{-1}}{\partial t} Q \tag{7.37}$$

记

$$\bar{R}(Q)^* = \frac{1}{J^{-1}}\left(\bar{R}(Q) + \frac{\partial J^{-1}}{\partial t} Q\right) \tag{7.38}$$

为叙述简便,记 $\bar{R}(Q)^* = R(Q)$,则 N - S 方程组可简写为如下形式:

$$N = \frac{\partial Q}{\partial t} + R(Q) = 0 \tag{7.39}$$

对周期性的非定常流场,可认为其守恒变量 Q 和残差项 R 也是周期性的,周期 $T = 2\pi/\omega$,从而, Q 和 R 可展开成傅里叶级数叠加的形式:

$$
\left.
\begin{aligned}
Q &\approx \widehat{Q}_0 + \sum_{n=1}^{N_H}\left[\widehat{Q}_{cn}\cos(\omega n t) + \widehat{Q}_{sn}\sin(\omega n t)\right] \\
R &\approx \widehat{R}_0 + \sum_{n=1}^{N_H}\left[\widehat{R}_{cn}\cos(\omega n t) + \widehat{R}_{sn}\sin(\omega n t)\right] \\
N &\approx \widehat{N}_0 + \sum_{n=1}^{N_H}\left[\widehat{N}_{cn}\cos(\omega n t) + \widehat{N}_{sn}\sin(\omega n t)\right]
\end{aligned}
\right\} \tag{7.40}
$$

式中, N_H 表示选取的谐波个数,兼顾效率和精度,一般取 $N_H = 2$,表示可用 $N_T = 2N_H + 1$ 个时刻的样本点流场还原整个周期的流场。

结合式(7.39)和式(7.40),并利用三角函数在周期上的积分关系,容易得到下式:

$$
\left.\begin{aligned}
\widehat{N}_0 &= \frac{\omega}{2\pi}\int_0^T N(t)\,\mathrm{d}t = \widehat{R}_0 \\
\widehat{N}_{cn} &= \frac{\omega}{\pi}\int_0^T N(t)\cos(\omega n t)\,\mathrm{d}t = \omega n \widehat{Q}_{sn} + \widehat{R}_{cn} \\
\widehat{N}_{sn} &= \frac{\omega}{\pi}\int_0^T N(t)\sin(\omega n t)\,\mathrm{d}t = -\omega n \widehat{Q}_{cn} + \widehat{R}_{sn}
\end{aligned}\right\}
\tag{7.41}
$$

其中，$n=1,2,\cdots,N_H$。式(7.41)组成了 $N_T=2N_H+1$ 个变量的方程组，将式(7.41)简写成如下形式：

$$
\omega A\widehat{Q} + \widehat{N} = \widehat{0}
\tag{7.42}
$$

式中：A 是 $N_T\times N_T$ 的已知系数矩阵，有：

$$
\widehat{Q} = \begin{Bmatrix} \widehat{Q}_0 \\ \widehat{Q}_{c1} \\ \vdots \\ \widehat{Q}_{cN_H} \\ \widehat{Q}_{s1} \\ \vdots \\ \widehat{Q}_{sN_H} \end{Bmatrix}, \quad
\widehat{N} = \begin{Bmatrix} \widehat{N}_0 \\ \widehat{N}_{c1} \\ \vdots \\ \widehat{N}_{cN_H} \\ \widehat{N}_{s1} \\ \vdots \\ \widehat{N}_{sN_H} \end{Bmatrix}, \quad
A = \begin{bmatrix} 0 & 0 & \cdots & 0 & 0 & \cdots & 0 \\ 0 & 0 & \cdots & 0 & 1 & 0 & 0 \\ \vdots & \vdots & & \vdots & 0 & & 0 \\ 0 & 0 & \cdots & 0 & 0 & 0 & N_H \\ 0 & -1 & 0 & 0 & 0 & \cdots & 0 \\ \vdots & 0 & & 0 & \vdots & & \vdots \\ 0 & 0 & 0 & -N_H & 0 & \cdots & 0 \end{bmatrix}
\tag{7.43}
$$

直接在频域上求解式(7.41)相当困难，Hall 等[16]引入基于时域的变量 Q 和 N：

$$
Q = \begin{Bmatrix} Q(t_0+\Delta t) \\ Q(t_0+2\Delta t) \\ \vdots \\ Q(t_0+N_H\Delta t) \\ Q[t_0+(N_H+1)\Delta t] \\ \vdots \\ Q(t_0+T) \end{Bmatrix}
$$

$$
N = \begin{Bmatrix} R(t_0+\Delta t) \\ R(t_0+2\Delta t) \\ \vdots \\ R(t_0+N_H\Delta t) \\ R[t_0+(N_H+1)\Delta t] \\ \vdots \\ R(t_0+T) \end{Bmatrix}, \quad \Delta t = 2\pi/N_T\omega
\tag{7.44}
$$

时域的变量和频域变量之间可以通过傅里叶变换得到：

$$
\widehat{Q} = EQ, \quad \widehat{N} = EN
\tag{7.45}
$$

式中：E 为傅里叶变换矩阵，有

$$E = \frac{2}{N_{\mathrm{T}}} \begin{bmatrix} \frac{1}{2}\cos\left(2\pi\frac{0\times 1}{N_{\mathrm{T}}}\right) & \frac{1}{2}\cos\left(2\pi\frac{0\times 2}{N_{\mathrm{T}}}\right) & \cdots & \frac{1}{2}\cos\left(2\pi\frac{0\times N_{\mathrm{T}}}{N_{\mathrm{T}}}\right) \\ \cos\left(2\pi\frac{1\times 1}{N_{\mathrm{T}}}\right) & \cos\left(2\pi\frac{1\times 2}{N_{\mathrm{T}}}\right) & \cdots & \cos\left(2\pi\frac{1\times N_{\mathrm{T}}}{N_{\mathrm{T}}}\right) \\ \vdots & \vdots & & \vdots \\ \cos\left(2\pi\frac{N_{\mathrm{H}}\times 1}{N_{\mathrm{T}}}\right) & \cos\left(2\pi\frac{N_{\mathrm{H}}\times 2}{N_{\mathrm{T}}}\right) & \cdots & \cos\left(2\pi\frac{N_{\mathrm{H}}\times N_{\mathrm{T}}}{N_{\mathrm{T}}}\right) \\ \sin\left(2\pi\frac{1\times 1}{N_{\mathrm{T}}}\right) & \sin\left(2\pi\frac{1\times 2}{N_{\mathrm{T}}}\right) & \cdots & \sin\left(2\pi\frac{1\times N_{\mathrm{T}}}{N_{\mathrm{T}}}\right) \\ \vdots & \vdots & & \vdots \\ \sin\left(2\pi\frac{N_{\mathrm{H}}\times 1}{N_{\mathrm{T}}}\right) & \sin\left(2\pi\frac{N_{\mathrm{H}}\times 2}{N_{\mathrm{T}}}\right) & \cdots & \sin\left(2\pi\frac{N_{\mathrm{H}}\times N_{\mathrm{T}}}{N_{\mathrm{T}}}\right) \end{bmatrix} \tag{7.46}$$

将式(7.44)代入式(7.41)，得到：

$$\omega AEQ + EN = \hat{\mathbf{0}} \tag{7.47}$$

式(7.47)的等号两边同时左乘 E 的逆矩阵，化简得到

$$\omega DQ + N = \hat{\mathbf{0}} \tag{7.48}$$

其中，$D = E^{-1}AE$，矩阵 D 的各项系数为

$$D_{i,j} = \frac{2}{N_{\mathrm{T}}}\sum_{k=1}^{N_{\mathrm{H}}} k\sin[2\pi k(j-i)/N_{\mathrm{T}}] \tag{7.49}$$

式(7.48)与式(7.41)等价，但更容易求解。由于其为定常状态方程，可以在方程左端加入虚拟时间导数项，求解出 Q：

$$\frac{\partial Q}{\partial \tau} + \omega DQ + N = \hat{\mathbf{0}} \tag{7.50}$$

其显式时间推进方法为

$$Q^{n+1} = Q^n - \Delta\tau(\omega DQ^n + N^n) \tag{7.51}$$

式(7.51)通过简单的迭代即可求解出 Q^n，其优点是只需要对常见的 CFD 程序做少量的改动，并且几乎不增加计算量；但 Thomas 等[17-19]通过分析发现，这种显式的时间推进方法是条件稳定的，隐式的时间推进方法可以保证无条件稳定，但会大大增加计算量，同时也需要对现有 CFD 程序做大幅修改。通过对式(7.50)的源项 ωDQ^n 作一个隐式的处理，避免了计算的不稳定：

$$\frac{Q^{n+1} - Q^n}{\Delta\tau} + (I + \omega\Delta\tau D)^{-1}(\omega DQ^n + N^n) = \hat{\mathbf{0}} \tag{7.52}$$

式(7.52)的计算收敛后，同样回到式(7.51)，但保证了计算的稳定性；同时增加项 $(I + \omega\Delta\tau D)^{-1}$ 的求解过程只是一个 $N_{\mathrm{T}}\times N_{\mathrm{T}}$ 矩阵的求逆操作，基本不增加计算量。

注意到，通过求解式(7.52)得到的流场解 Q^n，它包含了 N_{T} 个瞬时流场解。通过一个重建的过程，即可得到整周期的非定常流场解：

$$Q(t) = \hat{Q}_0 + \sum_{n=1}^{N_H} \left[\hat{Q}_{cn} \cos(\omega n t) + \hat{Q}_{sn} \sin(\omega n t) \right] \tag{7.53}$$

7.2 高超声速动导数工程应用与分析

7.2.1 返回舱应用与分析

以火箭为动力的载人航天计划,其飞船返回舱的安全再入与回收是关键技术之一。由于飞船返回舱的再入过程要经历高超声速至亚、跨声速的全流域飞行,人们对飞船返回舱的稳定性,特别是动稳定性问题十分关注。例如,在美国"阿波罗"载人飞船的研制过程中,动稳定性就占有重要地位,单是动稳定性的风洞实验就用 9 套模型在 14 座风洞中进行了亚、跨、超和高超声速风洞实验共 700 多小时[20]。我国在实施载人航天计划时也对飞船返回舱的动稳定性给予了高度重视,在中国航天空气动力技术研究院、中国科学院力学研究所等单位进行了全面的动态实验设备技术的发展和动稳定性的测试,也尝试开展了数值计算研究[21-35]。本节针对我国的飞船返回舱,用强迫振荡法研究不同条件下的俯仰/偏航/滚转动态稳定性特性,并与实验结果进行比较。

1. 不同攻角下的俯仰动态特性研究

本组计算的具体条件为:$Ma_\infty = 3.01$,单位雷诺数 $Re_d = 1.0 \times 10^6$,无量纲化重心位置 $x_{cg}/L = 0.37$,$y_{cg}/L = -0.032$,设定小振幅俯仰振荡形式 $\alpha = A_m + A_0 \sin(2kt)$,$A_0 = 1°$,起始攻角 $A_m = 0° \sim 30°$,减缩频率给定 $k = 0.05$ 和 $k = 0.15$ 两组,半模计算网格为 $100 \times 50 \times 37$。静态绕流计算在风轴坐标系下完成,为动态绕流计算提供初场。图 7-1 给出静态气动力系数随攻角的变化曲线。图 7-2 给出了不同起始攻角下动态俯仰力矩迟滞曲线。

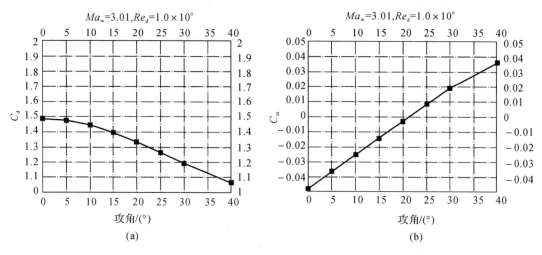

图 7-1 飞船返回舱静态气动力系数随攻角的变化曲线

图 7-3 给出了相应静导数随攻角的变化曲线,在计算的 0°~30°攻角范围内,静导数均小于 0 且量值变化不大,表明在 $Ma_\infty = 3.01$ 时,随着攻角的增大,飞船返回舱的静稳定性没有发

生变化。图 7-4 给出了相应动导数与实验结果的比较,实验[31]的振荡频率在 0～60 Hz 范围,说明本小节计算结果与实验结果总体吻合较好。

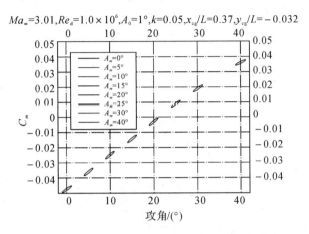

图 7-2　不同起始攻角下动态俯仰力矩迟滞曲线

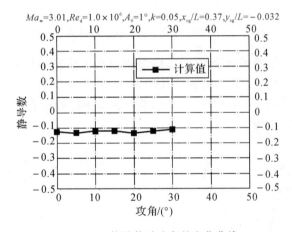

图 7-3　静导数随攻角的变化曲线

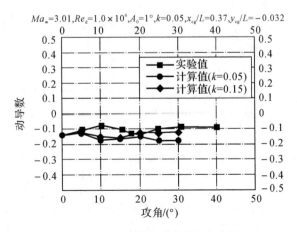

图 7-4　动导数与实验结果的比较

2. 俯仰/偏航/滚转动态特性研究

本小节开展返回舱俯仰/偏航/滚转动态特性研究[31]。计算条件为: $Ma_\infty = 6.0$,单位雷诺数 $Re_d = 2.4 \times 10^6$, $T_\infty = 67$ K, $T_w = 300$ K(等温壁),定态绕流攻角 $\alpha = 20°$,侧滑角 $\beta = 0°$,无量纲化重心位置 $x_{cg}/L = 0.37$, $y_{cg}/L = -0.032$。分别设定小振幅俯仰/偏航/滚转振荡形式为 $\alpha = \alpha_m + A_0 \cos kt$、$\beta = \beta_m + A_0 \cos kt$ 以及 $\gamma = \gamma_m + A_0 \cos kt$, $\alpha_m = 20°$, $\beta_m = 0°$, $\gamma_m = 0°$, $A_0 = 1°$,减缩频率给定为 $k = 1.0$。俯仰/偏航/滚转轴如图 7-5 所示。

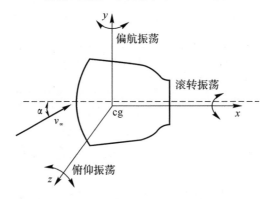

图 7-5 飞船返回舱俯仰/偏航/滚转轴示意图

对俯仰振荡进行了半流场和全流场计算,对偏航和滚转振荡只能用全流场计算。本小节计算不设残值收敛指标,而是给定亚迭代步数,若亚迭代步数为 0,则为一阶时间精度。图 7-6~ 图 7-8 分别给出强迫俯仰、强迫偏航及强迫滚转振荡的时间历程和迟滞曲线,动导数根据迟滞环用积分法辨识。

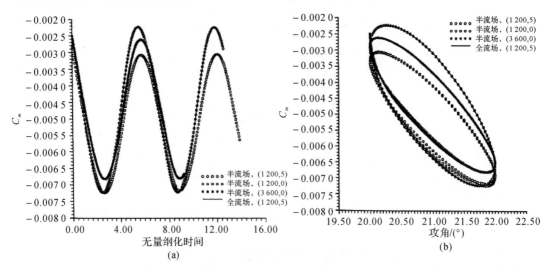

图 7-6 飞船返回舱强迫俯仰振荡的时间历程和迟滞曲线

(a) 动态俯仰力矩时间历程;(b) 动态俯仰力矩迟滞曲线

图 7-8 的动态滚转力矩的时间历程和迟滞曲线不光滑,这可能是由于飞船返回舱外形为轴对称,偏心很小,因而滚转力矩的量值太小,误差较大。计算中还注意到,这种偏心很小

的轴对称外形物体滚转振荡时,对流场扰动较小,因而非定常计算的收敛性和稳定性都较好。

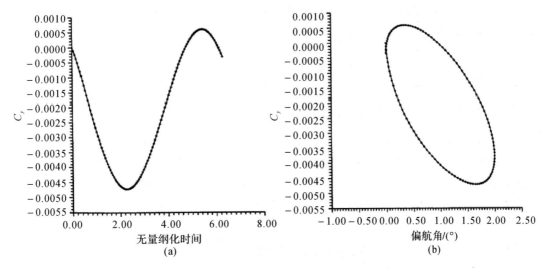

图 7 - 7　飞船返回舱强迫偏航振荡的时间历程和迟滞曲线

(a) 动态偏航力矩时间历程;(b) 动态偏航力矩迟滞曲线

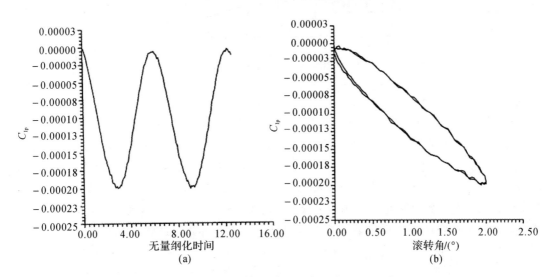

图 7 - 8　飞船返回舱强迫滚转振荡的时间历程和迟滞曲线

(a) 动态滚转力矩时间历程;(b) 动态滚转力矩迟滞曲线

表 7-1 给出了稳定性参数计算结果,从表中可以看到俯仰、偏航和滚转动导数都小于 0,表明飞船返回舱在该状态下是动稳定的,而且滚转阻尼导数比俯仰和偏航阻尼导数要小一到两个数量级。从表 7-1 中还可以看出迭代过程提高了精度,俯仰振荡的全流场计算与半流场结果符合较好,验证了全流场计算的正确性。

表 7-1　飞船返回舱强迫俯仰/偏航/滚转振荡动导数计算结果

	半流场 1 200 步/周期亚迭代步数=0	半流场 3 600 步/周期亚迭代步数=0	半流场 1 200 步/周期亚迭代步数=5	全流场 1 200 步/周期亚迭代步数=5
俯仰动导数	−0.058 28	−0.058 33	−0.091 82	−0.091 78
偏航动导数	—	—	—	−0.114 14
滚转动导数	—	—	—	−0.001 69

7.2.2　弹道外形 HBS 应用与分析

弹道外形 HBS(Hyper Ballistic Shape)是高超声速导弹外形的标模(见图 7-9),其动态特性有实验和半经验理论预测结果[36-37]。本小节将研究攻角和质心位置对 HBS 标模稳定性参数的影响。计算条件为:$Ma_\infty=6.85$,以头部直径为参考长度的 Re_d 取 0.72×10^6,强迫俯仰振荡的振幅都取为 1°,减缩频率一般取为 $k=0.05$。

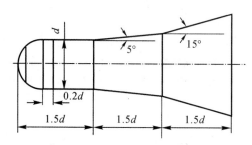

图 7-9　弹道外形 HBS 示意图

1. 攻角对稳定性参数的影响

本组计算中 $Re_d=0.72\times10^6$,重心位置 $x_{cg}/L=0.72$,起始攻角 A_m 分别为:0°、5°、10°、15°和20°。图 7-10 给出了静态气动力系数随攻角的变化曲线。图 7-11 给出了不同起始攻角下动态俯仰力矩迟滞曲线。图 7-12 和图 7-13 给出了不同起始攻角下的静导数和动导数与实验和内伏牛顿理论预估结果的比较。在攻角不大时,数值方法和经典方法预估的动导数与实验结果都符合较好,但对静导数的预测精度,内伏牛顿理论精度明显比数值方法偏低。对攻角较大时,缺乏实验数据来评估数值模拟的结果。图 7-14 给出了二阶动导数随起始攻角的变化。

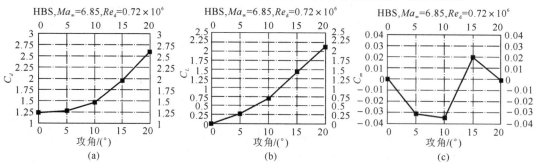

图 7-10　HBS 静态气动力系数随攻角的变化曲线

(a)阻力系数;(b)升力系数;(c)俯仰力矩系数

HBS,$Ma_\infty=6.85,Re_d=0.72\times10^6,A_0=1°,k=0.05,x_{cg}/L=0.72$

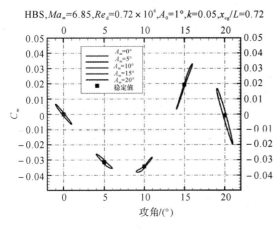

HBS,$Ma_\infty=6.85,Re_d=0.72\times10^6,A_0=1°,x_{cg}/L=0.72,k=0.05$

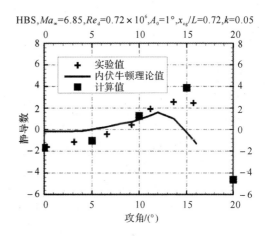

图 7-11　HBS 不同起始攻角下的动态俯仰力
矩时间历程和迟滞曲线

图 7-12　HBS 不同起始攻角下的静导数与实
验和内伏牛顿理论预估结果的比较

HBS,$Ma_\infty=6.85,Re_d=0.72\times10^6,A_0=1°,x_{cg}/L=0.72,k=0.05$

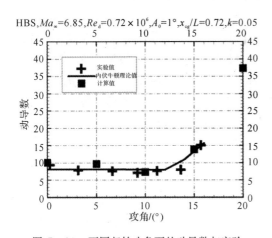

HBS,$Ma_\infty=6.85,Re_d=0.72\times10^6,A_0=1°,x_{cg}/L=0.72,k=0.05$

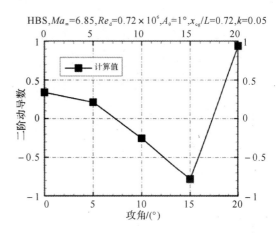

图 7-13　不同起始攻角下的动导数与实验
和内伏牛顿理论预估结果的比较

图 7-14　HBS 不同起始攻角下的二阶动
导数随起始攻角的变化

2. 重心位置对稳定性参数的影响

本组计算中 $Re_d=0.72\times10^6$,起始攻角 $A_m=0°$,重心位置 x_{cg}/L 分别为 0.4、0.5、0.6、0.72、0.8、0.9。图 7-15 给出了相应的动态俯仰力矩时间历程和迟滞曲线,图 7-16 和图 7-17 给出了不同重心下的静导数和动导数与实验和内伏牛顿理论预估结果的比较。可以看到,该数值方法在很广的重心范围内均与实验结果吻合较好,但经典方法预测的静导数和动导数与实验结果相比有较大误差,尤其是其预测的静导数正负变号即静稳定性变化的重心位置误差太大。从图 7-17 中也可以看到,在重心位置偏前或偏后时,牛顿-玻尔兹曼理论和内伏牛顿理论等经典预测方法预测的动导数均和实验结果不一致。

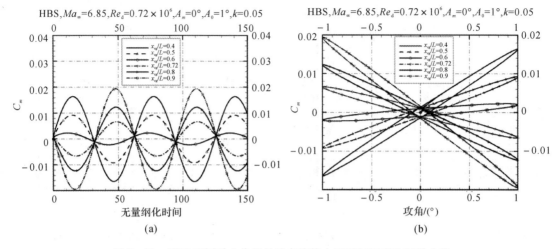

图 7-15　HBS 不同质心位置的动态俯仰力矩时间历程和迟滞曲线

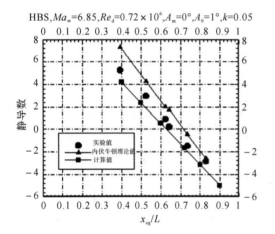

图 7-16　HBS 不同重心下的静导数与实验和内伏牛顿理论预估结果的比较

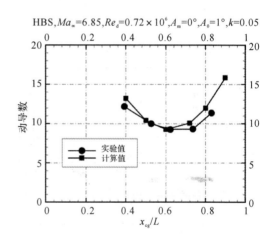

图 7-17　HBS 不同重心下的动导数与实验和内伏牛顿理论预估结果的比较

7.2.3　方形截面弹应用与分析

相对传统的圆截面导弹,方形截面导弹具备以下优点:首先,方形截面导弹可以减小雷达反射面积,有利于隐身;其次,对于内埋式武器发射舱,可以充分利用有限的空间,提高载弹量;最后,平面的外形能够提供更大的升力,从而提供更大的操纵性。但该导弹也存在一定缺陷:由于流动在边缘处强制分离,流动和气动力特性都较为复杂;而相对圆形截面,其滚转气动力特性与滚转角相关,需重新设计飞行控制系统。

飞行器大攻角飞行时,背风区存在大范围的流动分离现象,气动力的非定常非线性效应明显。本小节以大攻角拉升为例,设计控制律。

本小节模型按参考文献[38]选取,如图 7-18 所示,整体外形由一个圆弧形头部和方形截面的弹身组成。弹身总长为 13D,其中 $D=93.98$ mm;头部为切线圆弧,长 3D,圆弧半径 $R=6.717D$;弹身截面为 1$D\times$1D 的正方形;弹身尾部有四片"十"字布局的三角小翼,小翼的长和高均为 1D,宽为 0.1D。计算网格如图 7 - 19 所示。

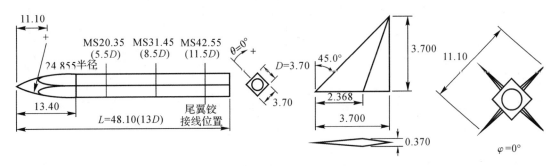

图 7 - 18　方形截面导弹外形尺寸(单位:mm)

本小节计算条件均取来流马赫数 $Ma=2.5$,以弹体全长为参考长度的 $Re=1.6\times10^{7}$,来流温度为 145.53 K。参考长度取 D,参考面积为 $\pi D^{2}/4$;质心位于全长的 42% 位置处。方形截面弹的转动惯量取 $J_{xx}=1.0,J_{yy}=10.0,J_{zz}=10.0$,单位均为 kg·m^{2}。

图 7 - 19　方形截面导弹表面和空间网格

飞行器初始以 0°配平攻角正常飞行,在前方遭遇突发情况时,迅速拉升攻角。控制目标设定为攻角从 0°拉升至 40°,机动时间为分别为 1 s、2 s 和 5 s,平均拉升速度分别为 40°/s、20°/s、8°/s,瞬间的最大拉升速度分别为 62.8°/s、31.4°/s、12.6°/s。

在拉升过程中,由于飞行器的攻角变化范围很大,气动力的非线性效应明显,单一的控制器显然难以满足要求,需要重新设计控制器。本小节每隔 5°设置一个点,计算气动力导数,设计一个 PID 控制器,中间的攻角则根据插值得到。

首先根据静态气动力计算结果获取气动力导数。图 7 - 20 和图 7 - 21 分别是飞行器俯仰力矩系数和升力系数随攻角的变化曲线。根据曲线,可分别获取不同攻角时气动力导数 C_{ma} 和 C_{La}。作为参考,图 7 - 22 和图 7 - 23 还给出了阻力系数和升阻比随攻角的变化曲线。图 7 - 24 和图 7 - 25 分别是不同攻角时飞行器俯仰力矩系数和升力随舵偏角的变化曲线。根据曲线,可分别获取不同攻角时气动力导数 $C_{m\delta}$ 和 $C_{L\delta}$。

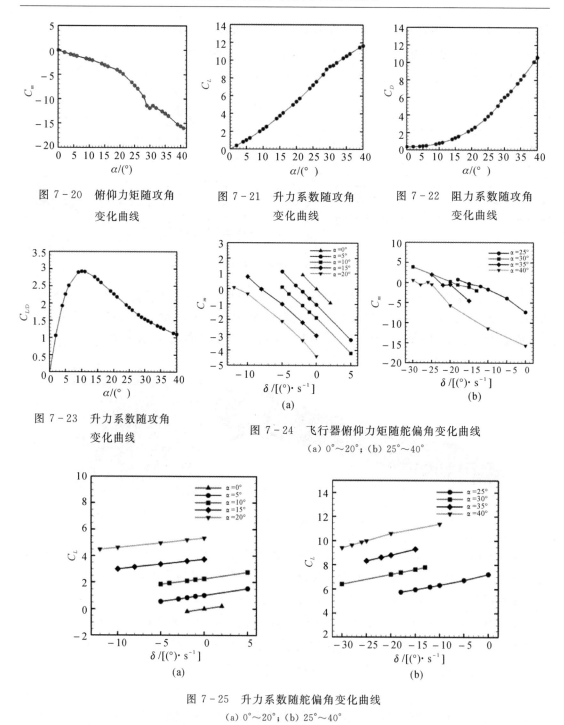

图 7-20　俯仰力矩随攻角
变化曲线

图 7-21　升力系数随攻角
变化曲线

图 7-22　阻力系数随攻角
变化曲线

图 7-23　升力系数随攻角
变化曲线

图 7-24　飞行器俯仰力矩随舵偏角变化曲线
(a) 0°～20°；(b) 25°～40°

图 7-25　升力系数随舵偏角变化曲线
(a) 0°～20°；(b) 25°～40°

图 7-26 则是不同攻角时飞行器强迫俯仰振荡的迟滞圈，强迫振动的频率均为 5 Hz，振幅为 1°。根据迟滞圈，可以辨识出不同攻角的动导数，即 C_{mq}（见表 7-2）。

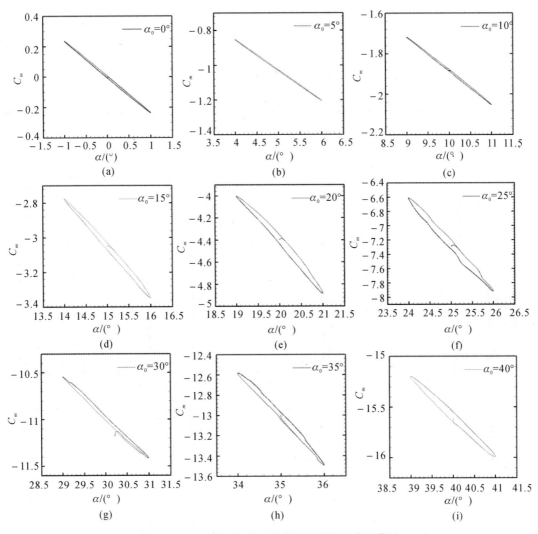

图 7 - 26　不同攻角时飞行器强迫俯仰振荡迟滞圈

表 7 - 2　不同攻角辨识的气动力系数导数

$\alpha/(°)$	0	5	10	15	20	25	30	35	40
$C_{L\alpha}$	11.4	12.8	15.4	18.3	20.3	22.0	19.0	14.3	9.7
$C_{L\delta}$	5.7	5.4	4.9	4.3	4.0	4.0	4.6	5.5	3.2
$C_{m\alpha}$	−13.2	−10.1	−9.59	−16.4	−25.3	−37.5	−25.2	−26.0	−22.6
$C_{m\delta}$	−26.2	−24.4	−23.1	−20.5	−20.4	−20.0	−21.0	−37.2	−31.8
C_{mq}	−121.6	−37.8	12.3	471.1	493.2	825.2	−663.2	−837.7	−988.2

　　从迟滞圈可以看出,在中小攻角(0°～25°)时,飞行器的迟滞圈为顺时针方向,且迟滞圈面积随着攻角增加不断增大,表明飞行器是动态不稳定的,同时随着攻角增大,动不稳定性增强。但30°攻角是转折点,在 30°～40°攻角,飞行器是动稳定的,且随着攻角增加,动态稳定性增强。

　　将表 7 - 2 的数据和来流条件代入如下传递函数公式[39]中,即可求出攻角对舵偏角的传递函数：

$$G(s) = \frac{\Delta\alpha(s)}{\Delta\delta_e(s)} = \frac{A_\alpha s + B_\alpha}{As^2 + Bs + C} \tag{7.54}$$

根据传递函数，针对不同的攻角设计了 PID 控制器，控制器的参数见表 7-3

表 7-3　不同攻角的 PID 控制器参数

PID	$\alpha/(°)$								
	0	5	10	15	20	25	30	35	40
P	−1.0	−1.2	−1.3	−2.0	−2.5	−3.0	−2.5	−1.5	−2.0
I	−10	−10	−10	−15	−20	−30	−30	−20	−20
D	−0.1								

根据控制器和传递函数，图 7-27 给出了不同攻角时 PID 控制器的 Matlab 工程仿真结果。

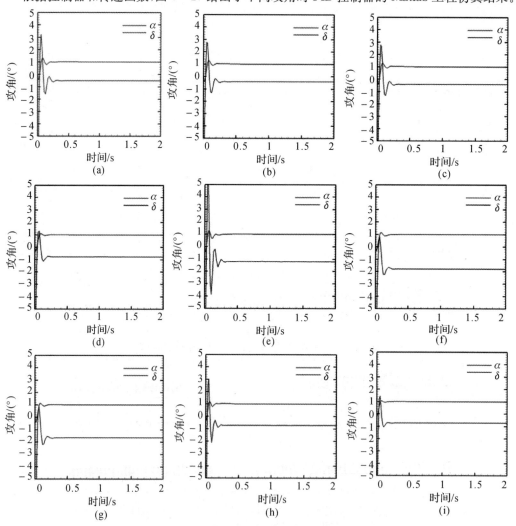

图 7-27　不同攻角的控制器的工程仿真结果

（a）初始攻角：0°；（b）初始攻角：5°；（c）初始攻角：10°；（d）初始攻角：15°；（e）初始攻角：20°；

（f）初始攻角：25°；（g）初始攻角：30°；（h）初始攻角：35°；（i）初始攻角：40°

工程仿真中,初始时,每个攻角均为配平状态;控制目标为,将攻角从当前位置增加 1°。从工程仿真结果来看,设计的控制器在各自攻角范围内能较好地实现控制目标,最长的控制时间不超过 0.2 s,超调量也保持在合理水平。另外,从舵偏角的稳态值可以看到,随着攻角的增加,舵效整体呈现先减小后增加的趋势。在 25°攻角时舵效最低,2.8°舵偏角的增量可以使攻角增加 1°;而当攻角小于 10°时,舵效较高,约 1.4°舵偏角的增量可以使攻角增加 1°。

7.3　动态失稳分析

本节对返回舱 hopf 分叉问题和方形截面弹鞍结点分叉问题进行动态失稳分析。研究表明,航天飞行器再入时,如果仅有一个配平攻角,随马赫数降低,其配平攻角处的俯仰动态失稳一般对应于 hopf 分叉。而对于部分飞行器,随马赫数增加,配平点会从一个增加到三个,运动呈现出典型的"鞍结点"分岔现象。

7.3.1　返回舱 hopf 分叉分析

出于防热的需求,一般将航天再入飞行器设计成大钝头体的外形。这类飞行器再入时,由于要经历高超声速、超声速至亚跨声速的全流域飞行,特别是在中-低超声速阶段,俯仰运动将会出现动态不稳定现象[40],表现为俯仰振动的振幅逐渐增加,最终形成极限环振荡。对再入飞行器动态失稳现象的研究始于 20 世纪 50 年代[41-42],如今,70 多年过去了,动态失稳的物理机制以及动态特性的准确预测仍然困扰着研究人员[43]。

研究表明,小升阻比的载人飞船返回舱外形,以球冠倒锥形为最优[44-46]。这类外形的飞船返回舱以较大的配平攻角再入,后体有大尺度的分离和再附,流场中存在复杂的波系结构(见图 7-28)。钝体气流分离效应、后体气流再附效应、尾部近尾涡流效应和动态迟滞效应等对飞船返回舱的静、动稳定性都有影响。

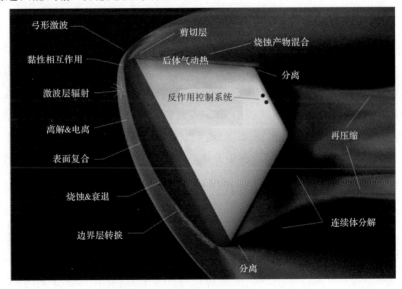

图 7-28　返回舱再入时典型波系[44]

1. Hopf 分叉理论

此处以轴对称飞行器绕重心作单自由度俯仰振荡的运动情况为例,其坐标系统如图 7-29 所示。

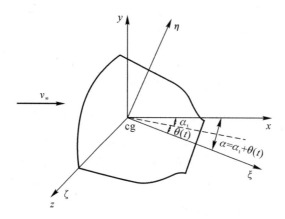

图 7-29　单自由度俯仰运动的坐标系统

设 $\xi\text{-}\eta\text{-}\zeta$ 是与飞行器相固连的正交坐标系,ξ 轴和飞行器的体轴 x 轴重合,η、ζ 两轴构成俯仰对称平面。$x\text{-}y\text{-}z$ 是惯性静止坐标系,x 轴与来流方向一致。设 α_t 为平衡攻角,$\theta(t)$ 是由平衡攻角起算的俯仰振荡角,则瞬态攻角 $\alpha(t)=\alpha_t+\theta(t)$。此时,描述飞船返回舱俯仰振荡运动、非定常动态绕流以及所受俯仰力矩的无量纲化的耦合方程组为[42]

$$I \cdot \ddot{\theta} = C_m + C_\mu \cdot \dot{\theta} \tag{7.55}$$

$$\frac{\partial U}{\partial t} + \frac{\partial E}{\partial x} + \frac{\partial F}{\partial y} + \frac{\partial G}{\partial z} = \frac{\partial E_v}{\partial x} + \frac{\partial F_v}{\partial y} + \frac{\partial G_v}{\partial z} \tag{7.56}$$

$$C_m \boldsymbol{k} = \iint_{\text{wall}} \boldsymbol{r}_b \times (-p\boldsymbol{n} + \sigma\boldsymbol{\tau}_b) \mathrm{d}s \tag{7.57}$$

式(7.55)描述了飞行器单自由度俯仰运动方程,I 表示无量纲的转动惯量;等号右端项包括气动俯仰力矩系数 C_m 和机械阻尼力矩系数 C_μ,在自由飞行中,C_μ 为 0,在风洞实验中,应当计及它的贡献;$\dot{\theta}$、$\ddot{\theta}$ 分别表示俯仰角 θ 对时间的一阶和二阶导数。式(7.56)为非定常 N-S 方程,时间离散采用双时间步方法。式(7.57)为俯仰力矩系数的积分关系式。

动态俯仰力矩系数的表达式[式(7.7)]在多数情况下,可只保留到一阶导数项,但在某些情况下,为了保证足够的精确度,必须保留到二阶导数项。将无量纲的转动惯量 I 吸收到 C_m 和 C_μ 中,且吸收后的力矩系数和机械阻尼系数仍用 C_m 和 C_μ 表示,代入式(7.55),可得

$$\ddot{\theta} = C_m(\theta, \dot{\theta}, \ddot{\theta}) + C_\mu(\theta, \dot{\theta}) \cdot \dot{\theta} \tag{7.58}$$

将俯仰力矩系数在平衡攻角 α_t 处展开,可得

$$C_m(\theta, \dot{\theta}, \ddot{\theta}) = (C_m)_0 + \left(\frac{\partial C_m}{\partial \theta}\right)_0 \cdot \theta + \left(\frac{\partial C_m}{\partial \dot{\theta}}\right)_0 \cdot \dot{\theta} + \left(\frac{\partial C_m}{\partial \ddot{\theta}}\right)_0 \cdot \ddot{\theta} + G(\theta, \dot{\theta}, \ddot{\theta}) \tag{7.59}$$

这里,下标 0 表示在平衡攻角处的定态俯仰力矩,故有 $(C_m)_0=0$。非线性项 $G(\theta, \dot{\theta}, \ddot{\theta})$ 是关于 $\theta, \dot{\theta}, \ddot{\theta}$ 的高阶项,假定当 $(\theta^2+\dot{\theta}^2+\ddot{\theta}^2)^{1/2} \to 0$ 时,非线性项 $G(\theta, \dot{\theta}, \ddot{\theta})$ 比 $(\theta^2+\dot{\theta}^2+$

$\ddot{\theta}^2)^{1/2}$ 更高阶地趋于 0,即非线性项满足 Perron 定理。将式(7.59)代入式(7.58),即得

$$\left[1 - \left(\frac{\partial C_m}{\partial \ddot{\theta}}\right)_0\right] \cdot \ddot{\theta} = \left(\frac{\partial C_m}{\partial \theta}\right)_0 \cdot \theta + \left[\left(\frac{\partial C_m}{\partial \dot{\theta}}\right)_0 + C_\mu(0,0)\right] \cdot \dot{\theta} + G(\theta, \dot{\theta}, \ddot{\theta}) \quad (7.60)$$

令 $x = \dot{\theta}$,$y = \theta$,代入式(7.60)就得到

$$\left.\begin{array}{l} \dot{x} = a \cdot x + b \cdot y + g \\ \dot{y} = c \cdot x + d \cdot y \end{array}\right\} \quad (7.61)$$

式中

$$\left.\begin{array}{r} a = \left[\left(\dfrac{\partial C_m}{\partial \dot{\theta}}\right)_0 + C_\mu(0,0)\right]\bigg/\left[1 - \left(\dfrac{\partial C_m}{\partial \ddot{\theta}}\right)_0\right] \\[3mm] b = \left(\dfrac{\partial C_m}{\partial \theta}\right)_0\bigg/\left[1 - \left(\dfrac{\partial C_m}{\partial \ddot{\theta}}\right)_0\right] \\[3mm] c = 1 \\[2mm] d = 0 \\[2mm] g = \dfrac{G(\theta, \dot{\theta}, \ddot{\theta})}{1 - \left(\dfrac{\partial C_m}{\partial \ddot{\theta}}\right)_0} \end{array}\right\} \quad (7.62)$$

其中,$\left(\dfrac{\partial C_m}{\partial \theta}\right)_0$、$\left(\dfrac{\partial C_m}{\partial \dot{\theta}}\right)_0$ 和 $\left(\dfrac{\partial C_m}{\partial \ddot{\theta}}\right)_0$ 分别称为静导数、动导数和二阶动导数。飞行器一般是静

稳定的,有 $\left(\dfrac{\partial C_m}{\partial \theta}\right)_0 < 0$;二阶动导数的量值远小于 1,即 $\left|\left(\dfrac{\partial C_m}{\partial \ddot{\theta}}\right)_0\right| \ll 1$。至此,就建立了描述

单自由度俯仰运动的非线性平面自治动力系统式(7.61)。该动力系统的平衡点对应于飞行器在平衡攻角处的定态绕流,此时有 $(\theta, \dot{\theta}, \ddot{\theta})_0 = (0,0,0)$。

假设上述非线性系统[式(7.61)]的非线性项满足 Perron 定理,根据动力学方法[47-48],可以用非线性系统的一次近似系统来分析其平衡解的稳定性,即

$$\left.\begin{array}{l} \dot{x} = a \cdot x + b \cdot y \\ \dot{y} = c \cdot x + d \cdot y \end{array}\right\} \quad (7.63)$$

设

$$\left.\begin{array}{r} \lambda(Ma_\infty) = -p = (a+d) = \left[\left(\dfrac{\partial C_m}{\partial \dot{\theta}}\right)_0 + C_\mu(0,0)\right]\bigg/\left[1 - \left(\dfrac{\partial C_m}{\partial \ddot{\theta}}\right)_0\right] \\[3mm] q = ad - bc = -b = -\left(\dfrac{\partial C_m}{\partial \theta}\right)_0\bigg/\left[1 - \left(\dfrac{\partial C_m}{\partial \ddot{\theta}}\right)_0\right] \\[3mm] \Delta = p^2 - 4q = \lambda^2 + 4b \end{array}\right\} \quad (7.64)$$

则一次近似系统[式(7.63)]的 Jacobian 矩阵的特征值为:$\bar{\lambda}_{1,2} = \dfrac{1}{2}(\lambda \pm \sqrt{\Delta})$。根据非线性动力学系统的有关定理,可知在 p-q 平面上各类平衡点(也称奇点或临界点)的区域如图 7-30 所示。

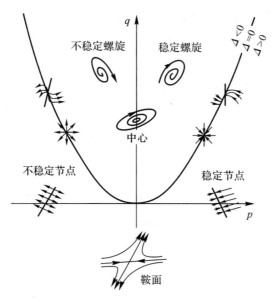

图 7 - 30　p-q 平面上各类平衡点的区域图

现在研究平衡点($\theta=\dot{\theta}=\ddot{\theta}=0$)处的动态稳定性及其相关问题。当 $\Delta<0$,参数 λ 由 $\lambda<0$ 经过 $\lambda=0$ 变化至 $\lambda>0$ 时,一次近似系统的 Jacobian 矩阵的特征值为一对共轭复根,可进一步可得到以下结论:

(1) 若 $\lambda<0$,$\Delta<0$,易得到 $p>0$,$q>0$,则在(x,y)相平面上,平衡点为稳定的螺旋点,也称焦点。在平衡点(0,0)附近,非线性动力系统[式(7.61)]的轨线为稳定的螺旋点形态[见图 7 - 31(a)]。俯仰振荡角的时间历程曲线是收敛的,即随时间 t 增加,θ 是减小的,最后趋于 0[见图 7 - 31(b)]。因此,$\lambda<0$ 和 $\Delta<0$ 可作为平衡点的动稳定性的判据。

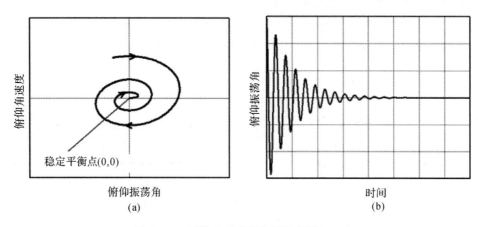

图 7 - 31　平衡点动态稳定性示意图($\lambda<0$)

(a) 相图;(b) 时间历程曲线

(2) 若 $\lambda>0$,$\Delta<0$,可得到 $p<0$,$q>0$,则在(x,y)相平面上,平衡点为不稳定的螺旋点,在平衡点(0,0)附近,非线性动力系统[式(7.61)]的轨线为不稳定的螺旋点形态[见图 7 - 32(a)]。俯仰振荡角的时间历程曲线是发散的,即随时间 t 增加,θ 是增大的[见图 7-32(b)]。

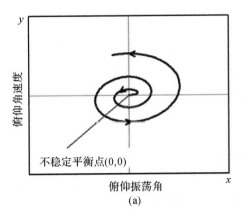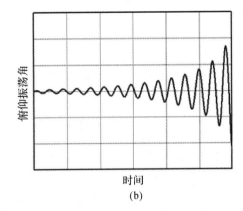

图 7-32　平衡点动态稳定性示意图($\lambda>0$)

(a) 相图；(b) 时间历程曲线

(3) 若 $\lambda=0$,$\Delta<0$,可以得到 $p=0$,$q>0$,非线性动力系统[式(7.61)]的一次近似系统 Jacobian 矩阵的特征值 $\overline{\lambda}_{1,2}=\dfrac{1}{2}(\lambda\pm\sqrt{\Delta})$,在 $\lambda=\lambda_{cr}=0$ 时,满足：

1)特征值的实部 $Re[\overline{\lambda}_1(\lambda_{cr}),\overline{\lambda}_2(\lambda_{cr})]=0$；

2)特征值的虚部 $Im[\overline{\lambda}_1(\lambda_{cr}),\overline{\lambda}_2(\lambda_{cr})]\neq0$；

3)因为 $\Delta<0$,则 $Re[\overline{\lambda}_1(\lambda),\overline{\lambda}_2(\lambda)]=\dfrac{1}{2}\lambda$,故有 $\dfrac{dRe[\overline{\lambda}_1(\lambda),\overline{\lambda}_2(\lambda)]}{d\lambda}\bigg|_{\lambda=\lambda_{cr}=0}=\dfrac{1}{2}\neq0$。

于是,在 $\lambda=\lambda_{cr}=0$ 时,系统的特征值满足 hopf 分叉的三个条件[47-49],其中第三个条件称为 hopf 分叉的横截条件(transversality condition)。即当 λ 由 $\lambda<0$ 经过 $\lambda=0$ 变化至 $\lambda>0$ 时,动力系统[式(7.61)]将发生 hopf 分叉,在 (x,y) 相平面上,平衡点(0,0)失稳,出现稳定的极限环[见图 7-33(a)]。俯仰振荡角的时间历程曲线在达到稳定后既不收敛也不发散,即随时间 t 增加,θ 出现周期振荡[见图 7-33(b)]。

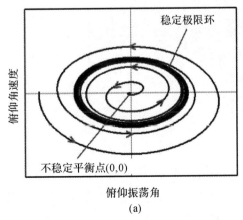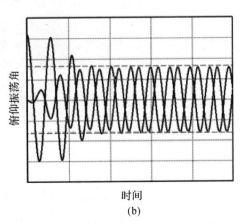

图 7-33　平衡点动态稳定性示意图($\lambda=0$)

(a) 相图；(b) 时间历程曲线

这样,理论上就获得了单自由度俯仰运动发生动态 hopf 分叉失稳并出现极限环振荡的临界条件,即

$$\lambda_{cr} = \left[\left(\frac{\partial C_m}{\partial \dot{\theta}} \right)_0 + C_\mu(0,0) \right] \Big/ \left[1 - \left(\frac{\partial C_m}{\partial \ddot{\theta}} \right)_0 \right] = 0 \qquad (7.65)$$

飞行器自由飞行时,$C_\mu = 0$,一般情况下,二阶动导数的量值远小于 1,于是有

$$\lambda_{cr} \approx \left(\frac{\partial C_m}{\partial \dot{\theta}} \right)_0 = 0 \qquad (7.66)$$

2. 数值模拟结果与分析

通过飞船返回舱外形对上述 hopf 分叉理论进行验证。对于每种外形,需要求解三类流场:首先,计算定态绕流流场,以获取平衡攻角,并为后续的非定常计算提供初场;然后,数值模拟强迫俯仰振荡过程,通过参数辨识,获取平衡攻角处的静、动导数[50-51];最后,计算自激俯仰振荡过程,验证 hopf 分叉理论。

日本的轨道再入实验飞船 OREX 是一个球冠加倒锥外形的旋成体,计算网格和外形如图 7-34 所示。质心在体轴上,再入时只存在一个大头朝前的平衡攻角 $\alpha_t = 0°$。

风洞实验和飞行试验均表明,该返回舱在再入经过跨、超声速阶段时,会发生俯仰方向的动态失稳现象,出现绕平衡攻角的准极限环振荡。这里选取的马赫数变化范围为 $1.5 \sim 6.0$,雷诺数均取为 $Re = 1.0 \times 10^5$,以单独考察俯仰动态特性随马赫数的演化规律。强迫俯仰运动给定为简谐振动,即

$$\alpha = \alpha_t + A_m \sin(2kt) = \alpha_t + \theta(t) \qquad (7.67)$$

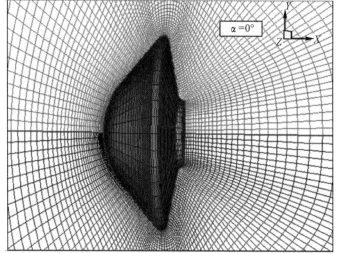

图 7-34 返回舱外形和计算网格

这里,平衡攻角 $\alpha_t = 0°$,振幅 $A_m = 1°$,无量纲的减缩频率 $k = 0.2$。图 7-35 给出了不同马赫数时俯仰运动绕平衡攻角的迟滞环。可以看到,随着马赫数降低,迟滞环由顺时针旋转演化至逆时针旋转,包围的面积先减小后增大,转化的临界马赫数约为 2.2。

基于上述迟滞环,采用最小二乘法即可辨识出平衡攻角处的静导数、动导数和二阶动导

数,辨识结果随马赫数变化的曲线如图 7-36 所示。在所有马赫数下,静导数都小于 0,即静稳定。随马赫数降低,动导数由小于零演化为大于零,发生变号的临界马赫数约为 2.2。二阶动导数量值很小,基本可忽略不计。

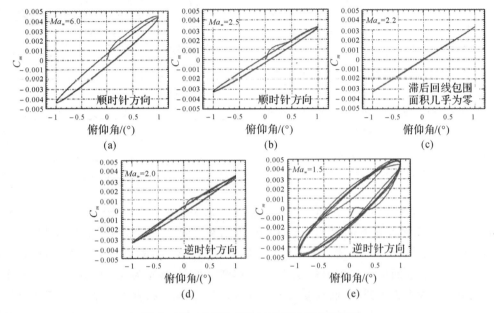

图 7-35　不同马赫数时的俯仰运动迟滞圈

(a) $Ma=6.0$;(b) $Ma=2.5$;(c) $Ma=2.2$;(d) $Ma=2.0$;(e) $Ma=1.5$

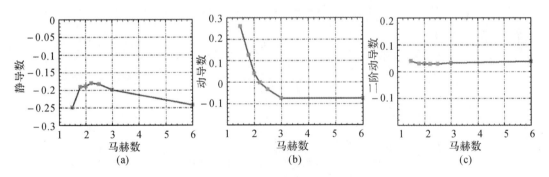

图 7-36　俯仰静、动导数随马赫数的演化情况

(a) 静导数;(b) 动导数;(c) 二阶动导数

由静导数、动导数和二阶动导数可计算出相平面上的特征参数 p、q 和 Δ,进而得到分叉参数 $\lambda(Ma)$ 随马赫数的变化曲线,其结果如图 7-37 所示。图 7-38 还给出了随马赫数降低,平衡攻角附近的俯仰动态特性在 $p-q$ 平面上的性态变化示意图。

根据上述的 hopf 分叉理论分析,可以预测,随着马赫数降低,该飞船返回舱的俯仰运动将发生临界 hopf 分叉失稳,平衡攻角将由稳定的点吸引子演化为极限环周期吸引子,分叉的临界马赫数约为 2.2。这个结论正确与否即可验证上述的 hopf 分叉理论。下面通过数值模拟自激俯仰振荡的过程来进行验证。

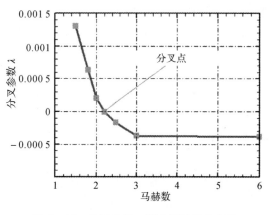

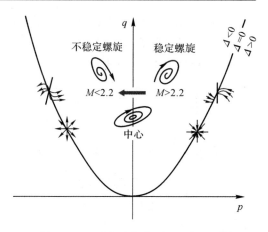

图 7-37 分叉参数 λ 随马赫数变化曲线

图 7-38 平衡攻角在 p-q 平面上的性态变化示意图

　　自激振荡的起始攻角为 3°或 5°,计算马赫数为 2.5、2.2 和 2.0,通过耦合求解方程式(7.55)~式(7.57)数值模拟自激俯仰振荡的时间历程。图 7-39 给出了不同马赫数时俯仰角的时间历程曲线,图 7-40 给出了不同马赫数时的俯仰角速度-俯仰角相图。可以看到,马赫数为 2.5 时,返回器从 3°攻角释放后,振幅逐渐减小;马赫数为 2.2 时,从 3°和 5°攻角释放后,振幅均不增大也不减小;而马赫数为 2.0 时,俯仰振动的振幅不断增大,最后发展为极限环振荡。也即,随着马赫数降低,平衡攻角由稳定的点吸引子状态演化为极限环周期吸引子状态,从而验证了本小节动态失稳的 hopf 分叉理论。

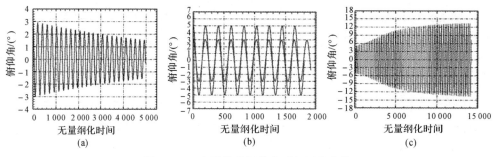

图 7-39 自激俯仰振荡的时间历程曲线
(a)$Ma=2.5$; (b)$Ma=2.2$; (c)$Ma=2.0$

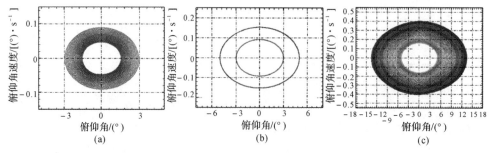

图 7-40 自激俯仰振荡的俯仰角速度-俯仰角相图
(a)$Ma=2.5$; (b)$Ma=2.2$; (c)$Ma=2.0$

7.3.2　方形截面弹鞍结点分叉分析

传统的导弹类飞行器多使用圆形截面布局,但出于对隐身性能、内部组件的封装以及可以更好地整合到发射平台等诸方面的考虑,非轴对称的飞行器机身布局,如椭圆截面、方形截面甚至三角形截面等,正引起人们极大的兴趣[52-56]。相关的研究表明,相对于同样体积的圆形截面的机身布局,某些特定的非轴对称的机身布局可以显著提升法向力,改善升阻比等[57-61]。但非圆截面外形也带来了不少的气动问题,特别是三角形截面和方形截面飞行器,其流场远比轴对称截面飞行器复杂,同时,流动分离被固定在尖锐的边上,引起的体涡要比预期中的强很多。这些因素将可能导致大的涡-翼的相互作用,导致飞行器的稳定性降低。

此处以某方形截面飞行器为例。风洞实验[62]和数值计算[63]均发现,来流马赫数低于临界值时,该飞行器在配平攻角附近是稳定的;但当来流马赫数大于临界值时,飞行器在该配平点附近是不稳定的,且同时衍生出另外两个稳定的配平点。本小节针对细长体方形截面飞行器外形,采用数值模拟的手段,研究飞行器在由稳定转变为不稳定,由单个配平点转变为三个配平点后,飞行器运动特性的改变。研究发现,对该飞行器,在单个配平点时,飞行器的运动形态为稳定的"结点";而随着马赫数的改变,飞行器的配平点增加到三个,此时,飞行器的运动出现典型的"鞍结点"分岔现象。

该计算模型为方形截面弹外形[63],由一个圆弧形头部和方形截面的弹身组成(见图 7-18和图 7-19)。弹身总长 $L=13D$,$D=93.98$ mm,头部为切线圆弧,长 $3D$,圆弧半径 $R=6.717D$。弹身截面为 $1D \times 1D$ 的正方形。弹身尾部有 4 片"十"字布局的三角小翼,小翼的长和高均为 D,宽为 $0.1D$。

计算马赫数范围为 $1.2 \sim 6.0$,以弹体全长为参考长度的雷诺数 $Re=1.6 \times 10^7$。力矩参考点在弹长的 0.47 处。飞行器俯仰运动的转动惯量取 $J_z=2.0$。

从图 7-41 和图 7-42 不同马赫数时俯仰力矩随攻角变化的模拟结果可以看到,此飞行器存在一临界马赫数 Ma_{cr}。

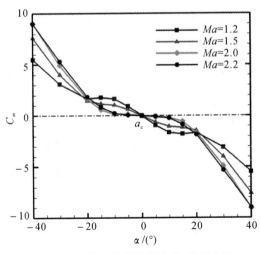

图 7-41　低于临界马赫数时,俯仰力矩随攻角变化曲线

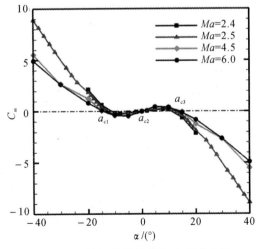

图 7-42　高于临界马赫数时,俯仰力矩随攻角变化曲线

在图 7-41 中,当来流马赫数低于临近马赫数时,飞行器存在唯一的配平攻角 $\alpha_c = 0°$;在配平点附近,俯仰力矩对攻角的斜率为负,表明该配平点是静稳定的;随着马赫数增大,在不断逼近临近马赫数的过程中,俯仰力矩对攻角斜率的量值不断降低,表明该配平点随着马赫数的增加,静稳定度不断降低。

在图 7-42 中,在来流马赫数大于临近值以后,俯仰方向的配平点增加到三个。其中,$\alpha_{c2} = 0°$ 仍是配平点之一,但该配平点由静稳定转变为静不稳定,随着马赫数增加,静不稳定度也增加。另外两个配平点围绕 α_{c2} 呈对称分布,随着来流马赫数的增加,配平攻角的量值略有增加,以 $Ma = 2.5$ 为例,$\alpha_{c1} = -12.6°$,$\alpha_{c3} = 12.6°$。在不同的数值计算和风洞实验中,均发现了方形截面飞行器在较高马赫数时出现的这种现象,但导致飞行器气动特性显著改变的原因和机理尚无明确的研究结论。本小节专注于研究配平点数量改变对飞行器运动特性的影响。

1. 单个配平点时的运动特性分析

根据上述静态气动力的分析,当来流马赫数低于临界马赫数时,飞行器是静稳定的。此外,对飞行器的运动特性的研究,还需要结合飞行器的动态稳定性来进行分析。图 7-43 给出了不同马赫数时,飞行器强迫俯仰振荡过程中俯仰力矩对攻角的迟滞圈。迟滞圈的旋转方向均为逆时针方向,表明飞行器的动导数为负,即飞行器是动稳定的。这意味着飞行器在配平点附近振荡时,飞行器对气体做功,气体对飞行器的振荡起阻尼作用。

图 7-44 以马赫数 $Ma = 2.2$ 为例,给出了从不同初始攻角释放后,飞行器自由振荡的时间历程曲线。可以看到,飞行器的振荡过程不断衰减,最终收敛到配平位置 $\alpha_c = 0°$。

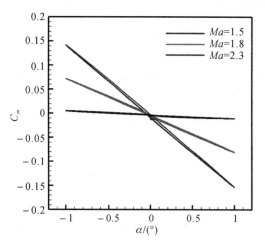

图 7-43　不同马赫数时俯仰力矩
对攻角的迟滞圈

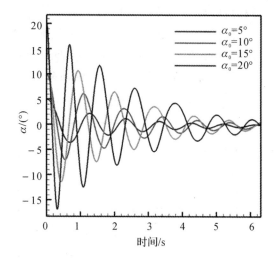

图 7-44　攻角变化的时间历程曲线

图 7-45 还给出了不同马赫数时(均低于临界马赫数),飞行器从相同初始攻角释放后,飞行器自由振荡的时间历程曲线。与图 7-44 的结论类似,在低于临界马赫数时,飞行器的自由运动最终都会收敛到配平位置。

2. 三个配平点小扰动时的运动特性分析

随着来流马赫数的增加,飞行器的配平点由一个增加到三个,其中有两个稳定的配平点呈对称分布。与前述分析方法类似,首先研究飞行器在配平点附近的动稳定特性。仍以 $Ma=2.5$ 为例,其动导数随攻角的变化如图 7-46 所示,可以看到,在 $\alpha_{c1}=-12.6°$ 和 $\alpha_{c3}=12.6°$ 两个配平点附近,其动导数的值均为负,表明飞行器在配平点附近是静稳定的。

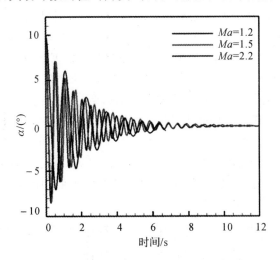

图 7-45　不同马赫数时攻角随时间的变化曲线

此时,可以预见,若飞行器从任一配平点附近释放,飞行器的自由振荡将收敛到距离初始释放位置最近的一配平点。图 7-47 给出了从不同初始攻角释放后,方形截面飞行器自由振荡过程中俯仰角速度-攻角相图。从图 7-47 的模拟结果可以看到,对配平点 $\alpha_{c3}=12.6°$,其吸引域范围为 $(0°, 17°]$,在该攻角范围内,飞行器释放后均收敛到 α_{c3} 配平点。而配平点 $\alpha_{c1}=-12.6°$ 对应的吸引域范围为 $[-17°, 0°)$。

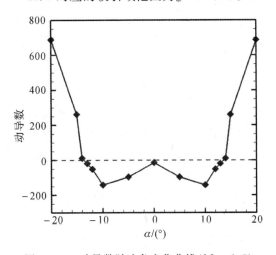

图 7-46　动导数随攻角变化曲线($Ma=2.5$)

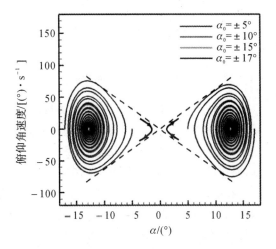

图 7-47　俯仰角速度-攻角相图

飞行器的初始释放位置距离配平点越远,相当于施加了越大的扰动,因而,通过上述分析可简单总结为,在小扰动的情况下,三个配平点飞行器的运动特性与单个配平点时并无本质区别,最大的不同是飞行器的吸引子个数和吸引域范围的大小。

3. 三个配平点大扰动时的运动特性分析

随着初始攻角的加大,也即扰动的增加,飞行器的运动特性也会发生相应的改变。由图 7-48 的模拟结果可以看到,当初始攻角 α_0 增加到 $18°$ 时,此时若按照小扰动的理论,飞行器的俯仰运动将收敛到距离其最近的配平点,即 $\alpha_{c3} = 12.6°$,但模拟结果却显示,飞行器的俯仰运动收敛到另一个配平点 $\alpha_{c1} = -12.6°$。$\alpha_0 = 19°$ 的模拟结果与上述分析一致。而当 α_0 再进一步增大,如 $\alpha_0 = 20°$、$21°$ 时,飞行器俯仰运动的收敛位置再次回到 $12.6°$。

从非线性动力系统分岔理论的观点来看,α_{c2} 是典型的"鞍点",而 α_{c1} 和 α_{c3} 则是稳定的"结点",飞行器的俯仰运动随初始条件的改变呈现典型的"鞍结点"分岔现象。

上述飞行器俯仰运动的收敛位置随初始攻角增加而来回切换的现象一直持续,在模拟的攻角范围内,飞行器的收敛位置每隔 $2°$ 攻角来回切换一次。图 7-49 是 $\alpha_0 = 39°$、$40°$ 时,俯仰角速度对攻角的相图,在初始很长的一段时间内,飞行器的运动轨迹几乎相同,但最终的收敛位置却相距甚远。正所谓"失之毫厘,谬以千里",不同初始条件对飞行器运动特性的影响可见一斑。

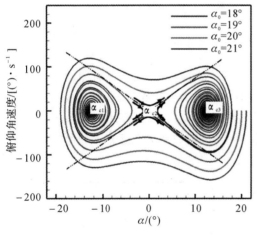

图 7-48 俯仰角速度-攻角相图(一)

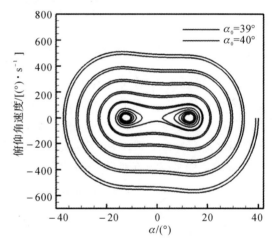

图 7-49 俯仰角速度-攻角相图(二)

造成上述现象的主要原因是,飞行器由一个配平点增加到三个配平点后,配平点的吸引域范围发生了显著改变。对本书的方形截面细长体飞行器,在计算攻角范围内,在只有一个配平点 $\alpha_c = 0°$ 时,其吸引域范围为 $[-40°, 40°]$;在配平点增加到三个后,有两个稳定的配平点,对应的吸引域分别为 $[-17°, 0°)$、$(0°, 17°]$,每个配平点的吸引域都比较小。

在扰动较小时,$\alpha_0 \in (0°, 17°]$,飞行器的俯仰运动仍然被限定在各自的吸引域范围内;当扰动增大到一定程度后,$\alpha_0 \in [18°, 19°]$,超出了该配平点($12.6°$)吸引域的范围,其运动就会跨过该吸引域,到达另一个配平点($-12.6°$)的吸引域范围,从而被另一个配平点"捕获";但扰动继续增大后,$\alpha_0 \in [20°, 21°]$,虽然俯仰运动跨过了 $\alpha_{c3} = 12.6°$ 配平点的吸引域,并到达 $\alpha_{c1} = -12.6°$ 配平点的吸引域,但对 α_{c3} 而言,该扰动仍然属于"大扰动",因而俯仰运动再次挣脱束缚,回到 α_{c1} 的吸引域,并最终收敛到该配平点。当扰动再次增大后,飞行器的俯仰运动将首先围绕两个配平点来回振荡,最终收敛的位置与初始条件高度相关。

需要说明的是,这里"小扰动""大扰动"的概念只具有相对意义,主要是依据对运动特性的影响进行的分类。不同来流参数下,如随着马赫数增加,配平点的吸引域范围增大,"大扰动"也可能转变为"小扰动"。

4. 其他因素对运动特性的影响分析

影响飞行器运动特性的因素很多,除了起始攻角外,转动惯量以及初始角速度等都会对飞行器的运动特性产生较大的影响。图 7-50 是固定初始攻角 $\alpha_0=13°$,但对飞行器施加了不同初始俯仰角速度的模拟结果,从模拟结果来看,与增大初始攻角的效果类似,当初始俯仰角速度增大到一定数值后,飞行器的俯仰运动也会发生"鞍结点"分岔。

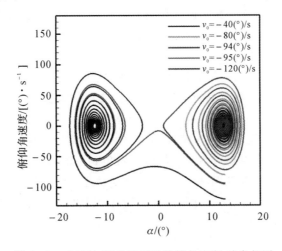

图 7-50　不同初始角速度时俯仰角速度-攻角相图

7.4　小　　结

本章按照"概念定义—预测方法—工程应用—拓展延伸"的思路介绍了动导数的相关问题。

动导数是一种工程概念,在建立气动数据库、飞控系统设计等飞行器研制过程中广泛应用;在数学上,它被定义为气动力矩对运动速度的一阶导数,反映的是飞行器的气动阻尼的现象,其值为负,表明飞行器在运动中需克服气动阻尼,运动是振荡衰减的,是决定飞行器在平衡位置附近运动形态和动态响应特性的重要参数之一。因而动导数同时具有工程价值和学术研究价值。动导数是基于小扰动理论和线性假设提出的,是一种邻域的概念,当飞行器的非定常、非线性效应很强,或者偏离平衡位置较远时,动导数不再适用,甚至动导数的概念都是不成立的,在应用动导数时需特别注意。也正是因为动导数的这种限制,目前,学术界正大力发展非定常的气动力模型,这超出了本书的研究范围,感兴趣的读者可以关注相关最新研究进展。

动导数的预测方法包括半经验理论方法、地面风洞实验方法以及数值模拟方法等,其核心是预测效率和预测精度。本书在常规的强迫振荡法基础上,介绍了谐波平衡法。强迫振荡法和谐波平衡法的预测精度基本一致,但谐波平衡法在计算效率上一般可以提升一个数量级以上,具有广阔的应用前景。谐波平衡法对计算效率的提升本质上是一种空间换时间的方法,其将若干特定非定常时刻的流场变量耦合求解,对于同一计算状态,在节约计算时间的同时,将占用更多的内存并消耗更多的计算资源。

飞行器的外形特征、流动参数、质心位置等都会影响动导数,在具体的工程应用中,采用强迫振荡法获取动导数时,振荡频率、振幅等参数选取,对动导数预测结果也有一定的影响。一般认为,对高超声速飞行器,其动导数的值随振荡频率的变化不大,因此在实际工程应用时,可以给定一个较大的振荡频率,以获取更高的计算效率。对一般飞行器而言,强迫振荡的频率应接近飞行器在大气中真实飞行时的固有频率,这样才能真实反映飞行器的惯量特性,否则动导数预测结果可能与真实值存在较大差异。振幅的选取较为简单,由于动导数是小扰动、邻域的概念,较大的振幅是没有意义的,有效和有用的信息范围还是在平衡点附近,因此一般建议振幅取为1°即可。

本章还基于气动模型和动力学方程推导了非线性平衡自治动力系统,动导数、静导数和特征值可用于定性分析飞行器在平衡点附近的运动形态和动态失稳机制。对返回舱,随着马赫数降低,其动导数发生了由负变正的改变,飞行器由动稳定转变为动不稳定,俯仰运动由振荡收敛形态到极限环振荡再到振荡发散,发生了 hopf 分叉现象。对方形截面导弹,随着马赫数降低,其在0°平衡点附近的静导数出现由负到正的转变,该平衡点由结点(力矩为零,稳定)转变为鞍点(力矩为零,不稳定),该平衡点附近的运动形态由振荡收敛转变为发散运动;在0°平衡点发生鞍节点分叉的同时,在±12.6°又衍生出两个新的结点,飞行器整体的俯仰运动形态演化更加复杂。

参 考 文 献

[1] 陈建中,王晓冰,赵忠良. 飞行器动导数高速风洞试验方法标准化研究[J]. 标准科学,2022,2:53-56.

[2] 刘金,宋玉辉,陈兰,等. 短钝外形飞行器自由振动动导数试验技术[J]. 实验流体力学,2021,35(6):66-72.

[3] 王延灵,沈彦杰,芦士光,等. 8m 风洞虚拟飞行测力技术研究[C]//中国力学学会流固耦合力学专业委员会. 第五届非定常空气动力学学术会议论文集. 北京:中国力学学会,2021:23-41.

[4] 田建明,景建斌,韩广岐. 高超声速飞行器地面试验方法[J]. 弹箭与制导学报,2013,33(6):56-58.

[5] 田建明,景建斌,韩广岐. 高超声速飞行器地面试验方法综述[J]. 探测与控制学报,2013,35(5):57-60.

[6] 李正洲,高昌,肖天航,等. 超/高超声速飞行器动态稳定性导数极快速预测方法[J]. 航空学报,2020,41(4):83-92.

[7] GUO C,REN Y. The computation of the pitch damping stability derivatives of supersonic blunt cones using unsteady sensitivity equations[J]. Advances in Aerodynamics,2019,1(1):1-16.

[8]　MI B G, ZHAN H, CHEN B. Calculating dynamic derivatives of flight vehicle with new engineering strategies[J]. International Journal of Aeronautical and Space Sciences, 2017, 18(2): 175 - 185.

[9]　BRYAN G H, WILLIAMS W E. The longitudinal stability of aerial gliders[J]. Proceedings of the Royal Society of London, 1904, 73(488): 100 - 116.

[10]　TOBAK M, SCHIFF L B. Aerodynamic mathematical modeling - basic concepts [R]. Brussels: AGARD, 1981.

[11]　TOBAK M, SCHIFF L B. On the formulation of the aerodynamic characteristics in aircraft dynamics[R]. Washington, D. C. : NASA, 1976.

[12]　ETKIN B, REID L D. Dynamics of flight: stability and control[M]. New York: Wiley, 1996.

[13]　任玉新, 刘秋生. 飞行器动态稳定性参数的数值计算方法[J]. 空气动力学学报, 1996, 14(2): 117 - 126.

[14]　陈琦, 陈坚强, 谢昱飞, 等. 谐波平衡法在非定常流场中的应用[J]. 航空学报, 2014, 35(3): 736 - 743.

[15]　HASSAN D, SICOT F. A time-domain harmonic balance method for dynamic derivatives predictions[C]//49th AIAA aerospace sciences meeting including the new horizons forum and aerospace exposition, January 04 - 07, 2011, Orlando, Florida. Reston: AIAA, 2011: 1242.

[16]　HALL K C, THOMAS J P, CLARK W S, et al. Computation of unsteady nonlinear flows in cascades using a harmonic balance technique [J]. AIAA Journal, 2002, 40(5): 879 - 886.

[17]　THOMAS E D, HALL K, DENEGRI C. Modeling Limit Cycle Oscillation Behavior of the F-16 Fighter Using a Harmonic Balance Approach[C]// 45th AIAA/ASME/ASCE/AHS/ASC Structures, Structural Dynamics & Materials Conference, April 19 - 22, 2004, Palm Springs, California. Reston: AIAA, 2004: 1696.

[18]　THOMAS J P, DOWELL E H, HALL K C. Modeling viscous transonic limit-cycle oscillation behavior using a harmonic balance approach[J]. Journal of Aircraft, 2004, 41(6): 1266 - 1273.

[19]　THOMAS J, CUSTER C, DOWELL E, et al. Unsteady flow computation using a harmonic balance approach implemented about the OVERFLOW 2 flow solver [M]//19th AIAA Computational Fluid Dynamics. June 22 - 25, San Antonia, Texas. Reston: AIAA, 2009: 4270.

[20]　赵梦熊. 载人飞船返回舱的动稳定性[J]. 气动实验与测量控制, 1995, 9(2): 1 - 8.

[21]　动态特性项目研究组. 有翼天地往返运输系统动态特性研究总结报告[R]. 北京: 国家高技术航天邻域专家委员会, 1999.

[22]　蒋增辉, 宋威, 鲁伟. 高速风洞模型自由飞试验技术[J]. 空气动力学学报, 2017, 35(5): 680 - 686.

[23] 贾区耀. 动态气动实验的数据处理研究[J]. 空气动力学学报，1999，17(2)：230－235.

[24] 黄达，李志强，吴根兴. 大振幅非定常实验数学模型与动导数仿真实验[J]. 空气动力学学报，1999，17(2)：219－223.

[25] 龚卫斌. 再入体动导数试验技术[J]. 气动实验与测量控制，1997，11(1)：30－34.

[26] 宋威，赵小见，鲁伟，等. 高超声速边界层转捩对旋转钝锥自由飞运动的影响[J]. 航空学报，2017，38(11)：89－95.

[27] 陈昊，卜忱，谭浩，等. 4.5 m× 3.5 m 低速风洞动导数试验技术研究[J]. 实验流体力学，2022，36：1－9.

[28] 吕凡熹，赵飞，刘瑜，等. 类 Starship 飞行器大迎角动态特性数值研究[J]. 南京航空航天大学学报，2022，54(4)：678－687.

[29] 陈建中，王晓冰，赵忠良. 飞行器动导数高速风洞试验方法标准化研究[J]. 标准科学，2022(2)：53－56.

[30] 岑梦希，张瑞民. 某型导弹动导数风洞试验和 CFD 数值模拟[J]. 航空工程进展，2019，10(3)：371－375.

[31] ANDREW G, CAHN M, GARCIA J. Rapid estimates of stability derivatives for reentry vehicles by rheoelectric analogy[C]//3rd and 4th Aerospace Sciences Meeting, January 24－26, 1966, New York, New York. Reston：AIAA, 1966：58.

[32] 刘秋生，孟育. 球锥俯仰阻尼导数的数值计算[J]. 空气动力学学报，1995，13(2)：132－142.

[33] 任玉新，刘秋生，沈孟育. 飞行器动态稳定性参数的数值计算方法[J]. 空气动力学学报，1996，14(2)：117－126.

[34] 刘伟，张鲁民. 钝体俯仰阻尼导数数值计算[J]. 空气动力学学报，1997，15(4)：427－435.

[35] 刘伟，瞿章华. 强迫振动法求解偏航阻尼导数[J]. 推进技术，1998，19(3)：31－33.

[36] TONG B G, HUI W H. Unsteady embedded Newton-Busemann flow theory[J]. Journal of Spacecraft, 1986, 23(2)：129－135.

[37] EAST R A, HUTT G R. Comparison of predictions and experimental data for hypersonic pitching motion stability [J]. Journal of Spacecraft, 1988, 25 (3)：255－233.

[38] 刘耀峰，徐文灿，吴甲生. 翼身组合体超声速来流与横向喷流干扰流场的数值模拟[J]. 兵工学报，2007，28(8)：965－969.

[39] TAN W Q, EFREMOV A V, QU X J. A criterion based on closed-loop pilot-aircraft systems for predicting flying qualities[J]. Chinese Journal of Aeronautics, 2010, 23：511－517.

[40] COLE D K, ROBERT D B, MARK S, et al. Dynamic stability analysis of blunt body entry vehicles through the use of a time-lagged aftbody pitching moment[C]// 51st AIAA Aerospace Sciences Meeting including the New Horizons Forum and Aerospace Exposition, January 07－10, 2013, Grapevine, Texas. Reston：AIAA,

2013：226.

[41]　ALLEN J H. Motion of a ballistic missile angular misaligned with the flight path upon entering the atmosphere and its effect upon aerodymic heating，aerodynamic loads，and miss distance[R]. Washington，D. C. ：NACA，1957.

[42]　WEHREND W R. An experimental evaluation of aerodynamic damping moments of cones with different centers of rotation[R]. Washington，D. C. ：NASA，1963.

[43]　COLE D K, ROBERT D B, IAN G C. Survey of blunt body dynamic stability in supersonic flow[R]. AIAA，2012.

[44]　JAMES S G，BENJAMIN S K，RANDOLPH P L，et al. Crew Exploration Vehicle (CEV) crew module shape selection analysis and CEV aeroscience project overview [R]. Reston：AIAA，2007.

[45]　WANG Z H，HU H Y. Stability switches of time-delayed dynamic systems with unknown parameters [J]. Journal of Sound and Vibration，2000，233（2）：215 - 233.

[46]　EAST R A，HUTT G R. Comparison of predictions and experimental data for hypersonic pitching motion stability [J]. Journal of Spacecraft，1988，25（3）：225 - 233.

[47]　ZHAO M X. Dynamic stability of manned reentry capsules[J]. Aerodynamic Experiments：Measurements and Control. 1995，9（2）：101 - 125.

[48]　FOSHINAGE T. Orbital re-entry experiment vehicle ground and flight dynamic test results comparison[J]. Journal of Spacecraft and Rocket，1996，32（5）：635 - 642.

[49]　张锦炎. 常微分方程几何理论与分叉问题[M]. 北京：北京大学出版社，1981.

[50]　袁先旭，张涵信，谢昱飞. 基于 CFD 方法的俯仰静、动导数数值计算[J]. 空气动力学学报，2005，23（4）：458 - 463.

[51]　陈琦，陈坚强，袁先旭，等. 谐波平衡法在动导数快速预测中的应用研究[J]. 力学学报，2014，46（2）：183 - 190.

[52]　BIRCH T，CLEMINSON J. Aerodynamic characteristics of a square cross-section missile configuration at supersonic speeds[C]//22nd Applied Aerodynamics Conference and Exhibit，August 16 - 19，2004，Providence，Rhode Island. Reston：AIAA，2004：5197.

[53]　陈琦，陈坚强，袁先旭，等. 飞行器俯仰振荡对滚转特性的影响[J]. 力学学报，2016，48（6）：1290 - 1300.

[54]　SHADI M，MAHMOUD M，MOHAMMAD T R. Aerodynamic analysis of circular and noncircular bodies using computational and semi-empirical methods[J]. Journal of Aircraft，2004，41（2）：399 - 402.

[55]　孙凯军，宋文萍，韩忠华. 基于 Kriging 模型的高超声速舵面优化设计[J]. 航空计算技术，2012，42（2）：9 - 12.

［56］ 陈坚强，陈琦，袁先旭，等. 方形截面飞行器上仰机动对滚转特性影响的数值模拟研究［J］. 航空学报，2016，37(8)：2565 - 2573.

［57］ 陶洋，袁先旭，范召林，等. 方形截面导弹摇滚特性数值研究［J］. 空气动力学学报，2010，28(3)：285 - 290.

［58］ SAHU J，SILTON S，HEAVEY K. Numerical Computations of Supersonic Flow over Non-Axisymmetric Configurations［C］//22nd Applied Aerodynamics Conference and Exhibit，August 16 - 19，2004，Providence，Rhode Island. Reston：AIAA，2004：5456.

［59］ HOKE C，BURNLEY V，SCHWABACHER G. Aerodynamic analysis of complex missile configurations using AVUS（air vehicles unstructured solver）［C］//22nd Applied Aerodynamics Conference and Exhibit，August 16 - 19，2004，Providence，Rhode Island. Reston：AIAA，2004：5452.

［60］ SAHU J，HEAVEY K. Computations of supersonic flow over a complex elliptical missile configuration［C］//AIAA Atmospheric flight mechanics conference，August 10 - 13，2009，Chicago，Illinois. Reston：AIAA，2009：5714.

［61］ 李剑，李斌，敬代勇. 方形截面导弹气动特性数值研究［J］. 弹箭与制导学报，2015，35(1)：111 - 113.

［62］ WILCOX F，BIRCH T，ALLEN J. Force，surface pressure，and flowfield measurements on a slender missile configuration with square cross-section at supersonic speeds［C］//22nd Applied Aerodynamics Conference and Exhibit，August 16 - 19，2004，Providence，Rhode Island. Reston：AIAA，2004：5451.

［63］ BIRCH T J，PETTERSON K. CFD predictions of square and elliptic cross-section missile configurations at supersonic speeds：AIAA 2004 - 5453［R］. Reston：AIAA，2004.

第8章 高超声速主动降热技术方案与数值模拟

当飞行器以高超声速飞行时,飞行器头部弓形激波剧烈压缩,温度和压力大幅提升,高超声速来流在受到弓形激波的作用后急剧减速,给飞行器带来了巨大的阻力。与此同时,来流气体受黏滞作用,与机体发生剧烈的摩擦,机体壁面温度将急剧升高,如"阿波罗"号飞船返回舱再入大气层时边界层温度达到了 11 000 K[1]。在人类航天历史上,由于高热流导致的灾难不在少数。2010 年,在美国 HTV - 2 飞行试验中,高速来流与机体摩擦,产生了极高的热流,飞行器壁面发生烧蚀,机体结构变形严重,最终导致了飞行试验的失败[2]。因此,热防护系统设计已成为高超声速飞行器极为重要的关键技术之一。热防护系统设计分为新型的主动式热防护方式和传统的被动式热防护方式。传统的被动式热防护方式利用耐热材料或烧蚀材料来达到降热的目的。但随着飞行速度的进一步提高,工程上对隔热材料厚度需求进一步增大,同时在烧蚀过程中飞行器机体结构发生难以预测的改变,使得飞行性能降低,越来越难以满足高超声速飞行要求。相较于传统的被动式热防护技术,主动热防护技术通过注入冷却介质、改变激波结构的方式能够显著降低飞行器的壁面热流,使飞行器的机体结构不发生改变。因此,主动式热防护技术具有广阔的应用前景[3-4]。

本章对高超声速主动降热技术方案进行介绍,分析现有高超声速主动降热技术方案的流动机理和作用效果,同时采用 CFD 数值方法研究侧向喷流、环形喷流与减阻杆组合形式两种高超声速主动降热技术方案。

8.1 高超声速主动降热技术方案

目前,比较典型的主动降热技术方案有减阻杆、喷流控制、能量沉积、迎风凹腔及其组合形式。

8.1.1 减阻杆

在高超声速飞行器头部安装针状减阻杆,飞行器头部弓形激波转变成斜激波,波后的压力大幅降低,气动加热效应减弱。相较于其他主动热防护技术方案,减阻杆降热技术方案的实施较为简单,降热效果显著[5]。在 20 世纪 50 年代,美国国家航空咨询委员会(National Advisory Committee for Aeronautics,NACA)就对减阻杆进行了实验研究,研究发现减阻杆能有效改善飞行器头部驻点处的热环境。随后,减阻杆降热技术获得了大量的研究并在装备上得到了应用,如图 8 - 1 美国的"三叉戟"潜射导弹[6]所示。近年来,减阻杆高效的降热性能及其复杂的流场结构受到学者的大量关注和研究[7-8]。

图 8-1 采用减阻杆装置的美国"三叉戟"潜射导弹[6]

图 8-2 为带减阻杆钝头体的流场结构,从图中可以看出,在减阻杆上游产生一道弓形激波,在弓形激波后减阻杆壁面出现流动分离,产生分离激波。分离激波与减阻杆间出现大范围回流区。在回流区后流动再次附着,出现再附激波,再附激波与分离激波发生相互作用。此外,从温度云图中可以看出,减阻杆构型会在再附点附近出现高温区域。

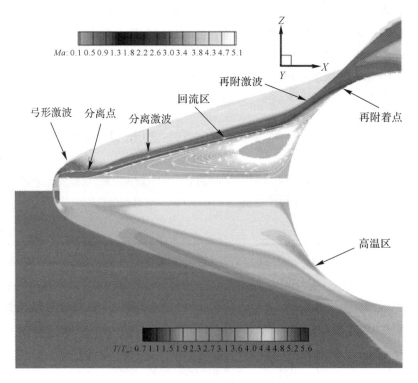

图 8-2 带减阻杆钝头体的流场结构

图 8-3 给出了飞行器钝头头部的压强分布和壁面 St 分布,可以看出壁面 St 和壁面压强最大值都出现在再附点附近。

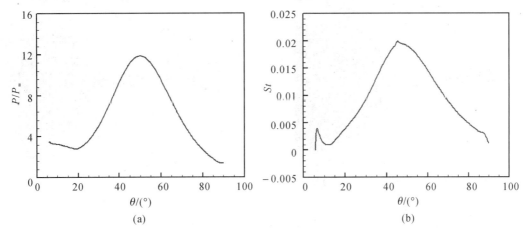

(a)　　　　　　　　　　　　　(b)

图 8-3　钝头头部的压强分布和 St 分布
(a) 壁面压强分布;(b) 壁面 St 分布

　　Yamauchi 等[9]研究了减阻杆长度及来流马赫数对钝头体头部的降热效果,并对流场结构进行了详细的分析。研究发现,热流密度和压力峰值发生在激波-激波相互作用位置附近,并且热流的峰值随着马赫数的增大而升高。

　　进一步,Motoyama 等[10]在减阻杆头部安装气动盘,并通过实验研究了不同气动盘构型的气动特性。图 8-4 是实验获得的纹影图,从图中可以看出,加装气动盘既能降低激波-激波相互作用的影响,也会增强钝头体降热减阻的效果。

　　在对减阻杆构型的研究中,目前大部分学者的研究都专注于减阻杆的长度、宽度及减阻盘等形状尺寸对飞行器头部流场的影响。但研究也发现,减阻杆在有攻角的来流条件下,降热效果急剧下降。

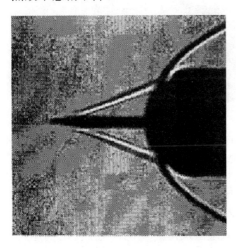

图 8-4　不同减阻杆流场纹影图[10]
(a) 尖头型减阻杆;(b) 圆头型减阻杆

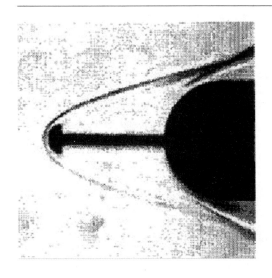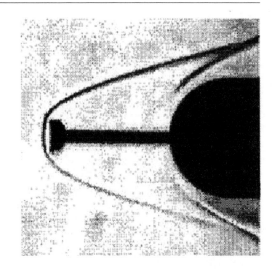

续图 8-4　不同减阻杆流场纹影图[10]

(c)半球型气动盘；(d)平头型气动盘

图 8-5 是 4°攻角来流条件下的流场结构图,从图中可以看出,迎风一侧回流区影响范围变小,分离激波与再附激波干扰加剧,背风一侧回流区范围扩大。图 8-6 是 0°攻角和 4°攻角来流条件下,壁面 St 分布,从图中可以看出,驻点向迎风一侧移动,钝头体壁面热流峰值急剧升高。

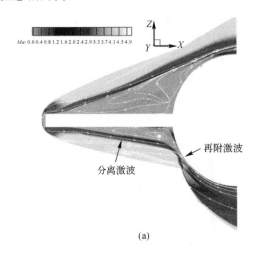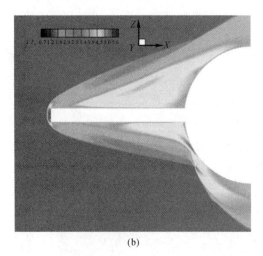

图 8-5　4°攻角来流条件下的流场结构图

(a)马赫数云图；(b)温度云图

在有攻角来流条件下,针对减阻杆构型降热技术方案的降热效果急剧下降的问题,目前有学者提出根据来流攻角自适应地调整减阻杆方向,始终使减阻盘轴线和来流保持平行或较小偏角状态的策略[11],发现了自适应减阻杆可以有效地解决降热效能急剧下降的问题。

综上可知,学者们已经对减阻杆构型降热技术方案做了大量的研究。减阻杆在 0°攻角来流条件下,降热效果好,但在有攻角来流条件下,降热效果急剧下降。学者提出的自适应减阻杆构型能改善这一问题,但自适应减阻杆的机械结构设计复杂,仍需要进一步研究。

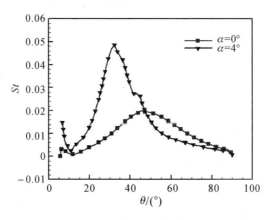

图 8-6　0°和 4°攻角来流条件下,壁面 St 分布

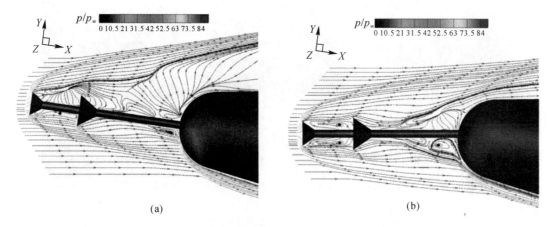

(a)　　　　　　　　　　　　　　　　　　(b)

图 8-7　8°攻角来流条件下流场结构图[11]
(a) 减阻杆流场结构图;(b) 自适应减阻杆流场结构图

8.1.2　迎风凹腔

迎风凹腔的结构如图 8-8 所示,在超声速飞行时,自由来流在凹腔内形成大范围的回流区域,可以降低飞行器壁面热流。但现有研究结果表明,迎风凹腔降热方案所产生的流场结构十分不稳定。Johnson[12]通过实验研究了迎风凹腔的流场结构,发现流场结构有很强的非定常效应。图 8-9 为在不同时间节点得到的实验流场纹影图,从图中可以明显发现,钝头前弓形激波随时间沿钝头法向往复运动。

近年来,国内外学者对迎风凹腔降热方案开展了广泛的实验和数值研究。Silton 等[13]通过数值方法研究了不同直径和长径比的迎风凹腔模型,得出加长凹腔深度和钝化唇口半径能有效降低鼻区烧蚀的结论。Engblom 等[14]对唇口做钝化处理,发现经钝化处理的唇口可以消除唇口处的回流并减少热流。Ladoon 等[15]对腔体的震荡特性进行了研究,证明了长径比是影响腔体震荡衰减的重要参数。

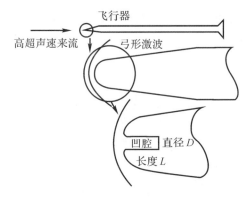

图 8-8 迎风凹腔结构示意图[12]

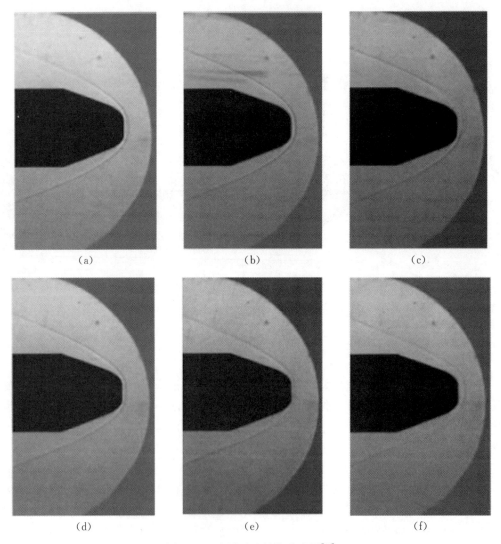

图 8-9 迎风凹腔结构示意图[12]

(a) 830 μs; (b) 1 079 μs; (c) 1 328 μs; (d) 1 577 μs; (e) 1 826 μs; (f) 2 075 μs

综上,迎风凹腔结构简单,能有效降低飞行器钝头的壁面热流。但迎风凹腔头部弓形激波的非定常效应和腔体内部的震荡特性使其难以在工程实际中应用,需要进一步改进。在有攻角来流条件下,驻点往迎风一侧移动,迎风凹腔的降热效果也会大幅降低。

8.1.3 能量沉积

能量沉积(Energy Deposition,ED)是指飞行器在头部前一定距离通过激光、电机放电等制造一个高能量的等离子区域,通过该等离子体区域与头部弓形激波的相互作用,来减弱飞行器前方弓形激波的强度,从而达到降低热流的效果。

能量沉积的作用过程大致分为三个阶段[16-17]:①高温等离子体的形成和变形(见图 8-10);②等离子体与飞行器前弓形激波相互作用(见图 8-11);③飞行器头部压力和热流恢复。

目前由于成本和整体系统的复杂性问题,能量沉积仍处于概念研究阶段,没有在工程上得到应用。

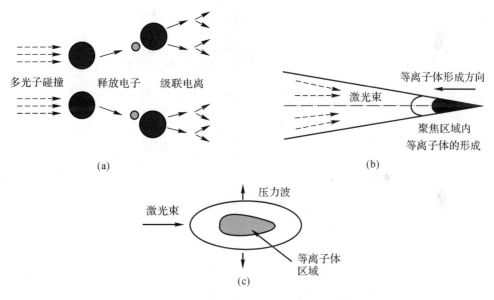

图 8-10 高温等离子体的形成和变形[16]
(a) 能量沉积区域气体电离;(b) 等离子高温膨胀;(c) 压力波的产生和传导

8.1.4 喷流控制

1. 逆向喷流

逆向喷流能将高超声速飞行器头锥前方的弓形激波推离物面,可以有效降低高超声速飞行器激波阻力和壁面热流,从 20 世纪 60 年代起就得到了广泛关注。典型的逆向喷流流场结构如图 8-12 所示,逆向喷流从喷口喷出,向外膨胀形成马赫盘,弓形激波被向外推离;在马赫盘的两侧形成低压回流区,在回流区后流动再次附着在壁面上,出现再附激波,再附激波与弓形激波间发生相互作用。从温度云图中可以看出,高温区域被推离壁面,壁面温度在再附点处最高。

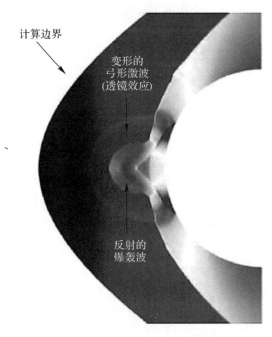

图 8-11 等离子体与飞行器前弓形激波相互作用[17]

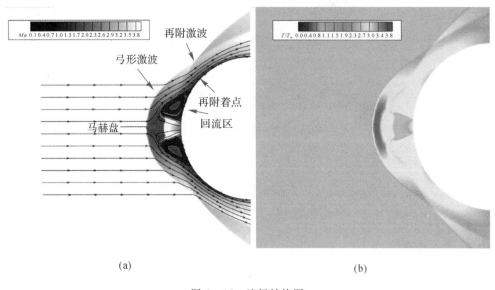

(a)   (b)

图 8-12 流场结构图
(a) 马赫数云图；(b) 温度云图

　　逆向喷流在有攻角来流条件下，也表现出了较好的降热特性。Hayashi 等[18] 通过实验和数值方法改变喷流的压比，进而研究了逆向喷流对钝头体降热的影响，结果表明，用冷喷流覆盖机体表面及其形成的回流区域对钝头壁面有显著的降热效果。图 8-13 是实验中得到的流场纹影图。

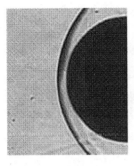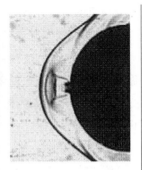

图 8-13　流场纹影图[18]

(a) PR=0；(b) PR=0.4；(c) PR=0.6；(d) PR=0.8

　　Huang 等[19]通过 CFD 数值方法研究了逆向喷流的减阻性能,发现当喷流总压比小于、大于临界总压比时,逆向喷流分别表现为长穿透模态和短穿透模态。图 8-14 给出了短穿透模态和长穿透模态逆向喷流流场结构图。

　　逆向喷流在短穿透模态中表现出欠膨胀的喷流结构,逆向喷流渗透到流场中的距离较近,流场结构较为稳定,对钝头有很好的包覆效果。逆向喷流在长穿透模态中渗透到流场中的距离较远,逆向喷流会处于不稳定的流动状态,对壁面的降热效果也很不稳定。同时,长穿透模态下逆向喷流对壁面包覆不完全,再附激波直接作用在壁面上,在再附点处压力急剧升高,热流峰值大幅上升。因此更多学者对较为稳定的逆向喷流短穿透模态进行研究。

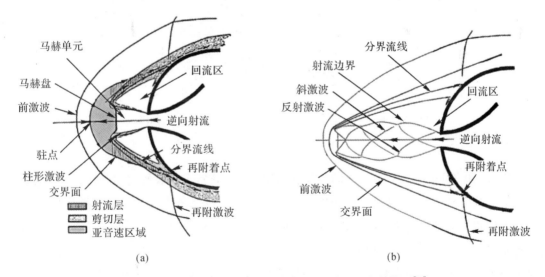

图 8-14　短穿透模态和长穿透模态逆向喷流流场结构图[19]

(a) 短穿透模态；(b) 长穿透模态

　　周超英等[20-21]用数值模拟方法研究了不同喷流总压比和喷口尺寸对流场结构、喷流模态的影响。数值研究结果表明,增加喷口直径可以减小钝头的表面压力。同时研究发现,不能通过无限制增大喷流压力来减小钝头壁面压力,即存在最优降热减阻临界喷流压力比。

无论有无攻角,逆向喷流流场结构总会随着喷流压比的增加先后经历长穿透模态和短穿透模态,但在大攻角来流条件下,流场的不对称性会增大。

综上,逆向喷流能将弓形激波推离壁面,在有无攻角来流条件下,逆向喷流能有效地降低飞行器壁面热流。但随喷流压比增加,逆向喷流会发生长穿透模态和短穿透模态的转变,长穿透模态下逆向喷流流场结构十分不稳定,再附激波直接作用在壁面上,降热效果急剧下降。

2. 侧向喷流

侧向喷流流动控制技术具有响应时间短、工作稳定性好等众多优点,广泛应用于航空航天领域。然而,侧向喷流与高超声速自由来流的相互作用十分复杂。图 8-15 显示了喷流干扰的流动特征[22-23],喷流与自由来流相互作用,会在喷口前端附近产生高压回流区和再循环区域两个回流区。在两个回流区的作用下,喷口前物面边界层会与壁面分离,产生分离激波。在喷口处,由于喷流在喷口处未完全膨胀,喷出后会膨胀加速,形成马赫盘。喷流与自由来流作用,形成弓形激波。在喷流的后方,由于喷流对自由来流的阻碍作用,会产生一个低压区域。在低压区后,受喷流影响降低,压力逐渐上升,出现再附激波。在低压区与再附激波的作用下形成第三个回流区。这种复杂的流动造成了喷流前面的压力上升和后面的压力下降,为喷流后局部区域的壁面热流降低提供了可行性。

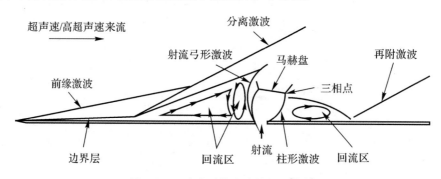

图 8-15 喷流干扰流动特征图[22-23]

Spaid 和 Zukoski[24]对各种流动条件下的喷流干扰进行了实验研究,并研究了干扰流场的主要参数。Shi 等[25]采用高帧频烟雾显示技术研究了剪切层旋涡、二次流和后缘回流等近壁非定常流动结构的瞬态特性。Kumar 等[26]和 Stahl 等[27]通过实验研究了喷口位置、喷口形状等参数对干扰流场结构和气动力的影响。Aso 等[28]通过实验研究了喷流压力比和喷流宽度对喷流交互的影响。Won 等[29]在这些实验的基础上进行了数值研究,探究了不同网格单元数和 y^+ 对侧向喷流数值模拟精度的影响。白涛涛等[30]研究了 0°攻角来流条件下尾喷流给流场带来的影响,得出了尾喷流会大幅提高侧向喷流的效率;尾喷流不会改变侧向喷流上游的流场结构,但对弹体底部、尾舵后缘及侧向喷流下游区域的流场结构影响较大。赵弘睿等[31]研究了喷管出口压力、飞行高度和来流攻角等因素对喷流干扰效应的影响,得出了喷流干扰效应对喷流出口压比和来流攻角比较敏感的结论。

在方向舵和喷流干扰方面,刘哲等[32]通过数值方法研究了平板上由钝舵和单股喷流引起的超声速流动耦合干扰特性,发现了喷流的弓形激波和分离激波直接撞击到钝舵侧表面。袁野等[33]针对典型的平板-舵结构,通过超声速激波风洞实验研究了在不同喷流条件下主动引射冷却系统对模型空间流场结构和典型区域热环境的影响规律,并总结了喷流对舵板降热效果。

8.1.5　组合方案

从现有研究进展可知,喷流控制、减阻杆、迎风凹腔、能量沉积等高超声速降热技术方案都对飞行器降热有明显的作用,但也都存在一定的局限性,如在非零度攻角来流条件下,减阻杆、迎风凹腔的降热效果急剧下降;逆向喷流的长穿透模态、迎风凹腔、能量沉积的流场结构不稳定。针对这些问题,近年来学者提出了组合形式的降热技术方案。现受关注度较高的组合形式有减阻杆和喷流组合、迎风凹腔和喷流组合。

Zhu 等[34]提出了在减阻杆上加侧向喷流的降热技术方案。流场结构图如图 8-16 所示,可以看出,在侧向喷流的作用下,弓形激波被向外推离更远,侧向喷流扩大了激波角,使钝头体表面热流明显减少。

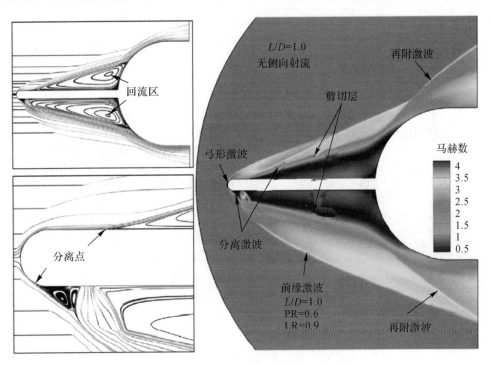

图 8-16　减阻杆上侧向喷流流场结构图[34]

马坤等[35]提出了在减阻杆前加逆向喷流的降热技术方案。图 8-17 给出了在减阻杆前加逆向喷流的流场结构图。从图中可以看出,弓形激波被推离壁面更远,钝头前低压区的影响范围扩大。数值结果表明,减阻杆前加逆向喷流的组合形式能提高钝头体壁面的降热性能,但引入逆向喷流后,减阻效果会变差。

黄伟等[36]采用数值方法研究了来流马赫数为 8 下迎风凹腔和逆向喷流组合形式的降热方案,分析了流场结构、气动特性以及降热特性。图 8 - 18 给出了迎风凹腔和逆向喷流组合形式的流场结构,可见钝头体能够被逆向喷流气体有效覆盖,该组合形式能有效地降低钝头的壁面热流。

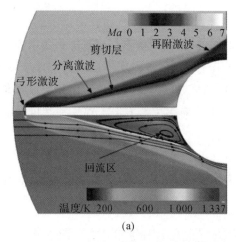
(a)

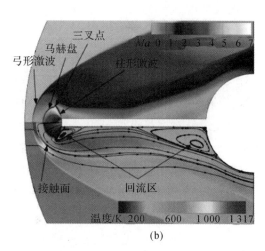
(b)

图 8 - 17　减阻杆前逆向喷流组合形式的流场结构图[35]

(a) 单一减阻杆;(b) 减阻杆前逆向喷流

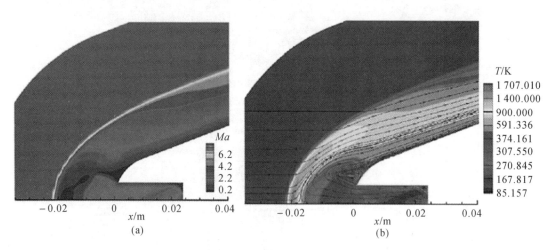

图 8 - 18　迎风凹腔和逆向喷流组合构型的流场结构图[36]

(a) 马赫数云图;(b) 温度云图

综上所述,减阻杆和喷流的组合构型能有效扩大低压区的范围,推离激波。但减阻杆和喷流组合构型仍会遇到与单一减阻杆构型相同的问题,都会在有攻角来流条件下,使降热效果急剧下降。迎风凹腔和逆向喷流组合构型也会出现不稳定的流场结构。

8.2　数值模拟验证与确认

本章数值模拟中使用 RANS 方程,黏性通量使用二阶中心差分格式,隐式时间格式采用 LU-SGS 格式。对于无黏通量计算,原始变量通过二阶 MUSCL 重构和 minmod 限制器进行插值,通量格式采用宽速域 AUSMPW＋APC 格式[37]。湍流模型采用 SST (Shear Stress Transfer) 模型,SST 模型已被证实对喷流模拟有较好的适应性[38-39]。

8.2.1　轴对称的压缩拐角高超声速流动

第一个验证算例选用马赫数为 5.01 的高超声速来流在中空带裙部上的流动实验[40]。其实验物理模型如图 8-19 所示,中空圆柱体长度为 250 mm,拐角为 35°,裙部长度为 50 mm。来流参数如表 8-1 所示。

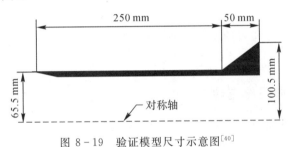

图 8-19　验证模型尺寸示意图[40]

表 8-1　来流参数和喷流条件

来流马赫数	来流总压	来流总温	壁面温度
$Ma_\infty = 5.01$	$P_0 = 3.5 \times 10^6$ Pa	$T_0 = 500$ K	$T_w = 300$ K

数值模拟流场如图 8-20 所示,在拐角前发生流动分离,形成分离激波,在下游裙带壁面出现再附激波,分离激波和再附激波间发生相互作用。

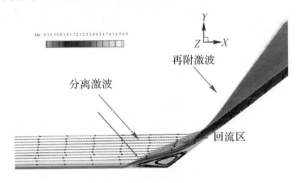

图 8-20　流动特征图

图 8-21 给出了 CFD 计算结果和实验值的对比,从压强分布图中可以看出 CFD 计算

结果与实验值吻合趋势较好,本研究精确地模拟了分离点的位置和壁面压强分布。从 St 分布图中可以看出,CFD 计算较准确地模拟出了壁面热流的变化趋势。

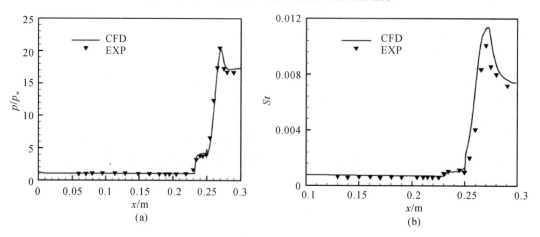

图 8-21 实验与仿真结果对比图

(a) 压强分布;(b) St 分布

8.2.2 典型逆向喷流流动

第二个验证算例选用逆向喷流的经典实验[18]。实验模型如图 8-22 所示,钝头体直径为 50 mm,喷口半径为 2 mm。来流参数和喷流条件见表 8-2。

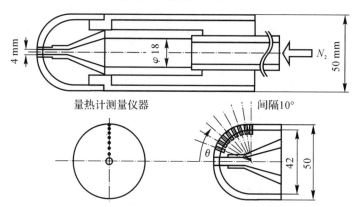

图 8-22 逆向喷流实验模型[18]

表 8-2 来流参数和喷流条件

来流马赫数	来流总压	来流总温	壁面温度	喷流压比	喷流总温	喷流马赫数
$Ma_\infty = 3.98$	$P_0 = 1.37$ MPa	$T_0 = 397$ K	$T_w = 295$ K	PR=0.4	$T_{0J} = 300$ K	$Ma_J = 1$

喷流压比的表达式:

$$PR = P_{0J}/P_0 \qquad (8.1)$$

式中:PR 表示喷流的压比系数;P_{0J} 表示喷流的总压;P_0 表示来流总压。

图 8-23 给出了实验纹影图与 CFD 计算得到的流场密度梯度云图的对比(上半部分为实验纹影图,下半部分为 CFD 计算流场密度梯度图)。从图中可以看出,CFD 计算结果清晰地捕捉了弓形激波、马赫盘、再附激波等复杂的流场结构,流场图与纹影图吻合较好。

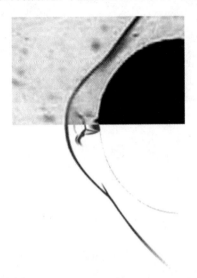

图 8-23　CFD计算流场密度梯度云图和实验纹影图对比

8.2.3　典型侧向喷流流动

第三个验证算例选自文献[41]。实验物理模型如图 8-24 所示,头部是一个圆锥,中间为一段圆柱,尾部是一个圆台。选取中间圆柱段横截面的直径为特征长度,尺寸 $D=40$ mm。头部圆锥段的长度为 2.8D,中间圆柱段的长度为 3.2D,尾部圆台的长度为 3D。喷口的位置设置在中间

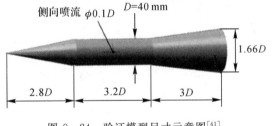

图 8-24　验证模型尺寸示意图[41]

段距离圆锥端点 4.2D 处,其直径为0.1D。弹体全长 $L=9D$。

图 8-25 给出了实验过程的示意图,实验是在一个 0.2 m×0.2 m 的超声速风洞中进行的,通过改变喷流压比研究喷流流场结构及导弹表面压力系数分布。

侧向喷流压比的表达式为
$$R = P_{0J}/P_{\infty} \tag{8.2}$$
式中:R 表示侧向喷流的压比系数;与逆向喷流验证实验中喷流压比定义有区别;P_{0J} 表示喷流的总压;P_{∞} 表示来流的静压。

导弹表面压力系数 C_p 为
$$C_p = \frac{P - P_{\infty}}{0.5\rho_{\infty}u_{\infty}^2} \tag{8.3}$$

来流参数和喷流条件如表 8-3 所示。

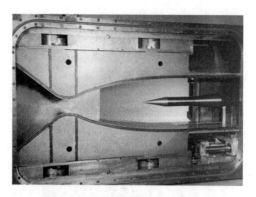

图 8 - 25 实验过程示意图[41]

表 8 - 3 来流参数和喷流条件

攻角	来流静压	来流静温	来流马赫数	喷流压比	喷流马赫数	喷流静温
$\alpha = 0°$	$P_\infty = 19\ 490\ \text{Pa}$	$T_\infty = 103.2\ \text{K}$	$Ma_\infty = 3$	$R = 50$	$Ma_J = 1$	$T_J = 223\ \text{K}$

导弹喷口附近对称面子午线上的压力分布如图 8 - 26 所示,从图中可以看出本研究准确地模拟了分离点和回流区壁面压强,数值模拟结果与实验值吻合较好,证实了数值方法的有效性。

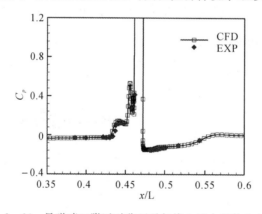

图 8 - 26 导弹喷口附近对称面子午线上压力系数分布图

8.3 侧向喷流下导弹方向舵局部降热效能分析

本节将探究侧向喷流流动控制技术对高超声速导弹方向舵局部气动热特性的影响规律及相关机理[42],在不同来流和喷流条件下对带有缝隙的导弹进行数值模拟,得到模型流场和壁面热流分布。当喷流压比达到 75 时,可以避免受弓形激波干扰的来流气体作用在方向舵上,能有效减少方向舵前缘中后段的壁面热流;随着喷口与方向舵前缘距离的增加,喷流后回流区结构和范围变化不明显,喷流后引导线逐渐往远离舵底面的方向移动,远离舵底面一侧的热流减小;攻角的增加会使侧向喷流对方向舵前缘的降热效果逐渐降低;有攻角来流条件下,在舵轴的正前方喷流,自由来流绕喷流流动,舵轴下壁面边界层内气体密度上升,使舵轴两侧压差增大,舵轴的壁面热流增大;在 0°攻角来流条件下,喷口两侧方向舵受侧向力与喷流反推力方向相同,导弹的放大因子增大。

8.3.1　物理模型与计算网格

本节的模型采用带有舵轴的导弹。如图 8-27 所示,其呈"十"字布局。球头半径为 0.004 m,钝头到圆杜段夹角为 10°,从顶点到圆柱段的长度为 0.06 m,导弹全长为 0.35 m。方向舵舵轴的直径为 0.002 6 m,缝隙的宽度为 0.000 5 m,方向舵舵轴中心距离导弹尾部 0.025 m。方向舵的上边长为 0.01 m,下边长 0.04 m,厚度为 0.003 m,高度为 0.015 m,方向舵前缘倒圆角,圆角直径为 0.003 m。喷口位于一个方向舵的正前方,距离方向舵前缘 15 mm,喷口直径为 4 mm。

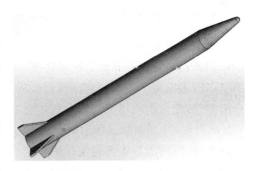

图 8-27　计算物理模型图

本书采用结构化对接网格,由于需要进行气动热计算,计算网格质量将直接影响计算精度。因此,在绘制网格时应尽可能使网格具有良好的正交性,使 y^+ 小于 1。对称面和壁面网格分布如图 8-28 和图 8-29 所示,总网格数量为 731 万。

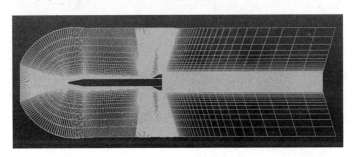

图 8-28　导弹对称面网格

图 8-29　导弹壁面网格

本书选取的来流参数和喷流条件如表 8-4 所示。

表 8-4　来流参数和喷流条件

攻角	高度	壁面温度	喷流压比	喷流马赫数	喷流静温	来流马赫数
$0°,2°,4°,6°,10°,12°$	30 km	$T_w = 300$ K	$R = 50$	$Ma_J = 1$	$T_J = 300$ K	$Ma_\infty = 5$

8.3.2　来流攻角影响

1. $0°$ 攻角时的流动特性

图 8-30 给出了导弹的流场特征,从流线分布中可以看出,在 $Ma=5$ 的来流条件下,导弹喷口前端出现了高压回流区和再循环区两个回流区;在回流区的作用下,喷口前端出现了分离激波;喷流前高压回流区内气体绕喷流流动,在喷口后低压区的作用下,这部分气体在 x 方向回流,并受到喷流的引射作用向远离壁面一侧流动。从流场压强分布中可以看出,在马赫盘后,再附激波不再直接作用在壁面上,而是作用在了方向舵上。这说明在马赫盘后的亚声速区域受到方向舵的影响较大,会使得再附激波的高度变高;相较于无方向舵的工况,喷流后低压区域影响的范围更广;由于方向舵前缘端点在喷流后低压区内,方向舵前缘端点受到的气流冲击会显著下降。从流场温度分布来看,有喷流一侧相较于无喷流一侧,方向舵前缘壁面边界层内气体温度明显降低。

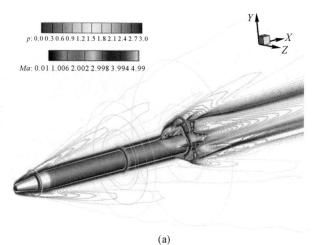

(a)

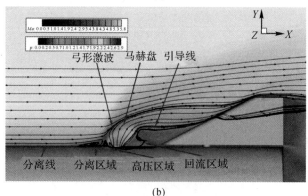

(b)

图 8-30　喷流干扰流动特征图

(a)导弹整机流场特征;(b)方向舵局部流线分布

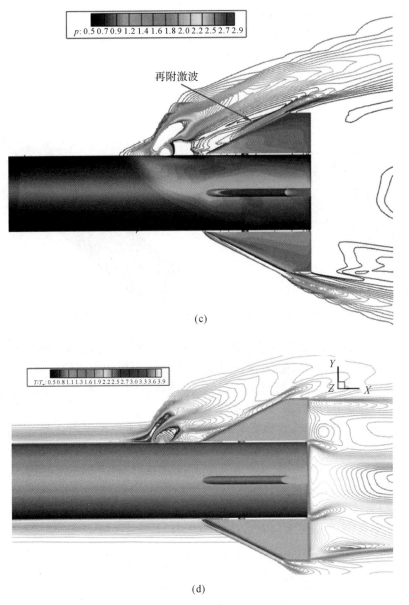

续图 8 - 30　喷流干扰流动特征图

(c) 方向舵局部压强分布；(d) 壁面温度为 300 K 时，方向舵局部温度分布

　　图 8 - 31 和图 8 - 32 分别是有喷流一侧和无喷流一侧壁面的 St 分布图，从图中可以看出，方向舵前缘的壁面热流最高。将有喷流一侧和无喷流一侧的方向舵前缘热流进行对比，发现有喷流一侧的壁面热流要远远低于无喷流一侧的壁面热流。有喷流一侧方向舵前缘壁面中后段热流相较于前端热流上升幅度较小，说明再附激波的强度较低，再附激波对降热效果的影响较小。总之，在喷流的作用下，能有效降低方向舵前缘壁面热流。

　　2. 不同攻角方向舵热流分析

　　z 轴为竖直方向，喷口位于 y 轴正半轴。本节选取 y 轴正半轴有喷流一侧和 y 轴负半轴无喷流一侧方向舵进行热流分析。从图 8-33 壁面热流分布云图中可以看出,方向舵的 St 峰值从壁面中轴线向迎风一侧移动。因此,此处根据不同的攻角下方向舵壁面最高 St 数的变化情况,选取不同截面探究 St 分布。

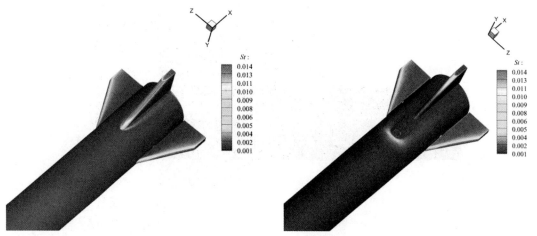

图 8-31　无喷流一侧壁面 St 分布云图　　　　图 8-32　有喷流一侧壁面 St 分布云图

　　从图 8-33 的壁面 St 分布中可以看出,在壁面上,热流从前缘前端向中间段逐渐增加;在后端点由于膨胀波的影响,热流会迅速下降。有喷流一侧和无喷流一侧的方向舵前缘壁面热流都有这个规律。从 0°攻角到 4°攻角,壁面热流峰值上升明显。随攻角的增加,从方向舵壁面前端到后端,壁面热流升高的斜率增大。

　　有喷流一侧方向舵壁面热流要显著低于无喷流一侧方向舵壁面热流,壁面上热流斜率增加也相对于无喷流一侧较缓。在低攻角来流条件下,有喷流一侧方向舵前缘前端点的热流较低。随着攻角的增加,方向舵前缘前端点处的热流升高较快;在中间段,无喷流一侧热流和有喷流一侧热流的差值减小。

　　总的来说,有喷流一侧方向舵前缘热流要明显低于无喷流一侧方向舵前缘热流。在大攻角来流条件下,喷流的降热效果有所降低。

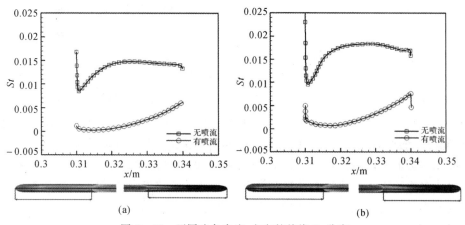

图 8-33　不同攻角来流,方向舵前缘 St 分布

(a) 0°攻角;(b) 2°攻角

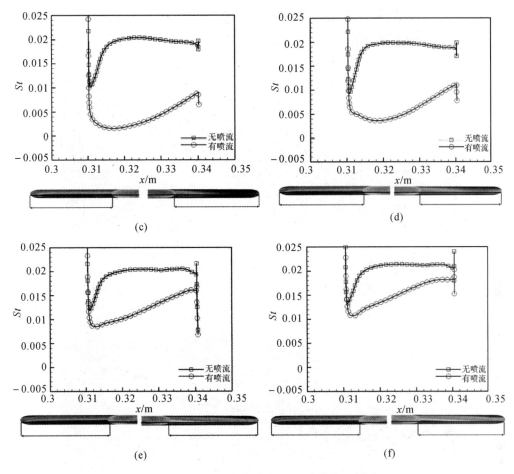

续图 8-33　不同攻角来流,方向舵前缘 St 分布

(c) 4°攻角;(d) 6°攻角;(e) 10°攻角;(f) 12°攻角

8.3.3　不同喷口位置流动特性分析

本小节选取喷口位置距离方向舵前缘分别为 15 mm、30 mm 和 45 mm 的三种工况。图 8-34给出了 $z=0$ 截面不同喷口位置的流场特征,从图中可以看出,随着喷口位置的前移,喷流后回流区域结构和范围变化不明显。随着喷口与方向舵前缘距离的增加,喷流引导线逐渐往远离舵底面的方向移动。这说明喷口与方向舵前缘相距较近时,回流区域更靠近方向舵前缘,会使得方向舵靠近舵底面　侧壁面压力减少,壁面热流降低;与此同时,喷流在与自由来流作用后,更容易直接作用在方向舵表面,会使远离舵底面一侧壁面热流上升。图 8-35 给出了方向舵前缘中心线上的 St 分布,从图中也能看出,随着喷口与方向舵前缘距离的增加,方向舵靠近舵底面一侧的壁面热流升高,远离舵底面一侧的壁面热流减小。但总的来说,喷口与方向舵前缘距离为 15~45 mm 时,壁面热流的改变不大。

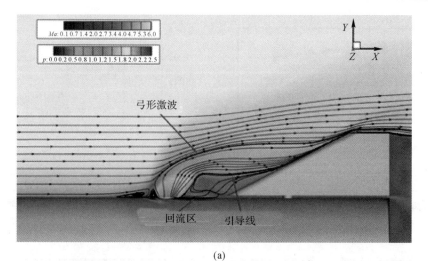

(a)

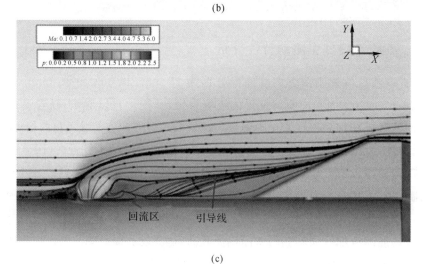

(b)

(c)

图 8 - 34 z＝0 截面,不同喷口位置流场特征图

(a) 距前缘 15 mm；(b) 距前缘 30 mm；(c) 距前缘 45 mm

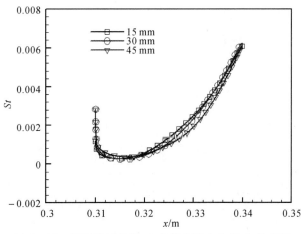

图 8-35　不同喷口位置,方向舵前缘中心线 St 分布图

8.3.4　不同喷流压比流动特性分析

本小节选取喷流压比分别为 50、75 和 100 的三种工况。图 8-36 给出了不同喷流压比下 $z=0$ 截面处的流场特征,从图中可以看出,随着喷流压比的增加,马赫盘和喷流干扰范围变大,喷流后喷流引导线向远离方向舵底面一侧移动,喷口后回流区变化不明显。在 $R=50$ 时,受弓形激波干扰的来流气体作用在方向舵前缘上。随着喷流压比的增加,受弓形激波干扰的来流气体逐渐远离方向舵前缘,在 R 为 75 和 100 时,受弓形激波干扰的来流气体没有作用在方向舵前缘上。从图 8-37 方向舵前缘中轴线上的 St 分布图中可以看出,随着喷流压比的增加,方向舵前缘的壁面热流在靠近舵底面一侧无明显变化,远离舵底面一侧的热流降低。总之,随着喷流压比的增加,马赫盘和喷流干扰范围变大,可以避免受弓形激波干扰的来流气体作用在方向舵前缘壁面上,能够有效地降低方向舵前缘中后段的壁面热流。

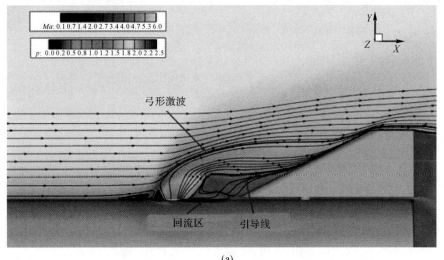

(a)

图 8-36　$z=0$ 截面,不同喷流压比流场特征图

(a) $R=50$

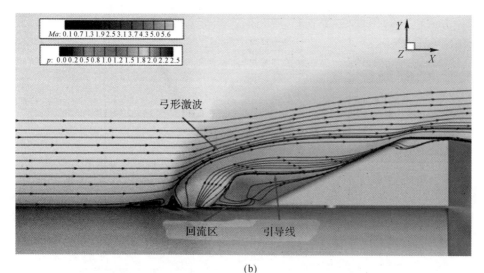

(b)

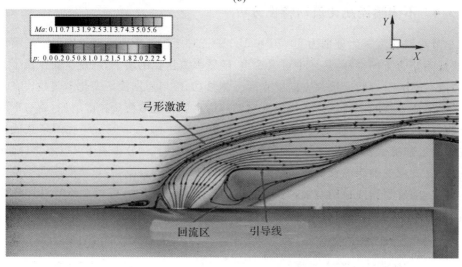

(c)

续图 8-36　$z=0$ 截面,不同喷流压比流场特征图

(b) $R=75$;(c) $R=100$

8.3.5　方向舵舵轴壁面热流分析

图 8-38 是导弹舵轴 St 分布云图,其中 z 轴为竖直方向,喷口中心位于 y 轴轴线上,从图中可以看出,舵轴壁面 St 在 $y=0$ 处最高。现选取 $y=0$ 环线,分析有喷流一侧和无流一侧 St 分布情况。

图 8-39 是 $y=0$ 环线,不同攻角来流条件下方向舵舵轴 St 分布图。从图中可以看出,在无攻角来流条件下,舵轴的壁面 St 很小,仅为 10^{-5} 数量级;壁面 St 峰值位于舵轴 x 方向中间段。随着攻角的增加,壁面 St 峰值增大,并逐渐向前缘点靠近。这说明舵轴的壁面热流受 x 方向的自由来流影响较小,受攻角的影响较大。

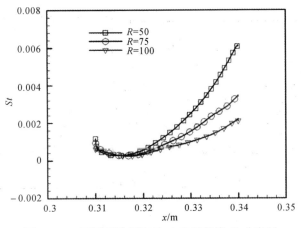

图 8-37 不同喷流压比下,方向舵前缘 St 分布图

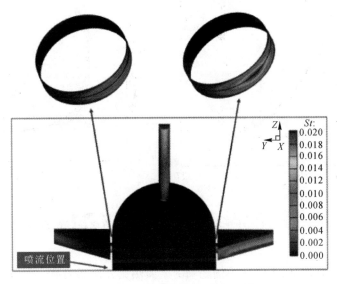

图 8-38 导弹舵轴 St 分布云图

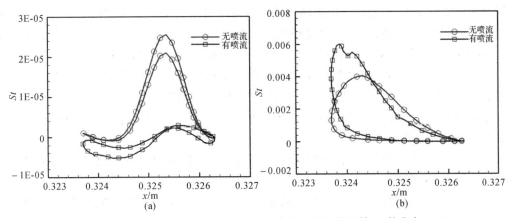

图 8-39 $y=0$ 环线,不同攻角来流条件下方向舵舵轴 St 数分布

(a) 0°攻角;(b) 2°攻角

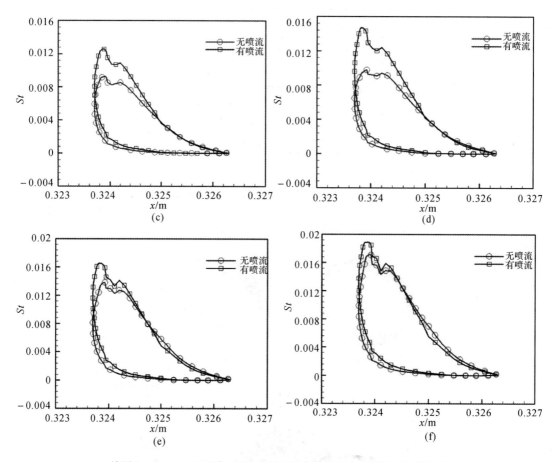

续图 8 - 39　$y=0$ 环线，不同攻角来流条件下方向舵舵轴 St 数分布

(c) 4°攻角；(d) 6°攻角；(e) 10°攻角；(f) 12°攻角

　　在无攻角来流条件下，有喷流一侧舵轴的壁面热流要比无喷流一侧壁面热流低；在有攻角的来流条件下，有喷流一侧舵轴的壁面热流峰值要高于无喷流一侧舵轴的壁面热流峰值；在低攻角来流情况下，有喷流一侧舵轴的壁面热流峰值与无喷流一侧舵轴的壁面热流峰值相差较大；随着攻角的增加，舵轴两侧壁面热流峰值的差减小。这说明，在有攻角的来流条件下，在方向舵正前方，喷流不能降低舵轴壁面热流，而会增加舵轴的壁面热流峰值。

　　图 8 - 40 是 10°攻角、喷口距离方向舵前缘 15 mm 下导弹表面密度分布云图。从图中可以看出，在喷流干扰下，弹体壁面边界层内的气体会绕过喷流流动，迎风一侧壁面边界层内气体密度增加，使得流经舵轴壁面边界层内的气体密度上升。因此，在方向舵正前方的喷流会增加舵轴处的壁面热流。

　　同时，根据边界层内气体会绕喷流流动的规律，可以推测出侧向喷流喷口位置对方向舵舵轴壁面热流影响很大。

　　图 8 - 41 是不同喷口位置下导弹表面密度分布云图。从图中可以看出，随着喷口与方向舵前缘距离的增加，流经舵轴的气体所受侧向喷流的影响降低。12°攻角相较于 6°攻角来流条件，流经舵轴的气体受喷流的影响降低。

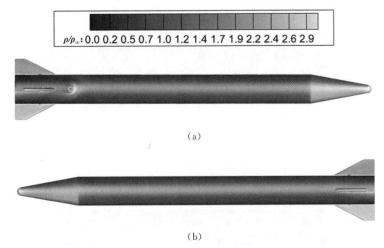

(a)

(b)

图 8-40　10°攻角,喷口距离方向舵前缘 15 mm,导弹表面密度分布云图

(a) 有喷流一侧;(b) 无喷流一侧

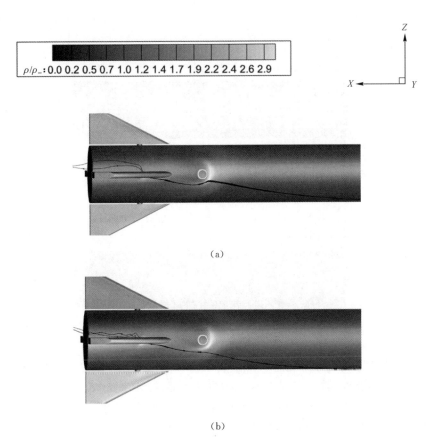

(a)

(b)

图 8-41　6°、12°攻角,不同喷口位置导弹表面密度分布云图

(a) 6°攻角,距前缘 15 mm;(b) 12°攻角,距前缘 15 mm

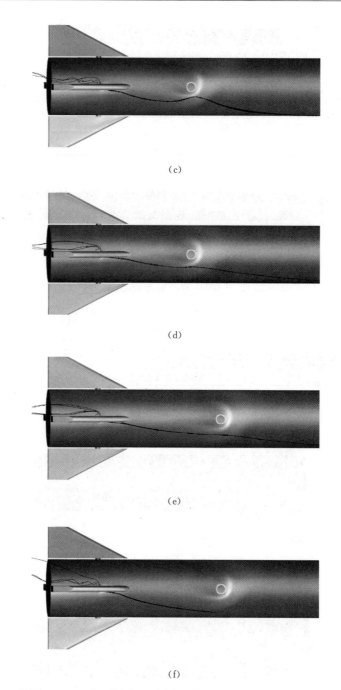

(c)

(d)

(e)

(f)

续图 8-41 6°、12°攻角,不同喷口位置导弹表面密度分布云图
(c) 6°攻角,距前缘 30 mm;(d) 12°攻角,距前缘 30 mm;
(e) 6°攻角,距前缘 45 mm;(f) 12°攻角,距前缘 45 mm

图 8-42 是不同攻角来流条件、不同喷口位置下舵轴 St 分布图。从图中可以看出,在 0°攻角来流条件下,舵轴壁面热流极低。在 0°、2°和 4°攻角的来流条件下,St 随着喷口位置

与方向舵距离的增加而增加。当攻角大于 $10°$ 时，St 随着喷口位置与方向舵的距离增加而减小。这说明了，随着喷口与方向舵前缘距离的增加和来流攻角的增大，经过舵轴的气体所受侧向喷流的影响降低，舵轴下表面边界层内气体密度受喷流影响降低，和流场图经过舵轴的流线规律相吻合。

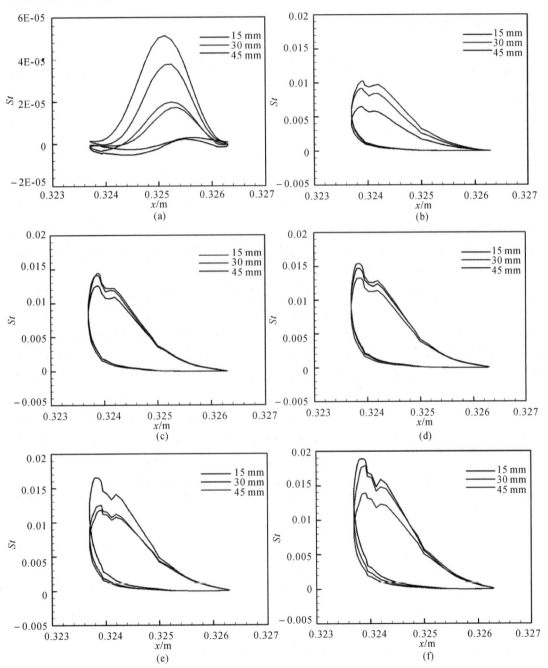

图 8-42　不同攻角来流条件下，不同喷口位置，舵轴 St 分布图
(a) $0°$ 攻角；(b) $2°$ 攻角；(c) $4°$ 攻角；(d) $6°$ 攻角；(e) $10°$ 攻角；(f) $12°$ 攻角

总之,在舵轴前,喷流会减小 0°攻角下的壁面热流。在有攻角来流条件下,舵轴的壁面热流主要由舵轴两侧的压差产生。在喷流的作用下,原本不作用在舵轴壁面的气体绕喷流流动,使得舵轴下表面边界层内气体密度上升,造成舵轴两侧压力差增大,使舵轴的壁面热流增加。攻角和喷口与方向舵前缘距离的增加,会降低这种干扰效应。

8.3.6 导弹气动分析

表 8 – 5 给出了 0°攻角来流条件、不同喷流条件下导弹阻力系数和放大因子的变化情况。从表中可以看出,随着喷口与方向舵前缘距离和喷流压比的增加,导弹的阻力系数和放大因子减小,有

$$K = \frac{F_{\text{J. on}} - F_{\text{J. off}}}{F_{\text{J}}} \tag{8.4}$$

$$C_D = \frac{D}{0.5\rho_\infty u_\infty^2 S} \tag{8.5}$$

$$C_y = \frac{F_y}{0.5\rho_\infty u_\infty^2 S} \tag{8.6}$$

式中:K 表示放大因子;$F_{\text{J. on}}$ 表示有喷流作用导弹气动力;$F_{\text{J. off}}$ 表示没有喷流作用导弹气动力;F_{J} 表示喷流推力;C_D 和 C_y 分别表示阻力系数和侧向力系数,S 表示导弹中间圆柱段截面面积。

图 8 – 43 是导弹壁面压强分布图,将图中 y 的正方向有喷口一侧方向舵命名为 Rudder 4,将 y 的负方向一侧方向舵命名为 Rudder 1,将其余两个方向舵分别命名为 Rudder 2 和 Rudder 3。图 8 – 44 给出了不同喷口条件下方向舵 C_D 的变化情况。从图中可以看出,关于喷口轴对称的方向舵 2 和 3 的 C_D 值相等;方向舵 4 的阻力系数小于其他三个舵的阻力,说明喷流对方向舵有减阻效应,随喷流压比的增大,减阻效应增强;喷流对方向舵 1 无干扰,对方向舵 2 和 3 有干扰。图 8 – 45 给出了方向舵 2 和 3 在不同喷流条件下的 C_y 值变化情况,方向舵 2 和 3 受到喷流的干扰,C_y 值为负数,说明在 0°攻角来流条件和喷流干扰下,方向舵 2 和 3 在 y 方向所受合力与喷流反推力方向相同,带方向舵导弹的放大因子增大。随喷流压比的降低和喷口与方向舵前缘距离的增加,方向舵 2 和 3 受干扰降低。

表 8 – 5 不同喷流条件下的导弹阻力系数和放大因子

喷流条件	C_D	K
15 mm,$R=50$	0.349	1.33
30 mm,$R=50$	0.346	1.23
45 mm,$R=50$	0.344	1.15
15 mm,$R=75$	0.346	1.30
15 mm,$R=100$	0.344	1.27

图 8 - 43　导弹壁面压强分布

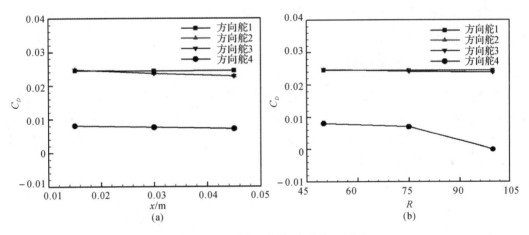

图 8 - 44　不同喷流条件,方向舵 C_D 分布

（a）不同喷口位置；（b）不同喷流压比

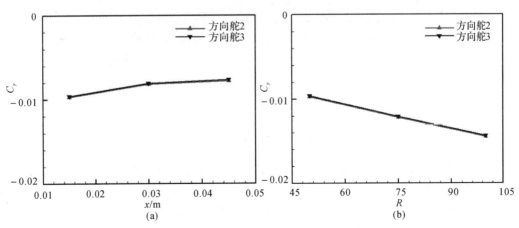

图 8 - 45　不同喷流条件,方向舵 C_y 分布

（a）不同喷口位置；（b）不同喷流压比

8.4 减阻杆与环形喷流组合构型降热效能分析

针对单一减阻杆构型在有攻角来流条件下降热效果急剧下降的问题,本节将探索减阻杆和环形喷流组合构型的降热方案,对减阻杆和环形喷流组合构型进行不同来流和喷流条件下的数值模拟,得到模型流场和壁面热流分布。在组合构型的流场中,喷流受减阻杆后低压区的影响,未直接与自由来流作用,没有出现长穿透模态和短穿透模态转变的情况,流场结构更为稳定;喷流包覆了减阻杆和钝头体壁面,再附激波和分离激波被推离壁面。在 0°攻角来流条件下,小喷流压比也有好的降热效果,PR=0.05 可以使单一减阻杆构型钝头体的壁面热流峰值降低到原来的一半以下;单一减阻杆构型在有攻角来流条件下的分离激波和再附激波直接作用在钝头体壁面上,钝头体壁面的热流急剧上升,钝头体壁面边界层内的气体从迎风一侧绕减阻杆往背风一侧流动,减阻杆壁面热流上升。组合构型在有攻角来流条件下有明显的降热效果;随着攻角的增加,喷口处的背压升高,喷流对流场的干扰效应减弱,达到相同的降热效果需要更大的喷流压比;相同的喷流压比下,在再附着点前喷流,喷流膨胀更完全,降热效果更好。

8.4.1 物理模型与计算网格

本节的物理模型选取文献[10]中的基准减阻杆构型,计算物理模型如图 8-46 所示,减阻杆的长度为 40 mm,减阻杆直径为 4 mm,钝头体的半径为 20 mm。减阻杆圆心位于 x 轴线上,以 x 轴线为 0°方向,钝头体壁面环线与 x 轴线成 θ 角。环形喷口位置选取为钝头体 $\theta=45°$环线和 $\theta=47°$环线之间。

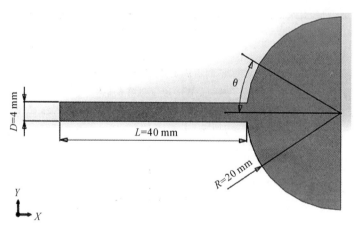

图 8-46 计算物理模型图

由于计算网格质量将直接影响气动热计算的精度,本节采用结构化对接网格,在绘制网格时尽可能使网格具有良好的正交性,第一层网格高度为 10^{-6} m,y^+ 小于 1。流场网格分布和壁面网格分布如图 8-47 所示,总网格数量为 535 万。

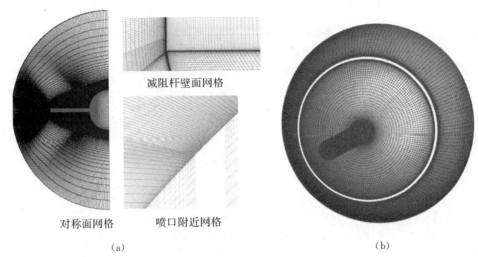

减阻杆壁面网格

对称面网格 喷口附近网格

（a） （b）

图 8-47 流场网格和壁面网格

(a) 流场网格；(b) 壁面网格

为了尽可能模拟高超声速飞行器的真实工作状态,本节选取的远场来流条件参照海拔为 30 km 的高空大气环境。钝头体和减阻杆壁面皆为等温壁面边界条件,气体模拟条件为可压缩理想气体,选取的来流参数和喷流条件如表 8-6 所示。

表 8-6 来流参数和喷流条件

攻角	高度	壁面温度	喷流压比	来流马赫数	喷流静温	喷流马赫数
$0°,4°,8°$	30 km	$T_w=300\ K$	$PR=0,0.05,0.1,0.2,0.3,0.4$	$Ma_\infty=5$	$T_j=300\ K$	$Ma_j=1$

8.4.2 喷流参数影响

为了探究环形喷流和减阻杆组合构型的作用机理,本小节将研究 0°攻角来流条件下,单一减阻杆构型和不同喷流压比下组合构型的流场特性和壁面热流分布。壁面的热流分布用无量纲数 St 来表示。图 8-48 给出了 0°攻角来流条件下,无喷流和喷流压比为 0.2 的流场结构图。

图 8-48(a)是无喷流单一减阻杆构型的流场结构图。从图中可以看出,在减阻杆的前端出现一道弓形激波,在弓形激波后减阻杆壁面出现流动分离,产生分离激波。分离激波与减阻杆间出现大范围回流区。在回流区后流动再次附着,出现再附激波,再附激波与分离激波发生相互作用。从温度云图中可以看出,单一减阻杆构型会在再附着点附近出现高温区域。

图 8-48(b)是喷流压比为 0.2 下减阻杆和逆向喷流组合构型的流场结构图。从图中可以看出,减阻杆后回流区范围扩大。逆向喷流喷出后膨胀加速形成马赫盘,马赫盘两侧形成两个回流区。再附激波和分离激波被推得离壁面更远。

图 8-48(c)给出了减阻杆和逆向喷流组合构型的流线分布,从来流流线和喷流流线的

分布中可以看出,自由来流未直接作用在钝头壁面上,逆向喷流包覆了钝头和减阻杆壁面。

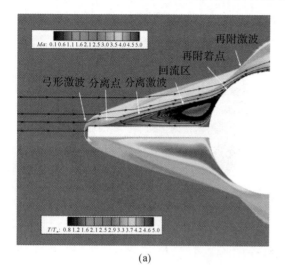

(a)

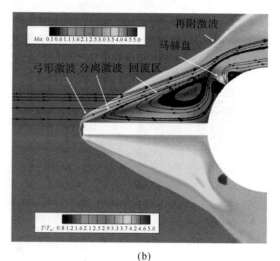

(b)

(c)

图 8-48　流场结构图

(a) 无喷流;(b) PR=0.2;(c) PR=0.2,流线图

　　图 8-49 是无喷流单一减阻杆构型、环形喷流和减阻杆组合构型的钝头壁面 St 分布图。$\theta=0°$ 附近为减阻杆,$\theta=45°$ 环线到 $\theta=47°$ 环线间为喷口,钝头为旋成体,选取 $y=0$ 截线分析 St 分布。

　　图 8-50 是钝头壁面压强和 St 分布图。从图中可以看出,无喷流单一减阻杆构型壁面在再附着点附近压强和 St 最大;$\theta<45°$,靠近减阻杆一侧,减阻杆和逆向喷流组合构型压强增大;$\theta>45°$,远离减阻杆一侧压强减小。这说明逆向喷流对壁面的包覆造成了喷口旁靠近减阻杆一侧的压强上升,再附激波被推离壁面,喷流的引射作用会使远离减阻杆一侧的压强降低。减阻杆和逆向喷流组合构型的壁面 St 要低于无喷流单一减阻杆构型。

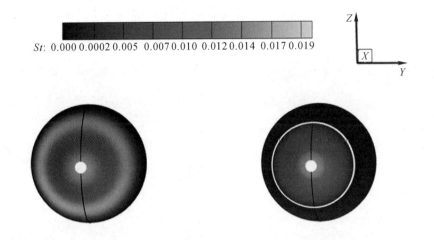

图 8 - 49　壁面 St 分布

图 8 - 51 给出了不同喷流压比下的流场结构图。从图中可以看出,不同喷流压比下,流场结构相似,随着喷流压比的增加,马赫盘和回流区范围逐渐增大,再附激波和分离激波被推得离壁面更远。流场图中未出现长穿透模态和短穿透模态转化的情况,这说明在减阻杆后、在弓形激波内逆向喷流未与自由来流直接作用,相较于单一逆向喷流的构型流场结构更稳定。

从温度云图中可以看出,逆向喷流与自由来流相互作用,在远离壁面处出现高温区域,喷流对壁面形成包覆作用,热量难以传递到钝头体壁面上。

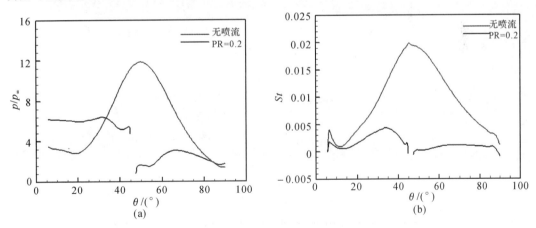

图 8 - 50　钝头壁面压强分布和 St 分布图

(a)壁面压强分布;(b)壁面 St 分布

图 8 - 52 给出了不同喷流压比钝头壁面压强分布和 St 分布图。从图中可以看出,随着喷流压比的增加,0°～45°喷口旁靠近减阻杆一侧压强上升明显,说明逆向喷流对钝头体壁面的包覆能力增强。大于 45°远离减阻杆一侧压强随喷流压比的增加逐渐减小,随着喷流压比的增加,喷口两侧 St 逐渐减小。相对于无喷流的工况,喷流压比为 0.05 的钝头壁面热流峰值明显降低,说明了由于逆向喷流对钝头体壁面的包覆作用,在小喷流压比下也有明显

的降热效果。随着喷流压比的增加,壁面热流进一步降低;增加相同的喷流压比,钝头体壁面的降热效果逐渐降低。

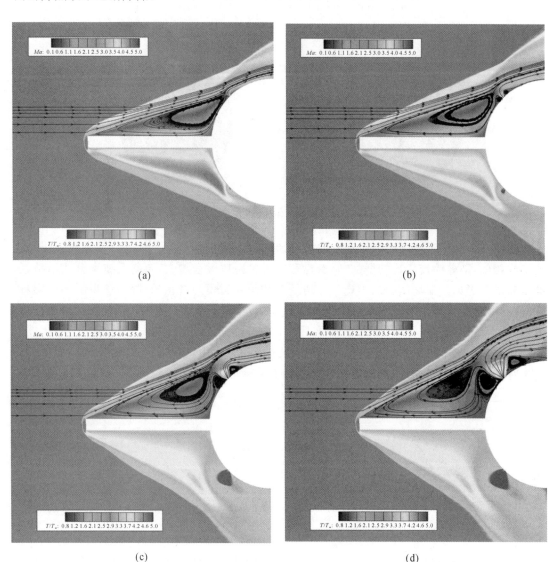

(a)　　　　　　　　　　　　　　(b)

(c)　　　　　　　　　　　　　　(d)

图 8-51　不同喷流压比下流场结构图

(a) PR=0.05;(b) PR=0.1;(c) PR=0.3;(d) PR=0.4

8.4.3　来流攻角影响

本节选取了 $4°$ 和 $8°$ 攻角来流条件,无喷流和喷流压比分别为 0.1、0.2、0.4 的工况,得到了环形喷流和减阻杆组合构型的流场结构图和钝头体壁面的热流分布。在攻角的作用下,钝头体壁面的热流分布沿着 z 方向不再对称。如图 8-53 所示,选择 $y=0$ 截线,以 z 轴负半轴迎风一侧 θ 角为负值、z 轴正半轴背风一侧 θ 角为正值,分析壁面热流分布。

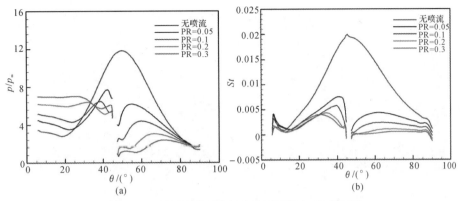

图 8-52　不同喷流压比钝头壁面压强和 St 分布图

(a) 压强分布；(b) St 分布

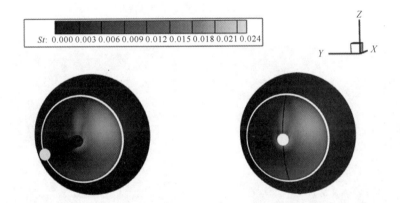

图 8-53　4°攻角来流条件下钝头体壁面 St 分布图

　　图 8-54 和图 8-55 给出了 4°和 8°攻角来流条件下的流场结构图。从图中可以看出，相对于 0°攻角来流的工况，驻点向迎风一侧移动，迎风一侧自由来流受减阻杆的影响降低；无喷流的流场结构图中减阻杆后分离激波和弓形激波直接作用在钝头壁面上，减阻杆后回流区范围减小；背风一侧分离激波、弓形激波等激波结构与钝头体壁面的距离更远。随着攻角的增加，这些变化更为明显。

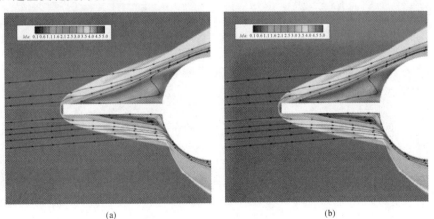

图 8-54　4°攻角下流场结构图

(a)无喷流；(b) PR＝0.1

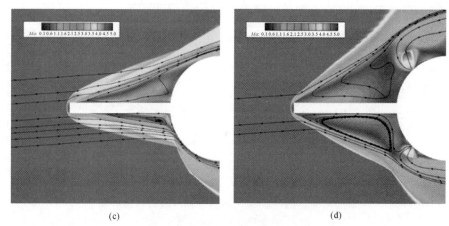

续图 8-54 4°攻角下流场结构图

(c) PR=0.2；(d) PR=0.4

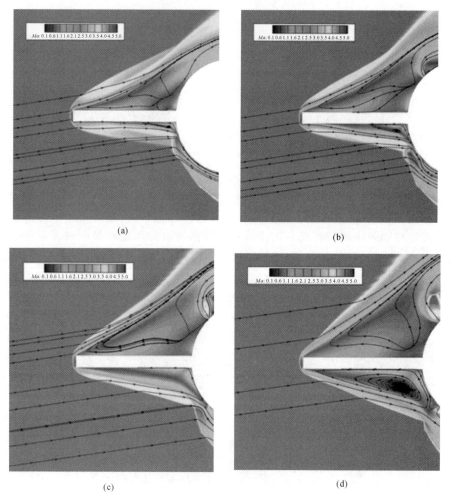

图 8-55 8°攻角下流场结构图

(a)无喷流；(b) PR=0.1；(c) PR=0.2；(d) PR=0.4

在减阻杆和逆向喷流组合构型的流场结构图中,相对于 0°攻角来流的工况,迎风一侧的压力上升,喷口处的背压升高,喷流的膨胀效应减弱,马赫盘变小,喷流对流场的干扰效应减弱,马赫盘旁的回流区范围变小;背风一侧流场激波结构被推得离壁面更远。随着攻角的增加,该现象更为明显。因此,在有攻角来流条件下,需要更大的喷流压比才能达到预计的降热效果。

图 8 - 56 给出了不同攻角来流和不同喷流压比下钝头体壁面 St 分布。从图中可以看出,在迎风一侧,单一减阻杆构型热流急剧上升,背风一侧热流峰值不大。随着攻角的增加,钝头体壁面热流峰值增加且逐渐靠近减阻杆;在有攻角来流条件下,钝头体靠近减阻杆处热流峰值大幅上升。图 8 - 57 给出了 4°攻角来流条件下减阻杆壁面热流和流线分布图。从图中也能看出,迎风一侧边界层内的来流气体会绕减阻杆向背风一侧流动;4°攻角来流条件下,喷流压比为 0.1、0.2、0.4 都能有效降低热流;8°攻角来流条件下,喷流压比为 0.1 时不能有效地降低壁面热流,喷流压比为 0.2 时对钝头体壁面的降热效果减弱,喷流压比为 0.4 时对钝头体壁面有较好的降热效果。这些说明,在大攻角来流条件下,更大的喷流压比才能达到有效的降热效果。

随着来流攻角的增加,热流峰值逐渐靠近减阻杆,说明在不同攻角来流条件下,喷口位置的设置对降热效果有很大的影响。

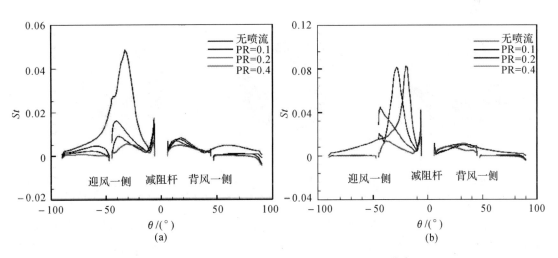

图 8 - 56　不同攻角来流,不同喷流压比壁面 St 分布

(a) 4°攻角;(b) 8°攻角

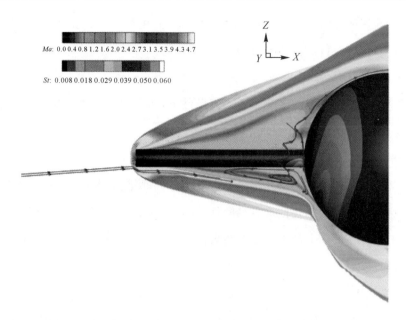

图 8-57 4°攻角来流条件下,减阻杆壁面热流和流线分布图

8.4.4 喷口位置的影响

为了进一步探究喷口位置对降热特性的影响,本节选取的 a、b、c 三种物理模型的喷口起始位置分别为 $\theta_0 = 30°$ 环线、$\theta_0 = 45°$ 环线和 $\theta_0 = 60°$ 环线。b 物理模型的喷口终止位置为 $\theta = 47°$ 环线,保持喷口的面积不变,其余两种物理模型的喷口终止位置由计算得到。物理模型图如图 8-58 所示。

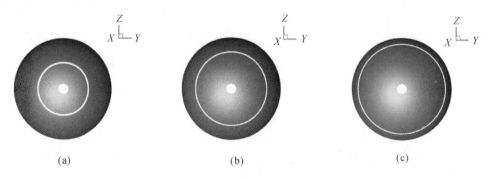

图 8-58 不同喷口位置钝头体物理模型图
(a) 起始位置 $\theta_0 = 30°$ 环线;(b) 起始位置 $\theta_0 = 45°$ 环线;(c) 起始位置 $\theta_0 = 60°$ 环线

图 8-59 和图 8-60 给出了喷流压比分别为 0.1 和 0.2、0°攻角来流条件下不同喷口位置的流场结构图。从图中可以看出,在钝头壁面 30°处喷流,马赫盘最大,喷流的影响范围最大。这说明在再附着点前喷流,喷流的膨胀效果更好;从温度云图中可以看出,在钝头壁面 30°处喷流流场温度最低。

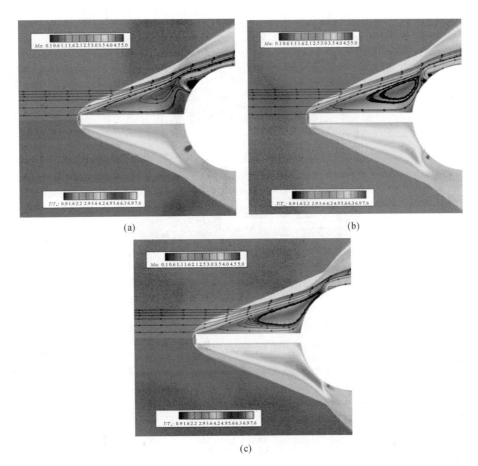

(a)

(b)

(c)

图 8-59 0°攻角来流、PR=0.1、不同喷口位置的流场结构图

(a) 钝头壁面 30°处喷流；(b) 钝头壁面 45°处喷流；(c) 钝头壁面 60°处喷流

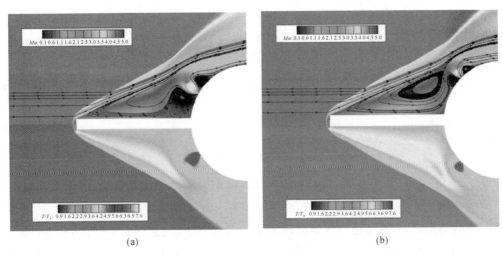

(a)

(b)

图 8-60 0°攻角来流、PR=0.2、不同喷口位置的流场结构图

(a) 钝头壁面 30°处喷流；(b) 钝头壁面 45°处喷流

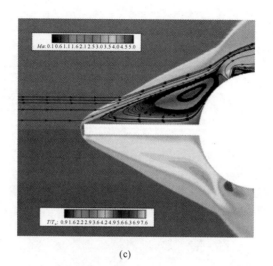

(c)

续图 8-60　0°攻角来流、PR＝0.2、不同喷口位置的流场结构图

(c) 钝头壁面 60°处喷流

图 8-61 给出了 0°攻角来流条件、不同喷流压比、不同喷口位置下壁面 St 的分布。从图中可以看出，随着喷口与减阻杆间距离的增加，热流峰值增加。$\theta＝0°$ 至喷口附近靠近减阻杆一侧热流增加，远离减阻杆一侧热流降低；在钝头壁面 30°处，喷流的壁面热流峰值最低，降热效果最好；在钝头壁面 60°处，喷流降热效果不明显。

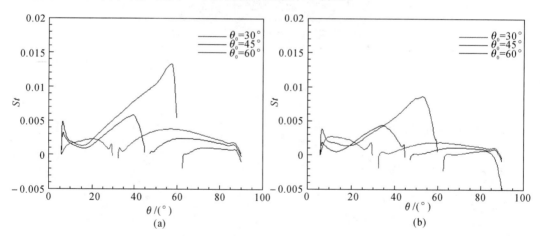

图 8-61　不同喷流压比、不同喷口位置壁面 St 分布

(a) PR＝0.1；(b) PR＝0.2

表 8-7 和表 8-8 给出了 4°和 8°攻角来流、不同喷流压比、不同喷口位置下壁面 St 峰值。从表中可以看出，喷流压比为 0.1 和 0.2、4°和 8°攻角来流条件下，钝头壁面 30°处喷流壁面热流峰值最低，有显著的降热效果；4°攻角来流条件下，钝头壁面 45°处喷流有一定的降热效果，但在 8°攻角来流条件下，降热效果急剧下降；喷流压比为 0.1 和 0.2、4°和 8°攻角来流条件下，在钝头壁面 60°处喷流，壁面热流峰值较高，降热效果最差。

表 8 - 7　4°攻角、不同喷流压比、不同喷口位置下壁面 St 峰值

喷流压比	喷口起始位置	壁面 St 峰值
PR＝0.1	$\theta_0 = 30°$	0.010
	$\theta_0 = 45°$	0.016
	$\theta_0 = 60°$	0.035
PR＝0.2	$\theta_0 = 30°$	0.004
	$\theta_0 = 45°$	0.009
	$\theta_0 = 60°$	0.020

表 8 - 8　8°攻角、不同喷流压比、不同喷口位置下壁面 St 峰值

喷流压比	喷口起始位置	壁面 St 峰值
PR＝0.1	$\theta_0 = 30°$	0.020
	$\theta_0 = 45°$	0.080
	$\theta_0 = 60°$	0.065
PR＝0.2	$\theta_0 = 30°$	0.008
	$\theta_0 = 45°$	0.043
	$\theta_0 = 60°$	0.056

　　总之,在再附着点前喷流,喷口的背压更低,在相同喷流压比下,喷流膨胀更完全,马赫盘更大,喷流的影响范围更广,能将激波推得离壁面更远。相较于钝头壁面 45°、60°处,钝头壁面 30°处喷流降热效果更好(见图 8 - 62 和图 8 - 63)。

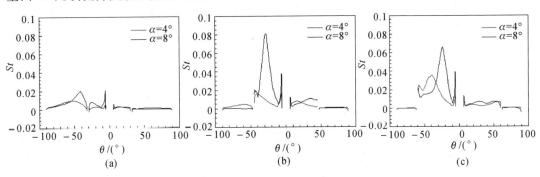

图 8 - 62　PR＝0.1、不同喷口位置壁面 St 分布

(a) 钝头壁面 30°处喷流；(b) 钝头壁面 45°处喷流；(c) 钝头壁面 60°处喷流

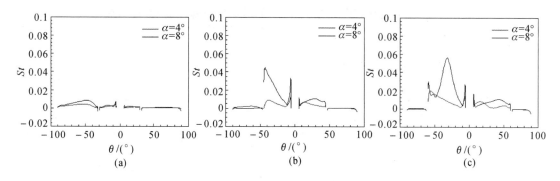

图 8-63　PR=0.2、不同喷口位置壁面 St 分布

(a) 钝头壁面 30°处喷流；(b) 钝头壁面 45°处喷流；(c) 钝头壁面 60°处喷流

8.5　小　　结

　　高超声速主动降热技术方案已成为高超声速飞行器领域极为重要的关键技术之一。本章分析了现有高超声速主动降热技术方案的流动机理和作用效果，进一步探索了侧向喷流降热技术方案对高超声速导弹降热的影响规律及相关机理。针对单一减阻杆构型在有攻角来流条件下降热效果急剧下降的问题，介绍了环形喷流和减阻杆组合构型的降热方案。本章通过数值方法研究了两种方案在不同喷流参数和来流条件下的降热效率，得到了以下结论：

　　在侧向喷流的作用下，喷流后产生大范围的低压区，能有效降低方向舵前缘壁面的气动热；随着喷口与方向舵前缘间距离的增加，喷流后回流区结构和范围变化不明显。喷流后引导线逐渐往远离舵底面的方向移动。方向舵前缘在靠近舵底面一侧的热流升高，在远离舵底面一侧的热流减小，但总的来说，方向舵前缘壁面热流变化不大。随着喷流压比的增加，马赫盘增大，能够有效避免受弓形激波干扰的来流气体作用在方向舵上，并能够减少方向舵前缘 x 方向中后段的壁面热流。不同攻角来流条件下，侧向喷流能有效降低方向舵的壁面热流。随着攻角的增加，降热效果逐渐降低；在有攻角来流条件下，在舵轴的正前方喷流，自由来流绕喷流流动，舵轴下壁面边界层内气体密度上升，造成舵轴两侧压差增大，舵轴的壁面热流增大。攻角和喷口位置与方向舵前缘距离的增加，会降低这种干扰效应。在 0°攻角来流条件和方向舵正前方喷流干扰下，喷口两侧方向舵在 y 方向所受合力与喷流反推力方向相同，带方向舵导弹的放大因子增大。

　　在减阻杆后逆向喷流，逆向喷流受减阻杆后低压区的影响，未直接与自由来流作用，没有出现长穿透模态和短穿透模态转变的情况，相较于单逆向喷流的构型，喷流的流场结构更为稳定；在减阻杆后逆向喷流，逆向喷流对减阻杆形成包覆效应，流场在远离壁面处出现高温区域，由于气体的低导热性，高温热流难以传递到壁面处，同时在逆向喷流的作用下，再附激波和分离激波被推离壁面，能有效降低壁面热流。数值模拟结果表明，小喷流压比也有显著的降热效果；在有攻角来流条件下，减阻杆后分离激波和再附激波直接作用在钝头体壁面上,钝头体壁面的热流急剧上升;减阻杆附近钝头体壁面边界层内的气体会从迎风一侧绕减阻杆往背风一侧流动,使得减阻杆壁面的热流上升;在减阻杆后逆向喷流,有明显的降热效果;相同的喷流压比,在再附着点前喷流,喷口的背压更低,喷流膨胀更完全,喷流的影响范围更广,降热效果更好。

参 考 文 献

[1] ANDERSON J D. Hypersonic and high temperature gas dynamics[M]. New York: Mc Graw-Hill, 1989.

[2] 国义军, 曾磊, 张昊元, 等. HTV2 第二次飞行试验气动热环境及失效模式分析[J]. 空气动力学学报, 2017, 35(4): 496 - 503.

[3] 李世斌. 逆向射流及其在高超声速飞行器中的减阻防热机理研究[D]. 长沙: 国防科学技术大学, 2017.

[4] 孙喜万. 高超声速再入飞行器头部减阻防热方案设计与优化[D]. 长沙: 国防科学技术大学, 2016.

[5] HUANG W, LI L Q, YAN L, et al. Drag and heat flux reduction mechanism of blunted cone with aerodisks[J]. Acta Astronautica, 2017, 138: 168 - 175.

[6] 谢佐慰. 三叉戟 I 型导弹的头部[J]. 国外导弹技术, 1980, 6: 1 - 15.

[7] SEBASTIAN J J, SURYAN A, KIM H D. Numerical analysis of hypersonic flow past blunt bodies with aerospikes[J]. Journal of Spacecraft and Rockets, 2016, 53(4): 669 - 677.

[8] MEHTA R C. Numerical heat transfer study around a spiked blunt-nose body at Mach 6[J]. Heat and Mass Transfer, 2013, 49(4): 168 - 175.

[9] YAMAUCHI M, FUJII K, HIGASHINO F. Numerical investigation of supersonic flows around a spiked blunt body[J]. Journal of Spacecraft and Rockets, 1995, 32(1): 32 - 42.

[10] MOTOYAMA N, MIHARA K, MIYAJIMA R, et al. Thermal protection and drag reduction with use of spike in hypersonic flow[C]//10th AIAA/NAL-NAS-DA-ISAS International Space Planes and Hypersonic Systems and Technologies Conference, April 24 - 27, 2001, Kyoto, Japan. Reston: AIAA, 2001: 1828.

[11] DENG F, JIAO Z, LIANG B, et al. Spike effects on drag reduction for hypersonic lifting body[J]. Journal of Spacecraft and Rockets, 2017, 54(6): 1185 - 1195.

[12] JOHNSON R H. Instability in hypersonic flow about blunt bodies[J]. Physics of Fluids, 1959, 2(5): 526.

[13] SILTON S I, GOLDSTEIN D B. Ablation onset in unsteady hypersonic flow about nose tip with cavity[J]. Journal of Thermophysics and Heat Transfer, 2012, 14(3): 421 - 434.

[14] ENGBLOM W A, LADOON D, SCHNEIDER S P. Fluid dynamics of hypersonic forward-facing cavity flow [J]. Journal of Spacecraft and Rockets, 1997, 34 (4): 437.

[15] LADOON D W, SCHMISSEUR J D, SCHNEIDER S P. Physics of resonance in a supersonic forward-facing cavity[J]. Journal of Spacecraft and Rockets, 1998, 35 (5): 626 - 632.

[16] KANDAL A R, CANDLER G V. Numerical studies of laser induced energy deposition for supersonic flow control [J]. AIAA Journal, 2004, 42(11): 2266 - 2275.

[17] ALBERTI A, MUNAFò A, PANTANO C, et al. Self-consistent computational fluid dynamics of supersonic drag reduction via upstream-focused laser-energy deposition[J]. AIAA Journal, 2020, 59(4): 1214 - 1224.

[18] HAYASHI K, ASO S, TANI Y. Numerical study of thermal protection system by opposing jet[C]//43rd AIAA Aerospace Sciences Meeting and Exhibit, January 10 - 13, 2005, Reno, Nevada. Reston: AIAA, 2005: 188.

[19] HUANG J, YAO W X, JIANG Z P. Penetration mode effect on thermal protection system by opposing jet[J]. Acta Astronautica, 2019(160): 206 - 215.

[20] 周超英, 纪文英, 张兴伟, 等. 超声速钝体逆向喷流减阻的数值模拟研究[J]. 应用力学学报, 2012, 29(2): 159 - 163.

[21] 周超英, 纪文英, 张兴伟, 等. 球头体逆向喷流减阻的数值模拟研究[J]. 工程力学, 2013, 30(1): 441 - 447.

[22] HUH J, LEE S. Numerical study on lateral jet interaction in supersonic crossflows [J]. Aerospace Science and Technology, 2018(80): 315 - 328.

[23] LI J P, CHEN S S, CAI F J, et al. Numerical investigation of vented plume into a supersonic flow in the early stage of rocket hot separation[J]. Aerospace Science and Technology, 2020(107): 106249.

[24] SPAID F W, ZUKOSKI E E. A study of the interaction of gaseous jets from transverse slots with supersonic external flows [J]. AIAA Journal, 1968, 6 (2): 205 - 212.

[25] SHI N X, GU Y S, ZHOU Y H, et al. Experimental investigation on the transient process of jet deflection controlled by passive secondary flow[J]. Journal of Visualization, 2022, 25(5): 967 - 981.

[26] KUMAR D, STOLLERY J L, Smith A J. Hypersonic jet control effectiveness[J]. Shock Waves, 1997, 7(1): 131 - 137.

[27] STAHL B, ESCH H, GüLHAN A. Experimental investigation of side jet interaction with a supersonic cross flow[J]. Aerospace Science and Technology, 2007, 12 (4): 269 - 275.

[28] ASO S, KAWAI M, ANDO Y. Experimental study on mixing phenomena in supersonic flows with slot injection[C]//29th Aerospace sciences meeting, January

07 - 10，1991，Reno，Nevada. Reston：AIAA，1991：16.

[29]　WON S H, JEUNG I S, CHOI J Y. Verification and validation of the numerical simulation of transverse injection jets using grid convergence index[J]. Journal of the Korean Society for Aeronautical and Space Sciences, 2006, 34(4)：53 - 62.

[30]　白涛涛，曹军伟，王虎干，等. 有/无尾喷流效应影响的导弹侧向喷流干扰数值研究[J]. 航空兵器，2020，27(3)：83 - 87.

[31]　赵弘睿，龚安龙，刘周，等. 高空侧向喷流干扰效应数值研究[J]. 空气动力学学报，2020，38(5)：996 - 1003.

[32]　刘哲，王军旗，刘耀峰，等. 平板上钝舵与单喷流的超声速流耦合干扰研究[J]. 弹箭与制导学报，2015，35(6)：106 - 110.

[33]　袁野，曹占伟，马伟，等. 主动引射冷却对空气舵热环境影响的试验研究[J]. 导弹与航天运载技术，2021(6)：48 - 51.

[34]　ZHU L, CHEN X, LI Y K, et al. Investigation of drag and heat reduction induced by a novel combinational lateral jet and spike concept in supersonic flows based on conjugate heat transfer approach[J]. Acta Astronautica, 2018(142)：300 - 313.

[35]　马坤，朱亮，陈雄，等. 高超声速流场支杆射流减阻降热的流热耦合[J]. 航空动力学报，2020，35(4)：793 - 804.

[36]　HUANG W, YAN L, LIU J, et al. Drag and heat reduction mechanism in the combinational opposing jet and acoustic cavity concept for hypersonic vehicles[J]. Aerospace Science and Technology, 2015, 42：407 - 414.

[37]　CHEN S S, LI J P, LI Z, et al. Anti-dissipation pressure correction under low Mach numbers for Godunov-type schemes[J]. Journal of Computational Physics, 2022(456)：111027.

[38]　ZHU L, LI Y-K, CHEN X, et al. Novel combinational aerodisk and lateral jet concept for drag and heat reduction in hypersonic flows[J]. Journal of Aerospace Engineering, 2019, 32(1)：04018133.

[39]　HUANG Z Z, LUO C Y, QIAN P, et al. Aerodynamic performance of three-dimensional wing tip high Reynolds number turbulence with jet control[J]. IOP Conference Series：Earth and Environmental Science, 2021, 621(1)：012055.

[40]　PACIORRI R, DIEUDONNE W, DEGREZ G, et al. Validation of the Spalart-Allmaras turbulence model for application in hypersonic flows[C]//28th Fluid Dynamics Conference, June 29 - July 02, 1997, Snowmass Village, Colorado. Reston：AIAA, 1997：2023.

[41]　GNEMMI P, SCHÄFER H. Experimental and numerical investigations of a transverse jet interaction on a missile body[C]//43rd AIAA Aerospace Sciences Meeting and Exhibit, January 10 - 13, 2005, Reno, Nevada. Reston：AIAA, 2005：52.

[42]　曾品棚，陈树生，冯聪，等. 侧向喷流对导弹方向舵局部气动热特性的影响[J]. 空气动力学学报，2022，41：1 - 12.

第9章　宽速域高超声速飞行器气动布局设计

　　宽速域高超声速飞行器是一种具备水平起降、高超声速巡航能力的新型飞行器,其可达到更高巡航速度和飞行高度,并具有可重复使用、效费比高的特点。在军事上,宽速域飞行器可作为侦察/打击一体化武器平台;在民用上,其能极大地提升运输效率。然而,宽速域高超声速飞行器的研制面临着诸多严峻挑战,例如,适合不同速域流动特性的宽速域气动外形设计、适用宽速域范围的高性能推进系统集成、极端气动加热情况下轻质耐高温材料与结构技术、先进多模态轨迹优化及控制技术等。

　　新一代宽速域高超声速飞行器的飞行空域和速域不断拓展,在实现特定军事和经济目标时具有明显优势,与此同时也涌现出了一系列新的空气动力学问题。由于飞行包线具有宽速域、全空域的适应性[1],气动设计需要兼顾整个速域内的飞行性能。然而,适合不同速域的气动布局差别巨大,难以同时具备满足亚、跨、超和高超声速工作条件下的气动性能,特别是低速起降与高超声速飞行阶段的升力匹配更加难以实现。同时尖锐的外形设计面临严峻的气动加热问题,且在亚声速来流条件下容易发生流动分离及升阻比降低,给亚声速气动性能带来负面影响。此外,冲压发动机的内流复杂,会增大全机阻力,发动机内外流一体化设计困难。因此,宽速域气动设计是一项极具挑战性的工作,是宽速域高超声速飞行器工程研制中亟须突破的瓶颈之一。

　　本章首先对气动布局优化方法进行概述,包括参数化方法、网格变形方法、代理模型、优化搜索算法等,然后对锥导乘波体设计、宽速域翼型设计进行详细介绍,最后对宽速域高超声速飞行器气动布局设计进行探索。

9.1　飞行器气动优化参数化方法

　　飞行器几何外形参数化和网格变形是气动外形优化设计的基础环节。参数化方法通过一组设计变量控制飞行器外形的变化,同时也决定了气动优化问题的设计空间。本节将对常用的翼型参数化方法——类函数/形函数参数化方法以及空间几何的参数化方法——FFD方法进行介绍。

9.1.1　类函数/形函数参数化方法

　　类函数/形函数参数化方法(Class/Shape function Transformation,CST)[2]的基函数

是由类函数和形函数的乘积构成的：

$$B(x) = C(x)S(x) \tag{9.1}$$

其中，$C(x)$为类函数，对于确定外形的几何拓扑，表达式为

$$C(x) = x^{N_1}(1-x)^{N_2} \tag{9.2}$$

其中，N_1、N_2用来控制几何形状的类别。对于圆前缘和尖后缘的亚声速翼型参数化，取$N_1 = 0.5$，$N_2 = 1$；对于尖前缘和尖后缘的超声速翼型，取$N_1 = 1$，$N_2 = 1$。

形函数$S(x)$一般使用 Bernstein 多项式：

$$S_i(x) = \frac{n!}{i!(n-i)!}x^i(1-x)^{n-i}, \quad (i = 0, 1, \cdots, n) \tag{9.3}$$

对于后缘开口翼型，需要在翼型拟合式后端加上偏移项$x \cdot y_{\text{tail}}$，因此翼型的曲线表达式为

$$y = x^{N_1}(1-x)^{N_2}\sum_{i=0}^{n}A_i \cdot \frac{n!}{i!(n-i)!}(1-x)^{n-i}x^i + x \cdot y_{\text{tail}} \tag{9.4}$$

式中：x为弦向坐标；n为 Bernstein 多项式的次数；y_{tail}为翼型后缘点坐标。Bernstein 多项式次数n、系数A_i以及y_{tail}共同决定着翼型形状。n次 Bernstein 多项式对应着$(n+1)$个系数$A_i(i = 0, \cdots, n)$。当n和y_{tail}确定时，通过调整系数A_i的值便可控制翼型形状。

Bernstein 多项式曲线在$(0,1)$范围内均为正值，该特性保证了 CST 参数化方法生成的翼型一般不会出现波浪外形，可以较好地描述翼型特性，而且随着 Bernstein 多项式次数n的增大，基函数的数量增加，CST 翼型参数化方法对翼型的控制能力也随之增强。

图 9-1 和图 9-2 分别是采用以 3 次和 5 次 Bernstein 多项式为形函数的 CST 翼型参数化方法对 RAE2822 翼型的拟合结果，由对比结果可知，拟合误差随着 Bernstein 多项式次数的增加而减小。

9.1.2　FFD 参数化方法

FFD(Free Form Deformation)方法由 Sederberg 和 Parry[3]提出，早期用于计算机图形设计，随着优化方法的发展被运用到了飞行器外形设计当中，它是一种基于扰动的参数化方法。该方法假设物体的外形具有较好的弹性，可以在外力的作用下自由变形。FFD 方法外形参数变化的步骤为：首先，构造一个包裹外形的结构网格控制框，将控制节点布置到设计者感兴趣的部位；然后，计算物体表面的网格点在控制框坐标系下的局部坐标；最后，在控制节点上施加扰动并利用逻辑坐标反求出物体表面的全局坐标。FFD 方法适用于任意外形的三维结构，可以简单、高效地实现物体变形，因此 FFD 方法在三维气动外形优化中的运用十分广泛。

其中，FFD 方法中最关键的两个步骤分别是计算局部坐标和变形操作，局部坐标的计算构建了控制顶点与物体表面点之间的非线性映射关系，变形操作则是利用该映射关系与新的控制顶点对物体表面点进行重构。

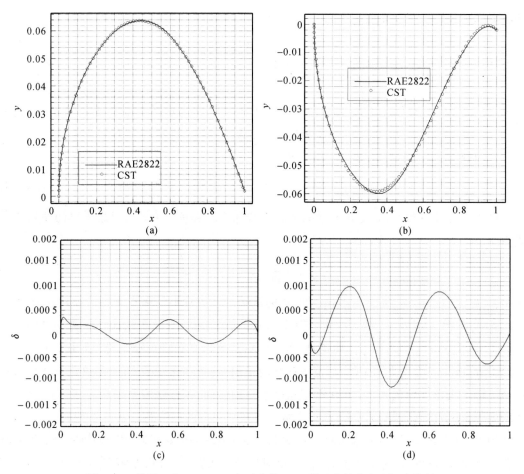

图 9-1　基于 3 次 Bernstein 多项式的 CST 翼型参数化方法拟合结果

（a）上翼面拟合曲线；（b）下翼面拟合曲线；（c）上翼面拟合误差；（d）下翼面拟合误差

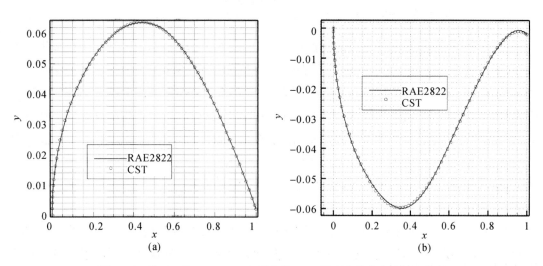

图 9-2　基于 5 次 Bernstein 多项式的 CST 翼型参数化方法拟合结果

（a）上翼面拟合曲线；（b）下翼面拟合曲线

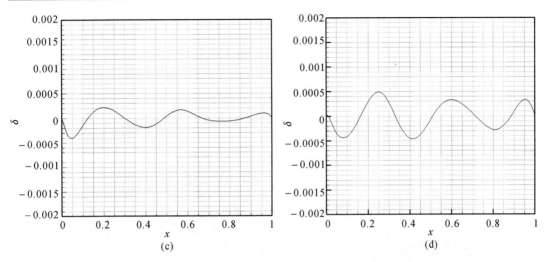

续图 9-2 基于 5 次 Bernstein 多项式的 CST 翼型参数化方法拟合结果

(c) 上翼面拟合误差；(d) 下翼面拟合误差

1. 局部坐标计算

FFD 控制框内物体表面的逻辑坐标计算方法为

$$x(s,t,u) = \sum_{i=0}^{l} \sum_{j=0}^{m} \sum_{k=0}^{n} \boldsymbol{P}_{i,j,k} B_i^l(s) B_j^m(t) B_k^n(u) \tag{9.5}$$

式中：$s,t,u(0 \leqslant s,t,u \leqslant 1)$ 为控制框内物面点的逻辑坐标；$\boldsymbol{P}_{i,j,k}$ 为控制框顶点的坐标；B_i^l，B_j^m，B_k^n 为构造映射关系的基函数。基函数决定了 FFD 方法的变形特点，在基函数的选取上，FFD 方法原作者选用了三变量张量积的 Bernstein 基函数。在后续的发展中，B 样条曲线基函数与 Nurbs 基函数也被运用到了 FFD 方法中，以提高 FFD 方法的局部控制能力。

假设物体表面点的笛卡儿坐标为 $x = (x\ y\ z)^{\mathrm{T}}$，则可以通过下列式子计算出每个表面点的局部坐标：

$$x^{\mathrm{T}} = \boldsymbol{B}(s,t,u) \cdot \boldsymbol{P} \tag{9.6}$$

用矩阵表示为

$$(x \quad y \quad z) = (B_{1,1,1} \quad B_{2,1,1} \quad \cdots \quad B_{l,m,n}) \begin{pmatrix} P_{1,1,1,x} & P_{1,1,1,y} & P_{1,1,1,z} \\ P_{2,1,1,x} & P_{2,1,1,y} & P_{2,1,1,z} \\ \vdots & \vdots & \vdots \\ P_{l,m,n,x} & P_{l,m,n,y} & P_{l,m,n,z} \end{pmatrix} \tag{9.7}$$

其中，$B_{i,j,k} = B_i^l(s) B_j^m(t) B_k^n(u)$。物体表面的每一个点都对应着上述矩阵式的一个非线性方程组，对于大规模矩阵，一般无法得到方程组的精确解，通常采用牛顿迭代法求解每一个物体表面点逻辑坐标 (s,t,u)。

2. 外形变换

物面点与控制点之间的映射关系可以通过式子 $x^{\mathrm{T}} = B(s,t,u) \cdot \boldsymbol{P}$ 唯一确定，由此通过移动控制点就可以得到新的控制点坐标 $\boldsymbol{P}_{\mathrm{new}}$，然后根据映射关系式，就可以计算出变形后的物面坐标点了，如下式所示：

$$x_{\mathrm{new}} = \boldsymbol{B}(s,t,u) \cdot \boldsymbol{P}_{\mathrm{new}} = \boldsymbol{B}(s,t,u) \cdot (\boldsymbol{P} + \Delta\boldsymbol{P}) \tag{9.8}$$

其中，ΔP 为控制顶点的位移，即添加的扰动，同时 ΔP 也是气动外形的设计变量，即代理模型的输入变量。

为了演示 FFD 的基本流程，这里对使用贝塞尔基函数的 FFD 方法进行简单的变形测试。图 9-3(a)给出了某高超声速三角翼构型与对应的 FFD 控制框，移动控制框中两个截面控制顶点如图 9-3(b)所示，通过新控制框计算得到的新外形如图 9-3(c)(d)所示。

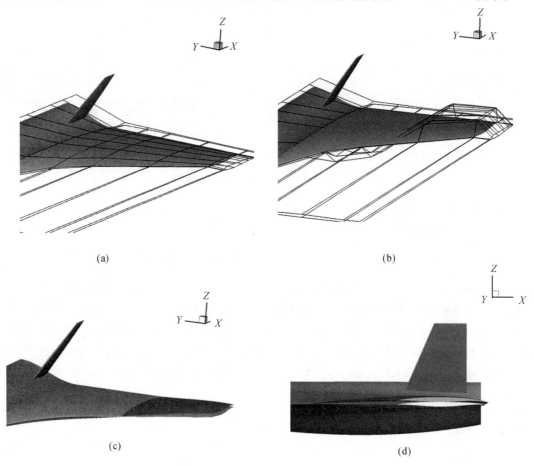

图 9-3 FFD 变形演示图
(a) FFD 控制框与待变形物面；(b) 变形后的 FFD 控制框；
(c)(d) 变形后的物面与原始物面对比

9.2 网格变形方法

飞行器的优化设计中，在设计外形变化后重新生成网格的工作量是巨大的。因此，需要使用对应的网格变形技术来实现变形网格的自动生成，即当几何外形发生变化时，需要将原来的多块网格拓扑结构进行动态适应，以得到较好的新的网格块拓扑结构。对于结构化多块网格，常用 RBF-TFI(Radial Basis Functions-Trans Finite Interpolation)插值对网格进行快速变形；对于非结构化网格，可以使用域元法、弹簧法等进行变形。

9.2.1　基于 RBF - TFI 插值的网格变形方法

该方法使用体样条函数(volume spline interpolation)拟合多块结构网格各块顶点的位移,将变形均匀地传递给空间中的各个块,再利用超限插值法(Trans Finite Interpolation,TFI)依次对多块结构网格的边、面和块内的网格点进行插值位移,可以较好地保持网格的初始特性。体样条插值和无限插值都是计算效率较高的代数方法,可以减小优化过程中网格变形所占用的计算时间,提高优化效率[4-6]。

体样条插值是一种可以对非均匀空间数据进行插值的简单方法,该方法使用径向基函数(Radial Basis Functions,RBF)对离散数据点进行插值,鲁棒性较强。在一维情况下,对于一系列离散点 $\{x_i, f_i\}_{i=1}^N$,体样条插值函数可以表示为

$$f(x) = \sum_{i=1}^N \alpha_i R_i(x) \tag{9.9}$$

式中,$R_i(x) = |x - x_i|$,未知系数 α_i 可以通过插值条件 $f(x_i) = f_i$ 求解得到。当 $x \neq x_i$ 时,有 $\partial^2 f / \partial x^2 = 0$,于是在一维情况下体样条插值为分段线性插值。当 $x \to \pm \infty$ 时,可以得到

$$f(x) = \pm x \sum_{i=1}^N \alpha_i \mp \sum_{i=1}^N \alpha_i x_i \tag{9.10}$$

当 $\sum_{i=1}^N \alpha_i = 0$ 时,函数 $f(x)$ 为有界函数。通常,一个有界分段线性插值函数可以表示为

$$f(x) = \alpha_0 + \sum_{i=1}^N \alpha_i R_i(x) \tag{9.11}$$

式中,未知系数 $a_i(i = 1, \cdots, N)$ 可通过插值条件 $f(x_i) = f_i$ 和伴随条件 $\sum_{i=1}^N \alpha_i = 0$ 求解得到。

对于三维情况,离散点可表示为 $\{\boldsymbol{x}_i, f_i\}_{i=1}^N$,其中 $\boldsymbol{x}_i \in \mathbf{R}^3$,相应的插值函数为

$$f(\boldsymbol{x}) = \alpha_0 + \sum_{i=1}^N \alpha_i R_i(\boldsymbol{x}) \tag{9.12}$$

式中,$R_i(\boldsymbol{x}) = \|\boldsymbol{x} - \boldsymbol{x}_i\|$,未知系数 α_i 可通过相应的插值条件 $f(\boldsymbol{x}_i) = f_i$ 和伴随条件 $\sum_{i=1}^N \alpha_i = 0$ 求解得到。一般称点集 $\{\boldsymbol{x}_i, f_i\}_{i=1}^N$ 中的点为支撑点(support point)。

三维标量函数 $\varphi(R)(R = \|\boldsymbol{x}\|)$ 的 Laplacion 算子为

$$\Delta \phi = \frac{1}{R^2} \frac{\partial(R^2 \partial \phi / \partial R)}{\partial R} \tag{9.13}$$

对于 $\phi(R) = R$,有 $\Delta \phi = 2/R$,且 $\Delta\Delta\phi = 0$,即体样条插值函数 $f(\boldsymbol{x})$ 对于除了支撑点外的空间中任意一点都满足双调和方程 $\Delta\Delta\phi = 0$。因此,$f(\boldsymbol{x})$ 不会得到超出支撑点集合的局部极值,这将会减小变形后网格中出现网格折叠的风险。另外,体样条函数的有界性有助于变形向远场边界衰减。

体样条插值也可以用于向量场的插值,此时支撑点集合为 $\{\boldsymbol{x}_i, \boldsymbol{d}_i\}_{i=1}^N$,其中 $\boldsymbol{d}_i \in \mathbf{R}^3$,相应的插值函数为

$$\boldsymbol{d}(\boldsymbol{x}) = \boldsymbol{\alpha}_0 + \sum_{i=1}^N \boldsymbol{\alpha}_i R_i(\boldsymbol{x}) \tag{9.14}$$

式中,$R_i(\boldsymbol{x}) = \|\boldsymbol{x} - \boldsymbol{x}_i\|$,未知系数可以通过相应的插值条件和伴随条件求得。求解系数向

量 $\boldsymbol{\alpha}_i$ 的线性方程组的系数矩阵为对称的满秩矩阵,且只依赖于支撑点的位置,因此求解 $\boldsymbol{\alpha}_i$ 的三个分量只需要一次矩阵的求逆操作。体样条插值方法用于对多块网格的块顶点变形进行插值,因此网格块的顶点作为支撑点 $\boldsymbol{x}_i$,其相应的位移量 $\boldsymbol{d}_i$ 作为插值的右端项。

多块网格包含一系列边 $\{E\}$、面 $\{F\}$ 和块 $\{B\}$,在使用体样条插值计算出多块网格各个网格块顶点的位移后,本书使用无限插值法计算不在参数曲面上的块边、块面和块内网格点的位移。以已经计算得到的网格块顶点位移为基础,通过一维、二维和三维基于曲线的无限插值计算就可以得到块内网格点位移。对于网格块 $B \in \{B\}$,其中含有的三维网格点可表示为

$$X^B = \{\boldsymbol{x}_{i,j,k} \mid i = 0, \cdots, NI^B, \quad j = 0, \cdots, NJ^B, \quad K = 0, \cdots, NK^B\} \quad (9.15)$$

即该网格块在 i, j, k 三个方向上的网格点数分别为 $NI^B + 1, NJ^B + 1, NK^B + 1$,其相应的沿 i, j, k 方向的归一化曲线参数为

$$\left.\begin{array}{l} s_{i,j,j} = \dfrac{\sum\limits_{m=1}^{i} \| \boldsymbol{x}_{m,j,k} - \boldsymbol{x}_{m-1,j,k} \|}{\sum\limits_{m=1}^{NI^B} \| \boldsymbol{x}_{m,j,k} - \boldsymbol{x}_{m-1,j,k} \|} \\[3em] t_{i,j,k} = \dfrac{\sum\limits_{m=1}^{j} \| \boldsymbol{x}_{i,m,k} - \boldsymbol{x}_{i,m-1,k} \|}{\sum\limits_{m=1}^{NJ^B} \| \boldsymbol{x}_{i,m,k} - \boldsymbol{x}_{i,m-1,k} \|} \\[3em] u_{i,j,k} = \dfrac{\sum\limits_{m=1}^{k} \| \boldsymbol{x}_{i,j,m} - \boldsymbol{x}_{i,j,m-1} \|}{\sum\limits_{m=1}^{NK^B} \| \boldsymbol{x}_{i,j,m} - \boldsymbol{x}_{i,j,m-1} \|} \end{array}\right\} \quad (9.16)$$

可以发现,在 i 方向有 $s_{0,j,k} = 0, s_{NI^B,j,k} = 1$,对 j 和 k 方向有相同的结果。

网格块边的位移可以使用一维无限插值计算得到,i 方向的一条边为

$$\mathrm{d}\boldsymbol{x}(i,0,0) = (1 - s_{i,0,0})\mathrm{d}\boldsymbol{x}(0,0,0) + s_{i,j,k}\mathrm{d}\boldsymbol{x}(NI^B,0,0) \quad (9.17)$$

式中,$\mathrm{d}\boldsymbol{x}(0,0,0)$ 和 $\mathrm{d}\boldsymbol{x}(NI^B,0,0)$ 分别为块顶点的位移,通过式(9.17)可以求得所有网格块边的位移。

现在以 $k=0$ 面为例,第一步对 i 方向进行插值:

$$\mathrm{d}\boldsymbol{x}_1(i,j,0) = (1 - s_{i,j,0})\mathrm{d}\boldsymbol{x}(0,j,0) + s_{i,j,0}\mathrm{d}\boldsymbol{x}(NI^B,j,0) \quad (9.18)$$

第二步对 j 方向进行插值,得到面的位移:

$$\begin{aligned} \mathrm{d}\boldsymbol{x}_2(i,j,0) = \mathrm{d}\boldsymbol{x}_1(i,j,0) + (1 - t_{i,j,0})[\mathrm{d}\boldsymbol{x}(i,0,0) - \mathrm{d}\boldsymbol{x}_1(i,0,0)] + \\ t_{i,j,0}[\mathrm{d}\boldsymbol{x}(i,NJ^B,0) - \mathrm{d}\boldsymbol{x}_1(I,NJ^B,0)] \end{aligned} \quad (9.19)$$

网格块内的网格点位移使用三步递归的方式计算。

第三步,对 k 方向进行插值即可得到网格点的位移:

$$\begin{aligned} \mathrm{d}\boldsymbol{x}_3(i,j,k) = \mathrm{d}\boldsymbol{x}_2(i,j,k) + (1 - u_{i,j,k})[\mathrm{d}\boldsymbol{x}(i,j,0) - \mathrm{d}\boldsymbol{x}_2(i,j,k)] + \\ u_{i,j,k}[\mathrm{d}\boldsymbol{x}(i,j,NK^B) - \mathrm{d}\boldsymbol{x}_2(i,j,NK^B)] \end{aligned} \quad (9.20)$$

图 9-4 给出了三维三角翼基于 RBF-TFI 方法变形后的效果图[6]。其高效的变形速度和较好的变形结果使其成为优化设计中结构化网格变形的主流方法。

9.2.2　Delaunay 图映射网格变形方法

对于二维翼型,网格量通常较少,可以采用 TFI 插值、网格软件宏脚本等直接实现网格变形,此外也可以利用图映射技术来实现快速变形。

基于 Delaunay 图映射[7]的网格变形技术的基本依据为:在平面或空间给定包括流场边界点在内的一组点,即可以进行唯一的 Delaunay 图三角化。Delaunay 图三角化的步骤如下:

首先,根据插入点坐标定位点所在格网,如果该格网记录有三角形编号,则从该三角形开始在相邻三角形中定位插入点所在三角形,否则进入下一步骤;

其次,由近及远遍历格网的相邻网格,若存在三角编号则遍历结束,否则进入下一步;

最后,获取最新生成三角形中定位插入点所在的三角形,从而完成计算区域的三角化图覆盖,进一步对空间计算域任意点进行三角网格定位。

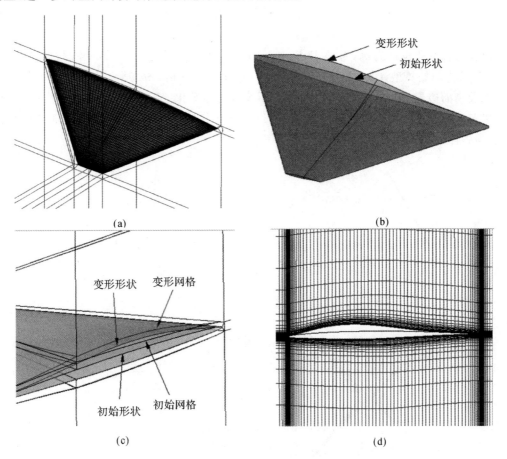

(a)　　　　　　　　　　　　　(b)

(c)　　　　　　　　　　　　　(d)

图 9-4　网格变形演示图[6]

(a) 机翼表面网格与空间网格拓扑结构;(b) 变形前后机翼外形对比;

(c) 变形前后空间网格拓扑结构对比;(d) 变形后翼根剖面网格

计算域网格节点定位完毕后,需建立映射关系,对于平面 Delaunay 三角化背景网格,建立如图 9-5(a)所示的计算网格与平面 Delaunay 三角单元的关系,对于任意网格节点 O(处于三角形

△MNQ 中),由 O 和三角形顶点构造的三角形 △MON、△NOQ 以及 △QOM 的面积分别为 S_1、S_2、S_3,令

$$l = S_1/S, \quad m = S_2/S, \quad n = S_3/S \tag{9.21}$$

则可以建立 Delaunay 三角单元节点与计算网格节点如下关系式

$$\boldsymbol{X}_O = \begin{bmatrix} l \\ m \\ n \end{bmatrix}^{\mathrm{T}} (\boldsymbol{X}_M \quad \boldsymbol{X}_N \quad \boldsymbol{X}_Q) \tag{9.22}$$

参数化飞行器气动外形时,相当于 Delaunay 图背景网格三角单元变化,即 $(\boldsymbol{X}_M \quad \boldsymbol{X}_N \quad \boldsymbol{X}_Q)$ 更新为 $(\boldsymbol{X}'_M \quad \boldsymbol{X}'_N \quad \boldsymbol{X}'_Q)$。对于三维网格变形方法,与二维原理一致,如图 9-5(b)所示。依据建立的 Delaunay 图映射关系式,计算网格节点更新为

$$\boldsymbol{X}'_O = \begin{bmatrix} l \\ m \\ n \end{bmatrix}^{\mathrm{T}} (\boldsymbol{X}'_M \quad \boldsymbol{X}'_N \quad \boldsymbol{X}'_Q) \tag{9.23}$$

以翼型参数化设计为例,考核 Delaunay 图映射变形网格能力,三维算法与二维一致。图 9-5(c)为原始翼型计算域中的 Delaunay 三角化背景网格,图 9-5(d)为背景网格局部放大图及物面边界,图 9-5(e)~(f)分别为翼型经过参数化变形后的 Delaunay 图三角网格变化以及计算域网格变形。可以看出,经过 Delaunay 图映射变形后的网格物面正交性略微损失,但整体网格质量较高。

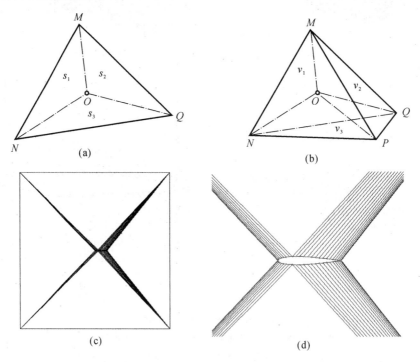

图 9-5　Delaunay 图映射网格变形[7]

(a) 网格节点与 Delaunay 三角形图;(b) 网格节点与 Delaunay 四面体;

(c) 翼型计算域 Delaunay 三角化图;(d) 三角化图局部及物面边界

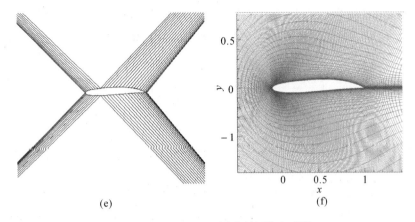

续图 9 - 5　Delaunay 图映射网格变形[7]

（e）翼型变形 Delaunay 三角化图；（f）Delaunay 图映射变形网格

9.3　代　理　模　型

Kriging 模型最早由南非地质学家 Krige[8] 于 1951 年提出，最初用于分析采矿数据。20 世纪 80 年代末，Sacks 等[9] 将 Kriging 模型推广到计算机试验数据的近似模型构建中。从此，Kriging 模型被越来越多地应用到工程多学科分析和优化设计中，成为最具代表性和应用最广泛的代理模型方法之一。在气动布局优化中，应用 Kriging 代理模型能够很好地对设计空间进行拟合，众多的设计算例也验证了 Kriging 代理模型的稳健性[10-11]。

9.3.1　Kriging 代理模型

1. 模型基本原理

Kriging 模型假设目标函数与设计变量之间的关系可以表示为

$$y(\boldsymbol{x}) = g(\boldsymbol{x}) + z(\boldsymbol{x}) \tag{9.24}$$

式中：$g(\boldsymbol{x})$ 是全局趋势函数，代表了模型的确定性部分；$z(\boldsymbol{x})$ 是一个静态随机过程，描述了真实数据与趋势函数之间的偏差。

（1）趋势函数。全局趋势函数 $g(\boldsymbol{x})$ 一般通过多项式回归表示为

$$g(\boldsymbol{x}) = \boldsymbol{f}(\boldsymbol{x})^{\mathrm{T}} \boldsymbol{\beta} = \sum_{i=1}^{p} \beta_i f_i(\boldsymbol{x}) \tag{9.25}$$

式中：$f_i(\boldsymbol{x})$ 为低阶的多项式基函数；β_i 为基函数的权系数（多项式回归系数）；p 为多项式基函数的个数。$g(\boldsymbol{x})$ 常用的有 0 次、1 次和 2 次多项式，多项式的阶次对 Kriging 模型精度的影响不大，表 9 - 1 给出了常用多项式回归模型的形式。

（2）随机过程。随机过程 $z(\boldsymbol{x})$ 决定了代理模型的平滑程度，满足

$$\left.\begin{array}{l} E[z(\boldsymbol{x})] = 0 \\ \mathrm{Cov}[z(\boldsymbol{x}^i), z(\boldsymbol{x}^j)] = \sigma_z^2 [R(\boldsymbol{x}^i, \boldsymbol{x}^j)] \end{array}\right\} \tag{9.26}$$

式中：σ_z^2 表示随机过程的方差；R 是相关函数，表示任意两点的空间相关程度。

表 9-1　常用的多项式回归模型

回归函数	p 值	多项式形式
0 次多项式	1	$f(\boldsymbol{x})=1$
1 次多项式	$n+1$	$f(\boldsymbol{x})=(1 \quad x_1 \quad x_2 \quad \cdots \quad x_n)^{\mathrm{T}}$
2 次多项式	$(n+1)(n+2)/2$	$f(\boldsymbol{x})=(1 \quad x_1 \quad x_2 \quad \cdots \quad x_n \quad x_1^2 \quad x_1x_2 \quad \cdots \quad x_1x_n \quad x_2^2 \quad x_2x_3 \quad \cdots \quad x_n^2)^{\mathrm{T}}$

对于数据拟合问题，一般假设真实数据与回归函数之间的偏差为一个独立的随机变量。然而 Kriging 模型没有假设独立的随机偏差，它认为任意两个点的偏差是相关的，相关性由两个点的空间距离决定，两个点距离越近，相关性就越强，反之相关性就越弱。

相关函数 R 可以表示为空间距离的函数：

$$R(\boldsymbol{x}^i, \boldsymbol{x}^j) = \prod_{k=1}^{m} R_k(d_k, \theta_k) \tag{9.27}$$

式中：$d_k = x_k^i - x_k^j$；m 是设计变量的个数；θ_k 是模型的超参数。表 9-2 给出了常用空间相关函数的表达式，其中高斯相关函数最为常用。

表 9-2　常用的空间相关函数

相关函数类型	表达式
指数函数	$R_k(d_k, \theta_k) = \exp(-\theta_k |d_k|)$
高斯函数	$R_k(d_k, \theta_k) = \exp(-\theta_k |d_k|^2)$
线性函数	$R_k(d_k, \theta_k) = \max(0, 1-\theta_k |d_k|)$
球形函数	$R_k(d_k, \theta_k) = 1-1.5\xi_k + 0.5\xi_k^3, \xi_k = \min(1, \theta_k |d_k|)$
三次函数	$R_k(d_k, \theta_k) = 1-3\xi_k + 2\xi_k^3, \xi_k = \min(1, \theta_k |d_k|)$
样条函数	$R_k(d_k, \theta_k) = \begin{cases} 1-15\xi_k+30\xi_k^3, & 0 \leqslant \xi_k < 0.2 \\ 1.25(1-\xi_k)^3, & 0.2 \leqslant \xi_k < 1 \\ 0, & \xi_k \geqslant 1, \end{cases} \quad \xi_k = \theta_k |d_k|$

2. 模型参数训练

Kriging 模型的未知参数有 $\boldsymbol{\beta}=(\beta_1 \quad \beta_2 \quad \cdots \quad \beta_p)^{\mathrm{T}}$、$\sigma_z^2$ 以及 $\boldsymbol{\theta}=(\theta_1 \quad \theta_2 \quad \cdots \quad \theta_m)^{\mathrm{T}}$。给定样本集 $\boldsymbol{X}=(x^1 \quad x^2 \quad \cdots \quad x^n)^{\mathrm{T}}$ 及其响应集 $\boldsymbol{y}=(y^1 \quad y^2 \quad \cdots \quad y^n)^{\mathrm{T}}$，可以通过以下方式训练得到模型的参数。

（1）趋势函数的参数。趋势函数 $g(\boldsymbol{x})$ 可以看作随机过程中的均值函数，用来对所有的数据进行全局近似。该部分为一个经典的多项式回归问题，参数 $\boldsymbol{\beta}$ 直接通过广义最小二乘得到：

$$\hat{\boldsymbol{\beta}} = (\boldsymbol{F}^{\mathrm{T}} \boldsymbol{R}^{-1} \boldsymbol{F})^{-1} \boldsymbol{F}^{\mathrm{T}} \boldsymbol{R}^{-1} \boldsymbol{y} \tag{9.28}$$

式中:$\boldsymbol{R}$ 是样本的相关函数组成的矩阵;$\boldsymbol{F} = \begin{bmatrix} f(x^1) & f(x^2) & \cdots & f(x^n) \end{bmatrix}^{\mathrm{T}}$。

（2）随机过程的参数。Kriging 模型实质上是一个均值函数为 $\boldsymbol{f}(\boldsymbol{x})^{\mathrm{T}}\boldsymbol{\beta}$，协方差函数为 $\sigma_z^2 R(\boldsymbol{x}^i, \boldsymbol{x}^j)$ 的随机过程,因此样本集 $\boldsymbol{y}$ 的似然函数为多元正态分布:

$$L(y_1, y_2, \cdots y_n) = \frac{1}{(2\pi)^{n/2} (\sigma_z^2)^{n/2} |\boldsymbol{R}|^{1/2}} \exp\left[-\frac{1}{2\sigma_z^2} (\boldsymbol{y} - \boldsymbol{F}^{\mathrm{T}}\boldsymbol{\beta})^{\mathrm{T}} \boldsymbol{R}^{-1} (\boldsymbol{y} - \boldsymbol{F}^{\mathrm{T}}\boldsymbol{\beta}) \right] \quad (9.29)$$

其对数形式为

$$\ln(L) = -\frac{1}{2}\left[n\ln(\sigma_z^2) + \ln(|\boldsymbol{R}|) + \frac{1}{2\sigma_z^2} (\boldsymbol{y} - \boldsymbol{F}^{\mathrm{T}}\boldsymbol{\beta})^{\mathrm{T}} \boldsymbol{R}^{-1} (\boldsymbol{y} - \boldsymbol{F}^{\mathrm{T}}\beta) \right] \quad (9.30)$$

通过最大化似然函数可以得到参数 $\hat{\sigma}_z^2$:

$$\hat{\sigma}_z^2 = \frac{1}{n} (\boldsymbol{y} - \boldsymbol{F}^{\mathrm{T}}\hat{\boldsymbol{\beta}})^{\mathrm{T}} \boldsymbol{R}^{-1} (\boldsymbol{y} - \boldsymbol{F}^{\mathrm{T}}\hat{\boldsymbol{\beta}}) \quad (9.31)$$

将 $\hat{\sigma}_z^2$ 代入对数形式公式,忽略常数项,得到

$$\ln(L) \approx -\frac{n}{2}\ln(\hat{\sigma}_z^2) - \frac{1}{2}\ln(|\boldsymbol{R}|) \quad (9.32)$$

式中只包含超参数 $\boldsymbol{\theta} = (\theta_1 \quad \theta_2 \quad \cdots \quad \theta_m)^{\mathrm{T}}$,因此 Kriging 模型超参数的训练是一个无约束的多变量优化问题,最大化式(9.32)可以得到模型的超参数 $\boldsymbol{\theta}$。

9.3.2　Kriging 代理模型预测精度测试

测试函数分别为:Shifted Schwefel's Problem 1.2 (F1)、Shifted Rotated High Conditioned Elliptic Function (F2) 以及 Shifted Rosenbrock's Function (F3)。测试函数都为高度非线性函数,其中测试函数 3 具有多个峰值,测试函数的维度为 10 维。采用拉丁超立方方法进行采样,设定样本个数为 550,其中 500 个样本用来建立代理模型,另外 50 个样本用来测试代理模型预测精度。模型的预测误差取为百分比均方根误差（%Root Mean Square Error，%RMSE）：

$$\%\mathrm{RMSE} = \frac{100 \times \sqrt{\dfrac{1}{M}\displaystyle\sum_{i=1}^{M}\left[f(x) - \hat{f}(x)\right]^2}}{\dfrac{1}{M}\displaystyle\sum_{i=1}^{M}|f(x)|} \quad (9.33)$$

式中:$f(x)$ 为真实函数值;$\hat{f}(x)$ 为代理模型预测值;M 为测试样本个数。

表 9 - 3　代理模型预测精度

测试函数	1	2	3
预测误差	0.27%	0.29%	6.04%

代理模型与预测模型的对比结果如图 9-6 所示。

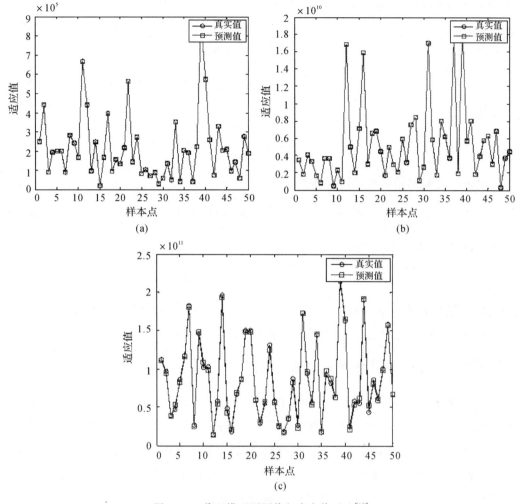

图 9-6 代理模型预测值与真实值对比[12]

(a)测试函数 1;(b)测试函数 2;(c)测试函数 3

9.4 优化搜索算法

对于建立的代理模型,需要通过优化搜索算法来进行寻优加点。而在气动优化过程中,常用的寻优算法包含粒子群算法、遗传算法以及对应的改进算法等。对于多目标优化的解,可以采用多目标搜索算法如 MOEAD、NSGA-Ⅱ等,并通过 Pareto 解集来对解集合进行描述。

9.4.1 单目标粒子群算法

1. 基本粒子群算法

粒子群算法通过个体间的相互协作和信息共享来搜索全局最优,对于基本粒子群算法,算法主要包含三个步骤:①初始化粒子的位置和速度;②速度更新;③位置更新。每个粒子

的速度和位置更新公式为

$$
\left.
\begin{array}{l}
v_{k+1}^{i} = \omega v_{k}^{i} + c_{1}r_{1}(p_{k}^{i} - x_{k}^{i}) + c_{2}r_{2}(p_{k}^{g} - x_{k}^{i}) \\
x_{k+1}^{i} = x_{k}^{i} + v_{k+1}^{i}
\end{array}
\right\}
\tag{9.34}
$$

式中：v_{k}^{i} 代表第 i 个粒子第 k 代的速度；x_{k}^{i} 代表第 i 个粒子第 k 代的位置；p_{k}^{g} 为第 k 代粒子中群体的最优位置；p_{k}^{i} 为第 k 代粒子中个体的最优位置；r_{1} 和 r_{2} 是 $[0,1]$ 之间的随机数；ω 为惯性因子；c_{1} 为自我学习因子；c_{2} 为群体学习因子。

惯性因子 ω 用来调节粒子的空间搜索能力，惯性因子越大，粒子在空间中的随机性越强，学习部分就越少，全局搜索能力强，但是不容易收敛。相反，算法的随机性减小，学习能力增强，收敛迅速，但是容易陷入局部最优。学习因子 c_{1} 和 c_{2} 分别用于调节粒子对个体经验和群体经验的学习能力，反映粒子群之间的信息交流情况。如果 $c_{1}=0$，那么粒子在搜索空间全部受当前全局最优的引导，导致粒子群过早地收敛；如果 $c_{2}=0$，那么粒子之间便失去了信息交换的能力，粒子只根据自己的经验寻优，算法寻优能力变差。

标准粒子群算法的基本步骤为：

Step1：确定种群规模、初始化粒子的位置和速度；

Step2：计算初始粒子的适应值；

Step3：根据粒子的适应值初始化种群的个体最优粒子和全局最优粒子；

Step4：根据上述更新公式更新粒子的位置和速度；

Step5：根据粒子在新位置处的适应值，更新个体最优粒子和全局最优粒子；

Step6：判断是否满足终止条件，如果满足则终止程序，否则转至 Step4。

在基本粒子群算法中，所有粒子都对群体最优进行直接学习，粒子主要集中在个体最优和群体最优之间的区域搜索，这样粒子在搜索过程中，会经常出现在最优附近。根据搜索空间的连续性，p_{g} 附近的适应值一般较优，所有粒子会被迅速吸引到 p_{g} 周边，搜索空间大幅压缩，粒子分散度大幅下降，导致算法陷入局部最优，因此基本粒子群算法的群体学习方法存在全局寻优能力不足的问题。

2. 局部粒子群算法

LPSO(PSO 或 Local-best PSO)是局部粒子群算法。在基本粒子群算法中，各个粒子的群体学习目标全部为 p_{g}，导致所有粒子都迅速向 p_{g} 靠拢，种群分散度快速下降，算法易陷入局部最优。为解决此问题，LPSO 改变了种群拓扑结构，粒子仅向邻居中最优位置 p_{n} 学习，各个粒子有独立的群体学习目标。LPSO 的速度更新式为

$$
v_{id}(t+1) = \omega v_{id}(t) + c_{1}r_{1d}[p_{id}(t) - x_{id}(t)] + c_{2}r_{2d}[p_{n,id}(t) - x_{id}(t)]
\tag{9.35}
$$

$$
p_{n,i} \in \{p_{\text{neibor}(i,1)}, p_{\text{neibor}(i,2)}, \cdots, p_{\text{neibor}(i,N_{n})}\}
$$

$$
|f(p_{g}) = \min[f(p_{\text{neibor}(i,1)}), f(|p_{\text{neibor}(i,1)}), \cdots, f(p_{\text{neibor}(i,N_{n})})]
\tag{9.36}
$$

其中，$d=1,2,\cdots,D$，"neibor"中存储着各粒子邻居的下标，N_{n} 是各粒子的邻居个数。

不同的拓扑结构，对应着不同的邻居选择方式。根据 Kennedy 和 Mendes 对种群拓扑结构的研究[13]，环形和 von Neumann 结构的 LPSO 算法表现最为优异。环形拓扑结构如图 9-7 所示，每个粒子都有一左一右两个邻居；von Neumann 拓扑结构如图 9-8 所示，每个粒子有且仅有 4 个邻居。也可认为基本粒子群法是 LPSO 一种特殊情况，在基本粒子群算法中，所有粒子都相互联系，即一个粒子的邻居是整个种群。Kennedy 认为这样的拓扑结

构中,信息传递速度太快,算法容易陷入局部最优,而在环形结构和 von Neumann 结构中,一个粒子只与结构内部的粒子交换信息,群体最优的位置信息需要经过多轮进化才能传递到整个种群,这样非常有效地抑制了信息传递速度,种群收敛也减慢了,并增强了全局寻优能力。

图 9-7　环形拓扑结构[13]

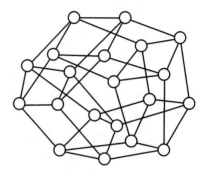

图 9-8　von Neumann 拓扑结构[13]

9.4.2　多目标搜索算法

气动优化往往是个多目标多约束问题,通常处理多目标问题可以将多目标归一化,将搜索目标处理为适应值,并用单目标算法进行寻优,但这种方法在一定程度上依赖设计人员的经验,并且稳健性较差。因此可以引入 Pareto 解集,并通过多目标优化方法来对气动优化问题进行寻优。

对于 Pareto 解集,以最小化多目标问题为例,对于 n 维输入问题 $f_i(x)$, $i=1\sim n$,选取任意两个输入变量 X_a 和 X_b,如果有以下两个条件成立,则称 X_a 支配 X_b。

1) 对于 $\forall i \in \{1,\cdots,n\}$,都有 $f_i(X_a) \leqslant f_i(X_b)$ 成立;

2) $\exists i \in \{1,\cdots,n\}$,使得 $f_i(X_a) < f_i(X_b)$。

1. MOEAD 算法

MOEAD 算法[9]的基本思路是将一个多目标问题分解成一组单目标优化问题,并对它们同时优化。同时利用每个子问题相邻的子问题的优化信息来优化它本身。

利用 MOEAD 算法时首先要对问题进行分解。常用的有权重和方法(Weighted Sum Approach)与切比雪夫分解法(Tchebycheff Approach)。

对于权重和方法,其表达式为

$$\min \quad g^{us}(x \mid \lambda) = \sum_{i=1}^{m} \lambda_i f_i(x) \tag{9.37}$$

式中:λ 被称为权重向量,和式为 m 维向量的点乘,即在目标空间中,把算法求出的一个目标点和原点相连构成一个向量。由向量点乘的几何意义可知,所得数为该向量在权重方向上的投影长度,由于权重向量不变,最大/最小化该长度值其实就是在优化该向量(参考图 9-9)。

切比雪夫分解法的表达式为

$$\left.\begin{aligned} \min \quad & g^{te}(x \mid \lambda, z^*) = \max_{1 \leqslant i \leqslant m}\{\lambda_i \mid f_i(x) - z_i^* \mid\} \\ \text{s. t.} \quad & x \in \Omega \end{aligned}\right\} \tag{9.38}$$

对于任意一个可行的解,从 f_1 的角度可以得到一个 f_1 的值 y,从 f_2 的角度可以得到 f_2 的值 x,若它们的值相等,则该点位于权重向量的方向上。由此可知,当某个个体位于其权重向量的上方时,则 max 运算得到的一定是 f_1 部分,因此优化也需要减小其 f_1 值,即个体下移;相反,若在权重向量的下部,则优化方向向左移动(见图 9-10)。

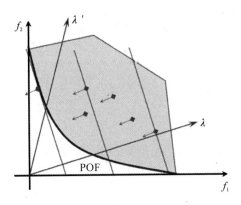

图 9-9　权重和分解法

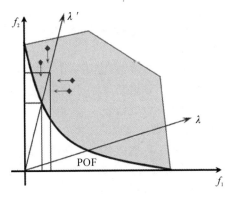

图 9-10　切比雪夫分解法

在计算过程中,需要对种群进行变异交叉操作,在本流程中使用模拟二进制交叉以及多项式变异。

典型的模拟二进制交叉的公式为

$$\left.\begin{aligned}\tilde{x}_{1j}(t) &= 0.5 \times [(1+\gamma_j)x_{1j}(t)+(1-\gamma_j)x_{2j}(t)] \\ \tilde{x}_{2j}(t) &= 0.5 \times [(1-\gamma_j)x_{1j}(t)+(1+\gamma_j)x_{2j}(t)]\end{aligned}\right\} \tag{9.39}$$

其中

$$\gamma_j = \begin{cases} (2u_j)^{\frac{1}{\eta+1}}, & u_j < 0.5 \\ \left(\dfrac{1}{2(1-u_j)}\right)^{\frac{1}{\eta+1}}, & \text{其他} \end{cases} \tag{9.40}$$

典型的多项式变异表达式为

$$\tilde{x}_{1j}(t) = x_{1j}(t) + \Delta_j \tag{9.41}$$

其中

$$\Delta_j = \begin{cases} (2u_j)^{\frac{1}{\eta+1}}, & u_j < 0.5 \\ 1 - \left[\dfrac{1}{2(1-u_j)}\right]^{\frac{1}{\eta+1}}, & \text{其他} \end{cases} \tag{9.42}$$

并且,$0 \leqslant u_j \leqslant 1$。

在 MOEAD 算法中,需要对每个权重向量的邻居进行定义,每个子问题的邻居即相近子问题的权重向量。每一代子问题的迭代更新都基于邻居的信息,每一代种群即目前为止最优的解决方案。MOEAD 算法流程如下:

步骤(1),初始化:

步骤(1.1),设置 EP 为空集,或者放在步骤(1.3)后,从初始化的权向量中选出非支配解初始化 EP,EP 即外部支配解。

步骤(1.2)，更新邻居集合，具体步骤为计算出每个权重向量欧式距离最近的 T 个向量，并将其标签储存为 $B(i) = \{i_1, \cdots, i_T\}$，这里 $\lambda^{i_1}, \cdots, \lambda^{i_T}$ 是 T 个接近 λ^i 的权重向量。

步骤(1.3)，随机或通过试验设计方法产生初始种群，设置 $FV^i = F(x^i)$。

步骤(1.4)，用问题特定的方法初始化 $z = (z_1, \cdots, z_m)^T$。

步骤(2)，更新：

步骤(2.1)复制：随机从 $B(i)$ 中选择两个索引，然后对 x^k 和 x^l 使用遗传算子产生一个新的解 y。

步骤(2.2)改善：应用一个启发式方法修理/改进 y 来生产 y'。

步骤(2.3)更新 z：对于所有 $j = 1, 2, \cdots, m$，如果 $z_j < f_j(y')$，那么设置 $z_j = f_j(y')$。

步骤(2.4)更新邻域解：对于 $j \in B(i)$，如果 $g^{te}(y' | \lambda^j, z) \leqslant g^{te}(y^j | \lambda^j, z)$，那么设置 $x^j = y'$ 和 $FV^j = F(y^i)$。

步骤(2.5)更新 EP：从外部支配解中移除被当前解支配的所有向量，如果外部支配解中没有向量支配可以支配某个当前解，就将这个当前解加入外部支配解中。

步骤(3)，结束：

如果满足算法终止条件，则停止并输出计算结果；否则，转向步骤(2)。

2. NSGA-Ⅱ 算法

NSGA-Ⅱ算法[15]即带有精英保留策略的快速非支配多目标优化算法，是一种基于 Pareto 最优解的多目标优化算法。在介绍 NSGA-Ⅱ算法的过程中需要对其中的一系列概念进行解释。

(1) Pareto 等级。Pareto 等级即将一组解集根据支配关系进行分级。具体分级方式为：在一组解集中，先求出非支配解集合，将这一组的非支配解 Pareto 等级设置为 1。将 Pareto 等级 1 的解从解集合中提取出来后求出剩下解的非支配解集，这一组非支配解的 Pareto 等级为 2，按照这种方法对解集合进行分级。

(2) 快速非支配排序。快速非支配排序的目的就是为了对整个种群进行支配等级排序，这首先需要计算每个个体 p 的被支配个数 n_p 和该个体支配的解的集合 S_p。算法复杂度为 $O(MN^2)$，该算法的伪代码可表述为

1) 计算出种群每个个体的两个参数 n_p 和 S_p。

2) 将种群中参数 n_p 为 0 的个体放入集合 F_1 中，设置为支配等级为 1。

3) for 个体 $i \in F_1$：

    for 个体 $l \in S_i$：

        $n_l = n_l - 1$

        if $n_l = 0$

        将个体 l 加入集合 F_2 中

        end

    end

  end

4) 通过上述伪代码即可得到 Pareto 等级 2 的个体的集合 F_2，对 F_2 重复步骤 3)，直到种群等级被全部划分。

(3) 拥挤度计算。NSGA-Ⅱ通过引入拥挤度的概念来描述解的集中程度，通过选取拥挤度较高的解来让解集尽可能地均匀分布，保证解的多样性。

对于双目标优化问题,拥挤度从几何上讲就是该个体在目标空间所能生成的最大矩形的边长之和,并且该矩形不能触碰空间上的其他点。其示意图如图 9-11 所示。

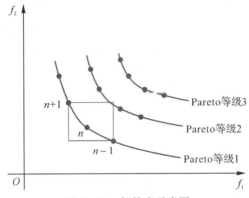

图 9-11　拥挤度示意图

对于拥挤度函数,其计算伪代码可描述为:

for 每个目标函数 f_m:

根据该目标函数对该等级的个体进行排序,记 $f_m^{\max}$ 为个体目标函数值 f_m 的最大值,f_m 为个体目标函数值的最小值。

将排序后两个边界的解的拥挤度设置为一个大数以保证边界被选取。

计算 $n_d = n_d + [f_m(i+1) - f_m(i-1)]/(f_m^{\max} - f_m^{\min})$,其中 $f_m(i+1)$ 是该个体排序后,后一位的目标函数。

end

(4)精英保留策略。经过前面的快速非支配排序和拥挤度计算,种群中的每个个体 i 都拥有两个属性:非支配排序决定的非支配序和拥挤度。依据这两个属性,可以定义拥挤度比较算子,即将个体 i 与另一个个体 j 进行比较(见图 9-12),只要下面任意一个条件成立,则个体 i 获胜。

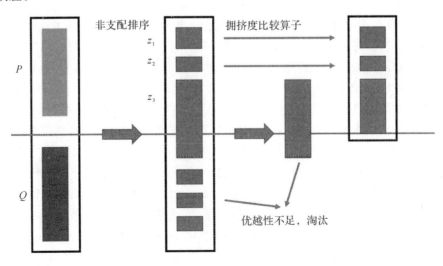

图 9-12　精英保留策略

1）如果个体处于不同层，则 Pareto 解中等级低的个体获胜。

2）如果个体处于相同层，则拥挤度更大的个体获胜。

第一个条件确保被选择的个体属于较优的非劣等级。第二个条件根据它们的拥挤距离选择在同一非劣等级而不分胜负的两个个体中位于较不拥挤区域的个体，胜出的个体进入下一个操作。

在解释清楚 NSGA-Ⅱ算法中的概念后，NSGA-Ⅱ的算法（见图 9-13）可描述为：首先，随机产生规模为 N 的初始种群，非支配排序后通过遗传算法的选择（锦标赛选择）、交叉（模拟二进制交叉等）、变异（多项式变异等）三个基本操作得到第一代子代种群；其次，从第二代开始，将父代种群与子代种群合并，进行快速非支配排序，同时对每个非支配层中的个体进行拥挤度计算，根据非支配关系以及个体的拥挤度选取合适的个体组成新的父代种群；最后，通过遗传算法的基本操作产生新的子代种群；依此类推，直到满足程序结束的条件。

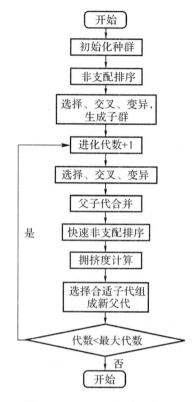

图 9-13 NSGA-Ⅱ算法框架

9.5 锥导乘波体设计

在目前的高超声速飞行器设计中，乘波体的使用占了很大比例。各航空航天强国均给予高度重视，并陆续开展了多项地面试验和飞行试验研究。国际上，美国在已完成的 X-43、X-51 项目中，都将乘波体作为吸气式高超声速飞行器的前体或者进气道压缩面。在美澳合作开展的高超声速国际飞行研究试验项目中，HiFiRE-4 和 HIFiRE-6 均是乘波体飞行器，且 HIIFiRE-4 飞行器已于 2017 年完成了飞行试验[16]。

本节将对锥导乘波体的生成方式进行介绍[17]。锥导乘波体是一种典型的楔形结构，由高压下表面和低压上表面构成。如图 9-14 所示，锥导乘波体的设计参数包含乘波体上缘线（UE）、前缘线（LE）和下缘线（TE）。首先需要给定相应的锥形流场，乘波体的上缘线（UE）可以任意给定，通常选择二次函数来描述。前缘线（LE）通过沿自由来流的反向追踪上缘线（UE）直至锥形流场。然后，以前缘线（LE）离散点为起点，在特定来流马赫数下利用流线追踪法计算下表面流线，直至乘波体底部。对下表面流线与乘波体底部相交点进行拟合，得到乘波体下缘线（TE），合并流线得到乘波体下表面。上表面采用自由流线法生成，至此得到特定马赫数下的理想乘波体。在锥导乘波体的生成中，对流场的计算可以通过简化问题进行快速求解，这其中就包含了流场的求解以及下表面的流线追踪。

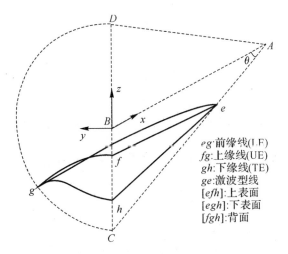

图 9 - 14　锥导乘波体构成

9.5.1　锥形流场

零攻角下的圆锥在超声速流场中会诱导出圆锥激波,激波后的流场即为锥形流场。锥形流场可以通过求解泰勒-麦科尔(Taylor - Maccoll)流动控制方程获得:

$$(\bar{V} \cdot \bar{\nabla})(V^2/2) - a^2 \ \bar{\nabla} \cdot \bar{V} = 0$$
$$\bar{\nabla} \times \bar{V} = 0$$

$$(9.43)$$

Taylor - Maccoll 控制的锥形流场具有轴对称的特点,适合在球坐标系中对锥形流场的特征进行研究。而对于三维的锥形流场,可以将其简化到二维的极坐标中进行研究。其示意图如图 9 - 15 所示。

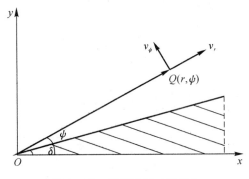

图 9 - 15　锥形流场二维简化

在这种二维的极坐标系中,激波后某点 Q 可以用 (r, ϕ) 表示,Q 点速度由两个速度分量 (v_r, v_ϕ) 表示,在该坐标下有耦合的常微分方程组,采用自由来流的临界声速 a^* 对速度分量 v_r 和 v_ϕ 进行无量纲化,有

$$v_r^* = \frac{v_r}{a^*}$$

$$(9.44)$$

$$v_\psi^* = \frac{v_\psi}{a^*} \tag{9.45}$$

在该坐标下有耦合的常微分方程组

$$\left.\begin{aligned} \frac{\mathrm{d}v_r^*}{\mathrm{d}\psi} &= v_\psi^* \\ \frac{\mathrm{d}v_\psi^*}{\mathrm{d}\psi} &= -v_r^* + \frac{(a/a^*)^2(v_r^* + v_\psi^* \cot\psi)}{v_\psi^{*2} - (a/a^*)^2} = f(\psi, v_r^*, v_\psi^*) \end{aligned}\right\} \tag{9.46}$$

对于理想气体,当地声速 a 和临界声速 a^* 之间存在以下关系

$$\left(\frac{a}{a^*}\right)^2 = \frac{\gamma+1}{2} - \frac{\gamma-1}{2}Ma^{*2} \tag{9.47}$$

其中

$$Ma^{*2} = \left(\frac{V}{a^*}\right)^2 = v_r^{*2} + v_\psi^{*2} \tag{9.48}$$

具体的推导方式可以参考文献[18]。

9.5.2 数值求解方法

数值求解方法可以采用四阶龙格库塔方程,以获得无量纲速度分量 v_r^* 和 v_ψ^*。需要注意的是,求解该方程组时,需要给定设计激波角 β 和来流马赫数 Ma_1。计算步骤如下:

(1)确定求解过程中每一步计算的角度步长:

$$\Delta\psi = -\frac{\beta}{N} \tag{9.49}$$

其中,N 为激波角 β 与基准半锥角 δ 之间设计的计算步数。

(2)首先需要根据激波关系式,计算紧靠激波下游的速度 $v_{r,2}$ 和 $v_{\psi,2}$,并将其作为数值积分的初始条件,其关系式如下:

$$\left.\begin{aligned} Ma_1^* &= \left[\frac{(\gamma+1)Ma_1^2}{2+(\gamma-1)Ma_1^2}\right]^{1/2} \\ \frac{\tan(\beta-\theta_2)}{\tan\beta} &= \frac{\rho_1}{\rho_2} = \frac{2}{\gamma+1}\left(\frac{1}{Ma_1^2\sin^2\beta} + \frac{\gamma-1}{2}\right) \\ \frac{Ma_2^*}{Ma_1^*} &= \frac{(V_2/a^*)}{(V_1/a^*)} = \frac{V_2}{V_1} = \frac{\cos\beta}{\cos(\beta-\theta_2)} \\ v_{r,2}^* &= Ma_2^*\cos(\beta-\theta_2) \\ v_{\psi,2}^* &= -Ma_2^*\sin(\beta-\theta_2) \end{aligned}\right\} \tag{9.50}$$

式中,带有下标 1 的为自由来流,带有下标 2 的为激波后参数。

(3)将步骤(2)中获得的参数作为输入条件,采用四阶龙格库塔方程从激波角 β 出发对方程式(9.46)进行求解。当积分到锥面时,速度沿法向分量为 0,即 v_ψ^* 为 0。当迭代的速度分量 v_ψ^* 为 0 时,迭代过程终止。此时,积分获得的 ψ 角与基准锥半锥角 δ 相等。四阶龙格库塔的方程组表达式如下:

$$
\left.\begin{aligned}
v_{r,n+1}^{*} &= v_{r,n}^{*} + \frac{1}{6}(k_1 + 2k_2 + 2k_3 + k_4) \\
v_{\psi,n+1}^{*} &= v_{\psi,n}^{*} + \frac{1}{6}(l_1 + 2l_2 + 2l_3 + l_4) \\
k &= v_{\psi,n}^{*}\Delta\psi \\
l_1 &= f(\psi_n, v_{r,n}^{*}, v_{\psi,n}^{*})\Delta\psi \\
k_2 &= (v_{\psi,n}^{*} + 0.5l_1)\Delta\psi \\
l_2 &= f(\psi_n + 0.5\Delta\psi, v_{r,n}^{*} + 0.5k_1, v_{\psi,n}^{*} + 0.5l_1)\Delta\psi \\
k_3 &= (v_{\psi,n}^{*} + 0.5l_2)\Delta\psi \\
l_3 &= f(\psi_n + 0.5\Delta\psi, v_{r,n}^{*} + 0.5k_2, v_{\psi,n}^{*} + 0.5l_2)\Delta\psi \\
k_4 &= (v_{\psi,n}^{*} + l_3)\Delta\psi \\
l_4 &= f(\psi_n + \Delta\psi, v_{r,n}^{*} + k_2, v_{\psi,n}^{*} + l_2)\Delta\psi
\end{aligned}\right\}
\tag{9.51}
$$

通过上述步骤可以求得设计激波角 β 和马赫数 Ma_1 对应的基准半锥角 δ。激波后任意球面角 ψ_e 处流动参数的求解步骤与求解半锥角 δ 的步骤类似,具体如下:

(1) 给定设计马赫数 Ma_1、激波角 β 和球面角 $\psi_e(\delta \leqslant \psi_e \leqslant \beta)$。

(2) 确定数值积分的角度步长:

$$
\Delta\psi = -\frac{\beta - \psi_e}{N}
\tag{9.52}
$$

式中:N 为激波角与球面角之间的迭代步数。

(3) 迭代的初始条件与求解基准半锥角时采用的条件一致。

(4) 利用(3)中的积分初始值,采用龙格库塔方程,由激波角 β 出发积分方程直到球面角 ψ 等于 ψ_e 时,迭代终止,求解得到的流动参数就是球面角 ψ_e 处的参数。

9.5.3　流线追踪法

在生成锥导乘波体的过程中,需要通过流线追踪法来计算乘波体的下表面。如图 9-16 所示,对于二维锥形流场上的某点 P,速度为 V,P 点处的微元为 $\mathrm{d}s$,由 P 点向下游追踪可获得 R 点的流动参数,向上游追踪可以获得 Q 点的参数。

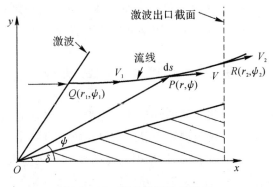

图 9-16　流线追踪法示意图

根据流线的定义,P 点速度 V 与曲线在 P 点处的切线方向一致,因此有

$$ds \times V = 0 \tag{9.53}$$

展开有

$$ds \times V = \begin{vmatrix} i_r & i_\psi & i_\varphi \\ dr & r\,d\psi & 0 \\ v_r & v\psi & 0 \end{vmatrix} = v_\psi dr - v_r r\,d\psi = 0 \tag{9.54}$$

对式(9.54)进行变换,有

$$\frac{dr}{v_r} = \frac{r\,d\psi}{v_\psi} \tag{9.55}$$

为了求解式(9.55),设计迭代步长 dt

$$\frac{dr}{v_r} = \frac{r\,d\psi}{v_\psi} = dt \tag{9.56}$$

将式(9.56)代入无量纲速度,并写出时间步

$$\left.\begin{array}{l} \dfrac{dr}{dt} = v_r^*(\psi) \\[2mm] \dfrac{d\psi}{dt} = \dfrac{v_\psi^*(\psi)}{r} = f(\psi, r) \end{array}\right\} \tag{9.57}$$

数值求解的具体步骤如下:

(1)确认数值积分时间步长。采用近似流线法来估计流线的长度。流体通过锥形激波后发生偏转,流线可偏转至与圆锥母线的方向平行,这一直线即"近似流线"。根据几何关系可以获得近似流线的长度 l,采用 Q 点处的速度 V_1 作为流线上点的平均速度,时间积分则为

$$\Delta t = \frac{l'}{NV_1} \tag{9.58}$$

(2)流线追踪法从 Q 点向下游追踪到达 R 点,其初始条件为

$$t = 0, \quad r = r_1, \quad \psi = \psi_1 \tag{9.59}$$

(3)数值积分:开始积分时,积分时间步长 t 为 0,采用龙格库塔方程,同方程式(9.51)。由 Q 点初始条件对控制式(9.57)进行求解,直到流线通过截止平面,迭代过程结束。

通过以上步骤,即可求解通过 Q 点流线上的一系列点。这一系列点组成乘波体下表面流线,对这一系列下表面流线拟合即可获得乘波体的下表面。

9.6　宽速域翼型设计

在亚声速飞行器中,翼型对飞行器的气动性能起着举足轻重的作用,然而对于典型的小展弦比大后掠的超声速机翼,三维效应增强导致三维机翼各个站位处的压力分布(相比于二维机翼的压力分布)产生严重畸变。同时,根据无黏流动超声速线化理论,超声速下翼型的升力只与攻角有关,因此传统观点认为超声速下的翼型研究意义不是十分突出,超声速飞行器可以直接采用对称薄翼型。然而对于这种观点,学者们研究后认为:在亚、跨声速状态下,虽然三维效应会使机翼相对二维翼型的压力分布产生畸变,但翼型特征对空气动力学特性

影响的主要规律却不会发生根本性改变。二维情况下气动性能更优的翼型在配置到三维机翼上后也会有一定的收益，一般不会出现结果变差的情况；同时在高超声速状态下，由于流动速度高，三维机翼不同站位处的压力分布和二维翼型表现出一定相似性。因此，设计性能较优的宽速域翼型和机翼对提升宽速域飞行器气动特性大有裨益，可使飞行器能够同时兼顾亚声速和超声速的气动性能。

相关学者[19-22]对高超声速飞行器的宽速域优化设计进行了探索和数值模拟，验证了宽速域翼型能够在提升高超声速气动特性的同时具备亚声速气动特性。

典型的基于代理模型的翼型优化流程如图 9-17 所示。首先利用参数化方法对翼型进行数学描述，并利用试验设计方法（DOE）对参数化翼型扰动量进行抽样；然后采用网格变形方法对样本点进行网格生成并进行气动计算；接着以抽样数据作为输入，以气动数据作为输出，建立代理模型后，采用优化搜索算法结合加点准则得到当前最优点；最后将当前最优点重新加入代理模型，重新搜索，直到优化过程达到收敛条件。

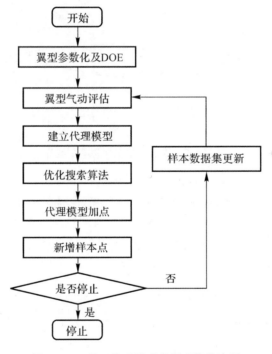

图 9-17　基于代理模型的翼型优化流程

由于宽速域构型需要在超声速状态下具有较小的阻力，因此需要选取小厚度的机翼。选取厚度为 4%弦长的 NASA_SC(2)_0404 作为优化设计的基准翼型。设计工况为迎角 1.5°、马赫数 0.8、雷诺数 7.6×10^6，以及迎角 4°、马赫数 4、雷诺数 1.532×10^6。由于亚声速状态下动压较小，翼型获取升力困难，因此对亚声速的约束为增升；而超声速下动压急剧增加，降低阻力成为主要矛盾，超声速的约束条件为减阻。因此优化的约束条件为

$$\max K_{Ma=4}$$

$$\text{s. t.} \begin{cases} K_{Ma=0.8} > K_{\text{org},Ma=0.8} \\ C_{l,Ma=0.8} > C_{l_{\text{org}},Ma=0.8} \\ C_{d,Ma=4} < C_{d_{\text{org}},Ma=4} \\ \text{thickness} > \text{thickness}_{\text{org}} \end{cases} \tag{9.60}$$

约束中，K、C_l、C_d 分别代表升阻比、升力系数以及阻力系数，原始翼型以及优化翼型的不同状态通过下标区分。与基准翼型 NASA_SC(2)_0404 相比，优化翼型头部的前缘半径明显减小，最大厚度位置后移至约 50% 弦长处，优化翼型下表面呈双弧弯曲，其翼型如图 9-18所示。图 9-19 给出了跨声速状态下的压力分布。下表面前缘弧度使翼型下表面在前缘点附近内凹，形成前加载增加升力，而在后缘弧度附近形成后加载也可增加升力；对于上表面，优化翼型有效推迟了激波的产生。图 9-20 给出了超声速状态下的压力分布。优化翼型前缘半径减小，降低了激波阻力。气流在前缘弧度持续压缩，下表面压强逐渐升高，这导致升力系数有些许减小。气流在后缘弧度产生激波，在提高压强的同时平衡了翼型力矩。

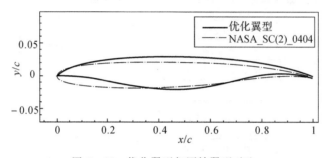

图 9-18　优化翼型与原始翼型对比

表 9-4 中对优化翼型和原始翼型的气动数据进行了对比分析。在满足约束的情况下，优化翼型在超声速状态下的升力系数有 4.7% 的下降，但是阻力系数下降了 25.4%。亚声速状态下升力系数上升了 35.4%，阻力系数上升了 4.9%。超声速状态下些许的升力下降和亚声速状态下些许的阻力上升是为了平衡翼型的宽速域性能。可设置更严格的约束解决上述问题，但也会缩小设计空间。

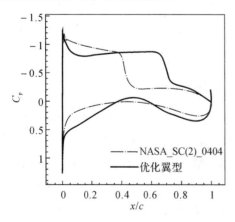

图 9-19　$Ma=0.8$，$\alpha=1.5°$下翼型
压力系数分布

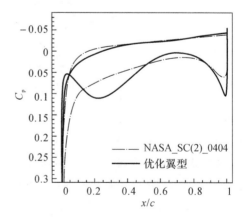

图 9-20　$Ma=4$，$\alpha=4°$下翼型
压力系数分布

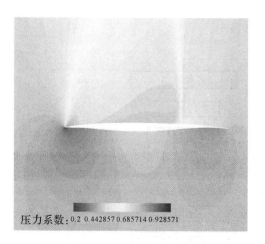

图 9-21　$Ma=0.8$, $\alpha=1.5°$下翼型
压力系数分布云图

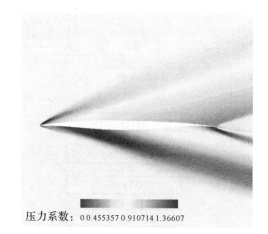

图 9-22　$Ma=4$, $\alpha=4°$下翼型
压力系数分布云图

表 9-4　优化前、后翼型气动参数对比

高超声速	C_l	C_d	K	亚声速	C_l	C_d	K
NASA_SC(2)_0404	0.071 80	0.022 0	3.249 3	NASA_SC(2)_0404	0.641 0	0.015 0	42.489 6
优化翼型	0.0684 3	0.016 4	4.154 0	优化翼型	0.868 4	0.015 8	54.878 1

9.7　宽速域高超声速飞行器气动布局设计

为了兼顾飞行器在亚/跨/超/高超声速下的气动性能,国内外学者提出了多种宽速域设计方案,包括变马赫数设计、多级组合设计、涡波融合设计等。其基本思路之一是在典型乘波体构型上进行改进以提升乘波体在亚声速状态和非设计点的气动性能[23-26],同时结合优化技术对现有布局进行气动优化[11,19-20]。本节将探索一种基于乘波体和大后掠箭形翼融合的宽速域高超声速飞行器气动布局设计[22]。

9.7.1　布局设计方法

参照设计流程(见图 9-23),采用锥导乘波体的设计方法,对飞行器头部进行适配。在亚声速状态,乘波体头部起到了大后掠边条翼的作用,从乘波体前缘诱导出上表面漩涡,降低上表面压强。超声速状态下,乘波头部通过激波对迎风面来流进行压缩,提高了超声速状态下的升力,同时激波后均匀的流场与压缩气流有利于吸气式冲压发动机布置。

为了保证机翼在宽速域下的气动性能,还需要对翼型进行优化设计,选择的优化设计点为典型亚声速及超声速工作点。在本宽速域构型设计中,机翼的翼型采用了 9.6 节优化得到的双 S 宽速域翼型,最终得到的宽速域乘波机翼布局视图如图 9-24 所示。

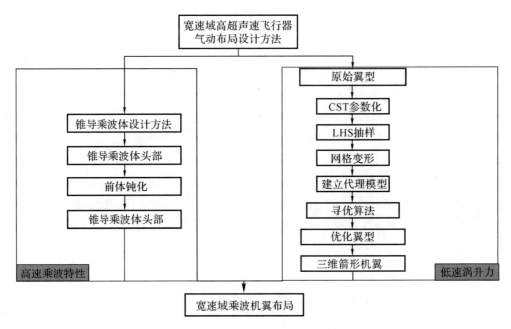

图 9-23 宽速域飞行器布局设计方法

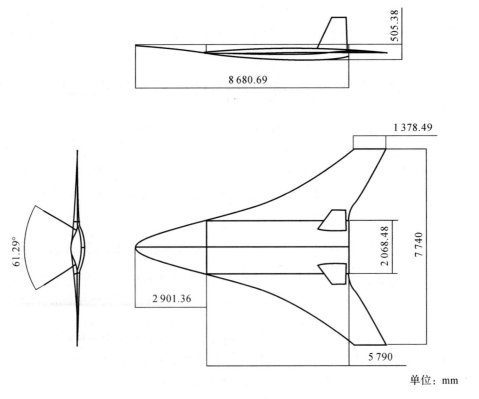

单位: mm

图 9-24 宽速域飞行器布局视图

　　该宽速域构型的特点在于,构型的头部采用了锥导乘波体,能在超声速状态实现头部乘波,且乘波体的大后掠、尖前缘特性在几何上与边条翼类似,因此在亚声速状态下乘波体能作为边条翼在大攻角下诱导出上表面漩涡,从而提升亚声速状态升力特性。在机翼布局上采用箭形机翼,箭形机翼是在三角翼切去了靠近后缘的一块三角形部分之后形成的。在超声速流动中,三角翼中央部分产生升力的效率低。在跨声速中,箭形翼更加平缓的面积率分布有利于降低阻力。另外,机翼后掠能够推迟机翼背风面激波的产生,即使出现激波,也有助于减弱激波强度,降低飞行阻力。

9.7.2　宽速域飞行器流动数值模拟与分析

　　选取典型的宽速域构型飞行包线下的数值模拟条件,根据相应高度的大气环境设置单位雷诺数、来流温度以及相应的来流马赫数。对于本构型,工作马赫数条件为 0.5～7,飞行高度选取为 0～25 km,在不同的工作点选取不同攻角进行数值模拟。

表 9 - 5　数值模拟工况

工况	符号	参数
飞行高度/km	h	0,4,5,6,9,13,17,21,25
来流马赫数	Ma_∞	0.5,0.8,1,2,3,4,5,6,7
攻角/(°)	α	-2,0,2,4,6,8,10,12

　　为了保证可靠的计算结果,采用三维结构化网格进行数值模拟。由于模型对称,且无侧滑计算状态,为了减少数值模拟计算量,采用半模进行计算。网格对称面如图 9 - 25(a)所示。对乘波前缘进行网格加密后,网格机翼部分如图 9 - 25(b)所示,同时为了捕捉边界层细节,采用 O 型拓扑,对机翼进行包裹。图 9 - 26 为亚声速网格,为了保证扰动能够传递到远场,采用 20 倍远场边界。最终亚声速网格数量为 4 125 万,超声速网格数量为 2 502 万,第一层网格高度为 1×10^{-6} m。

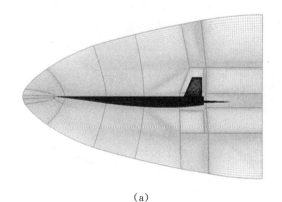

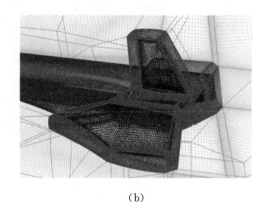

(a)　　　　　　　　　　　　　　　　(b)

图 9 - 25　超声速状态计算网格

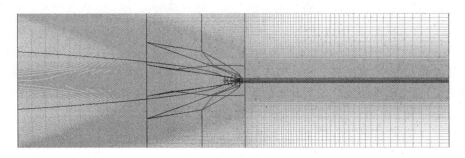

图 9-26 亚声速状态计算网格

1. 亚跨声速气动特性分析

本小节对宽速域乘波机翼飞行器在亚跨声速下的气动性能进行分析,并阐述其气动特性原理。计算状态为:马赫数分别取 0.5、0.8、1,攻角为 $-2°\sim12°$,无侧滑角,参考面积取 1。

宽速域飞行器不同于传统固定翼飞行器,为了保证超声速下的前体乘波,其机头为截面扁平状的乘波体。在亚声速下,乘波体的尖前缘和大后掠特征在几何上与边条翼类似,因此能够在亚声速大攻角下诱发飞行器上表面漩涡。

图 9-27 给出了马赫数为 0.8 时飞行器的上表面流线结构和飞行器壁面流线图。当攻角为 4°时,仅在乘波体头部流线具有缠绕趋势,并由于黏性作用,漩涡流动逐渐消失,流线整体与飞行器平行。当攻角为 8°时,出现大攻角漩涡特性,乘波体起到边条作用,诱导出一级涡,产生乘波体前缘的低压区,同时箭形翼大后掠发展出二级涡,在背风前缘产生低压区。当攻角为 12°时,上表面漩涡特性进一步增强,并且一级涡与二级涡流线有缠绕趋势,形成飞行器背风面的大面积低压区,有利于提升飞行器的亚声速气动性能。

图 9-28 给出了该布局在亚跨声速下的压力分布云图。在飞行包线内,宽速域飞行器的飞行高度随飞行速度增加,导致其自由来流的压强逐渐减小。当马赫数为 0.5 和 0.8 时,箭形翼基本保持着宽速域翼型的压力分布,使机翼下表面的前后缘产生升力以及平衡力矩。图 9-29 给出了该布局在亚跨声速下的气动性能线图,可见在 12°攻角下升力系数仍然处于线性区,升力系数随攻角增大而增加。该构型在 $Ma=1$ 时,出现升阻比陡降现象,这是由于箭形翼构型尾部出现了激波导致阻力增加,但 4°攻角下最大升阻比仍不低于 5.4。

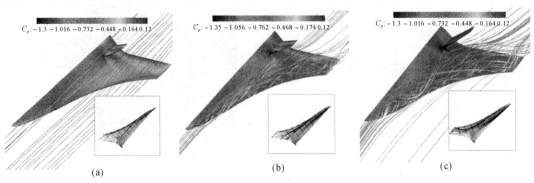

图 9-27 $Ma=0.8$ 的上表面漩涡及壁面流线

(a) $\alpha=4°$;(b) $\alpha=8°$;(c) $\alpha=12°$

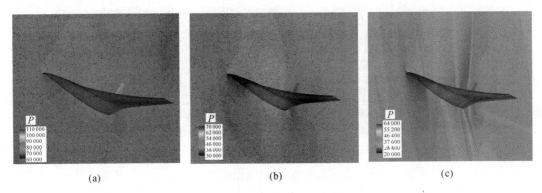

图 9 - 28　亚跨声速状态下压力分布云图（$\alpha=4°$）

(a) $Ma=0.5$；(b) $Ma=0.8$；(c) $Ma=1$

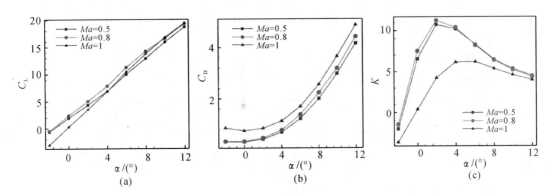

图 9 - 29　亚跨声速气动性能线图（参考面积为 1）

(a) 升力系数；(b) 阻力系数；(c) 升阻比

2. 超声速气动特性分析

在超声速下，宽速域飞行器流场性质逐渐改变，与亚声速状态产生差异，这也是宽速域飞行器气动设计困难的重要原因。实际工程应用中面临的问题更为严峻，装配吸气式发动机的高超声速飞行器如 X - 43、X - 51 在超声速工况下升阻比均不大于 3，因此应使升阻比设计有更大余量。该布局利用锥导乘波体的设计方法进行前体设计，提升了飞行器超声速状态气动性能。

图 9 - 30 给出了飞行器在超声速状态下的压强云图和流场结构。构型前缘产生附体斜激波，对来流进行压缩，提高飞行器头部下表面压强。在马赫数为 2 时，上表面产生膨胀波，且由于黏性作用，气流在壁面附近为亚声速，乘波体的后掠前缘仍然能诱导出漩涡。当马赫数为 3 时，气流压缩效应增强，对横流抑制效应更为明显，流线翻卷趋势被削弱。当马赫数为 4 时，流线与飞行器平行，上表面漩涡流动消失，下表面激波角度减小。

图 9 - 31 给出了该布局在超声速状态下的气动性能线图。可见，虽然阻力系数随着马赫数的增大而降低，然而超声速下动压增大，飞行器的阻力仍然随激波强度增加而增加。在超声速下，飞行器在 4° 攻角下有不低于 5.65 的升阻比，可见该飞行器在超声速状态具有较好的巡航效率。

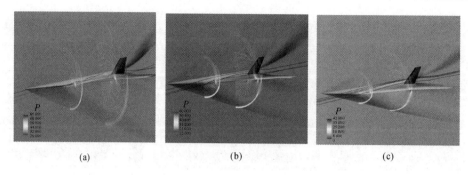

图 9-30 超声速状态下气动特征（$\alpha=4°$）

（a）$Ma=2$；（b）$Ma=3$；（c）$Ma=4$

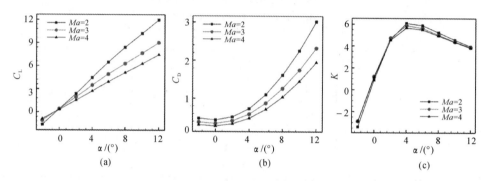

图 9-31 超声速状态下气动性能线图

（a）升力系数；（b）阻力系数；（c）升阻比

3. 高超声速气动特性分析

高超声速状态下，随着马赫数的增加，激波角度逐渐减小，此时飞行器乘波前体由于激波对气流进行压缩，产生下表面的高压区。而气体经过上表面攻角膨胀，均匀流过飞行器上表面，乘波机翼构型通过骑乘激波产生升力，流场结构几乎相同，故仅展示马赫数为 6 时的流场压力分布以及沿轴向切片，如图 9-32 所示。

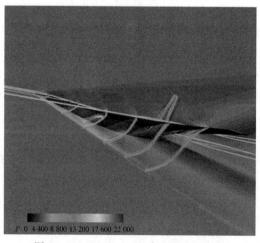

图 9-32 $Ma=6$、$\alpha=4°$时的压强分布

图 9-33 给出了该构型在高超声速状态下的气动性能线图,在高超声速下飞行器升力系数在计算范围(-2°～12°)内随攻角呈线性增加。根据马赫数无关原理,飞行器升力系数、阻力系数随马赫数的增加,变化量逐渐减小,升阻比曲线基本重合。

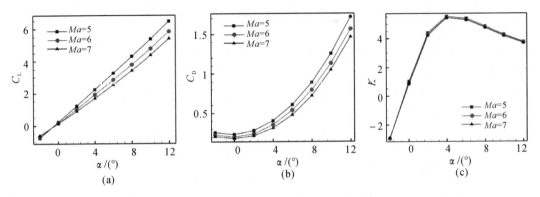

图 9-33　高超声速状态下气动性能线图
(a) 升力系数;(b) 阻力系数;(c) 升阻比

4. 三维机翼压力分布畸变分析

翼型是在二维状态下进行优化的,将其装配到三维机翼时必然面临着横流效应的影响。亚声速下的背风面漩涡、垂尾布置、机翼前缘、翼梢气流翻卷等均会导致翼型的压力分布畸变。故本小节对压力畸变进行分析,并绘制箭形翼平均气动弦处的压力分布。

图 9-34 给出了马赫数为 0.8、攻角为 1.5°时的平均气动弦处的切片,在三维状态下,箭形翼亚跨声速下压力分布与二维时显著不同。对于翼型上表面,大后掠推迟激波的产生让压力分布更为平滑,同时垂尾外侧的低压区一定程度上降低了翼型中部压强;对于翼型下表面,三维状态下仍然能够在前后缘产生高压,形成前后加载,气动规律不变。图 9-35 给出了马赫数为 4、攻角为 4°时的平均气动弦处的切片,可见在超声速状态,由于气流压缩性增强,压力分布与二维状态极其接近。上述分析证明,二维状态下对翼型的优化修形仍然对三维机翼的设计具有一定指导意义。

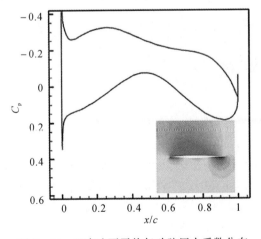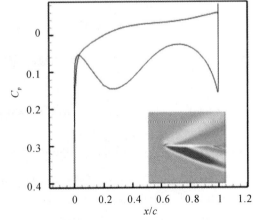

图 9-34　亚声速下平均气动弦压力系数分布　　图 9-35　超声速下平均气动弦压力系数分布

9.8 小 结

本章按照"优化设计及理论—设计实例"的思路介绍了宽速域高超声速飞行器气动布局设计的相关问题。

首先,本章详细介绍了基于代理模型的气动优化设计技术。在飞行器几何外形参数化方面,介绍了翼型参数化方法 CST 和三维参数化方法 FFD。在网格变形方面,介绍了基于 RBF - TFI 插值的网格变形方法和 Delaunay 图映射网格变形方法。在气动布局优化中,Kriging 代理模型能够很好地对设计空间进行拟合,但是对于多设计变量问题,Kriging 代理模型的拟合精度会大幅下降,出现优化问题中的维度灾难。对于气动优化搜索算法,最具代表性的算法包括粒子群算法及基于粒子群的变种智能算法,但是粒子群算法仅适用于单目标搜索算法,如果通过加权的方式来处理多目标问题,则极度依赖设计人员对权重的选取。因此,可以引入 Pareto 解集,并利用多目标优化方法(MOEAD 算法、NSGA - Ⅱ算法等)对气动优化问题进行寻优。

然后,本章介绍了锥导乘波体的生成过程和宽速域翼型设计。利用代理模型方法对宽速域翼型进行了优化,优化后的翼型具有双"S"弯度、翼型厚度薄、前缘半径小的特点。在亚声速下,在双"S"弯的前、后缘形成加载,平衡升力和力矩特性;在超声速下,产生前、后缘激波,同样可以平衡力和力矩。

最后,本章探索了一种宽速域乘波机翼气动布局,该布局融合了乘波体头部和大后掠箭形翼,利用亚声速下大攻角的漩涡特性以及超/高超声速下的激波特性提升宽速域飞行器的气动性能。在亚声速下,宽速域构型能够从乘波体前缘诱导出漩涡,降低上表面压强;箭形翼的大后掠前缘能诱导气流向上翻卷,在机翼上表面前缘形成低压区,从而提升亚声速下宽速域飞行器的升力性能。在超/高超声速下,乘波体前体产生激波,提高下表面压强,同时宽速域构型上表面仍然存在漩涡,而随着来流的速度的增加,气流压缩性增加。大后掠箭形翼采用小前缘半径优化翼型,优点在于其在亚声速下可利用漩涡增升,在超/高超声速下可降低激波阻力。数值模拟结果表明,在 0.5～7 的马赫数范围内,该宽速域气动布局在 4°攻角下具有不低于 5.4 的升阻比。

参 考 文 献

[1] 李宪开,王霄,柳军,等. 水平起降高超声速飞机气动布局技术研究[J]. 航空科学技术,2020,31(11):7-13.

[2] KULFAN B, BUSSOLETTI J. "Fundamental" parameteric geometry representations for aircraft component shapes[C]//11th AIAA/ISSMO multidisciplinary analysis and optimization conference, September 06 - 08, 2006, Portsmouth, Virginia. Reston:AIAA,2006:6948.

[3] SEDERBERG T W, PARRY S R. Freeform deformation of solid geometric models

[J]. ACMSIGGRAPH Computer Graphics，1986，20(4)：151 - 160.

[4]　SPEKREIJSE S P，PRANANTA B B，KOK J C. A simple，robust and fast algorithm to compute deformations of multi-block structured grids[R]. Reston：AIAA，2002.

[5]　朱新奇.飞行器外形优化设计方法及多输出代理模型研究[D]. 西安：西北工业大学，2019.

[6]　王超. 基于代理模型的高效气动优化与高纬多目标问题研究[D]. 西安：西北工业大学，2017.

[7]　黄江涛，高正红，白俊强，等. 应用 Delaunay 图映射与 FFD 技术的层流翼型气动优化设计[J]. 航空学报，2012，33(10)：1817 - 1826.

[8]　KRIGE D G. A statistical approach to some basic mine valuation problems on the Witwatersrand[J]. Journal of the Southern African Institute of Mining and Metallurgy，1951，52(6)：119 - 139.

[9]　SACKS J，WELCH W J，MITCHELL T J，et al. Design and analysis of computer experiments[J]. Statistical Science，1989，4(4)：409 - 423.

[10]　夏露，王丹，张阳，等. 基于自适应代理模型的气动优化方法[J]. 空气动力学学报，2016，34(4)：433 - 440.

[11]　高正红，王超. 飞行器气动外形设计方法研究与进展[J]. 空气动力学学报，2017，35(4)：516 - 528.

[12]　高崇. 改进粒子群算法及其在翼型优化设计中的应用[D]. 西安：西北工业大学，2017.

[13]　KENNEDY J，MENDES R. Population structure and particle swarm performance[C]//Proceedings of the 2002 IEEE Congress on Evolutionary Computation，May 12 - 17，2002，Honolulu，Hawaii. New York：IEEE，2002：1671 - 1676.

[14]　ZHANG Q，LI H，MOEA D. A multi-objective evolutionary algorithm based on decomposition[J]. IEEE Transaction Evolutionary Computation，2007，11(6)：712 - 731.

[15]　KALYANMOY D. A fast and elitist multi-objective genetic algorithm：NSGA-II[J]. IEEE Trans. on Evolutionary Computation，2002，6(2)：182 - 197.

[16]　BISEK N J. High-fidelity simulations of the hifire-6 flow path[C]//54th AIAA Aerospace Sciences Meeting，January 04 - 08，2016，San Diego，California. Reston：AIAA，2016：1115.

[17]　LI S B，WANG Z，HUANG W，et al. Design and investigation on variable Mach number waverider for a wide-speed range[J]. Aerospace Acience and Technology，2018(76)：291 - 302.

[18]　左克罗，霍夫曼. 气体动力学[M]. 北京：国防工业出版社，1984.

[19]　孙祥程，韩忠华，柳斐，等. 高超声速飞行器宽速域翼型/机翼设计与分析[J]. 航空学报，2018，39(6)：31 - 42.

[20] 张阳，韩忠华，周正，等. 面向高超声速飞行器的宽速域翼型优化设计[J]. 空气动力学学报，2021，39(6)：111-127.

[21] 陈树生，冯聪，李猛，等. 一种宽速域高超声速飞行器气动布局设计方法及系统：ZL202210879045.5[P]. 2022-10-25.

[22] FENG C, CHEN S S, YUAN W, et al. A wide-speed-range aerodynamic configuration by adopting wave-riding-strake wing[J]. Acta Astronautica, 2023(202)：442-452.

[23] LI S B, LUO S B, HUANG W, et al. Influence of the connection section on the aerodynamic performance of the tandem waverider in a wide-speed range[J]. Aerospace Science and Technology, 2013, 30(1)：50-65.

[24] RODI P. Geometrical relationships for osculating cones and osculating flowfield waveriders[C]//49th AIAA Aerospace Sciences Meeting Including the New Horizons Forum and Aerospace Exposition, January 04-07, 2011, Orlando, Florida. Reston：AIAA, 2011：1188.

[25] 刘传振，刘强，白鹏，等. 涡波效应宽速域气动外形设计[J]. 航空学报，2018，39(7)：73-81.

[26] 陈树生，冯聪，李猛，等. 一种带鸭翼的变工况马赫数乘波体设计方法及系统：ZL202210809933.X[P]. 2022-10-14.

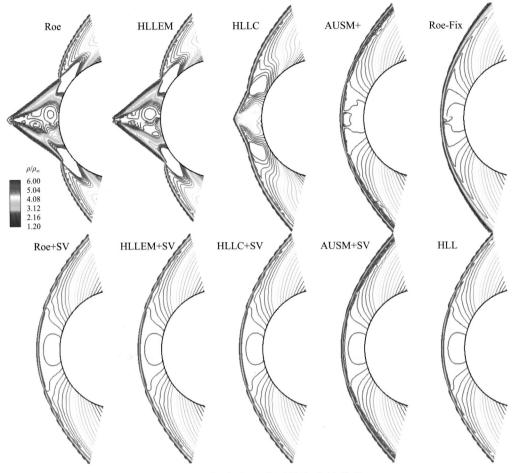

图 3-10　超声速无黏圆柱密度等值线

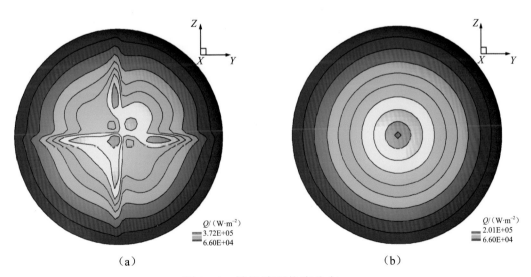

（a）　　　　　　　　　　　　　（b）

图 3-14　钝锥壁面热流分布

（a）HLLC；（b）HLLC+SV

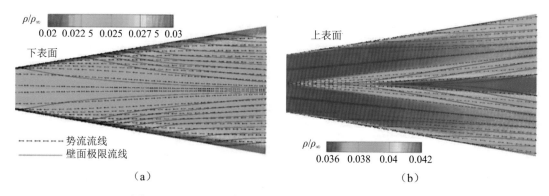

图 5-22　HyTRV 壁面极限流线与势流流线的对比图

（a）下表面；（b）上表面

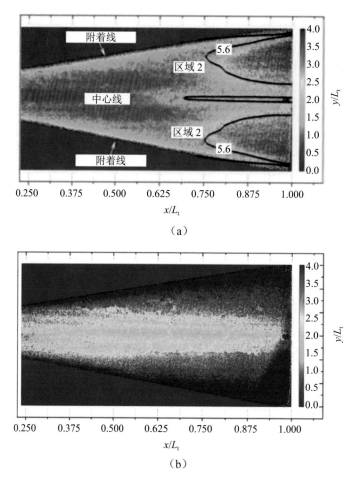

图 5-24　$Re=1.1\times10^7$ 和 $Re=4.2\times10^7$，0°攻角风洞实验温敏漆测量结果、

稳定性方法 N 值分布和转捩模型预测热流分布对比

（a）$Re=1.1\times10^7$，实验；（b）$Re=4.2\times10^7$，实验

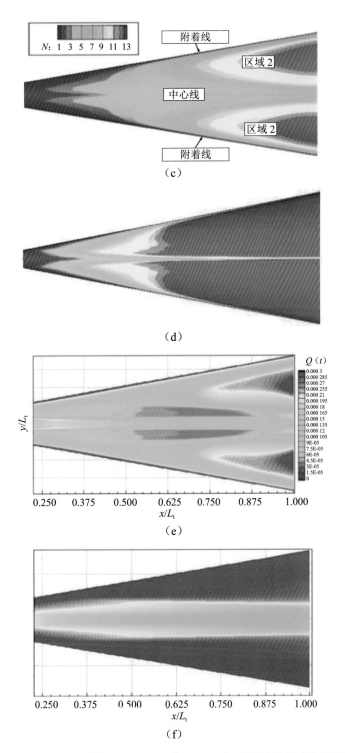

续图 5-24　Re=1.1×10^7 和 Re=4.2×10^7，0°攻角风洞实验温敏漆测量结果、
稳定性方法 N 值分布和转捩模型预测热流分布对比

（c）Re=1.1×10^7，稳定性理论；　（d）Re=4.2×10^7，稳定性理论；
（e）Re=1.1×10^7，转捩模型；　（f）Re=4.2×10^7，转捩模型

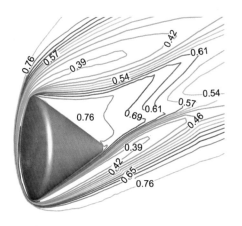 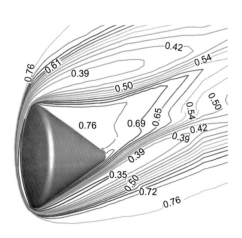

图 6-8 "阿波罗"飞船 N_2 质量分数分布（单温）　图 6-9 "阿波罗"飞船 N_2 质量分数分布（双温）

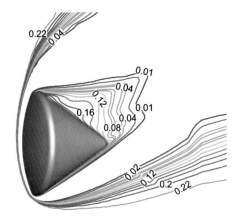 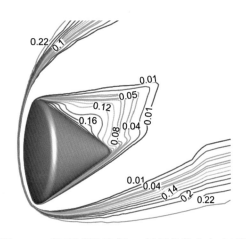

图 6-10 "阿波罗"飞船 O_2 质量分数分布（单温）　图 6-11 "阿波罗"飞船 O_2 质量分数分布（双温）

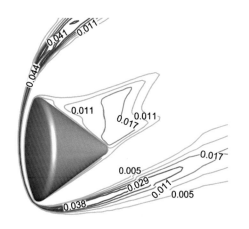 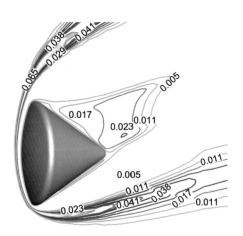

图 6-12 "阿波罗"飞船 NO 质量分数分布（单温）　图 6-13 "阿波罗"飞船 NO 质量分数分布（双温）

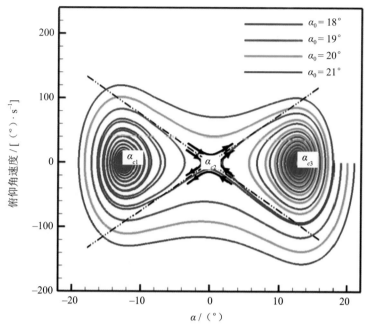

图 7-48 俯仰角速度 – 攻角相图（一）

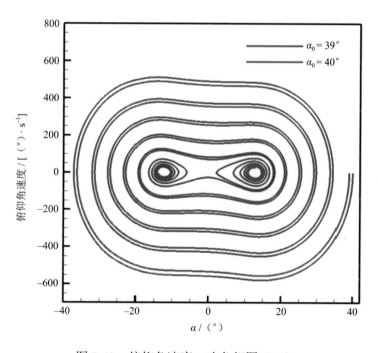

图 7-49 俯仰角速度 – 攻角相图（二）

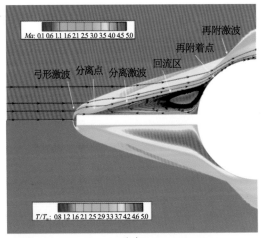

（a）

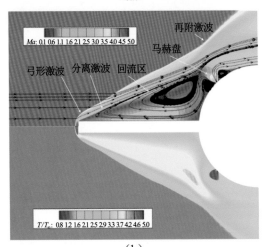

（b）

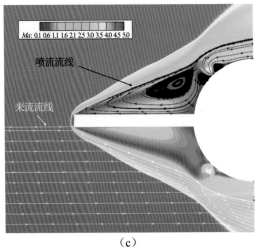

（c）

图 8-48　流场结构图

（a）无喷流；（b）PR=0.2；（c）PR=0.2，流线图

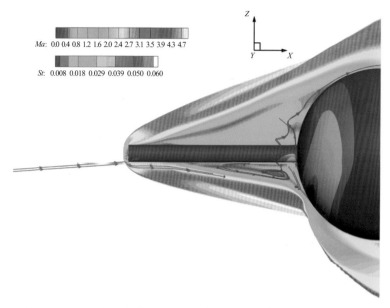

图 8-57　4°攻角来流条件下，减阻杆壁面热流和流线分布图

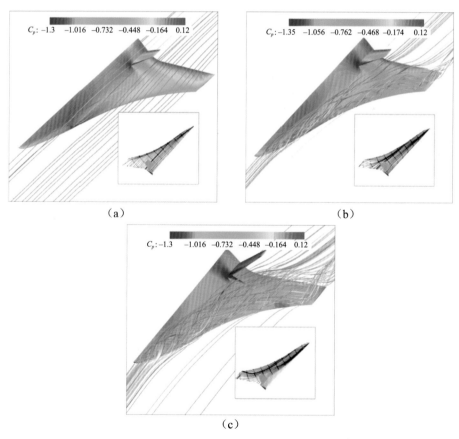

（a）　　　　　　　　　　　　　　　（b）

（c）

图 9-27　Ma=0.8 的上表面漩涡及壁面流线

（a）α=4°；（b）α=8°；（c）α=12°

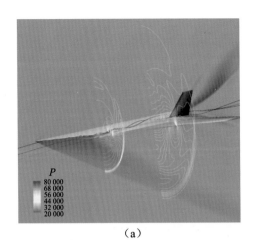

（a）

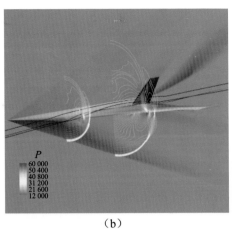

（b）

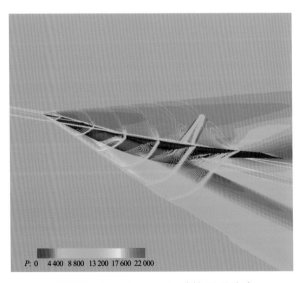

（c）

图 9-30 超声速状态下气动特征（α=4°）

（a）Ma=2；（b）Ma=3；（c）Ma=4

图 9-32 Ma=6、α=4° 时的压强分布